SIEMENS

LOGO!

PLC를 활용한 시스템 제어

Innovative
Switching & Control

김종선, 원진철, 육영수 공저

D.B.Info

머리말

LOGO!는 Micro Logic Controller로써 ISO9001의 품질요구를 만족시키는 로직모듈입니다. 여러 산업분야의 어플리케이션에 사용될 수 있으며. 뛰어난 기능과 쉬운 운영으로 인해 LOGO!는 거의 모든 어플리케이션에서 최고의 효율을 제공할 것입니다.

이 매뉴얼의 목적

이 LOGO! 매뉴얼은 LOGO!SOFT COMFORT V7.0을 이용한 사용자 프로그램의 작성에 대한 내용을 제공하며 LOGO! 0BA7 Base 모듈, LOGO! TD(텍스트 디스플레이), LOGO! 확장모듈 등의 설치와 사용에 대한 정보들을 제공합니다.

매뉴얼 적용 범위

이 매뉴얼은 시리즈 0BA7 디바이스에 적용됩니다.

새로운 기능

LOGO!Soft Comfort V7.0는 LOGO! 0BA7 시리즈의 하드웨어와 함께 다음과 같은 새로운 기능을 제공합니다.

- S7통신 기본모듈은 이더넷 기능으로 SIMATIC 컨트롤러 또는 SIMATIC HMI 장치와 이더넷 네트워크에서 서로 통신할 수 있다.
- UDF(사용자 정의 함수) 편집기
- SD 카드 지원
- 데이터 로그
- 온라인 테스트. 네트워크 데이터를 전송 및 메시지 텍스트
- 진단오류 및 SD카드 읽기/쓰기 오류를 네트워킹
- 시뮬레이션 네트워크

- LOGO! 0BA7 펌웨어 버전을 확인하기
- I/O 이름 가져오기 / 내보내기
- I/O 상태
- BM 슬레이브 모드구성
- 프로그램에 대한 참조정보를 표시
- 블록교체
- 원격으로 파라미터 변경
- 새로운 SFBs
  - 펄스폭 변조기(PWM)
  - 수학명령
  - 수학명령어의 오류감지
- 업데이트 SFBs
  - 메시지 텍스트
  - 운영시간 카운터
  - 주간 타이머
  - 연간 타이머
  - 아날로그 감시
  - 업 / 다운 카운터

이 외에도 LOGO!Soft Comfort V7.0는 많은 블록에 대한 새로운 참조 매개변수를 지원합니다.

- 새로운 확장모듈 LOGO! AM2 RTD가 사용 가능합니다. 이 모듈은 디폴트 온도상수 α = 0.003850를 갖는 PT100과 PT1000 센서를 연결할 수 있는 아날로그 입력 두 개 채널을 제공합니다. LOGO! AM2 PT100 확장 모듈은 PT100 센서만 지원합니다.
- LOGO! AM2 RTD 모듈은 자동으로 센서타입을 인식합니다. 그러므로 사용자가 센서타입을 구성하거나 설정을 하지 않아도 됩니다.
- LOGO!의 새로운 버전 LOGO! 24C와 LOGO! 24Co가 사용 가능합니다(각각에는 리얼 타임 클록이 내장되어 있습니다).
- LOGO! TD(텍스트 디스플레이)는 메시지를 위한 별도의 디스플레이를 제공하며 사용자 프로그램에서 사용할 수 있는 4개의 커서 키와 4개의 기능(Function) 키를 가지고 있습니다.
- 패스워드 보호기능이 LOGO! TD(버전 ES4 이상)에서 지원하며 LOGO! TD가 LOGO! Base모듈(버전 ES4 이상)과 함께 운영될 때에만 사용할 수 있습니다.
- 별도의 아날로그 입력과 고속 디지털 입력이 일부 LOGO! 0BA7 Base 모듈에서 지원합니다.

- 메시지 텍스트를 위해 디스플레이에 Tick 기능을 사용할 수 있습니다. 메시지 텍스트에는 바 그래프를 포함할 수 있으며 두 개의 Character set간 스위칭을 할 수 있고 메시지 텍스트를 LOGO! 온-보드 디스플레이나 LOGO! TD 또는 양쪽 모두에 디스플레이할 수 있습니다. 메시지 편집은 LOGO!Soft Comfort에서는 모든 편집을 모두 사용할 수 있으나 LOGO! Module에서는 간단한 텍스트로만 제한됩니다.
- 이 시리즈는 AM2 AQ 아날로그 출력에 대해 0/4 - 20mA을 지원합니다.

변경된 기능

LOGO!Soft Comfort V7.0 은 다음과 같은 향상된 능력을 제공합니다.

- 블록의 최대 수는 200에서 400으로 증가했다.
- 프로그램 메모리(RAM)의 용량이 3800 byte에서 8400 byte로 증가했다.
- 아날로그 플래그의 수가 6에서 16으로 증가했다.
- 시프트 레지스터의 수가 13 bit에서 32 bit로 확장됐다.
- 열려있는 연결의 수는 16에서 64로 증가했다
- RTC의 버퍼링 시간은 20일(80시간) 연장
- 확대 인쇄 미리보기에서 구성 요인
- 두 개의 사용할 수 있는 추가개체 정렬옵션
- 블록형 또는 이름으로 두 개의 추가블록 정렬방법 가능
- 프로그램에 텍스트 상자에 사용할 텍스트 배치
- UDF블록 프레임에 대한 새로운 색상설정
- 프로그램 다운로드 추가경고 메시지 프롬프트가 시간 카운터 값을 다시 설정합니다.
- 시작화면 표시에 하나의 추가옵션을 선택합니다.
- 기능블록에 주석을 연결하고 커넥터를 차단하는 능력
- LAN 동기화는 고정클록 기능에 추가

참조 영어원문 : SIEMENS LOGO! Manual
6ED1050-1AA00-0BE8,
EWA 4NEB 712 6006-02EWA 4NEB 712 6006-02
영어 원문 출처 : Siemens LOGO! website (http://www.siemens.com/logo)

차 례

Chapter 1

LOGO! 기본모듈(0BA7)

1.1 LOGO! 설치 및 분리

입출력 포인트
- 디지털 입력 : 24 포인트
- 디지털 출력 : 16 포인트
- 아날로그 입력 : 8 포인트
- 아날로그 출력 : 2 포인트

메모리 용량
- RAM : 4800 bytes
- 정전유지데이터 : 250bytes
- 블록 : 400 block

입력: DC24V / PNP

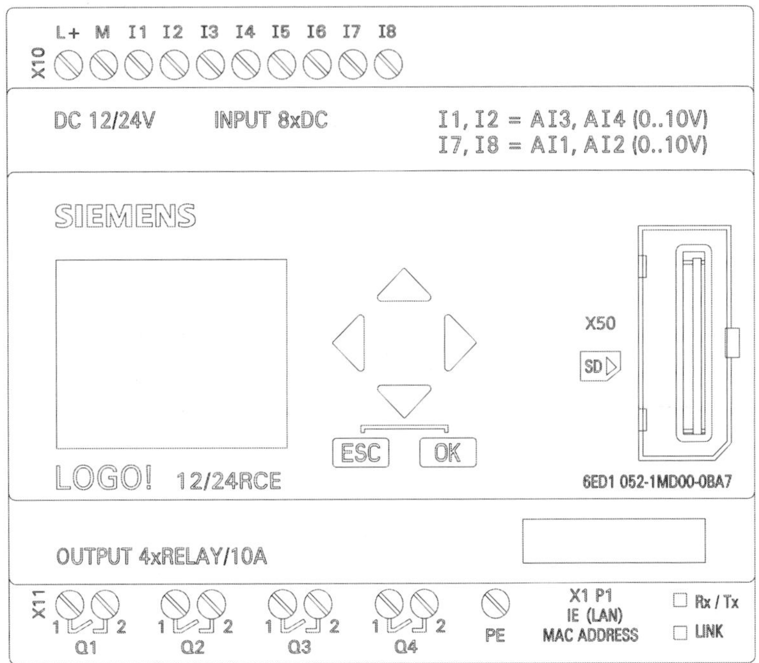

출력: 릴레이 접점(무극성)

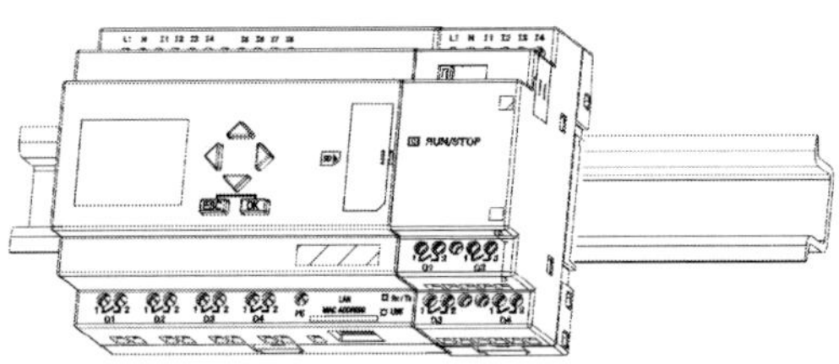

LOGO! 0BA7 설치 예

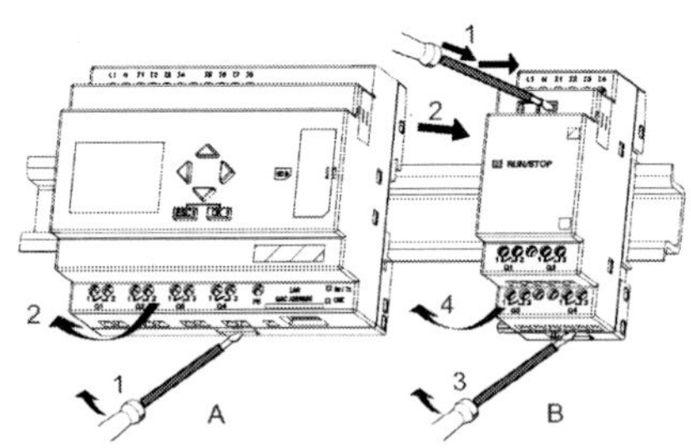

분리 예

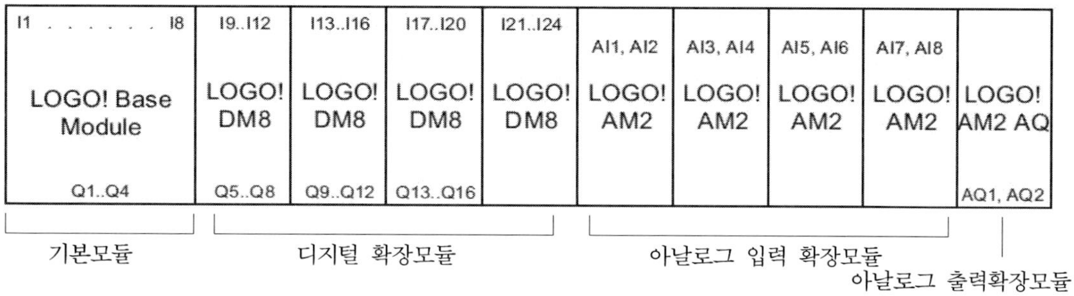

LOGO! 230RCE(기본모듈 + 확장모듈)

1.2 LOGO! I/O 연결

1.2.1 고속 디지털 입력: I3, I4, I5, I6

이러한 버전들은 고속 디지털 입력 기능(업/다운 카운터, 트레스홀드 트리거)을 지원합니다. 위에서 언급된 제한들은 이러한 고속 디지털 입력에 적용되지 않습니다.

> **주의**
>
> 고속 디지털 입력 I3, I4, I5, I6은 이전 버전 0BA0에서 0BA5에서와 동일합니다. 그러므로 이러한 버전으로 작성된 사용자 프로그램은 LOGO!Soft Comfort 를 통해 어떠한 변경 없이 새로운 0BA7로 전송될 수 있습니다. 이와는 반대로 LOGO! L 버전(고속 디지털 입력 I11-I12)에서 작성된 사용자 프로그램은 수정할 필요가 있습니다. 고속 디지털 입력은 0BA7 버전에서 2kHz에서 5kHz로 증가되었습니다. 확장 모듈에는 고속 디지털 입력이 없습니다.

1.2.2 아날로그 입력: I1과 I2, I7과 I8

LOGO! 버전 12/24RCE와 24C/24Co에서의 입력 I1, I2, I7, I8는 디지털 입력이나 아날로그 입력으로 사용될 수 있습니다. 입력 모드는 LOGO! 사용자 프로그램에서 정의됩니다.

입력 I1, I2, I7, I8은 디지털 입력을 지원하며 AI3, AI4, AI1, AI2는 아날로그 입력을 지원합니다. AI3은 입력 터미널 I1에 해당하며 AI4는 I2에 해당하고, AI1은 I7에 AI2는 I8에 해당합니다.

AI3과 AI4 사용은 옵션입니다. "LOGO! Basic 모듈에서 AI 수 설정하기 사용자는 LOGO!에서

2개 채널의 아날로그나 4개 채널의 아날로그 입력을 구성하게 됩니다.

입력 I1, I2, I7, I8을 사용하는 경우 0에서 10V DC 범위를 사용할 수 있습니다.

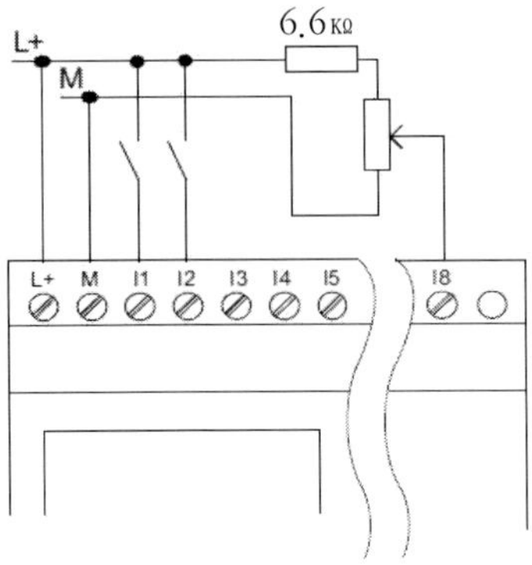

이런 디바이스들의 입력은 아이솔레이터(Isolator)되어 있지 않기 때문에 공통 레퍼런스 전위가 필요합니다.(섀시, 그라운드)
모듈들의 인가전압과 섀시 그라운드 간 아날로그 신호를 연결할 수 있습니다. (* = 직렬저항 6.6KΩ)

> **주의**
>
> 아날로그 신호입력에는 항상 트위스트 페어 케이블(Twisted-pair cable) 쉴드(Shield) type을 사용하고 가능한 짧게 연결하십시오.

1) I1, I2, I7, I8에 가변저항(Potentiometer) 연결하기

3단자 가변저항기를 한번 끝까지 돌려 10V를 얻으려면 입력전압에 상관없이 가변전항기의 입력 측에 직렬저항을 연결해야 합니다(아래 그림 참조). 다음과 같은 크기의 가변저항기와 관련 직렬 저항을 권장합니다.

전압	가변저항기(Potentiometer)	직렬저항
12V	5KΩ	
24V	5KΩ	6.6KΩ

3단자 가변정항기와 최대 전압으로 10V 입력전압을 사용하는 경우 연결된 입력전압이 24V 라면 직렬저항을 통해 14V가 감소되어 가변저항기를 최대로 돌렸을 때 최대 10V가 지원되어야 합니다. 입력전압이 12V인 경우에는 위와 같은 내용이 무시될 수 있습니다.

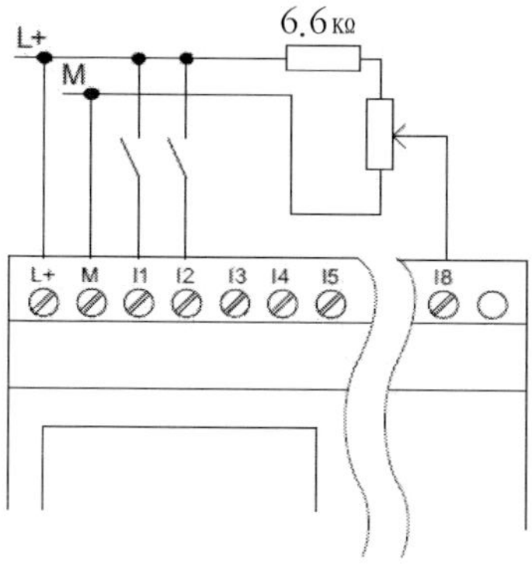

이런 디바이스들의 입력은 아이솔레이터(Isolator rate)되어 있지 않기 때문에 공통 레퍼런스 전위가 필요합니다.(섀시, 그라운드)
모듈들의 인가전압과 섀시 그라운드 간 아날로그 신호를 연결할 수 있습니다. (* = 직렬저항 6.6KΩ)

LOGO!에 아날로그 센서 연결

> **주의**
> 아날로그 신호입력에는 항상 트위스트 페어 케이블(Twisted-pair cable) 쉴드(Shield) type을 사용하고 가능한 짧게 연결하십시오.

> **참조**
> LOGO! AM2 확장모듈은 별도의 아날로그 입력을 제공합니다. AM2/PT100 확장모듈은 PT100 입력을 제공합니다.

2) LOGO! AM2 (아날로그 입력모듈)

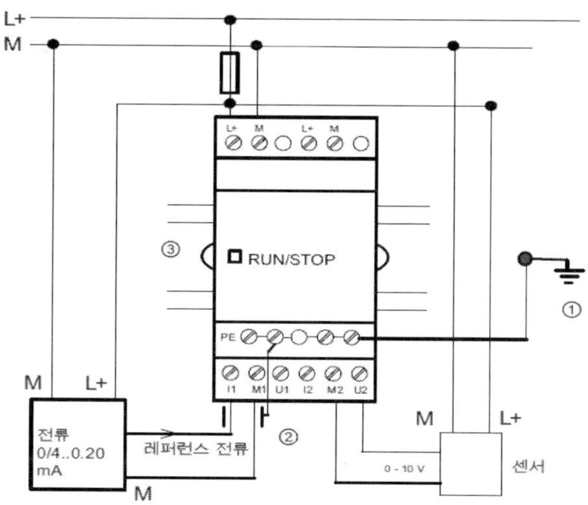

PE Earth 연결과 아날로그 측정 케이블 실드를 위한 PE 터미널

① Eath
② 케이블 쉴드
③ DIN Rail

측면그림은 4선식 전압측정과 2선식 전압측정의 한 예를 보여줍니다.

LOGO!에 2선식 센서 연결하기 AM2 2선식 센서는 다음과 같이 연결하십시오.

- 센서의 출력을 AM2 모듈의 U(0~10V 전압측정)단자나 I(4~20mA 전류측정)단자에 연결하십시오.
- 센서의 플러스(+) 커넥터를 24V 전압공급 장치(L+)에 연결하십시오.
- 전류출력 M의 그라운드(센서의 우측상부 그림 참조)를 AM2 모듈의 해당 M 입력(M1 혹은 M2)에 연결하십시오.

3) LOGO! AM2 (PT100 입력 연결하기)

최대 두 개의 2선식 또는 3선식 PT100센서를 모듈에 연결하거나 하나의 2선식과 하나의 3선식 PT100 센서를 모듈에 연결할 수 있습니다.

2선식

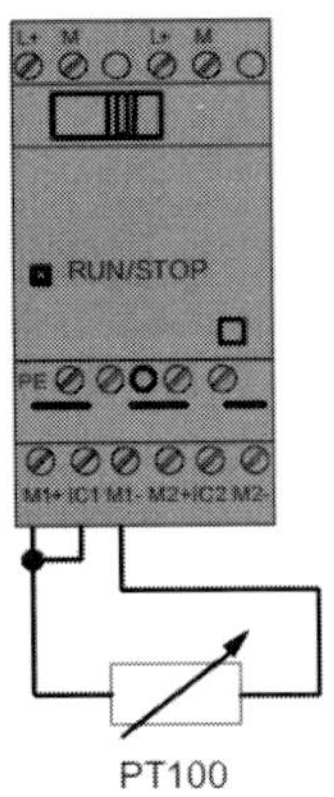

3선식

이 모듈에서 지원하는 센서타입은 디폴트 온도상수 "α = 0.003850"을 갖는 PT100 센서입니다.

2선식 연결에서는 M1+와 IC1 혹은 M2+와 IC2 터미널을 단락시키는 것이 필요합니다. 측정라인의 옴 저항에 의해 발생하는 에러는 이러한 연결로 보상되지 않습니다. 1옴의 라인 저항은 비례적으로 +2.5℃의 측정 에러를 갖습니다.

4) LOGO! AM2 (RTD 입력 연결하기)

최대 2개의 PT100 혹은 두개의 PT1000 혹은 하나는 PT100 다른 하나는 PT1000을 2선식 또는 3선식, 2선식과 3선식 혼합방식으로 모듈에 연결할 수 있습니다.

2선식

PT100 / PT1000

3선식

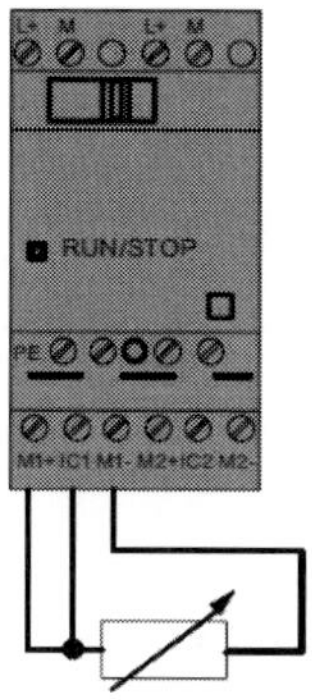

PT100 / PT1000

이 모듈에서 지원하는 센서타입은 디폴트 온도상수 "α = 0.003850"을 갖는 PT100 , PT1000 센서입니다.

2선식 연결에서는 M1+와 IC1 혹은 M2+와 IC2 터미널을 단락시키는 것이 필요합니다.

측정라인의 옴 저항에 의해 발생하는 에러는 이러한 연결로 보상되지 않습니다. PT100. PT1000 센서가 연결되면 1 옴의 라인저항은 비례적으로 +2.5℃의 측정 에러를 갖습니다.

주의

아날로그 값이 헌팅을 하는 것은 아날로그 센서에서 AM2 / AM2 PT100 / AM2 RTD, 확장모듈(엔코더 와이어)로 케이블이 연결될 때 모듈이 잘못 장착되었거나 혹은 장착되지 않았을 때 연결 와이어 상에 생기는 스크리닝(Screening) 때문입니다. 확장모듈 사용할 때 아날로그 값의 헌팅을 방지하려면 다음과 같이 수행하십시오.

- 엔코더 와이어를 쉴드(shielded)된 타입으로 사용하십시오.
- 가능한 한 엔코더 와이어를 짧게 연결하십시오. 엔코더 와이어는 10미터를 넘어서면 안 됩니다.
- 엔코더 와이어의 한쪽만을 클램핑 시켜서 AM2 / AM2 PT100 / AM2 AQ / AM2 RTD 확장 모듈에 있는 PE 터미널로 클램핑(Clamping) 시킵니다.
- 엔코더 전압 공급 장치의 그라운드를 확장 모듈의 PE 터미널에 연결하십시오.
- LOGO! AM2 PT100 혹은 LOGO! AM2 RTD 확장 모듈을 그라운딩 처리가 되지 않은 전압공급 장치와 함께 운영하지 마십시오. 그러나 이를 피할 수 없다면 전압공급의 네거티브 출력/ 그라운드 출력을 열전대(thermometer)측정 와이어에 쉴드 시키십시오.

5) LOGO! AM2 AQ (아날로그 출력모듈 연결하기)

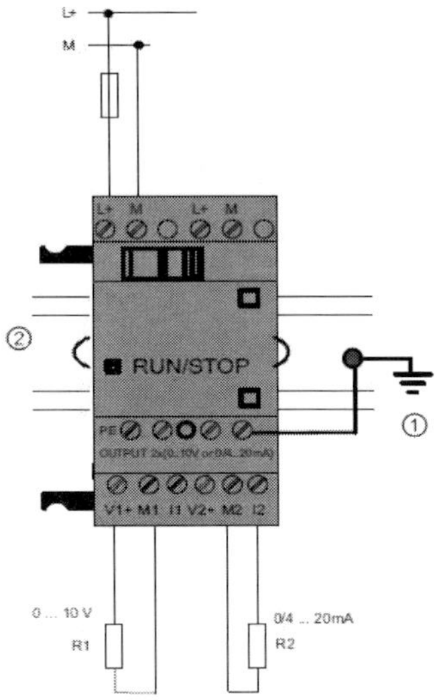

V1, V2: 0~10 VDC

R1: 〉= 5 kΩ

I1, I2: 0/4 ... 20 mA

R2: 〈= 250 Ω

① Earth

② DIN 레일

그림은 전압 또는 전류부하를 연결하는 예를 보여줍니다.

1.3 LOGO! Ethernet 연결

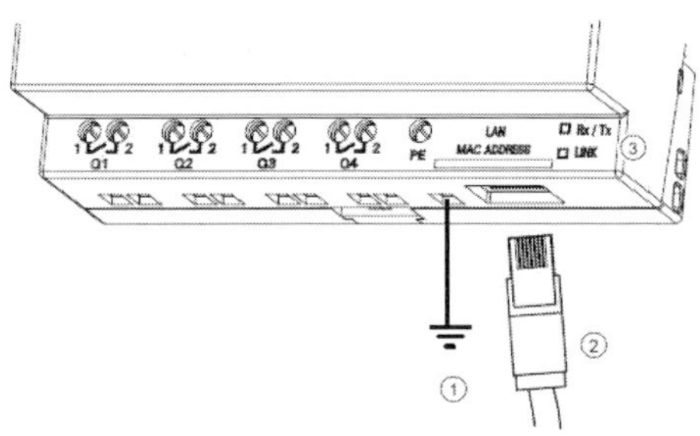

PE의 접지단자 및 이더넷 인터페이스에 네트워크 케이블을 연결한다.

① 어스 그라운드

② RJ-45 랜 케이블

③ 이더넷 상태램프

Rx/Tx : 황색점멸(읽기/쓰기 중)

LINK : 녹색점등(이더넷 연결됨)

추천:

Category5 shielded twisted-pair Ethernet cable

Lan Cable (crossover cable)

PC RJ45 Male	Wire Color	PLC RJ45 Male
1 TX+	White/Orange	3 RX+
2 TX-	Orange	6 RX-
3 RX+	White/Green	1 TX+
4 BD4+	Blue	4 BD4+
5 BD4-	White/Blue	5 BD4-
6 RX-	Green	2 TX-
7 BD3+	White/Brown	7 BD3+
8 BD3-	Brown	8 BD3-

1.3.1 이더넷 설정

LOGO 12/24RCE

IP주소 :
192.168.0.1
서브넷 마스크:
255.255.255.0

My Computer

IP주소 :
192.168.0.100
서브넷 마스크 :
255.255.255.0

LOGO!Soft Comport

IP주소 :
192.168.0.1
서브넷 마스크 :
255.255.255.0

1.3.2 LOGO! 12/24RCE IP주소 설정

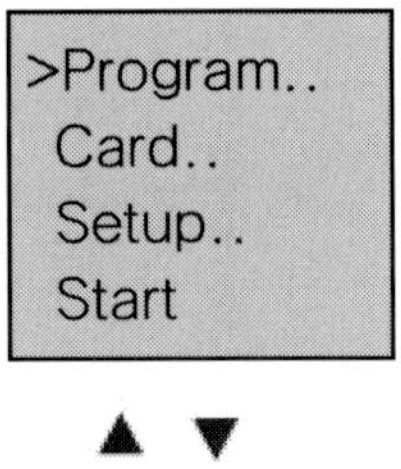

① 정지 상태에서 PLC 0BA7으로, 네트워크 메뉴 항목으로 이동합니다.
② 여기에서 IP 주소, 서브넷 마스크 및 게이트웨이의 설정을 찾을 수 있습니다.
③ 네트워크 설정의 편집모드로 들어갑니다. OK 버튼을 사용합니다.
④ 원하는 대로 네트워크 설정을 사용자 정의합니다.

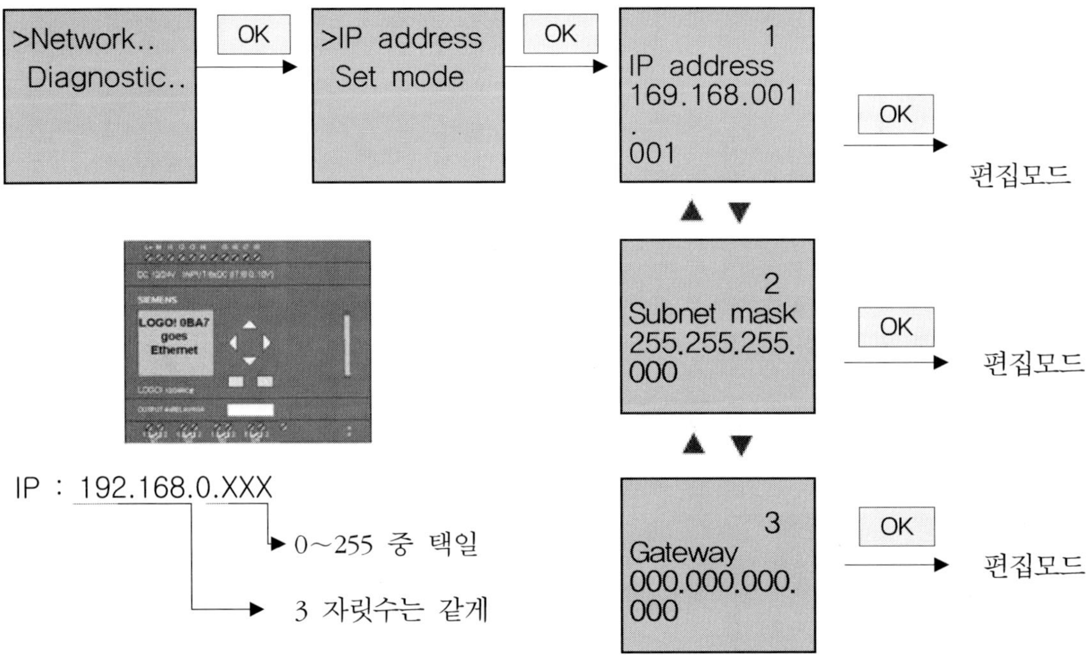

1.3.3 My Computer IP주소 설정

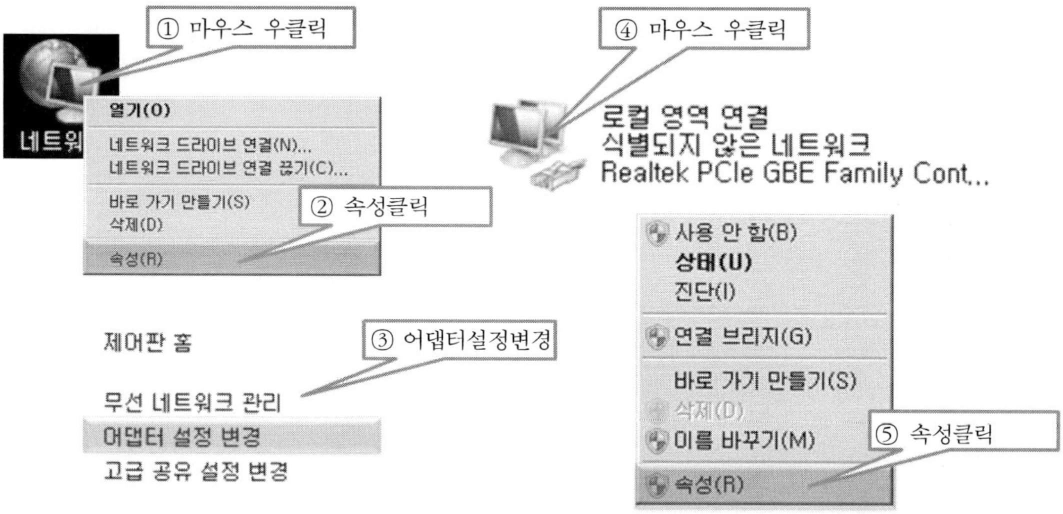

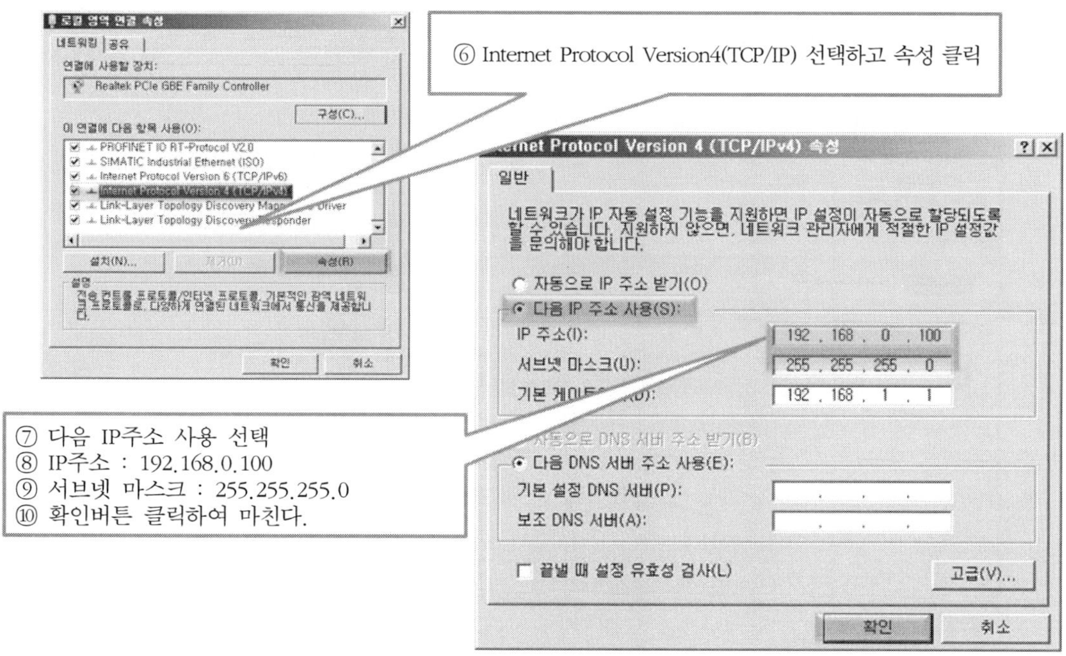

1.3.4 LOGO Soft comport IP주소 설정

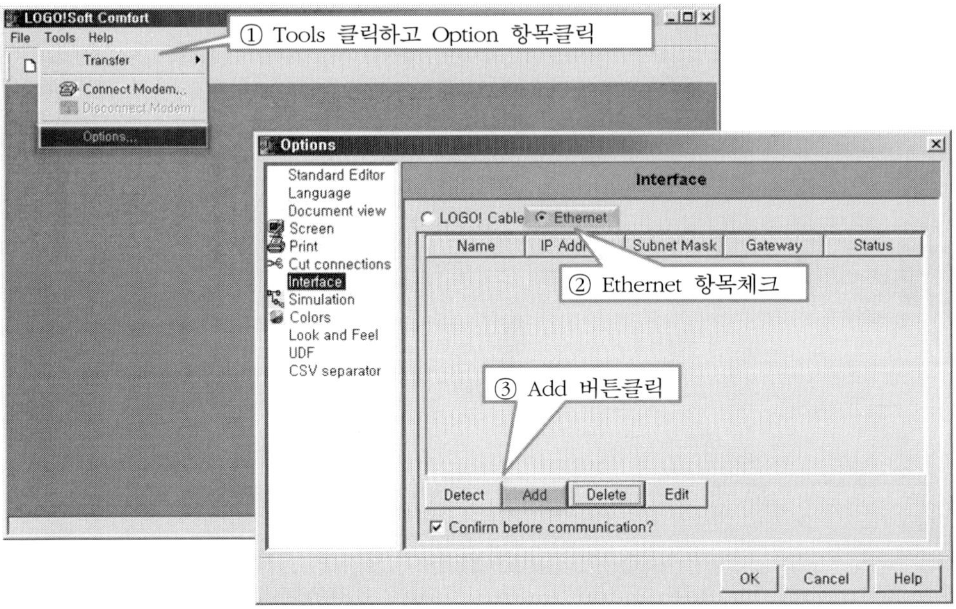

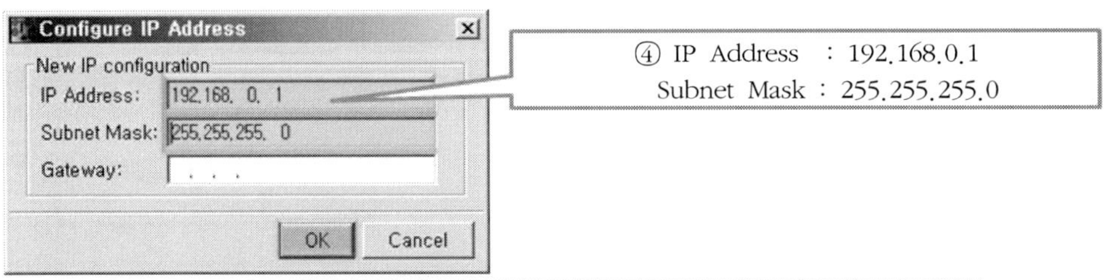

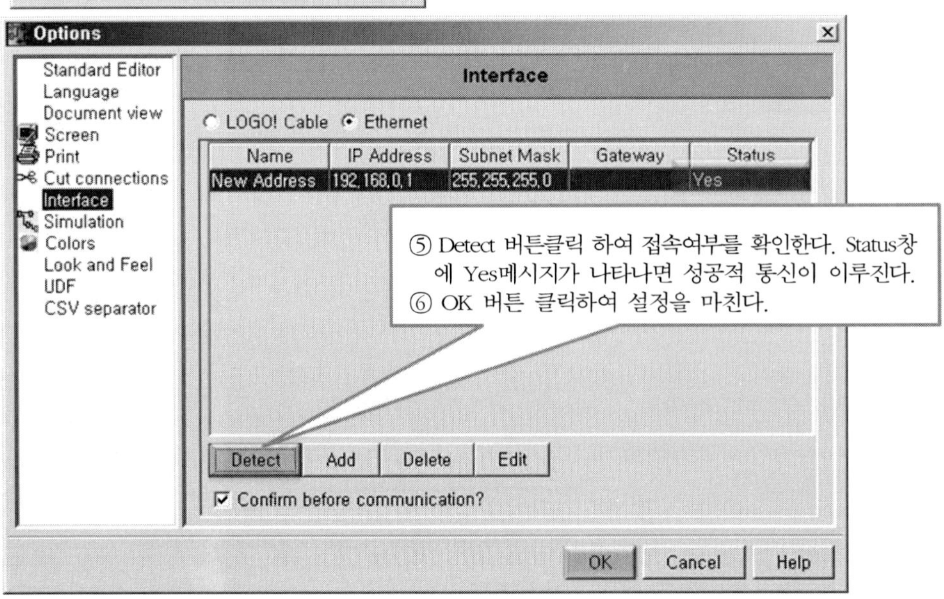

1.4 메모리 용량계산

전체 프로그램 용량의 다음 표에 따르며 명령어 사용 개수가 전체 차지하는 프로그램 용량이 된다.

표 1. 메모리 소요량

Block	RAM(Bytes)	Rem(Bytes)
AND (Edge)	12	-
NAND	12	-
OR (Edge)	12	-
NOR	12	-
XOR	8	-
NOT	8	-
On delay	12	3
Off delay	16	3
On/off delay	16	3
Retentive on delay	16	3
Wiping relay	12	3
Edge-triggered wiping relay	20	4
Asynchronous pulse generator	16	3
Random generator	16	-
Stairway lighting switch	16	3
Multiple function switch	20	3
Weekly timer	22	-
Yearly timer	12	-
Astronomical clock	20	-
Stopwatch	28	17
Up/Down counter	32	5
Hours counter	36	9
Threshold trigger	16	-
Analog threshold trigger	20	-
Analog differential trigger	20	-
Analog comparator	24	-
Analog watchdog	24	-
Analog amplifier	12	-
Pulse width modulator (PWM)	30	-
Mathematic instruction	24	-
Mathematic instruction error detection	16	1
Latching relay	12	1
PI Controller	44	2
Analog filter	16	-
Max/Min	20	9
Average value	32	16
Analog ramp	40	
Shift register	16	1

Chapter 2

소프트웨어 설치 및 사용자 인터페이스

2.1 LOGO!soft comfort 설치

① Start.html 실행

내 컴퓨터의 CD-ROM 드라이브에 LOGO!Soft COMFORT DVD를 넣는다. 잠시 후 자동으로 실행되어 초기화면이 나타나면 선택메뉴에서 "Install LOGO!Soft Comfort" 클릭한다.

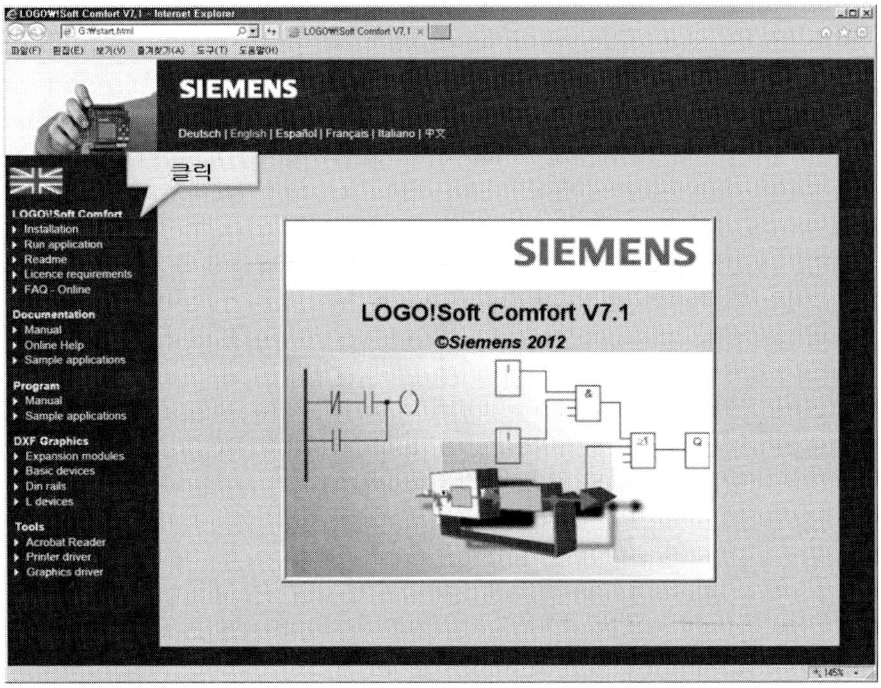

만약에 위와 같이 자동으로 실행되지 않으면 다음과 같이 조치한다.

방법1 : 내 컴퓨터의 DVD RW 드라이브(G:) LOGOCOMFORT를 클릭하여 폴더를 연 다음 start.html을 더블클릭한다.

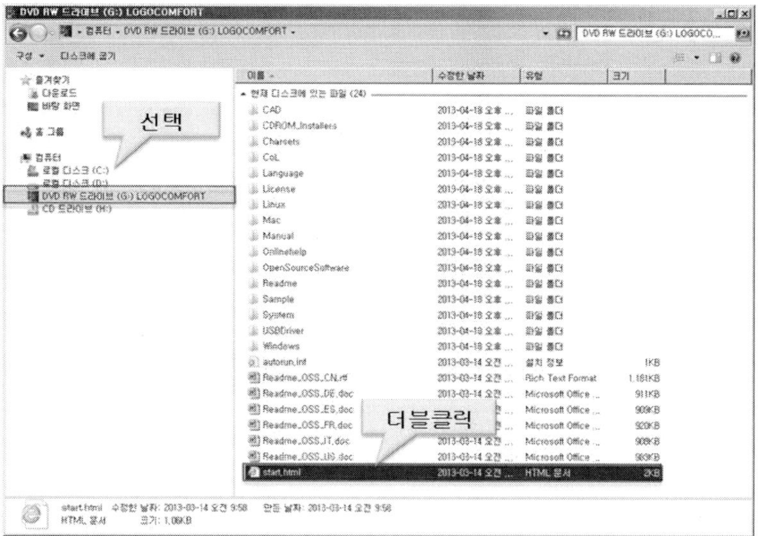

방법2 : 내 컴퓨터의 DVD RW 드라이브(G:) LOGOCOMFORT를 클릭하여 폴더를 열고 Windows 폴더를 선택한 다음 setup.bat을 더블클릭한다.

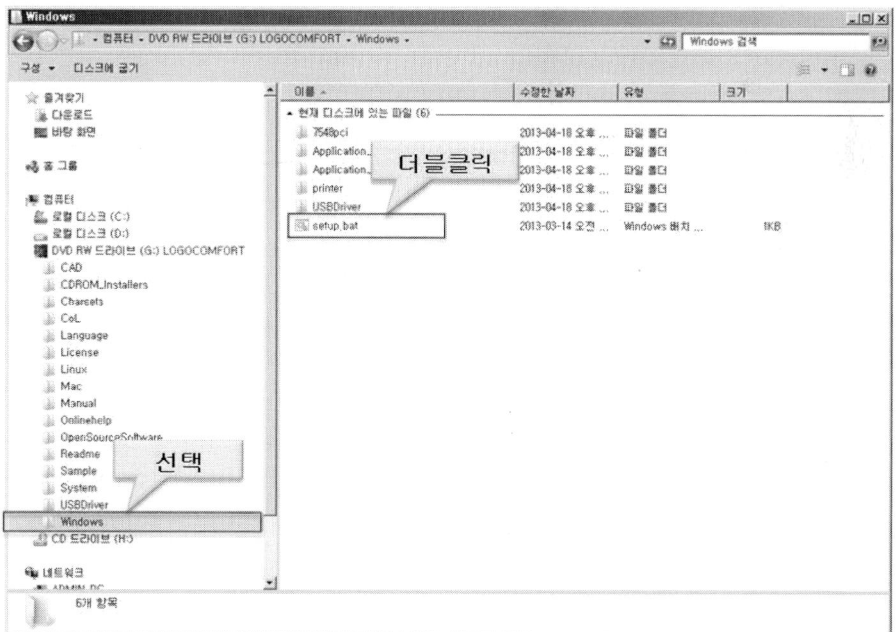

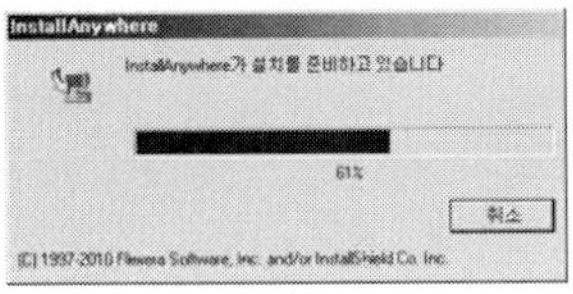

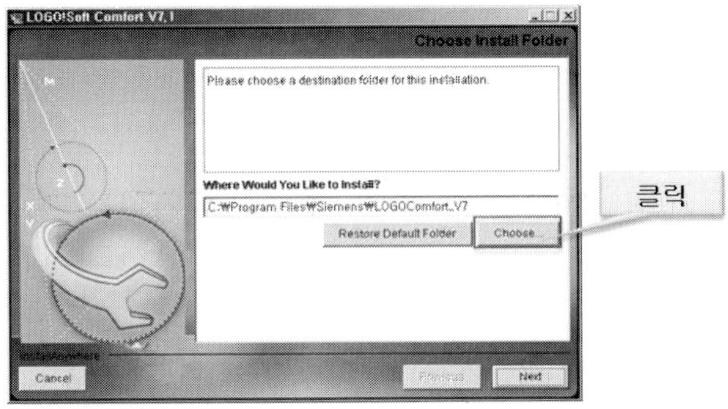

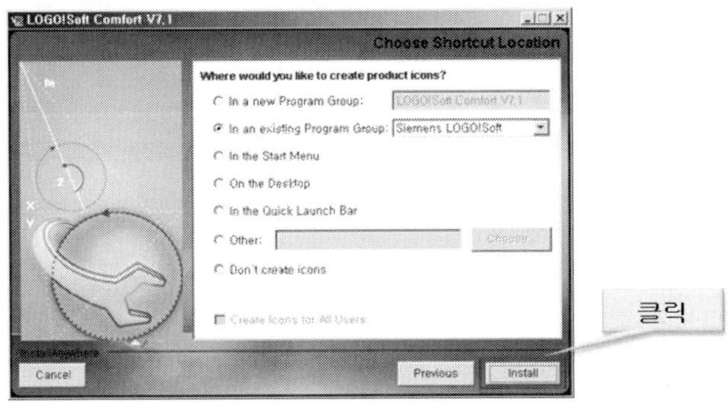

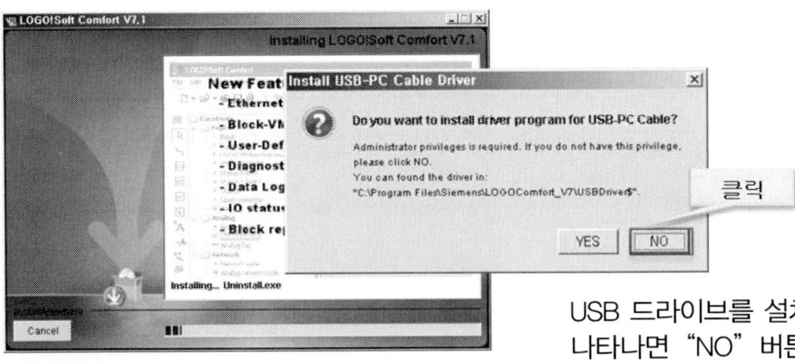

USB 드라이브를 설치할 것인지 묻는 메시지가 나타나면 “NO” 버튼클릭 한다.

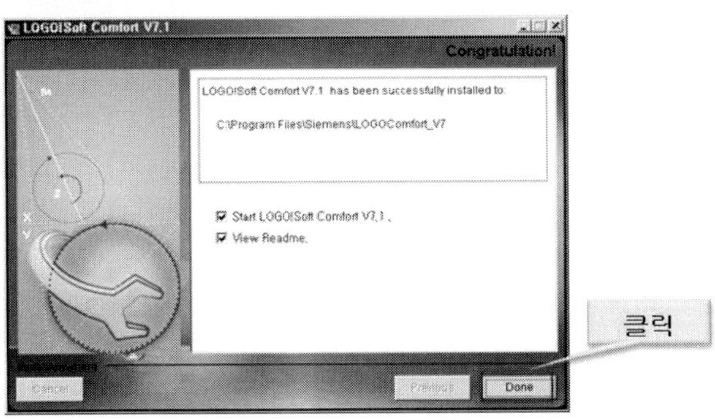

성공적으로 설치가 완료되면 오른쪽과 같이 LOGO!Soft comfort 메인화면이 생성된다.

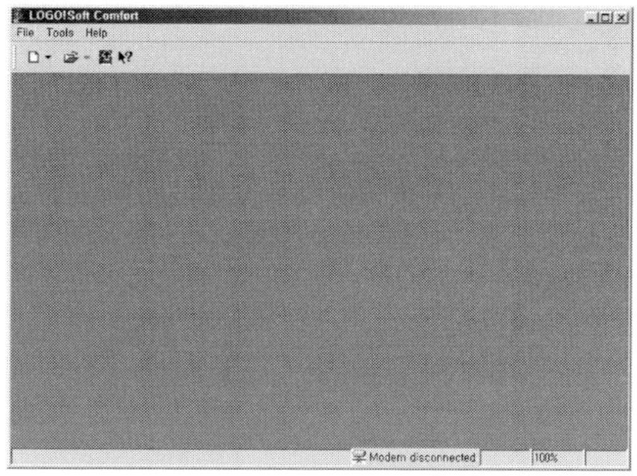

2.2 LOGO!soft comfort 사용자 인터페이스

아이콘 클릭

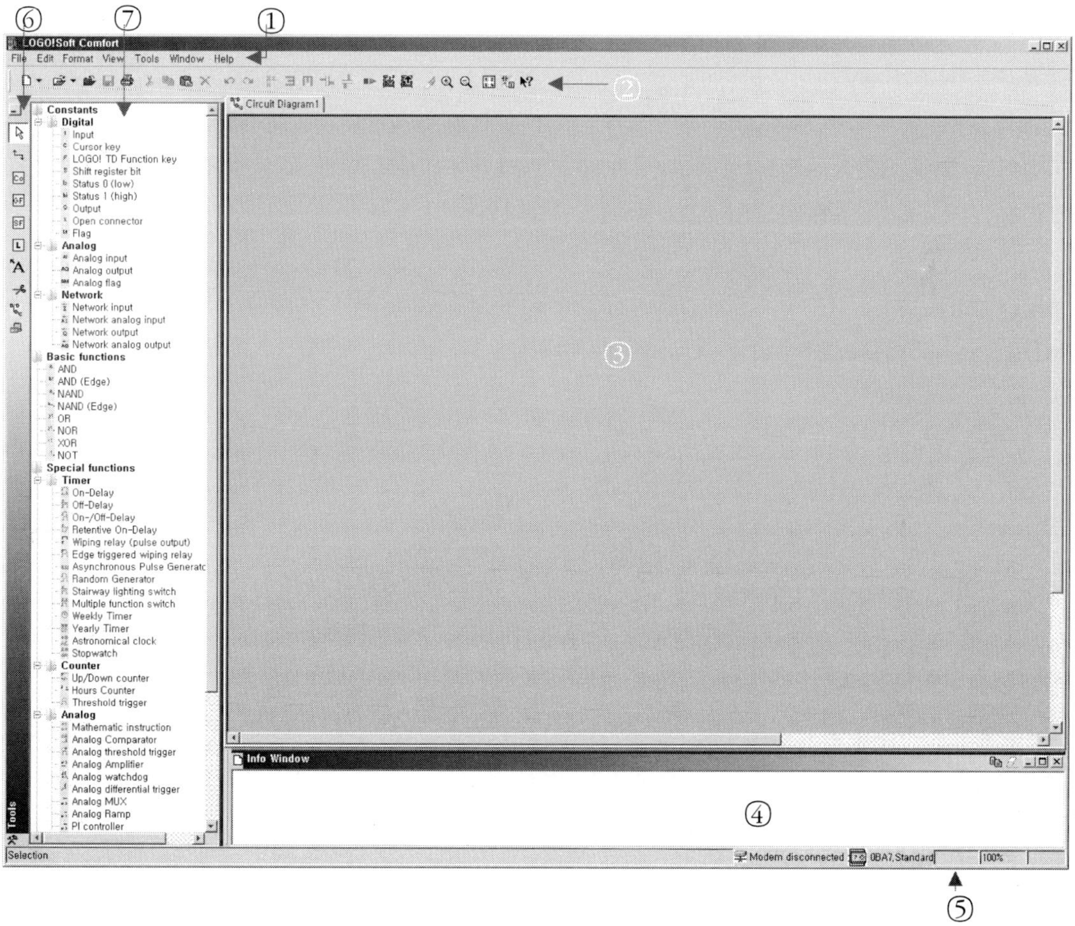

① 메뉴 바(Menu bar)
② 표준 툴바(Standard toolbar)
③ 프로그램 인터페이스(Programming interface)
④ 윈도우 안내(Info window)
⑤ 상태 바(Status bar)
⑥ 명령어 차림표

- 상수 및 커넥터(Constants and connectors)
- 기본기능(Basic functions) : FBD 및 UDF 편집자에만(only FBD and UDF Editors)
- 특수기능(Special functions)
- 데이터 로그 프로필(Data Log Profile) : FBD 및 LAD 편집자에만 해당(only FBD and LAD Editors)
- UDF : FBD 및 UDF 편집자에만 : UDF(only FBD and UDF Editors)

⑦ 프로그램 툴바(Programming toolbar)

메뉴 바(Menu bar)

메뉴 바는 LOGO!Soft Comfort 윈도우의 상단부에 위치합니다. 이 메뉴 바에 있는 여러 명령어를 통해 사용자 프로그램을 작성하거나 관리할 수 있고 디폴트 설정을 지정하거나 프로그램을 LOGO!로 다운로드/업로드 할 수 있습니다.

툴바(Toolbars)

LOGO!Soft Comfort는 다음 3가지 툴바를 제공합니다.

- 표준 툴바
- 프로그래밍 툴바
- 시뮬레이션 툴바

표준 툴바(Standard toolbar)

표준 툴바는 프로그래밍 인터페이스 윗부분에 위치하고 있습니다. LOGO!Soft Comfort가 실행이 되면 필수적인 기능만을 제공하는 축소된 툴바가 보여집니다. 표준 툴바를 통해 LOGO!Soft Comfort 의 필수 기능들을 직접 실행시킬 수 있습니다. 프로그래밍 인터페이스에서 사용자 프로그램을 연 이후에는 축소되지 않은 완전한 표준 툴바가 보여집니다.

사용자는 아이콘들을 사용하여 새로운 프로그램 생성, 기존 프로그램 다운로드, 저장, 인쇄하기, 오브젝트 잘라내기, 복사, 붙여넣기, LOGO!로 데이터를 전송하기, 전송 받기를 할 수 있습니다.

마우스로 표준 툴바를 이동시킬 수 있습니다. 표준 툴바를 닫으면 항상 메뉴 바의 상단부 쪽에 위치하게 됩니다.

프로그래밍 툴바(Programming toolbar)

프로그래밍 툴바(페이지 25)는 화면의 왼쪽에 위치합니다. 이 툴바의 아이콘을 사용하여 다른 편집 모드로 변경하거나 프로그램을 빠르고 쉽게 생성하고 편집할 수 있습니다.

마우스로 프로그래밍 툴바를 드래그 앤 드롭시켜 이동시킬 수 있습니다. 이 툴바를 닫으면 항상 메뉴 바의 상단부 쪽에 위치하게 됩니다.

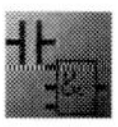 LAD편집기에는 기본 펑션(SF) 아이콘이 없습니다. 각 블록들을 내부적으로 연결하여 "AND" 와 "OR" 링크를 생성할 수 있기 때문입니다.

시뮬레이션 툴바(Simulation toolbar)

이 툴바는 사용자 프로그램을 시뮬레이션 할 때에만 사용합니다.

Info 박스(Info box)

Info 윈도우는 프로그래밍 인터페이스의 하단부에 위치하며 정보와 노트를 보여 줍니다. Tools → Determine LOGO! (페이지 52) 기능을 통해 사용자 프로그램을 실행시킬 수 있는 LOGO! 버전을 보여줍니다.

상태 바(Status bar)

상태 바는 프로그래밍 윈도우의 하단부에 위치합니다. 이 툴바를 통해 현재 활성화된 툴, 프로그램 상태, 줌 배율, 프로그램 페이지 번호, 선택한 LOGO! 버전을 볼 수 있습니다.

2.3 Info 윈도우

내용

Info 윈도우는 아래 내용을 보여줍니다.

- 시뮬레이션을 실행할 때 생성되는 에러 메시지
- Tools → Determine LOGO!메뉴나 혹은 펑션 키 (페이지 20) [F2]에 의해 선정된 LOGO! 버전
- 메시지의 날짜와 시간
- 메시지를 발생시킨 사용자 프로그램 이름

하나 이상의 프로그램이 열려 있을 경우 어느 메시지가 어느 프로그램에 해당되는 지 찾을 수 있습니다. 시뮬레이션 모드가 실행되면 리소스 및 LOGO! 하드웨어를 기반으로 사용자 프로그램을 분석하고 사용되는 리소스와 에러를 Info 윈도우에 표시합니다.

Info 윈도우는 차례대로 모든 정보를 보여줍니다. 스크롤 바를 사용하여 모든 정보 페이지를 볼 수 있습니다. LOGO!Soft Comfort를 종료하면 모든 정보는 Info 윈도우에서 삭제됩니다.

운영

View → Info window메뉴나 [F4] 펑션 키를 통해 Info 윈도우를 열거나 닫을 수 있습니다. Info 윈도우는 보통 프로그래밍 인터페이스의 하단부에 위치합니다. 사용자는 툴바를 다룰 때처럼 Info 윈도우를 마우스로 이동시키거나 프로그래밍 인터페이스의 상단부에 위치시킬 수 있습니다. 윈도우를 드래그 앤 드롭시켜 이동시키거나 LOGO!Soft Comfort 밖으로 이동시켜 별도의 윈도우로 열 수 있습니다.

Info 윈도우 안에 있는 텍스트 편집

Info 윈도우에서 선택된 메시지를 삭제하거나 다른 프로그램으로 복사할 수 있습니다. Info 윈도우에 주석을 쓸 수도 있습니다.

마우스로 Info 윈도우에서 텍스트를 선택하고 이 아이콘을 사용하여 클립보드로 복사하십시오.

이 아이콘은 Info 윈도우의 내용을 삭제하는 데 사용됩니다.

2.4 상태 바(status bar)

상태 바는 4개 부분으로 나누어지며 프로그램에 대한 유용한 정보들을 제공합니다.

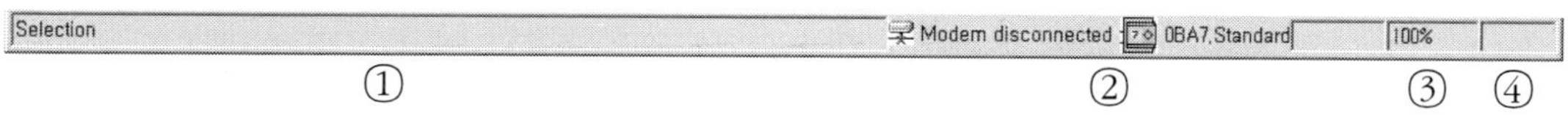

① 정보 필드. 예를 들면 현재 사용 중인 툴을 보여 줍니다.
② 사용자가 선정한 LOGO!를 LOGO!Soft Comfort 툴 팁으로 표시합니다. 아직 LOGO!를 지정하지 않았거나 지정된 것을 변경하려면 LOGO! 아이콘을 더블 클릭하여 Tools → Select Hardware 다이얼로그 창을 여십시오.
③ 현재 설정된 줌 배율을 보여줍니다.
④ 이 마지막 필드는 현재의 사용자 프로그램 페이지를 보여줍니다.

2.5 펑션 키와 바로가기 메뉴(Function keys and shortcuts)

LOGO!Soft Comfort에서 여러 펑션 키 및 자주 사용되는 펑션을 실행시킬 때 바로가기 기능을 사용할 수 있습니다.

LOGO!Soft Comfort 에서 지원하는 펑션 키

[F1] → context sensitive 온라인 Help를 호출합니다.
[F2] → Tools → Determine LOGO!메뉴
[F3] → 시뮬레이션 실행/종료
[F4] → View → Info 윈도우 열기/닫기)

[F5] → 커넥터 툴

[F6] → 컨스탄트와 터미널 툴)

[F7] → 기본 펑션 툴

[F8] → 특수 펑션 툴

[F9] → 텍스트 툴

[F10] → 메뉴 바 열기

[F11] → Cut/Join 툴

[F12] → 시뮬레이션 툴

LOGO!Soft Comfort에서 지원하는 바로가기

File 메뉴 :

[Ctrl+N] File → New (페이지 28) (Tools/Options/Editor에서 지정한 디폴트 프로그램 편집기 열기)

[Ctrl+O] → File → Open

[Ctrl+S] → File → Save

[Ctrl+F1] → File → Print preview

[Ctrl+P] → File → Print

[Ctrl+-] → File → Compare

[Alt+F4] → File→ Exit

Edit 메뉴 :

[Ctrl+Z] → Edit → Undo

[Ctrl+Y] → Edit → Redo

[Ctrl+X] → Edit → Cut

[Ctrl+C] → Edit → Copy

[Ctrl+V] → Edit → Paste

[Ctrl+A] → Edit → Select all

[Ctrl+G] → Edit → Go to block

View 메뉴 :

[Ctrl+M] Select Connections

[Ctrl+mouse wheel] → View → Zoom in

→ View → Zoom out

Tools 메뉴 :

[Ctrl+D] → Tools → Transfer: PC → LOGO!

[Ctrl+U] → Tools → Transfer: LOGO! → PC

[Ctrl+H] → Tools → Select Hardware

2.6 툴바(Toolbars)

표준 도구모음 개요

표준 툴바에 있는 아이콘들은 메뉴 바에서 실행시키는 명령들을 빠르게 실행시킵니다.

표준 툴바에서 제공하는 명령어들은 다음과 같습니다.

File :	New
	Open
	Close
	Save
	Print
Edit :	Cut
	Copy
	Paste
	Delete
	Undo
	Redo
Format :	Automatic
	Align Vertically
	Align Horizontally
	Vertically Distribute Space
	Horizontally Distribute Space

	Tools :	Switch LOGO! Mode
		PC → LOGO! (Download)
		LOGO! → PC (Upload)
	View :	Select lines
		Zoom in
		Zoom out
	File :	Properties: Page Layout tab
		Convert (LAD 〉 FBD) / Convert (FBD 〉 LAD)
	Help :	Context-sensitive help

2.7 시뮬레이션 툴바와 상태 윈도우(Simulation toolbar and status window)

툴바

시뮬레이션 모드를 열면 툴바가 팝-업 되어 보여집니다. 이 안에는 다음과 같은 아이콘들이 들어 있습니다.

- 입력 신호를 제어하기위한 아이콘 (예를 들어 스위치)
- 전원 공급 차단 시뮬레이션을 위한 아이콘. 전원 공급 차단 후 메모리 유지기능과 관련한 스위칭 응답 테스트
- 출력 상태를 모니터링을 위한 아이콘 (예를 들어 전구)
- 시뮬레이션 제어 아이콘
- 시간제어 아이콘

«을 클릭하면 툴바의 일부 영역을 숨길 수 있습니다. 숨긴 영역을 다시 나타나게 하려면 »을 클릭하십시오.

툴바정렬

I/O 툴바를 다른 툴바처럼 드래그 앤 드롭으로 프로그래밍 인터페이스의 왼쪽, 오른쪽, 상단부, 하단부로 이동시킬 수 있습니다. 사용자의 프로그램이 매우 크고 I/O가 많은 경우

I/O 아이콘을 LOGO!Soft Comfort 밖으로 드래그 앤 드롭시켜서 별도의 윈도우로 열면 시뮬레이션 레이아웃이 깨끗해집니다.

시뮬레이션 제어 아이콘

	전원 On/Off : LOGO! 디바이스가 전원을 차단하는 것처럼 작동합니다.
	시뮬레이션 실행
	시뮬레이션 정지
	시뮬레이션 홀드 (일시 정지)
	직접 LOGO!와 접속하여 시뮬레이션 합니다. 제공된 LOGO! Soft Comfort IP주소가 있는 회로 프로그램용으로 구성되지 않는 경우, 네트워크 시뮬레이션 아이콘(그레이 색) 비활성이다.

타임 제어 아이콘

시간요소가 매우 중요한 프로그램인 경우 타임제어 기능을 사용하여 프로그램의 동작을 모니터링 할 수 있습니다.

	특정 시간동안 혹은 특정 사이클 수 만큼 시뮬레이션을 실행하십시오. 다음 아이콘을 사용하여 시간이나 스캔 수를 설정하십시오.
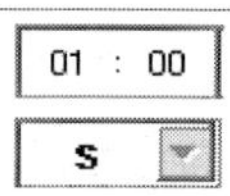	특정 시간동안 이루어질 시뮬레이션의 시간과 타임 베이스를 설정하십시오. 특정 사이클 수를 설정하십시오.
09:05:13	LOGO!Soft Comfort 의 현재 시간을 표시합니다.
	LOGO!Soft Comfort 의 현재 시간을 수정하십시오.

데이터 테이블 아이콘 : 

데이터 테이블의 VM 값을 볼 수 있습니다. 시뮬레이션의 경우, 값은 각각의 사이클을 업데이트됩니다. 온라인 테스트의 경우, 값은 각각의 통신 이후에 업데이트됩니다.

상태표시 :

사전 조건 : Tools → Options: Simulation(페이지 61)에서 신호 상태 표시와 프로세스 변수 표시가 활성화되어 있어야 합니다.

색깔 표시로 연결 라인의 "1" 과 "0" 의 상태를 표시합니다. 연결 라인 "1" 신호의 디폴트 색은 적색이고 "0" 신호의 디폴트 색은 청색입니다.

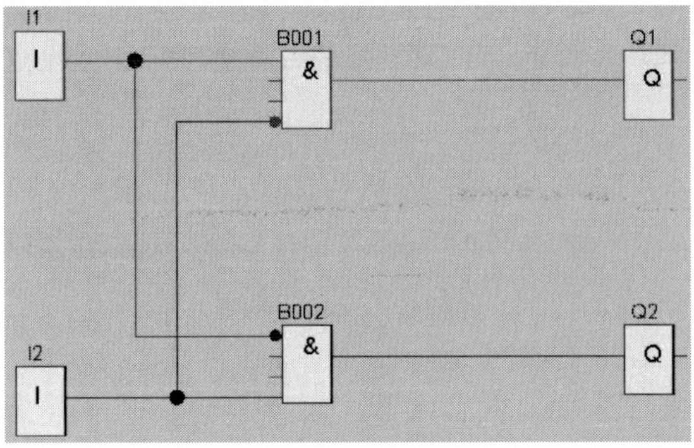

FBD 편집기에서의 예

PI 제어기 트렌드 보기

사용자 프로그램에 하나 이상의 PI 제어기 펑션 블록이 사용되면 트렌드 보기 윈도우를 통해 SP 파라미터와 관련한 아날로그 출력 값과 PV의 변화를 볼 수 있습니다. 트렌드 보기는 시뮬레이션이 실행되는 동안 지정된 주기로 지속적으로 업데이트됩니다. 이 윈도우에서 AQ, PV, SP 트렌드 그래프는 각각 활성화시키거나 비활성화 시킬 수 있습니다.

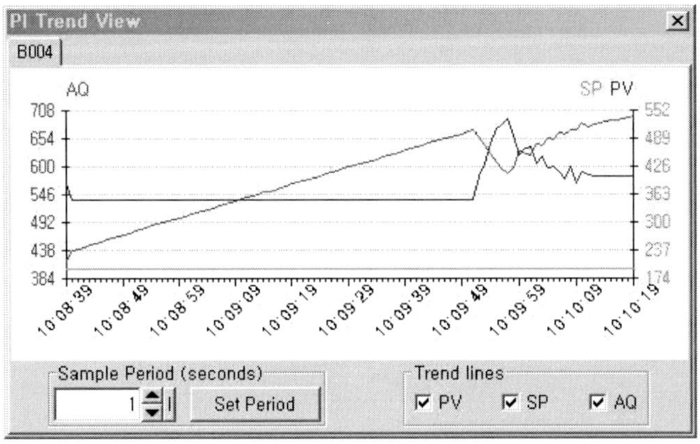

하나 이상의 PI 제어기 펑션 블록을 사용하는 경우 각 PI 제어기별 트렌드 보기는 탭으로 제공됩니다.

2.8 프로그래밍 툴박스(Programming toolbox)

프로그래밍 툴바 개요

프로그래밍 툴바에는 프로그램을 생성하고 편집하고 테스트하는 데 필요한 아이콘이 있습니다. 각각의 툴은 하나의 프로그래밍 모드를 나타내며 마우스로 각 아이콘을 동작시킬 때마다 해당 작업이 이루어집니다.

편집 툴은 메뉴 바 명령어가 지원되지 않습니다.

- / 프로그램 명령어 카탈로그 : 열기/닫기
- 선택 툴
- 커넥터 툴
- 컨스탄트와 터미널
- 기본 펑션. FBD 편집기에서만 지원
- 특수 펑션
- 텍스트 툴
- 회로 자르기/연결하기
- 시뮬레이션
- 온라인 테스트

2.8.1 프로그램 명령어 카탈로그

이 카탈로그에서는 사용자 프로그램을 작성할 수 있는 명령어 목록을 계층구조로 보여줍니다. 프로그래밍 툴바에 있는 이나 아이콘으로 이 카탈로그를 열거나 닫을 수 있습니다.

2.8.2 선택 툴

선택 툴을 사용하여 블록, 텍스트, 연결 라인을 이동시킬 수 있습니다. 왼쪽 버튼으로 각 오브젝트를 선택하거나 [Ctrl] 누른 상태에서 마우스로 오브젝트들을 클릭하면 여러 오브젝트를 선택할 수 있습니다. 또는 마우스로 오브젝트들 주위로 사각형을 만들어 오브젝트들을 선택할 수 있습니다.

프로그래밍 툴바에서 이 아이콘을 누르거나 [ESC] 키를 누르면 선택 툴(Selection Tool)이 호출됩니다.

2.8.3 텍스트 툴 A

이 툴은 사용자가 정의한 텍스트 오브젝트를 프로그래밍 인터페이스에 삽입하거나 수정할 때 사용합니다. 블록과는 무관한 텍스트 작성과 더불어 특정 블록에 대한 라벨을 생성하여 이 라벨을 해당 블록과 함께 이동시키고 삭제할 수 있습니다. 라벨을 생성하려면 텍스트 툴이 활성화되었을 때 해당 블록을 직접 클릭하십시오.

각, 블록마다 하나의 라벨만이 가능합니다. 각 라벨 별로 폰트 유형과 크기, 색을 지정할 수 있습니다.

가장 긴 텍스트 라인의 크기가 텍스트 박스의 폭이 됩니다. 텍스트 오브젝트나 라벨의 크기를 조정하려면 텍스트 문자열에 캐리지 리턴을 삽입하거나 삭제하여 폭과 높이를 조절하십시오.

사용자 프로그램 문서화를 참조하십시오.

2.8.4 회로 자르기/연결하기(Cut/Join)

이 툴은 블록들 간에 이루어진 연결을 잘라내고 붙여넣기를 할 때 사용합니다. 연결을 잘라내 기하려면 잘라내기/붙여넣기(Cut/Join) 툴이 활성화되었을 때 왼쪽 마우스 버튼으로 관련 라인을 선택하십시오. 잘려나간 연결 부분은 파트너 블록에 대한 레퍼런스로 대체됩니다. 레퍼런스에는 페이지 번호, 블록 번호, 파트너 블록의 I/O 가 표시됩니다.

2.8.5 커넥터 툴

이 툴은 블록들을 연결할 때 사용합니다. 블록 연결은 마우스 포인터를 블록 입력이나 출력에 위치시킨 후 왼쪽 마우스 버튼을 누릅니다. 마우스 버튼을 누른 상태로 선택한 소스 터미널에서 타깃(Target)터미널로 드래그 시킵니다. 마우스 버튼을 풀면 두 터미널 사이에 연결라인이 형성됩니다. 연결라인이 이루어지는 동안에는 첫 번째 터미널과 마우스 포인트 간에 직선이 보여 집니다. 연결이 되고 나면 수직선과 수평선의 조합으로 보여 지며 선택 툴을 사용하여 조작할 수 있습니다

2.9 메뉴 바(Menu bar)

메뉴 바에 있는 명령어들은 LOGO! 사용자 프로그램을 관리하고 편집하는 함수들과 도움말이 포함하고 있습니다.

- 파일메뉴(File menu)
- 편집메뉴(Edit menu)
- 체제메뉴(Format menu)
- 보기메뉴(View menu)
- 도구메뉴(Tools menu)
- 윈도우메뉴(Window menu)
- 도움말메뉴(Help menu)

2.9.1 File 메뉴

File 메뉴에는 파일관리를 위한 명령어, 사용자 프로그램을 생성, 저장, 다운로드하는 명령어, 파일속성을 설정하는 명령어, 인쇄를 위한 명령어들이 있습니다.

1) File -> New

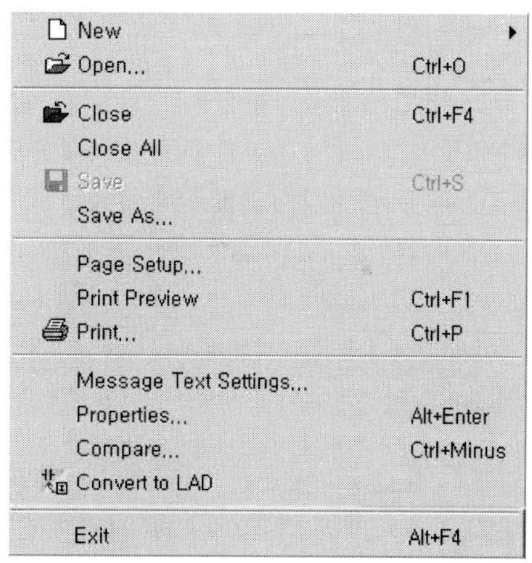

메뉴 명령어 New

이 명령어는 새로운 LAD 혹은 FBD 프로그래밍 인터페이스를 엽니다. 디폴트 설정에 따라 차이는 있지만 사용자 프로그램의 속성을 여러 개의 탭에서 설정할 수 있습니다. 나중에 File → Properties 메뉴를 통해 이 윈도우의 속성을 설정하거나 변경할 수 있습니다.

잘라내기(cut)나 복사(copy) 펑션을 통해 클립보드에 들어가게 된 프로그램 일부는 새롭게 생성된 사용자 프로그램에 붙여넣기 할 수 있습니다.

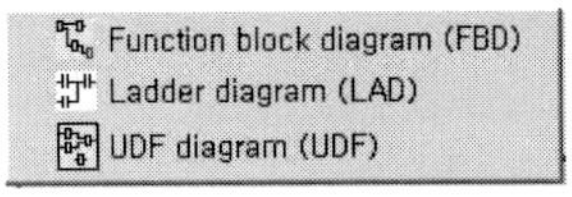

LAD와 FBD 간 사용자 프로그램 변환

Tools → Options: Standard Editor 메뉴 명령어에서 새로운 사용자 프로그램 작성을 위한 편집기를 선택할 수 있습니다.

Standard Editor 메뉴 아래 항목에서 "FBD Diagram Editor" 나 "LAD Editor"를 선택하십시오. 사용자의 선택에 따라서 새로운 사용자 프로그램이 LAD나 FBD로 생성됩니다.

2) File → Open

File Open

이 명령어는 이전에 사용자가 작성한 사용자 프로그램을 열어 편집할 수 있게 합니다. LOGO!Soft Comfort 에서 작성한 프로그램은 확장자 *.lsc를 갖게 됩니다. 선택된 프로그램이 새로운 윈도우에서 열리게 됩니다.

LOGO!Soft Standard 프로그램 : LOGO!Soft Standard(파일 확장자 = *.lgo)에서 작성된 파일을 LOGO!Soft Comfort로 import 할 수 있습니다. "File type" 항목에서 표시하고자 하는 파일 유형을 선택하십시오. LOGO!Soft Comfort 는 LOGO!Soft Standard에서 작성된 사용자 프로그램을 그래픽 형식으로 생성하여 디스플레이할 것입니다.

다른 방법으로 열기

같은 방법으로도 사용자 프로그램을 열 수 있습니다.

- 윈도우 상에서 LOGO!Soft Comfort 사용자 프로그램 파일을 프로그래밍 인터페이스로 드래그 앤 드롭 시킬 수 있습니다. 이 파일을 프로그래밍 인터페이스에 갖다 놓으면 LOGO!Soft Comfort는 그 파일을 새로운 윈도우에서 열게 됩니다.
- 확장자 *.lsc나 *.lld를 갖는 파일을 탐색기에서 더블클릭하면 LOGO!Soft Comfort가 실행되고 자동적으로 이 파일을 열게 됩니다.

클립보드에 있는 내용은 어떻게 처리되나?

잘라내기(cut)나 복사(copy) 펑션으로 이전에 클립보드로 복사된 프로그램 오브젝트들은 새로운 사용자 프로그램에서 붙여넣기를 할 수 있습니다.

최근에 열린 파일들

File 메뉴 하단에는 LOGO!Soft Comfort.에서 최근에 열었던 파일들 목록이 나옵니다.

3) File → Close

File Close

Close 메뉴 명령어를 클릭하면 활성화되었던 윈도우가 닫힙니다. 현재 프로그램이 저장되지 않았으면 저장할 것을 묻는 프롬프트가 나타납니다.

다른 방법으로는 사용자 프로그램의 탭 상에서 오른쪽 마우스 버튼으로 바로가기 메뉴를 열고 Close 메뉴 명령어를 선택하면 됩니다.

4) File → Close all

Close all 메뉴 명령어는 모든 열려있는 윈도우를 닫습니다. 사용자 프로그램 중 아직 저장되어 있지 않은 것이 있을 경우 저장하기 원하는 프로그램을 선택하도록 다이얼로그 창이 보여집니다. 선택된 프로그램은 모두 저장됩니다.

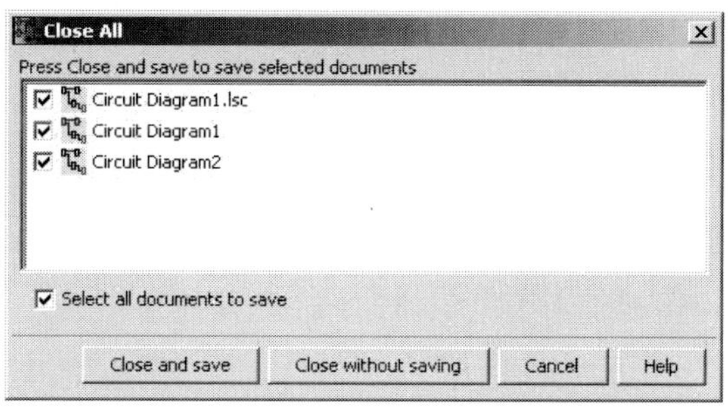

5) File → Save

File Save

새로 작성된 프로그램을 처음으로 저장하는 경우 원하는 저장경로와 파일이름을 지정할 수 있습니다. 기존 프로그램을 새로운 버전으로 저장할 경우 저장이 빠르게 됩니다. 이전 버전에서 작성된 프로그램이 새로운 버전의 프로그램으로 오버라이트 됩니다. 새로운 프로그램은 원래의 파일과 동일한 경로와 이름으로 저장됩니다.

다른 방법으로는 사용자 프로그램의 탭 상에서 오른쪽 마우스 버튼으로 바로가기 메뉴를 열고 Save 메뉴 명령어를 선택하면 됩니다.

6) File → Save As

현재 작성중인 사용자 프로그램을 저장할 경로와 이름을 지정하는 다이얼로그 창이 열리게 됩니다. 이때 다른 이름이나 다른 폴더로 저장하면 이전 프로그램이 계속 유지될 수 있습니다. 저장할 수 있는 파일 유형들은 다음과 같습니다.

- LOGO!Soft Comfort file FBD(*.lsc)
- LOGO!Soft Comfort file LAD (*.lld)
- LOGO!Soft Standard file (*.lgo)
- Portable Document Format (*.pdf)
- JPG file (*.jpg)
- Bitmap file (*.bmp)

FBD와 LAD 프로그램의 디폴트 LOGO!Soft Comfort 파일이름 확장자는 *.lsc 나 *.lld 입니다. LOGO!Soft Standard 프로그램 포맷인 *.lgo 파일 타입을 선택하면 이전 LOGO!Soft 버전으로 저장할 수 있습니다. 이 경우 블록위치에 대한 그래픽정보 등은 고려 대상이 되지 않습니다. 또한 LOGO!Soft Standard에서 지원되지 않는 펑션을 사용자 프로그램에서 사용하는 경우 에러 메시지를 발생합니다.

사용자 프로그램 문서화를 위해 프로그램 포맷을 *.jpg, *.bmp 혹은 *.pdf 등과 같은 그래픽 포맷으로 저장할 수 있습니다. 그러나 이런 파일들은 로직 명령어들을 포함하지 않기 때문에 LOGO!Soft Comfort에서 열 수 없습니다.

아크로뱃 리더 포맷은 한 가지 장점이 있습니다. 사용자 프로그램을 *.pdf 포맷으로 저장하면 프로그램을 인쇄한 것과 동일한 문서를 보여줍니다. 이 파일을 LOGO!Soft Comfort가 없는 사용자에게 배포하면 아크로뱃 리더로 인쇄할 수 있습니다.

다른 방법으로는 사용자 프로그램의 탭 상에서 오른쪽 마우스 버튼으로 바로가기 메뉴를 열고 Save as 메뉴 명령어를 선택하면 됩니다.

7) File → Page Setup

이 명령어는 사용자 프로그램을 위해 페이지 설정을 할 수 있는 다이얼로그 창을 엽니다. 이 창에서 페이지 포맷, 페이지 여백, 가로 인쇄, 세로 인쇄 등을 지정합니다.

LOGO!Soft Comfort는 멀티 페이지 인쇄 기능이 있어서 페이지가 잘리는 부분이 화면에 표시됩니다. 인쇄 영역은 사용자가 지정할 수 있습니다.

여기서 지정한 설정은 프린터 설정과는 상관이 없습니다. 프린터 설정은 File → Print (페이지 31) 메뉴에서 해야 합니다. 인쇄 영역은 Tools → Options: Print (페이지 60)에서 지정할 수 있습니다.

8) File → Print preview

미리보기 옵션은 사용자 프로그램이 어떻게 인쇄될 것인가를 보여줍니다. 이 아이콘을 사용하여 페이지를 스크롤하거나 줌 하거나 직접 인쇄를 할 수 있습니다.

9) File → Print

Menu command Print

이 명령어는 인쇄 설정을 하기 위한 다이얼로그 창을 열게 합니다. 이 다이얼로그 창은 Tools → Options: Print 메뉴에서도 열 수 있습니다.

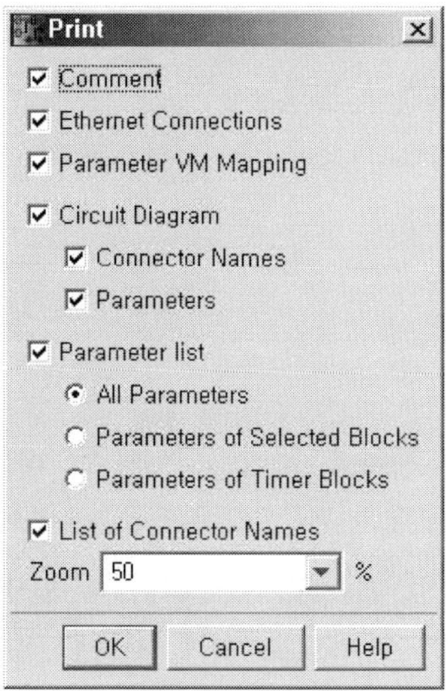

File → Properties에서 comments(주석)을 인쇄할 것인지를 선택할 수 있습니다.

connection names과 Parameter(매가변수)를 포함시킬 것인지도 선택할 수 있습니다.

parameter list가 필요한 경우 모든 블록의 파라미터를 포함시킬 것인지, 선택한 블록의 파라미터만을 포함시킬 것인지 혹은 특수 타이머 블록의 파라미터만을 포함시킬 것인지를 선택할 수 있습니다.

list of connection names를 인쇄할 수 있습니다.

Suppress empty pages 옵션은 그래픽 오브젝트가 하나도 없는 페이지를 뺄 수 있게 해 줍니다.

비어있는 페이지가 페이지 번호에 포함되기 때문에 이것들이 인쇄가 되지 않으면 페이지에 갭이 생기게 됩니다.

프린터 다이얼로그 창에서 기본 프린터(디폴트 프린터)와 프린트 속성을 지정할 수 있습니다.

제어판에서는 프린터 고급 기능을 지정할 수 있습니다.

*.pdf 포맷은 더 많은 인쇄 옵션을 제공합니다. 사용자는 프로그램을 아크로배트 포맷으로 저장할 수 있습니다. 이 파일을 LOGO!Soft Comfort가 없는 사용자에게 주면 아크로배트 리더로 그 프로그램을 보고 인쇄할 수 있습니다.

10) File → Properties

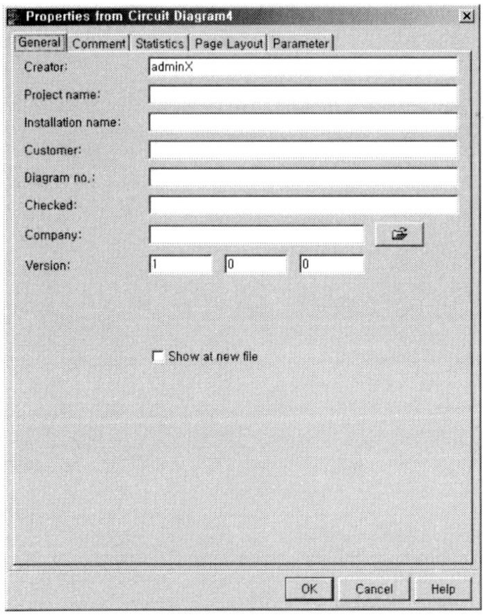

Properties(속성) 다이얼로그 창에는 다음과 같은 탭들이 있습니다.

- General
- Comment
- Statistics
- 페이지 Layout
- Parameter

File → Properties – General

속성 다이얼로그 창의 General 탭에서 사용자 프로그램의 세부 사항을 입력할 수 있습니다.

프로젝트와 관련된 데이터와 회사 데이터 등을 입력하기 위한 입력박스가 있습니다. 사용자는 이 다이얼로그 Help의 도움을 받아 사용자 프로그램의 버전을 빠르고 쉽게 지정할 수 있습니다.

Company 필드영역에 회사이름 텍스트 문자 대신에 회사 로고가 있는 *.bmp 혹은 *.jpg 파일을 지정할 수 있습니다. 이 기능을 통해 사용자 프로그램의 레이아웃을 조정할 수 있습니다.

Show at new file 체크 박스를 설정하면 사용자 프로그램을 새롭게 생성할 때마다 위에서 설명한 내용이 어디에 입력되는 지를 알려주는 플래그 나타납니다.

File → Properties – Statistics

Statistics 탭은 사용자 프로그램을 작성한 일자와 최종 작성자를 보여줍니다.

File → Properties – Page Layout :

Menu command Page format

Page Layout 탭에서 사용자 프로그램을 어떻게 인쇄할 것인지 또 얼마나 많은 페이지를 인쇄할 것인지를 지정할 수 있습니다. 이 탭에서 미리보기를 할 수 있습니다. 두 페이지 이상을 인쇄하는 경우 페이지가 잘리는 곳이 흰색으로 표시됩니다. 이 탭을 설정한 이후에는 사용자 프로그램이 이 페이지 설정에 따라 인쇄됩니다. 인쇄 시 다른 페이지로 이어지는 연결 부분(Connections)은 끊어집니다. 이때 사용자 프로그램에서 그 부분을 잘라내기/붙여넣기(Cut/Join) 툴로 파일을 나누면 크로스 레퍼런스가 생성되는 데 페이지가 잘리는 부분을 이렇게 잘라내기/붙여넣기 나눌 것을 권장 합니다. File → Page Setup 메뉴에서 용지 크기, 페이지 설정과 여백을 지정할 수 있습니다.

File → Properties – Parameter

사용자 프로그램이 전송될 때 Parameter 탭에서 지정한 내용도 LOGO!로 전송되어 그 안에 저장됩니다.

Program name 필드에서 사용자 프로그램 이름을 입력할 수 있으며 16개 문자까지 사용할 수 있습니다. 전송 후에는 사용자 프로그램이 이 이름으로 LOGO! 화면에 표시됩니다.

사용자 프로그램에 패스워드를 입력할 수 있고 기존에 입력된 패스워드를 변경하거나 삭제할 수 있습니다. 새로운 패스워드를 입력하려면 두 개의 텍스트 박스에 새로운 패스워드를 입력하고 OK로 확인해야 합니다. 패스워드는 최대 10개의 문자를 가질 수 있습니다. 패스워드를 변경하려면 이전 패스워드를 Old password 박스에 먼저 입력한 후 새로운 패스워드를 두 번째 New password 박스에 입력하고 OK로 확인해야 합니다. 언제든지 기존의 패스워드를 삭제할 수 있습니다. 이를 위해서는 Old password 박스에 기존의 패스워드를 넣고 두 번째 New password 박스를 비워둔 상태에서 OK 버튼을 누릅니다.

패스워드는 LOGO!에 있는 사용자 프로그램을 보호해줍니다. 사용자 프로그램은 패스워드가 걸렸든지 걸리지 않았든지 LOGO!Soft Comfort에서 열리고 수정될 수 있는데 패스워드가 걸린 프로그램은 패스워드를 입력하여 LOGO!의 프로그램을 보거나 수정할 수 있고 또는 PC로 업-로드할 수 있습니다.

Display content on LOGO! after power on

펑션은 LOGO!를 스위치 온 시킬 때 LOGO! 화면상에 무엇이 표시될 지를 설정하게 합니다. 설정할 수 있는 내용은 다음과 같습니다.

- 시간과 날짜 표시
- 입력과 출력 표시

Behavior of analog outputs in STOP mode

펑션은 정지모드 시 어떤 값이 LOGO! 아날로그 출력으로 나갈지를 설정하게 합니다. 설정할 수 있는 내용은 다음과 같습니다.

- AQ1와 AQ2의 최종 값
- AQ1와 AQ2에 사용자가 지정한 값

Set analog outputs value range type

펑션은 아날로그 출력 범위를 설정하게 합니다. 설정할 수 있는 내용은 다음과 같습니다.

- 0～20 mA / 0～10 V
- 4～20 mA

Set AI3 and AI4 position

펑션으로 4개의 아날로그 입력이 지원되는 LOGO! 0BA6 버전에서 AI3 과 AI4 를 활성화시킬 수 있습니다. 그리고 아날로그 채널을 몇 개 사용할 것인지를 선택할 수 있습니다. 설정할 수 있는 내용은 다음과 같습니다.

- AI 2개 : 입력 터미널 I7과 I8에 해당되는 AI1과 AI2만이 사용자 프로그램에서 사용할 수 있습니다.
- AI 4개: 입력 터미널 I7과 I8에 해당되는 AI1과 AI2를 사용자 프로그램에서 사용할 수 있고 추가로 I1과 I2에 해당되는 AI3과 AI4를 사용할 수 있습니다.

11) File → Compare

이 펑션은 두 개의 프로그램을 서로 비교하는데 사용됩니다.

LOGO!Soft Comfort는 그래픽 블록의 레이아웃이나 주석에서 차이가 나는 부분은 인식할 수 없습니다.

사전조건 :

- 사용자 프로그램들이 LOGO!Soft Comfort에서 열려야 합니다. 또는 LOGO!Soft Comfort에서 열린 파일과 LOGO! 안에 있는 프로그램을 비교할 수 있습니다.
- *.lsc와 *.lsc 등의 프로그램 중 동일한 타입의 사용자 프로그램만 비교할 수 있습니다.

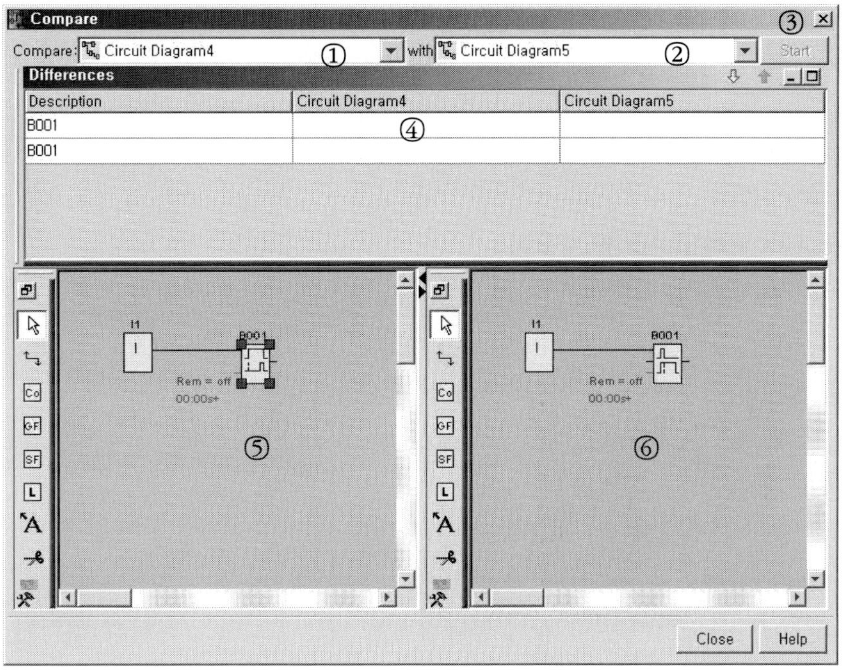

1	①	첫 번째 사용자 프로그램을 선택하십시오.
	⑤	첫 번째 사용자 프로그램이 표시됩니다.
2	②	첫 번째 프로그램과 비교하려고 하는 두 번째 사용자 프로그램을 선택하십시오.
	⑥	두 번째 사용자 프로그램이 표시됩니다.
	⑦	두 개의 화살표 아이콘은 프로그램 영역을 확대할 때 사용됩니다. 한쪽을 확대하면 다른 쪽 프로그램 영역은 축소됩니다.
3	③	Start 버튼을 클릭하십시오.
4	④	두 개의 사용자 프로그램을 비교하여 다음과 같은 부분에서 차이가 나는 부분이 있을 경우 그 내용을 이 테이블에서 보여줍니다. - 블록 수, 추가된 블록/빠진 블록, 연결(Connections), 하드웨어가 다름 - 메시지 텍스트 FBs가 다름(텍스트와 바-그래프) - 연결이 다름. - 파라미터와 VN 매핑 라인이 다름 - 이더넷 연결이 다름

편집

두 개의 사용자 프로그램을 각각 편집하기 위해 모든 옵션을 사용할 수 있습니다.

하드웨어가 다름

비교하려는 사용자 프로그램의 LOGO! 하드웨어가 서로 다른 경우 매우 많은 메시지가 출력될 것입니다. 이 경우 LOGO! 버전을 맞추십시오.

노트

내부 메모리(마커)가 사용된 사용자 프로그램을 비교할 때 어떤 경우에서는 실제보다 더 많이 차이가 난다는 결과가 나올 수 있습니다.

12) File → Convert (LAD → FBD)

이 펑션을 사용하여 사용자 프로그램을 LAD에서 FBD로 변환합니다.

LAD에서 FBD로 변경시 다음과 같은 규칙이 적용됩니다.

- 직렬연결 접점은 AND 블록으로 변환됩니다.
- 병렬연결 접점은 OR 블록으로 변환됩니다.
- 사용자가 정의한 주석은 변환되지 않습니다. 왜냐하면 사용자 프로그램에서 그 위치들을 블록 기반으로 정의할 수 없기 때문입니다.
- 크로스링크 (블록출력이 여러 개의 블록입력에 연결되고 최소 하나의 입력이 여러 개의 블록 출력에 연결)는 OR 블록으로 변환됩니다.
  OR 블록을 위한 입력들은 모두 크로스 링크의 블록 출력들입니다.
  OR 블록의 출력은 크로스 링크의 모든 블록 입력에 연결됩니다.
- 내부 플래그들이 결정되고 현재의 경로들도 링크됩니다.

13) File → Convert (FBD → LAD)

이 펑션을 사용하여 사용자 프로그램을 FBD에서 LAD로 변환합니다.

FBD에서 LAD로 변경시 다음과 같은 규칙이 적용됩니다.

- AND 블록은 직렬연결 접점 회로로 변환됩니다.
- OR 블록은 병렬접점 회로로 변환됩니다.
- 기본 펑션에 대한 주석은 LAD에서는 적용이 되지 않습니다. 왜냐하면 기본 펑션들이 여러 개의 접점으로 변환이 되기 때문입니다. 이로 인해 주석들을 정확하게 위치시킬 수 없습니다.
- LAD에서 입력 주석은 해당 입력의 모든 접점에 적용됩니다.
- 사용자가 정의한 주석은 변환되지 않습니다. 왜냐하면 사용자 프로그램에서 그 위치들을 블록 기반으로 정의할 수 없기 때문입니다.
- XOR 블록은 포지티브 접점이나 네가티브 접점으로 설정된 LAD 로직으로 변환됩니다.

노트

변환시 사용자 프로그램의 총 블록 개수가 증가하고 이로 인해 LOGO!에서 허용하는 블록 범위가 초과되기도 합니다. 그러므로 FBD에서 LAD로 변환하는 것이 항상 가능한 것은 아닙니다.

조치

Tools 〉 Select Hardware에서 하드웨어를 0BA6로 선택하십시오. LAD로의 변환을 시작하십시오. 그 후 Tools 〉 Determine LOGO!에서 어떤 하드웨어가 사용자 프로그램을 실행시킬 수 있는 지를 확인하십시오.

14) File → Message Text Settings

이 명령어를 사용하여 모든 메시지 텍스트에 적용될 메시지 텍스트 설정을 설정하십시오. 이 글로벌 메시지 텍스트 설정은 다음과 같습니다.

- Use new feature: : LOGO!Soft Comfort V7.0 에는 메시지 텍스트를 위한 새로운 기능이 많이 있습니다. 이 메시지 기능들을 사용하려면 이 체크 박스를 선택하십시오(페이지 204). V6.0 이전의 기능에서 작성된 메시지 텍스트를 사용하려면 이 체크박스를 선택하지 마십시오. 일단 이 새로운 기능을 선택하면 이전 버전의 기능으로 되돌리려 할 때 사용자 메시지 텍스트가 소실됩니다.
- Character Set 1: 여기서 메시지 텍스트를 위한 첫 번째 문자 세트를 지정합니다. 메시지 텍스트는 Character Set 1 혹은 Character Set2에서 지정한 문자들로 설정될 수 있습니다. 두 개의 문자 세트 중 하나를 디폴트로 설정할 수 있습니다.
- Character Set 2: 여기서 메시지 텍스트에 대한 두 번째 문자 세트를 지정합니다. 메시지 텍스트는 Character Set 1 혹은 Character Set 2 에서 지정한 문자들로 설정될 수 있습니다. 두 개의 문자 세트 중 하나를 디폴트로 설정할 수 있습니다.
- Analog input filter timer: 이 시간은 LOGO!가 메시지 텍스트에 아날로그 값이 삽입되는 경우 그 아날로그 값을 어떤 주기로 업데이트시키는 지를 정의합니다. 값의 단위는 밀리세컨드입니다.
- Ticker timer: LOGO! Display나 LOGO! TD에서 메시지 텍스트가 얼마나 빠르게 tickering(문자 쉬프트) 하는지를 지정하는 ticker 타임 값의 단위는 밀리 세컨드이며 옆에 있는 스크롤바로 Ticker 타임을 설정할 수 있습니다.

지원되는 문자세트

LOGO!Soft Comfort, LOGO! 화면, LOGO! TD는 다음과 같은 문자 세트를 지원합니다.

LOGO!에서의 문자 세트	일반적인 이름	지원되는 언어	인터넷 사이트
ISO-8859-1	Latin-1	English German Italian Spanish (partly) Dutch (partly)	http://en.wikipedia.org/wiki/ISO/IEC_8859-1
ISO-8859-5	Cyrillic	Russian	http://en.wikipedia.org/wiki/ISO/IEC_8859-5
ISO-8859-9	Latin-5	Turkish	http://en.wikipedia.org/wiki/ISO/IEC_8859-9
ISO - 8859-16	Latin-10	French	http://en.wikipedia.org/wiki/ISO/IEC_8859-16
GB-2312 / GBK	Chinese	Chinese	http://en.wikipedia.org/wiki/GB2312
Shift-JIS	Japanese	Japanese	http://en.wikipedia.org/wiki/Shift-jis

15) File → Exit

LOGO!Soft Comfort가 종료됩니다.

이 명령어를 수행했을 때 사용자 프로그램을 작성하고 있거나 저장을 아직 하지 않은 경우 어느 사용자 프로그램을 저장할 것인가를 지정할 수 있는 하나의 윈도우가 열리게 됩니다. 사용자 프로그램을 저장하지 않고 LOGO!Soft Comfort 를 종료하려면 Close without saving을 클릭하십시오.

2.9.2 Edit 메뉴

1) Edit → Undo

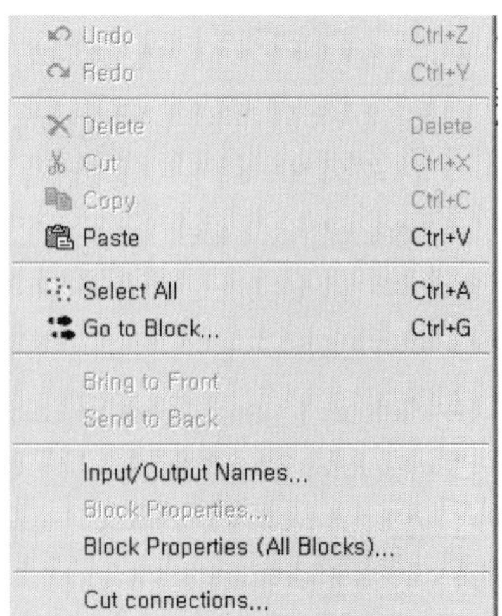

Edit Undo

이 명령어는 프로그래밍 인터페이스에서 실행한 작업(로직 작성)을 되돌리기 할 때 사용합니다. 마우스 포인터를 undo 메뉴에 위치시킨 상태로 잠시 멈춥니다. 툴-팁이 열리고 되돌리기를 할 수 있는 작업들을 보여줍니다. 30개의 작업까지 되돌리기 할 수 있습니다.

2) Edit → Redo

Edit Redo

Redo 명령어는 마지막으로 되돌렸던 작업을 다시 역으로 되돌리는 것입니다. 메뉴 명령어를 클릭하면 역으로 되돌리기를 할 수 있는 툴-팁이 보여집니다.

3) Edit → Delete

Edit Delete

이 명령어는 선택한 오브젝트를 클립보드에 복사하지 않고 삭제합니다. Undo 펑션으로 삭제한 오브젝트를 다시 복원할 수 있습니다.

4) Edit → Cut

Edit Cut

이 명령어는 하나 이상의 오브젝트들, 예를 들어 블록이나 연결라인(Connecting line)을 프로그래밍 인터페이스에서 클립보드로 복사합니다.

5) Edit → Copy

Edit Copy

이 명령어는 하나 이상의 오브젝트를, 예를 들어 블록, 텍스트, 혹은 연결 라인(Connecting line)을 클립보드로 복사할 때 사용합니다.

6) Edit → Paste

이 명령어는 클립보드에 있는 내용을 프로그래밍 인터페이스로 붙여 넣기 할 때 사용합니다. 삽입 위치는 바로 전에 선택한 오브젝트 아래나 마우스 클릭으로 지정한 곳입니다.

Edit Paste

리소스가 충분해야만 클립보드에 있는 내용을 붙여넣기 할 수 있습니다. 블록은 타입에 따라 다르지만 일정한 양의 리소스를 필요로 합니다(페이지 217). 사용자 시스템이 리소스를 충분하게 제공하지 못하면 에러 메시지가 발생합니다.

종단이 열려있는 연결 라인은 붙여넣기가 되지 않습니다. 연결 라인이 두 개의 블록을 연결하고 그것들이 블록들과 함께 클립보드로 복사된 경우에만 붙여넣기를 할 수 있습니다.

7) Edit → Select all

이 명령어는 프로그래밍 인터페이스에서 모든 오브젝트(블록, 연결 라인, 라벨 등)를 선택할 때 사용합니다.

8) Edit → Go to Block

이 명령어는 사용되는 블록들의 목록을 블록 번호, 블록 이름, 블록 타입 등으로 보여줍니다. Block number 라인에 짧은 설명문을 입력할 수 있습니다(예를 들어 I1, I2, B004 등). 입력한 블록 번호가 사용자 프로그램 안에 있으면 그 블록이 블록목록과 프로그래밍 인터페이스 상에서 하이라이트 됩니다.

블록목록에서 블록을 직접 선택하여 프로그래밍 인터페이스 상에서 그 블록을 하이라이트 시킬 수도 있습니다.

9) Edit → Bring to front

이 명령어는 서로 겹치는 오브젝트들 중 하나를 전면에 나오게 하는 데 사용합니다.

10) Edit → Send to back

이 명령어는 서로 겹치는 오브젝트 중 하나를 뒤로 보내는 데 사용합니다.

11) Edit → Input/Output Names

이 명령어는 입력과 출력 터미널에 이름(커넥터 이름)을 부여하는데 사용합니다. 프로그래밍 인터페이스에서 커넥터 이름을 표시할 것인지를 Tools → Options → Screen 메뉴에서 지정할 수 있습니다. Tools → Options → Print메뉴에서 인쇄 시 커넥터 이름과 연결 목록을 포함시킬 것인지를 지정할 수 있습니다.

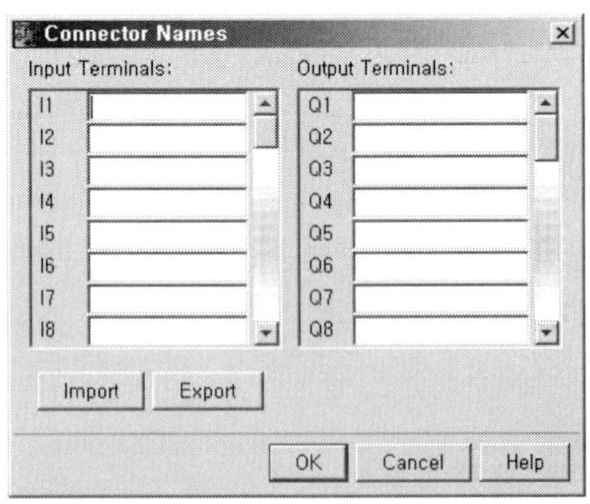

12) Edit → Block properties

이 명령어로 프로그래밍 인터페이스에서 선택한 블록의 속성을 표시할 수 있습니다.

블록 속성 다이얼로그 창은 여러 개의 탭으로 이루어졌습니다. 모든 블록에는 Comment 탭이 있고 이곳에 관련 블록 주석을 입력할 수 있습니다. 일부 블록에서는 Parameter 탭이 지원되는 데 여기서 특정 블록의 파라미터를 지정할 수 있습니다. 입력 시뮬레이션 파라미터는 시뮬레이션 탭에서 설정합니다. 블록 속성은 해당 블록을 선택한 후 오른쪽 마우스 버튼으로 바로가기 메뉴를 열고 호출할 수 있습니다.

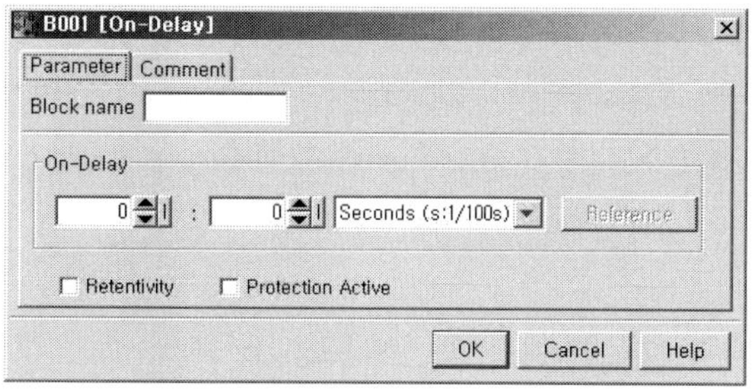

13) Edit → Block properties (all blocks)

이 명령어로 윈도우를 두 개의 부분으로 나누어 열 수 있습니다. 왼쪽 윈도우에서는 사용자 프로그램에 사용되는 모든 블록이 나타납니다. 하나의 블록을 클릭하면 오른쪽에 그 블록의 파라미터가 표시됩니다. 이 파라미터를 변경하고 Apply 버튼을 누르면 변경 내용이 적용됩니다.

변경된 블록은 선택 목록에서 파란색으로 표시됩니다. 변경된 파라미터를 원하지 않으면 다른 블록을 선택하십시오. Cancel 버튼을 누르면 모든 변경 내용이 취소되고 OK 버튼을 누르면 모든 변경 내용이 적용되고 다이얼로그 창을 끝내게 됩니다.

"Select block from drawing" 체크 박스를 선택한 후 목록에서 블록을 선택하면 사용자 프로그램에서 그 블록이 하이라이트 됩니다.

특수 펑션(Special functions), 기본 펑션(Basic functions), 컨스탄트와 터미널(Constants and Terminals)

14) Edit → Cut connections

Cut / Join 툴을 사용하면 연결을 수동이나 자동으로 잘라내기 할 수 있습니다.

이 다이얼로그 창에서 다음 타입의 연결 중 하나나 둘 모두를 잘라내도록 지정할 수 있습니다.

- 블록을 통과해 넘어가는 연결
- 설정 가능한 길이를 초과하는 연결

이 설정을 OK로 확인하면 해당 연결이 잘라내기 됩니다.

Cut connections during import/upload 체크 박스를 선택하면 위에서 설명한 설정이 다

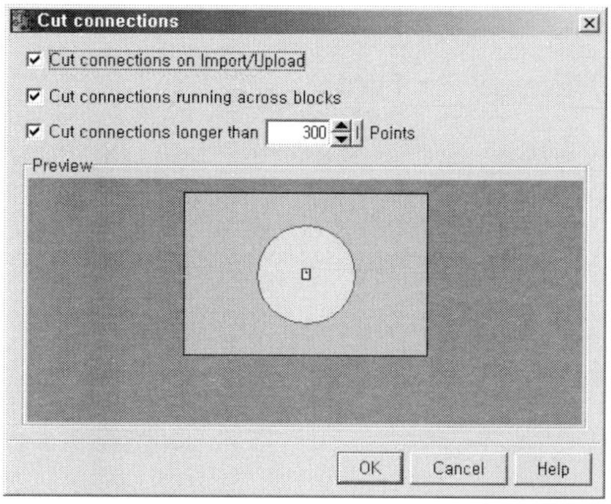

음과 같은 경우에도 적용됩니다.

- LOGO!에서 LOGO!Soft Comfort로 사용자 프로그램을 업-로드하는 경우
- LOGO!Soft Standard나 LOGO!Soft Comfort에서 작성된 사용자 프로그램을 import 하는 경우

2.9.3 Format 메뉴

1) Format → Font

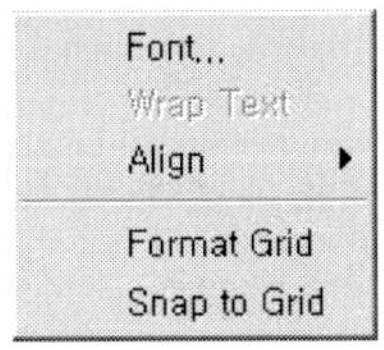

여기서 폰트의 유형, 크기, 스타일, 텍스트 색등을 지정할 수 있습니다. 기존 텍스트 오브젝트의 포맷을 다시 정의하려면 먼저 해당 오브젝트를 선택한 후 폰트 속성을 필요에 맞게 지정하고 OK 를 클릭하면 새로운 포맷이 적용됩니다.

특정 디폴트 포맷을 설정할 수 있습니다. 그러면 새로운 텍스트 오브젝트들이 이 디폴트 포맷으로 디스플레이 됩니다. 표준 설정으로 돌아오려면 Standard 버튼을 클릭하십시오.

2) Format → Font

여기에서 글꼴종류, 크기, 스타일, 텍스트의 색상을 지정할 수 있습니다. 기존의 텍스트 개체의 형식을 다시 정의하려면 먼저 그들(텍스트)을 선택해야합니다. 그런 다음 글꼴에 속성을 지정할 수 있습니다

한 벌의 요구사항과 새로운 형식을 적용하려면 확인을 클릭합니다.

사용자는 특정 기본형식을 설정할 수 있습니다. 새로운 텍스트 객체는 다음이 기본 설정으로 표시됩니다.

3) Format → Font

텍스트 도구를 사용하여 프로그래밍 인터페이스의 의견이나 편집 사용자 정의 텍스트 개체를 삽입할 수 있습니다. 일반적으로, 텍스트 그림의 크기를 확대하거나 줄일 수 있습니다 사각형 핸들을 잡고 끌기로 텍스트 박스의 크기를 조절할 수 있습니다.

예를 들면 :

그림의 폭을 줄이기 위해 위의 그림의 핸들을 드래그하면 그림이 자동으로 너비에 맞게 축소됩니다.

4) Format → Align

이 명령어는 라벨과 펑션 블록을 정렬시키는 몇가지 옵션을 제공합니다.

- Vertical
- Horizontal
- Horizontally Distribute Space
- Vertically Distribute Space
- Automatic

5) Format Align → Align Vertical

 **Format Align vertical**

선택한 오브젝트들이 가장 높은 블록 번호를 갖는 오브젝트의 방향이나 혹은 사용자 프로그램에 마지막으로 입력한 오브젝트의 방향으로 수직적으로 정렬됩니다.

6) Format Align → Align Horizontal

 **Format Align horizontal**

선택한 오브젝트들이 가장 높은 블록 번호가 있는 오브젝트의 방향이나 사용자 프로그램에 마지막으로 입력한 오브젝트의 방향으로 수평적으로 정렬됩니다.

7) Format → Align → Horizontally Distribute Space

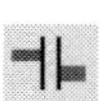 **Format Horizontally Distribute Space**

이 메뉴 명령은 선택한 개체 사이의 수평 공간을 설정하는 데 사용됩니다.
이 메뉴 명령을 선택하면 다음과 같은 대화 상자가 나타납니다.

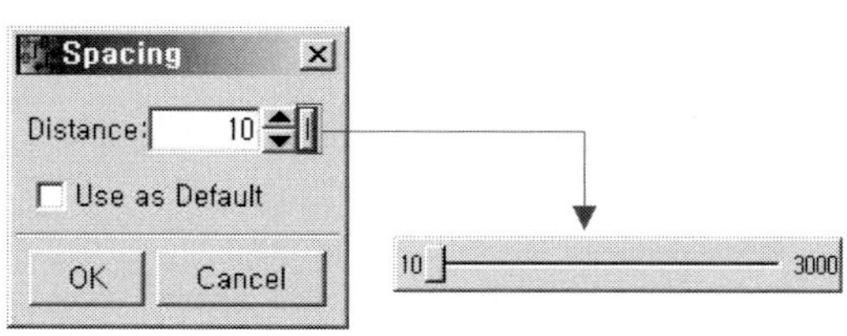

5단계씩 증가와 함께, 10-3000의 거리를 선택할 수 있습니다. 또한 기본 거리를 설정하려면 "기본 값으로 사용" 확인란을 선택할 수 있습니다.

8) Format → Align → Vertically Distribute Space

Format Vertically Distribute Space

이 메뉴 명령은 당신의 선택 개체 사이의 수직 공간을 설정하는 데 사용됩니다. 대화는 형식과 동일 간격의 대화입니다 → 정렬은 → 수직 공간을 배포합니다.

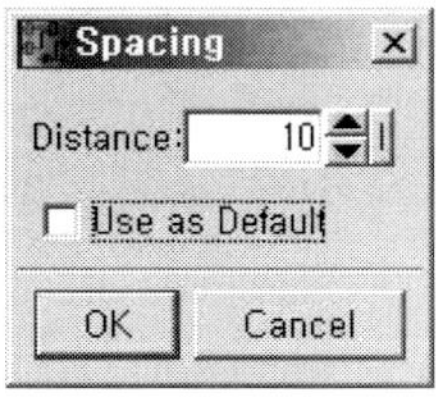

9) Format Align → Align Automatically

Menu Format Align automatically

선택한 오브젝트 들이 수직적이나 수평적으로 자동적으로 정렬됩니다. 약간의 오프셋이 생긴 것들이나 옆에 있는 블록들이 공통 라인을 기준으로 정렬됩니다. 수직 정렬을 위한 기준은 컬럼의 가장 위에 있는 블록입니다. 수평 정렬을 위한 기준은 라인의 가장 왼쪽에 있는 블록입니다.

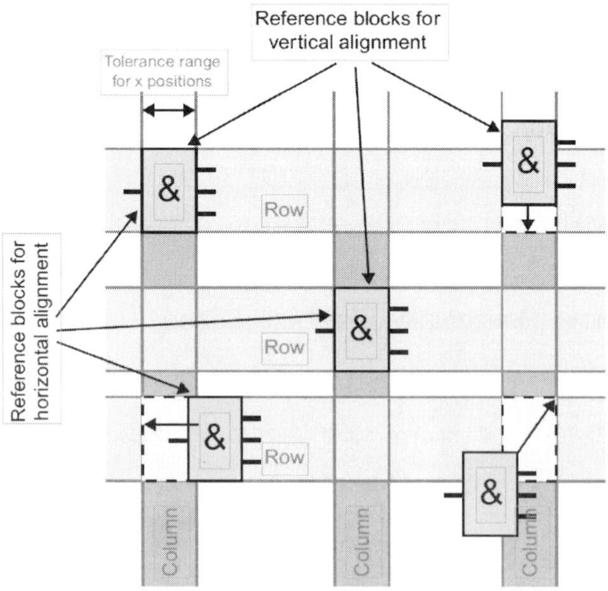

10) Format → Format grid

이 도구를 사용하면 프로그래밍에서 명령어 객체를 삽입하고 배열할 때 도움이 됩니다.

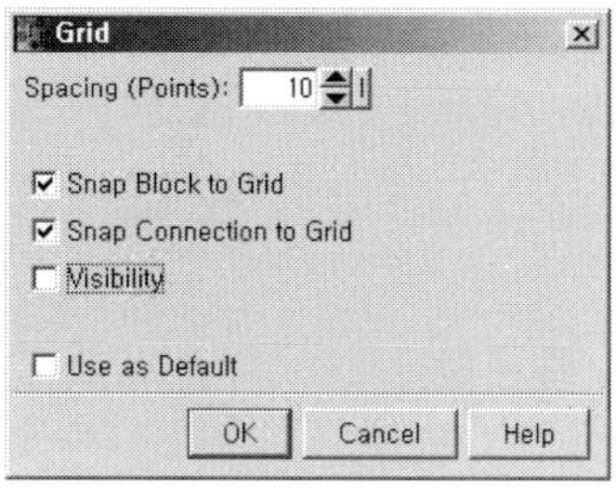

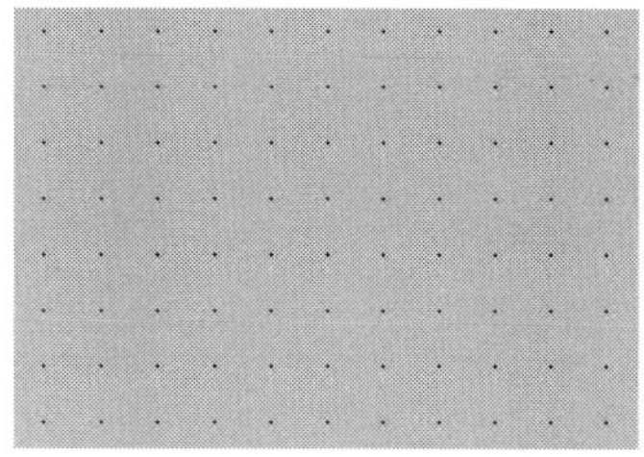

Snap Block to Grid : 블록을 그리드에 삽입
Snap Block to Grid : 회로연결시 그리드에 맞춤.
Visibility : 그리드 On/Off

2.9.4 View 메뉴

1) View → Zoom

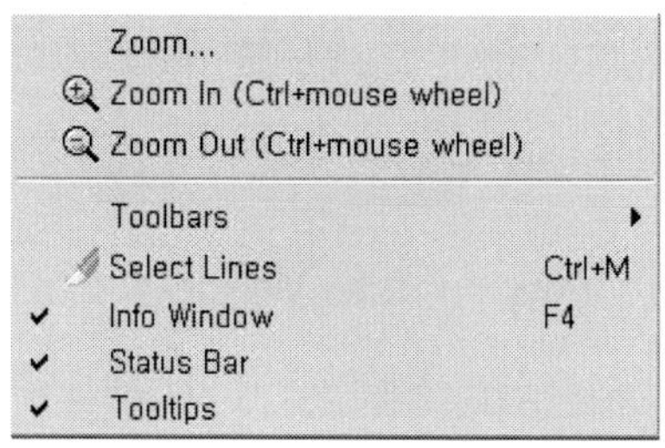

LOGO!Soft Comfort는 사용자 프로그램 디스플레이의 크기를 확대하거나 축소할 수 있는 다양한 옵션을 제공합니다. Zoom을 선택하면 디폴트 목록이나 관련 박스에서 다이얼로그 창을 열 때 선택한 줌 배율로 열리게 됩니다.

적당하지 않는 줌 배율을 선택하면 오브젝트들이 사용자 화면 밖으로 나갈 수 있습니다.

그러므로 가능하면 디폴트 줌 배율을 사용하십시오. 그러나 줌 배율이 잘못되어도 사용자 프로그램 인쇄시 레이아웃에는 영향을 미치지 않습니다.

2) View → Zoom In

 **View Zoom In**

줌 배율은 정의된 배율에 따라 증가합니다.

25 (최소) → 50 → 75 → 100 (디폴트) → 150 → 200 → 250 → 300 → 400 (최대)

3) View → Zoom Out

View Zoom Out

줌 배율은 정의된 배율에 따라 감소합니다.

400 (최대) → 300 → 250 → 200 → 150 → 100 (디폴트) → 75 → 50 → 25 (최소)

4) View → Toolbars

이 명령어는 선택된 툴바를 숨기거나 보이게 해 줍니다.

- Standard : 표준 툴바 숨기기/보이기
- Tools : 프로그래밍 툴바 숨기기/보이기

5) View → Select Lines

View Select Lines

이 설정을 통해 선택된 블록으로 들어오거나 나가는 모든 연결(라인)은 색으로 표시됩니다. 이 설정에서 단일 연결(Single connection)을 지정하면 선택된 연결이 색으로 하이라이트 됩니다. Under Tools 〉 Options: Screen(페이지 60)에서 연결도 라벨링시킬 것인지 아닌지도 설정할 수 있습니다. Under Tools 〉 Options: Colors(페이지 62)에서 연결을 표시하는데 사용되는 색을 지정할 수 있습니다.

6) View → Info Window

이 메뉴 명령어는 Info 윈도우를 보이거나 숨길 때 사용할 수 있습니다.

7) View → Status bar

이 메뉴 명령어는 상태-바를 보이거나 숨길 때 사용할 수 있습니다.

8) View → Tool tips

LOGO!Soft Comfort에서 툴-팁이라고 하는 아이콘 이름을 표시하기 위해 mouse-over -button 펑션을 사용할 수 있습니다. 이를 통해 아이콘의 펑션을 메뉴 명령어 선택이나 Help없이 빨리 호출할 수 있습니다.

2.9.5 Tools 메뉴

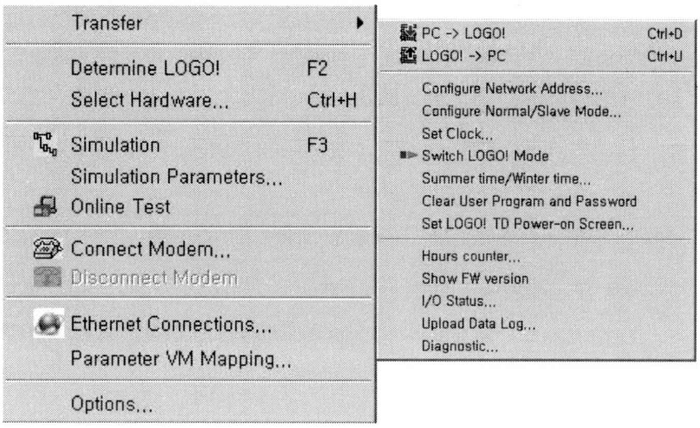

데이터 전송을 위한 전제조건 :

LOGO!를 PC에 연결시키기 위해 사용하는 인터페이스는 Tools → Options: Interface 메뉴에서 설정합니다.

- 설정이 되지 않는 경우 LOGO!Soft Comfort 는 에러 메시지를 발생시킵니다. 전송(Transfer) 메뉴 어디에서건 Select New interface 버튼을 클릭하면 통신 인터페이스 설정을 위한 옵션 다이얼로그 창이 열립니다. 인터페이스가 틀리거나 인터페이스가 설정되지 않은 경우 LOGO! 가 연결된 PC 인터페이스를 지정하거나 인터페이스 검색을 실행할 수 있습니다.
- USB 인터페이스로 LOGO! 를 PC 에 연결시키는 방법은 LOGO! 매뉴얼을 참조하십시오.
- LOGO!는 PC 케이블이나 USB PC 케이블 혹은 모뎀에 연결되어 있어야 합니다.
- LOGO!는 RUN 모드나 편집 모드에 있어서는 안 됩니다.

1) Tools → Transfer → PC → LOGO!

Tools → Transfer: PC → LOGO!

이 명령어는 사용자 프로그램을 LOGO!Soft Comfort가 설치되어 있는 PC에서 LOGO! 모듈로 다운로드할 때 사용됩니다. LOGO!로 전송되는 프로그램의 이름은 File → Properties 메뉴에 지정되어 있습니다. LOGO!Soft Comfort는 사용자 프로그램 전송시 Tools → Options: Interface에서 지정한 인터페이스를 사용합니다.

Download via Ethernet (0BA7 only) :

통신하기 전에 IP주소를 확인하도록 구성하는 경우 "Configure IP address" 대화상자가 팝업됩니다. LOGO!Soft Comfort는 마지막으로 사용된 IP주소를 기억합니다.

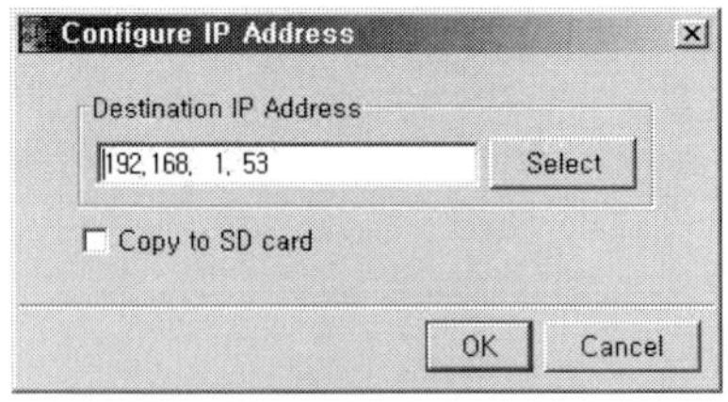

다른 IP주소로 통신하고자 한다면 Select 버튼을 클릭합니다. "Select IP address" 대화상자에서 IP주소를 선택할 수 있습니다.

이 대화상자 내에서 IP 주소를 검색, 추가, 삭제 또는 편집 할 수 있습니다.

사용자가 SD카드에 프로그램의 사본을 가지고 싶다면, "Configure IP address" 대화상자에서 확인란에서 "Copy to SD card"를 선택할 수 있습니다.

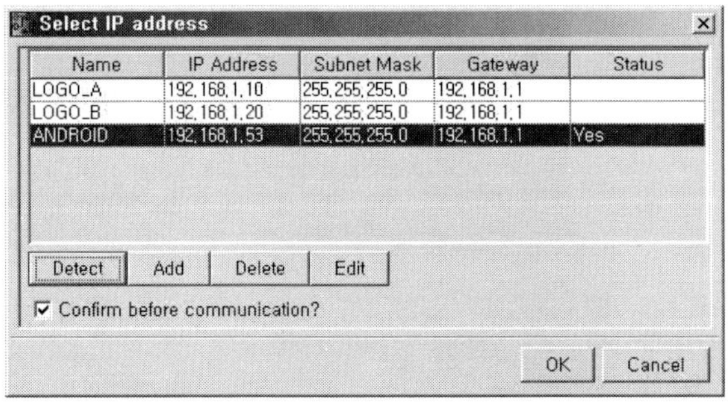

준비

다운로드를 하기 전에 시스템은 사용자 프로그램이 실행되기 위한 최소 LOGO 버전을 결정합니다. 모듈 LOGO! 는 항상 사용자 프로그램을 실행시키기 위해 사용가능한 모든 I/O 리소스를 제공합니다. 기본모듈에 확장모듈을 몇 개 설치해야 하는 것은 사용자가 결정해야 합니다.

에러 메시지

사용자 프로그램을 LOGO!에 다운로드할 수 없으면 전송은 취소되고 에러 메시지가 표시됩니다. 사용자는 LOGO! 버전을 알 수 없다는 정보를 받게 되고 다운로드를 다시 시도하거나 취소해야 합니다. 상태 바에는 다운로드가 성공했다는 메시지가 표시됩니다. Info 윈도우와 상태 바에 전송 메시지가 표시됩니다. 자세한 에러 메시지는 Info 윈도우에 표시됩니다.

패스워드

사용자 프로그램에 패스워드를 설정했다면 LOGO!로 데이터를 전송하기 전에 패스워드를 물어보게 됩니다. 사용자 프로그램은 정확한 패스워드가 입력될 때에만 LOGO! 로 전송됩니다.

2) Tools → Transfer → LOGO! → PC

Tools → Transfer: LOGO! → PC

이 명령어로 사용자 프로그램이 LOGO!에서 LOGO!Soft Comfort로 import 됩니다. LOGO!Soft Comfort는 사용자 프로그램을 전송받기 위해 Tools → Options: Interface에서 지정한 인터페이스를 사용합니다. 전송 메시지가 상태 바와 Info 윈도우에 표시됩니다.

그래픽 정보소실

LOGO! 에서 LOGO!Soft Comfort 로 전송된 프로그램은 블록 레이아웃에 대한 그래픽 정보를 가지고 있지 않기 때문에 업-로드된 사용자 프로그램에 적합한 레이아웃이 자동적으로 생성됩니다. 생성된 사용자 프로그램은 LOGO!Soft Comfort 블록 다이아그램의 레이아웃 형식과 같습니다. 그러나 동일블록에 대한 멀티 인스턴스(동일블록이 여러 번 사용된 것)는 표시되지 않으며 대신 블록 커넥터에 의해 구별됩니다.
블록은 항상 프로그래밍 인터페이스의 좌측 상단에 정렬이 되며 필요시 스크롤 바를 사용하여 프로그램을 볼 수 있습니다.

연결 끊기

Tools → Options: Cut connections 메뉴에서 "Cut connections during import/upload" 체크박스를 설정하면 이 다이얼로그 창에서 설정한 내용에 따라 해당 연결들이 LOGO!에서 PC로 업-로드되는 동안 잘려지게 됩니다.

패스워드

패스워드가 설정된 사용자 프로그램을 LOGO!에서 PC로 업-로드하는 경우 패스워드를 묻게 됩니다. 틀린 패스워드를 입력하거나 아무 패스워드도 입력하지 않으면 전송이 취소되고 에러 메시지가 발생합니다.

3) Tools → Transfer → Configure Network Address (0BA7 only)

이 메뉴명령을 사용하면 LOGO!의 IP주소를 변경할 수 있습니다. 기본모듈. 대화상자에 다음과 같이 표시됩니다.

수동으로 대상 기본모듈의 새로운 IP주소를 설정할 수 있으며 Slect 버튼을 클릭하여 "Select IP address" 대화상자에서 새 IP주소를 선택할 수 있습니다.

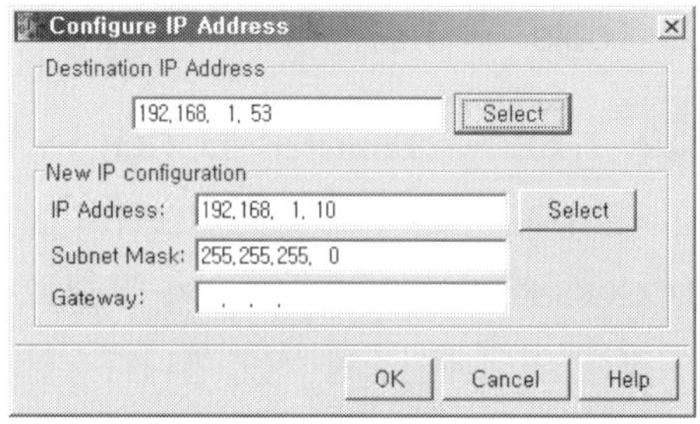

4) Tools → Transfer → Configure Normal/Slave Mode (0BA7 only)

사용자는 일반모드 사이에 LOGO!의 기본모듈을 전환하기 위해 이 메뉴명령을 사용할 수 있습니다. 슬레이브 모드, 그에 따라 구성을 확인합니다.

구성 일반 / 슬레이브 모드 대화상자가 오른쪽과 같이 표시됩니다.

수동으로 입력 LOGO!의 기본모듈의 목적지 IP주소 또는 사용 가능한 IP주소의 "선택"버튼을 사용합니다.

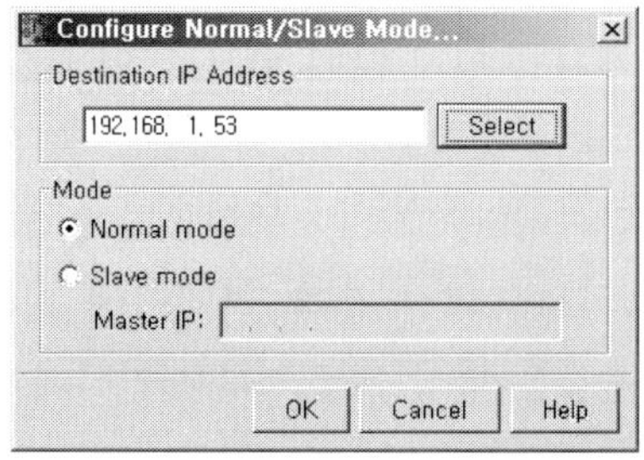

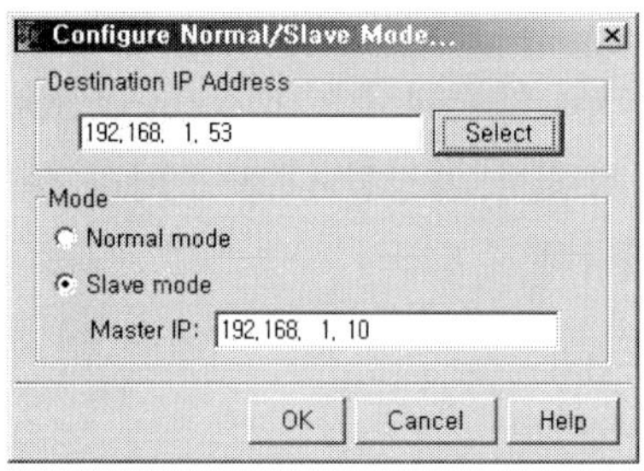

선택시 "Slave Mode", 당신이 입력해야 할 마스터 IP

노트

LOGO! 기본모듈은 LOGO!Soft Comfort에서 구성하고 적용하면 자동으로 다시 시작됩니다.

- 모드 전환 (일반 모드에서 슬레이브 모드로 또는 그 반대로)
- 슬레이브 모드에서 마스터 IP로 변경

5) Tools → Transfer → Switch LOGO! Mode

■▶ Tools → Transfer → Switch LOGO! Mode

이 심벌을 클릭하면 연결된 LOGO! 를 STOP 모드에서 RUN 모드로 혹은 RUN 모드에서 STOP 모드로 변경됩니다.

6) Tools → Transfer → Set Clock

이 메뉴 옵션은 PC에 연결된 LOGO!의 날짜와 시간을 확인하고 설정하기 위해 사용됩니다. “current time”을 클릭하면 LOGO!Soft Comfort가 설치된 PC의 시스템 시간이 적용됩니다.

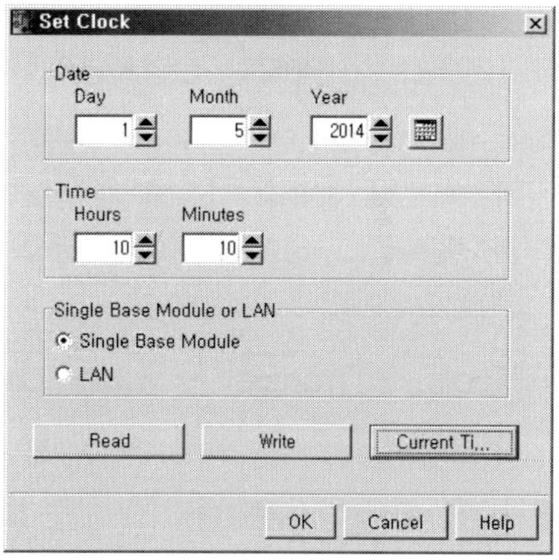

값을 수동으로 입력

날짜와 시간 설정 평션의 화살표 아이콘을 클릭하는 대신 숫자 입력 박스를 클릭하면 키보드로 값을 직접 입력할 수 있습니다. LOGO!Soft Comfort 는 사용할 수 없는 날짜 데이터를 자동으로 교정합니다.

시간 동기화

LAN 옵션 버튼을 클릭한 후 쓰기 버튼을 클릭하면, 시간 동기화는 로컬 PC와 동일한 네트워크 세그먼트의 기본모듈 사이에 구현되는 경우입니다.
LOGO!Soft Comfort가 실행됩니다. 결과적으로, 모든 기본모듈의 시간이 자동으로 구성 일자 / 시간 값으로 설정된다.

7) Tools → Transfer → Summer time/Winter time

이 메뉴 명령어는 LOGO! 시간을 썸머타임(여름)과 윈터타임(겨울)으로 자동적으로 변환시켜 줍니다.

섬머/윈터 타임 변환을 활성화시키면 국가별 시간변환을 지정할 수 있습니다.

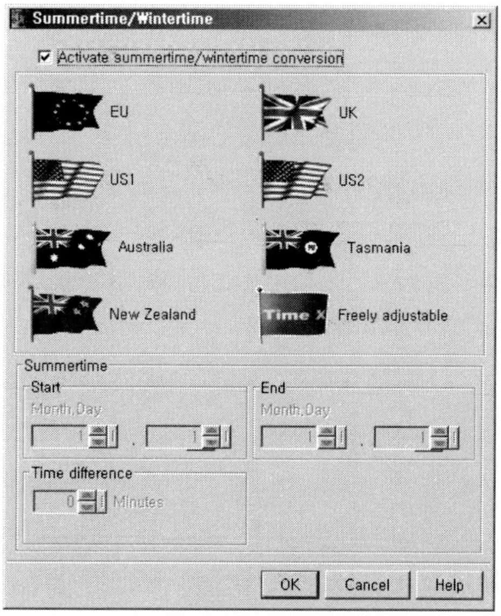

- EU : 유럽 연합
- UK : 영연방과 북 아일랜드
- US1 / US2 : 미합중국
- Australia : 호주
- Tasmania : 타스마니아
- New Zealand : 뉴질랜드

Freely adjustable: 날짜와 시간을 자유롭게 조정

"Freely adjustable" 항목에서 월과 일자 변환을 지정할 수 있습니다. 섬머타임 시작 시간은 02:00 + "입력된 시간 차이"입니다. 종료시간은 03:00 -"입력된 시간 차이"이입니다.
미합중국은 2007에 Daylight Saving Time / Standard Time 카렌더를 다시 정의하였습니다. US1은 2007 이전에 적용되고 US2는 2007에 적용이 되었는데 여기서 Daylight Saving Time은 3월 두 번째 일요일 2:00 a.m.부터 적용이 되고 로컬 타임 지역별로 11월 첫 번째 일요일 2:00 a.m.까지입니다.

8) Tools → Transfer → Hours Counter

이 메뉴 명령어는 LOGO!의 시간 카운터를 읽는데 사용됩니다.
패스워드가 적용된 사용자 프로그램도 패스워드 없이 LOGO!에서 시간 카운터를 읽어낼 수 있습니다.

9) Tools → Transfer → Clear User Program and Password

이 명령어는 LOGO! 안에 있는 사용자 프로그램과 패스워드를 모두 지웁니다. 사용자 프로그램과 패스워드(설정되었다면)를 모두 LOGO!에서 지울 때 정말 지울 것인지를 묻는 윈도우에서 확인해 주어야 합니다. 확인이 되면 삭제 작업이 수행됩니다. 확인이 되지 않으면 아무 작업도 수행되지 않으며 사용자 프로그램과 패스워드가 LOGO!에 유지됩니다.

10) Tools → Transfer → Set LOGO! TD Power-on Screen

이 명령어는 선택한 문자 세트로 LOGO! TD의 전원인가 시 화면을 설정할 때 사용합니다. 다이얼로그 창에서 Read 버튼을 클릭하면 이전에 설정되어 LOGO! 기본 모듈에 저장된 전원인가 시 화면을 읽을 수 있습니다. 반대로 Write 버튼을 사용하면 현재 설정한 화면이 LOGO! 기본 모듈에 쓰여집니다. LOGO! 기본 모듈은 LOGO! TD의 전원인가 시 화면을 저장하고 있는 메모리를 업데이트합니다. 전원 인가시 화면에 사용될 문자 세트를 선택한 후 키보드를 사용하여 화면 윈도우 텍스트 편집 영역에 문자를 입력하십시오. 전원 인가시 화면은 간단한 텍스트 문자열만을 가질 수 있습니다.

텍스트 문자 복사와 붙여넣기

문자를 디스플레이 윈도우의 텍스트 편집 영역에 입력할 때마다 복사(Ctrl+c)와 붙여넣기(Ctrl+v) 바로 가기를 사용할 수 있습니다. 문자는 모든 문서, 메시지 텍스트, I/O 상태 이름, LOGO! TD 전원 인가시 화면 편집 영역에서 복사되고 붙여넣기를 할 수 있습니다. LOGO!Soft

Comfort는 붙여넣기를 하는 문자들이 문자 세트에서 사용할 수 있는 문자들인지를 확인합니다.

문자를 잘라내기(Ctrl+x) 하는 기능은 일반 문서 편집기 외에는 사용할 수 없습니다. LOGO!Soft Comfort는 메시지 텍스트 편집, I/O 상태 이름 편집, 혹은 LOGO! TD 전원 인가시 화면 편집에서 텍스트 잘라내기(Ctrl+x) 기능을 지원하지 않습니다.

11) Tools → Transfer → Show FW version (0BA7 only)

LOGO!의 기본모듈의 버전을 확인하려면 이 명령을 사용하십시오. 펌웨어 버전을 확인하는 인터페이스 : LOGO!Soft Comfort는 도구 → 옵션에 지정된 인터페이스를 사용합니다.

12) Tools → Transfer → I/O Status (0BA7 only)

모든 I/O 상태정보를 표시하고 저장하기 위해 이 메뉴명령을 사용합니다. LOGO!Soft Comfort Tools → Options: Interface에 지정된 인터페이스를 사용하여 상태정보를 표시합니다. 또한 Change 버튼을 클릭하여 CSV 파일로 저장할 수 있습니다.

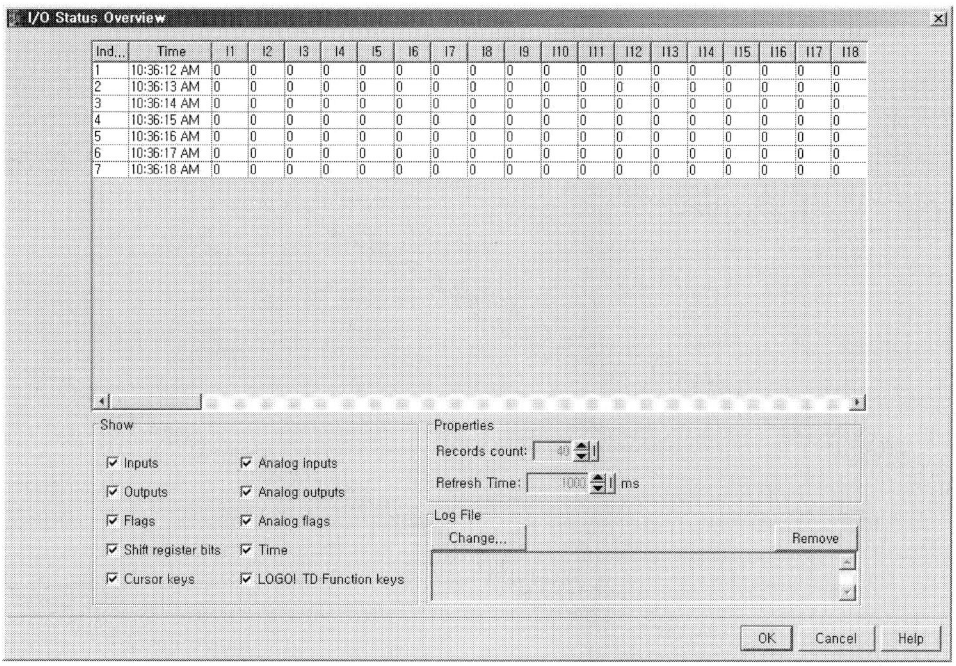

Show

사용자가 원하는 부분만 보고자하면 Show(보기주기) 항에서 선택하여 볼 수 있습니다.

속성(Properties)

기록횟수는 상태 레코드의 최대 수입니다. 20~100 선택할 수 있습니다.

새로 고침시간은 I/O 상태 새로 고침 사이의 간격입니다. 500ms에서 3000ms 안에서 새로 고침시간을 선택할 수 있습니다.

13) Tools → Transfer → Upload Data Log (0BA7 only)

기본모듈이 실행모드에 있을 때 PC에 EEPROM으로부터 데이터 로그를 업-로드하려면 이 메뉴 명령을 사용합니다. 이 파일은 마이크로 소프트 엑셀이나 텍스트 편집기에서 열 수 있습니다. CSV 파일로 저장됩니다. Tools → Options: Interface 데이터 로그를 업-로드합니다.

14) Tools → Transfer → Diagnostic (0BA7 only)

진단 기능은 네트워크 액세스 오류, 확장모듈의 버스오류, SD카드 읽기 / 쓰기 오류 및 SD 카드의 쓰기방지 등의 기본적인 오류에 대한 정보를 제공합니다. 오류정보를 얻기 위해 이 LOGO!Soft Comfort 명령을 사용할 수 있으며, 사용자가 선택한 오류 레코드를 지웁니다. 새로 고침 버튼을 사용하면 최신 오류정보를 얻을 수 있습니다.

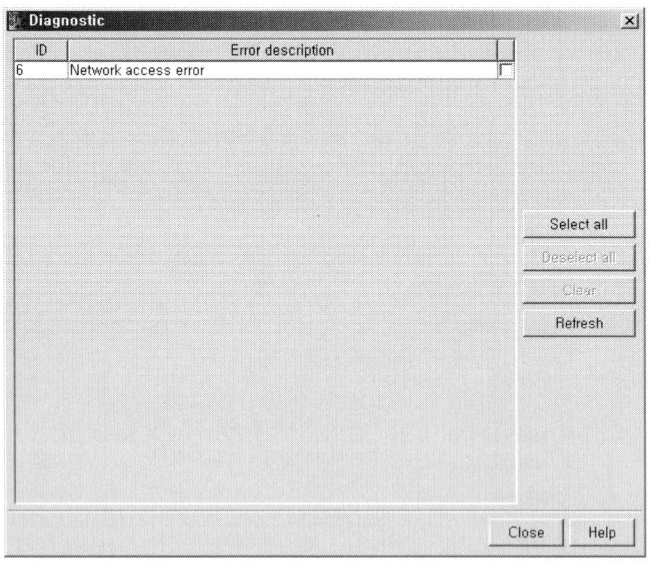

15) Tools → Determine LOGO!

이 명령어 메뉴를 클릭하면 LOGO!Soft Comfort는 LOGO! 사용자 프로그램을 실행시킬 수 있는 최소의 LOGO!버전을 알려줍니다. 결과는 상태 바에 보여지고, 사용자 프로그램을 다운로드 시킬 수 있는 모든 LOGO! 버전이 Info 윈도우에 보여줍니다. 이 명령어 메뉴는 펑션 키[F2]를 사용하여 실행시킬 수도 있습니다.

16) Tools → Select Hardware

LOGO!Soft Comfort에서 사용자 프로그램 작성시 하드웨어를 선정하는 데에는 두 가지 옵션이 있습니다.

- 먼저 사용자의 프로그램을 생성하고 Tools → Determine LOGO! 다이얼로그 창에서 필요한 LOGO!를 지정하십시오.
- Tools → Select Hardware 다이얼로그 창을 열어 원하는 LOGO!를 지정하십시오. 또는 상태 바에서 LOGO! 아이콘을 더블 클릭하면 LOGO! 선정 다이얼로그 창이 열리게 되는데 여기서 LOGO!를 지정할 수 있습니다.

LOGO! 선정 다이얼로그 창은 어떤 블록과 메모리 리소스가 사용가능한 지를 보여줍니다. 이미 사용자 프로그램을 생성했거나 일부 블록을 사용 중이라면 하드웨어 선정 다이얼로그 창에서는 현재 사용 중인 블록을 사용할 수 있는 LOGO! 버전만을 보여야합니다.

17) Tools → Simulation

프로그램 시뮬레이션을 통해 프로그램을 테스트하거나 파라미터들을 수정할 수 있습니다. 시뮬레이션을 통해 전체 기능을 확인할 수 있고 최적화된 프로그램을 LOGO!로 다운로드할 수 있습니다.

시뮬레이션 모드

프로그래밍 툴바에 있는 Simulation 아이콘을 클릭하여 시뮬레이션을 실행시키십시오. 프로그램이 시뮬레이션 모드로 변경됩니다.

Simulation

사용할 수 있는 아이콘이 시뮬레이션 모드에서 하이라이트 됩니다. IP주소가 구성되어있는 경우, 아이콘을 클릭하면 온라인 모니터링을 할 수 있습니다. 또한 "데이터 테이블"창을 통해 VM 값을 봅니다. Simulation 아이콘을 다시 한 번 클릭하거나 프로그래밍 툴바의 다른 아이콘을 클릭하면 시뮬레이션 모드가 종료되고 다른 툴 모드가 열립니다(예를 들면 블록 선택이나 블록 삽입). 시뮬레이션이 실행되면서 프로그램이 체크되고 결과가 Info 윈도우에 출력됩니다.

시뮬레이션 파라미터 : 입력기능

Tools → Simulation Parameters 명령어를 사용하여 입력에 대한 응답을 설정할 수 있습니다. 다이얼로그 창은 사용자 프로그램에서 실제로 사용되는 입력만을 보여줍니다.

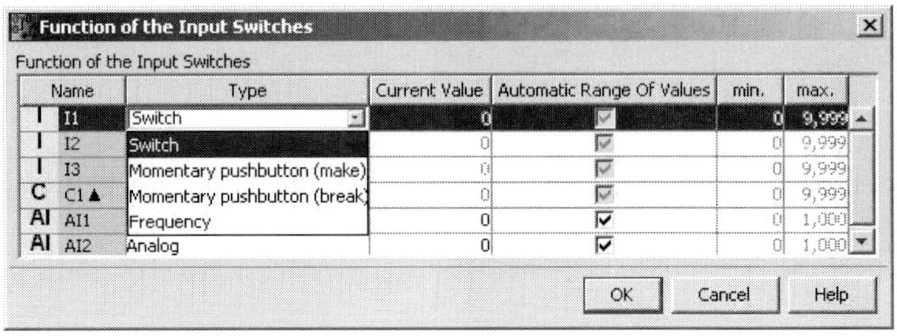

디지털 입력에 대한 옵션이 4가지 제공됩니다.

- Switch : On/Off 스위치
- Momentary pushbutton(make) : "a" 복귀형 푸시버튼
- Momentary pushbutton(break) : "b" 복귀형 푸시버튼
- Frequency : 주파수

아날로그 입력을 위한 하나의 옵션이 있습니다.

- Analog : 아날로그

Switch

한번 동작을 하면 스위치가 래치되고 다시 한 번 동작하면 래치가 풀립니다.

Momentary pushbutton

모멘터리 푸시버튼은 누르고 있는 동안에만 동작합니다. 버튼을 놓으면 접점이 바로 풀립니다. 사용자는 푸시버튼에 대해 make 동작을 할 것인지 break 동작을 할 것인지를 결정할 수 있습니다.

Frequency

frequency 입력은 사전에 지정하거나 시뮬레이션이 실행되는 동안 변경할 수 있습니다. 주파수는 Hz 단위로 표현됩니다. frequency 입력은 스레스홀드 트리거(threshold trigger) SFB가 연계되어야만 사용할 수 있습니다.

Analog
아날로그 입력 값은 사전에 지정할 수 있고 또는 시뮬레이션 모드가 실행되고 있는 동안수정할 수 있습니다. 설정되는 아날로그 값의 단위는 디폴트 프로세스 변수와 동일합니다. "Auto range"가 선택되면 아날로그 값의 범위는 지정된 측정 범위를 사용하게 되는데 이 경우 입력에 연결된 펑션의 측정 범위와 같게 됩니다. 아날로그 입력은 아날로그 SFB와 연계되어야만 사용할 수 있습니다.

Name column
디지털 입력은 "I"로 표현합니다.
아날로그 입력은 "AI"로 표현합니다.

설정
사용자 프로그램을 저장할 때 시뮬레이션 설정도 포함되기 때문에 사용자 프로그램을 종료하고 다시 시작할 때 시뮬레이션 파라미터를 다시 입력할 필요는 없습니다.
시뮬레이션 모드가 활성화되면 입력 스위치 목록에 있는 디지털 입력을 클릭하여 설정을 변경시킬 수 있습니다. 목록에서 Switch, Momentary pushbutton (make), Momentary pushbutton (break) 혹은 Frequency를 선택하고 OK 버튼을 눌러 설정을 입력하십시오.
시뮬레이션 모드가 활성화되는 동안 사용자 프로그램의 디지털 입력을 오른쪽 마우스 버튼으로 블록 속성을 편집할 수 있습니다. 블록 속성 다이얼로그 창의 Simulation 탭에서 위에서 설명한 입력 유형을 선택할 수 있습니다. 선택 후 OK나 Apply 버튼을 눌러 설정을 입력하십시오.

18) Tools → Online Test

온라인 테스트와 시뮬레이션 모드를 통해 사용자 프로그램을 실행시킬 수 있으며 여러 입력 상태에 대해 출력이 어떻게 반응하는지를 모니터링 할 수 있습니다.

시뮬레이션 모드와 다른 점
시뮬레이션 모드에서는 사용자 프로그램을 PC에서 실행합니다. 이 경우 LOGO!가 필요하지 않습니다. 입력 상태는 PC에서 사전에 줄 수 있습니다.
온라인 테스트는 사용자 프로그램이 LOGO!에서 실행됩니다. 사용자는 LOGO!의 작업을 모니터링 합니다. 입력 상태는 실제 LOGO!의 입력 상태를 보여줍니다.

온라인 테스트를 위한 사전조건

PC가 LOGO!와 연결되어 있어야 합니다.

테스트될 사용자 프로그램은 FBD이나 LAD 형식이 가능하며 사전에 LOGO!로 전송되어야 합니다.

LOGO!Soft Comfort에 있는 사용자 프로그램과 LOGO! 있는 프로그램이 동일해야 합니다. 이를 위해 LOGO!에 있는 프로그램을 PC로 업로드하거나 필요시 PC에서 LOGO!로 다운로드 하십시오.

30개 블록까지 파라미터들을 모니터링 할 수 있습니다. 블록이 파라미터를 많이 포함할수록 동시에 모니터링 할 수 있는 블록 개수는 감소하게 됩니다.(예를 들어 아날로그 SFB)

온라인 테스트 실행

▷ Tools → Online 메뉴 명령어를 선택하십시오.

LOGO!가 STOP이 되어 있으면 ▶ 버튼으로 실행시키십시오.

결과 : LOGO!가 사용자 프로그램을 실행합니다.

이제 모니터링 모드를 실행시키십시오.

▷ 파라미터를 모니터링 하고자 하는 블록을 선택하십시오.

결과 : 선택된 블록의 파라미터가 어떻게 변경되었는지를 보여줍니다.

LOGO!를 STOP으로 전환

LOGO!를 LOGO!Soft Comfort에서 정지시키려면 ■ 아이콘을 클릭하십시오.

에러발생

다음과 같은 유형의 에러가 발생할 수 있습니다.

- LOGO!가 온라인 테스트를 지원하지 않습니다.
  조치 : 0BA4 이상의 LOGO!를 설치하십시오.
- PC와 LOGO!의 프로그램이 다릅니다.
  조치 : LOGO!에서 PC로 사용자 프로그램을 업로드하거나 PC에서 LOGO!로 프로그램을 다운로드하십시오.
- 동시에 너무 많은 파라미터/블록의 모니터링을 시도하고 있습니다.
  조치 : 동시에 모니터링 하고자 하는 파라미터/블록 수를 줄이십시오.
- PC와 LOGO!간 통신이 단절되었습니다.
  조치 : 연결을 다시 구축하십시오.

19) Tools → Connect Modem

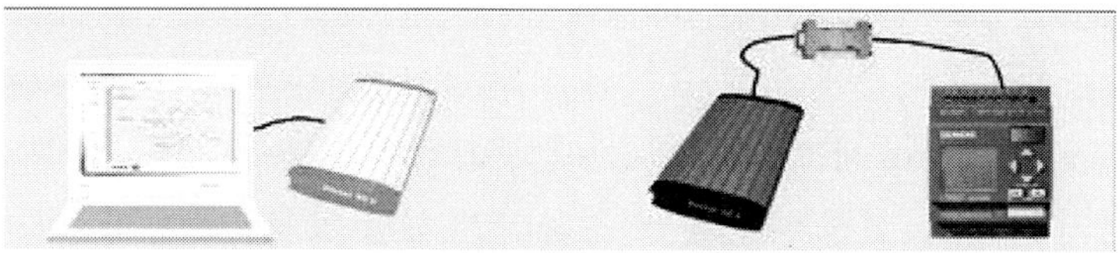

모뎀을 사용하여 LOGO!Soft Comfort와 LOGO! 간 사용자 프로그램을 다운로드 및 업-로드 할 수 습니다. LOGO!Soft Comfort는 표준 AT 명령어를 사용하는 11비트 모뎀을 지원합니다. Tools → Connect Modem 메뉴 명령어를 선택하여 LOGO!Soft Comfort가 설치된 PC와 LOGO! 기본 모듈간 모뎀 설정을 시작하십시오. LOGO!Soft Comfort가 디스플레이하는 모뎀정보 다이얼로그 창을 통해 모뎀 설정에 대한 오버뷰를 볼 수 있습니다.

모뎀을 설정하려면 몇 개의 다이얼로그 창을 완성해야 합니다. 모뎀을 완성하고 연결이 이루어지면 모뎀간 연결된 전화선을 통해 LOGO!Soft Comfort와 LOGO!간 사용자 프로그램을 다운로드하고 업-로드할 수 있습니다. 모뎀을 설정하고 연결하는 단계는 아래와 같습니다.

- Select Modem (모뎀선택)
- Select Remote Configuration (리모트 설정)
- Configure Remote Modem Command (리모트 모뎀 명령어 설정)
- Configure Remote Modem (리모트 모뎀 설정)
- Select Local Configuration (로컬 설정 선택)
- Configure Local Modem Command (로컬 모뎀 명령어 설정)
- Configure Telephone Number (전화번호 설정)

모뎀 연결 다이얼로그 창에서 Next 버튼을 클릭하면 설정이 앞으로 진행되며 Previous 버튼을 누르면 이전 단계로 돌아갑니다.

(1) Tools → Connect Modem – Select Modem

Select modem 다이얼로그 창에서 체크박스를 선택하면 리모트 모뎀이나 로컬 모뎀을 설정할 수 있습니다. 리모트 모뎀은 LOGO! 기본모듈에 연결되어 있는 모뎀이고 로컬 모뎀이 LOGO!Soft Comfort가 설치된 컴퓨터에 연결된 모뎀입니다.

사전에 리모트 모뎀이나 로컬모뎀을 LOGO!Soft Comfort에서 설정하였다면 모뎀의 이름이 다이얼로그 창에 나타나게 되고 이때 Detail 버튼을 누르면 LOGO!Soft Comfort에서 설정한 모뎀 관련 정보가 디스플레이 됩니다.

LOGO!Soft Comfort로 리모트 모뎀을 설정하지 않았다면 디스플레이 되는 설정내용을 무시하십시오. LOGO!Soft Comfort가 새롭게 모뎀을 설정할 것입니다. 리모트 모뎀이 아직 설정되지 않았거나 기존 설정을 변경하려면 Remote Modem 체크 박스를 선택하십시오.

로컬 모뎀에서는 Detail 버튼에 의해 표시된 설정 내용을 LOGO!Soft Comfort에서 사용하게 됩니다. 또는 Local Modem 체크 박스를 선택하여 설정 내용을 편집할 수 있습니다.

모뎀을 설정하거나 혹은 설정 내용을 변경하려면 해당 모뎀 체크 박스를 선택하십시오. 이미 모뎀을 설정하였고 전화번호를 설정해야 하는 경우에는 체크 박스를 선택하지 마십시오.

Next 버튼을 클릭하면 전화 번호 설정(페이지 58) 다이얼로그 창으로 진행됩니다. 모뎀이 설정되지 않은 상태에서 Next 버튼을 클릭하면 모뎀 설정이 진행됩니다.

(2) Tools → Connect Modem – Select Remote Configuration

Select remote configuration 다이얼로그 창에서 기존의 설정을 편집할 것인지 삭제할 것인지를 선택하십시오. 아니면 새롭게 설정할 수도 있습니다. 모뎀 설정을 계속하려면 Next 버튼을 누르십시오.

(3) Tools → Connect Modem – Configure Remote Modem Command

Configure remote modem command 다이얼로그 창에서 리모트 모뎀 이름을 입력하십시오. 체크박스를 선택하면 디폴트 설정을 사용할 수 있습니다. 디폴트 설정을 사용하지 않고 각 명령어들을 편집할 수도 있습니다. "Additional" 필드는 다른 모뎀 명령어들을 입력할 때 사용합니다. 별도의 명령어를 추가하는 경우 각각을 블랭크로 분리하십시오.

명령어들은 모두 표준 명령어들입니다. 명령어 사용 문법은 모뎀과 함께 공급되는 문서를 참조하십시오.

Save Configuration 버튼을 눌러 로컬 모뎀에 대한 설정을 저장하십시오.

(4) Tools → Connect Modem – Configure Remote Modem

Configure remote modem 다이얼로그 창은 리모트 모뎀설정을 완성하기 위한 마지막 다이얼로그입니다. 리모트 모뎀이 LOGO!에 연결된 것이 확인이 되고 나면 다음 단계를 수행하십시오.

① Done 체크 박스를 선택하십시오.
② 사용하려는 통신 포트를 선택하십시오.
③ 리모트 모뎀 버튼을 클릭하십시오.

LOGO!Soft Comfort는 모뎀 설정을 완료하고 상태 메시지를 표시하게 됩니다.

(5) Tools → Connect Modem – Select Local Configuration

Select local configuration 다이얼로그 창에서 기존의 설정을 편집할 것인지 삭제할 것인지를 선택하십시오. 아니면 새롭게 설정할 수도 있습니다. Next 버튼을 눌러 모뎀 설정을 계속하십시오.

(6) Tools → Connect Modem – Configure Local Modem Command

Configure local modem command 다이얼로그 창에서 로컬 모뎀의 이름을 입력하십시오. 체크박스를 선택하면 디폴트 설정을 사용할 수 있습니다. 또는 디폴트 설정을 사용하지 않고 각 명령어들을 편집할 수 있습니다. "Additional" 필드는 다른 모뎀 명령어들을 입력할 때 사용합니다. 별도의 명령어를 추가하는 경우 각각을 블랭크로 분리하십시오.

명령어들은 모두 표준 명령어들입니다. 명령어 사용 문법은 모뎀과 함께 공급되는 문서를 참조하십시오.

Save Configuration 버튼을 눌러 로컬 모뎀에 대한 설정을 저장하십시오.

(7) Tools → Connect Modem – Configure Telephone number

이 다이얼로그 창을 통해 모뎀 연결을 위한 전화번호를 추가하거나 삭제할 수 있습니다. Add New 버튼을 클릭하여 전화 연결을 위한 이름, 전화번호, 설명들을 입력하십시오. 여러 개의 전화번호를 추가하는 경우 Add New를 클릭하여 필요한 만큼 전화번호를 입력하십시오. 목록에서 전화번호를 삭제하려면 해당 번호를 선택하시고 Remove를 클릭하십시오.

이 다이얼로그 창에서 전화 번호 중 한 곳에 전화를 걸 수 있습니다. 전화선으로 모뎀 통신을 연결하려면 다음 단계를 따르십시오.

① 로컬모뎀이 사용자 컴퓨터에, 또 리모트 모뎀이 LOGO!에 연결되었는지를 확인하고 Done 체크 박스를 클릭하십시오.
② 목록에서 전화번호를 선택하십시오.
③ Dial 버튼을 클릭하십시오.

LOGO!Soft Comfort는 모뎀연결을 진행하고 상태 메시지를 표시하게 됩니다. 에러가 발생하면 에러 메시지가 표시됩니다. 연결 상태와 설정 내용을 체크하여 에러를 제거하십시오. 자세한 내용은 모뎀과 함께 제공되는 문서를 참조하십시오.

(8) Tools → Disconnect Modem

이 명령어를 사용하여 기존 모뎀 연결을 끊을 수 있습니다.

모뎀을 설정하거나 설정된 모뎀을 연결할 때에는 Tools → Connect Modem (페이지 56) 메뉴명령어를 선택하십시오.

(9) Tools → Connect Modem

Tools -〉 Options

이 메뉴 명령어에서 LOGO!Soft Comfort에 대한 여러 가지 옵션을 선택할 수 있습니다.

• Standard Editor • Language • Document view • Screen • Print • Cut connections
• Interface • Simulation • Colors • Look & Feel

20) Tools → Ethernet Connections (0BA7 only)

모듈의 어드레스를 구성하고 LOGO! 기본모듈에 대한 이더넷 연결을 만들기 위해서 이 메뉴 명령을 사용합니다.

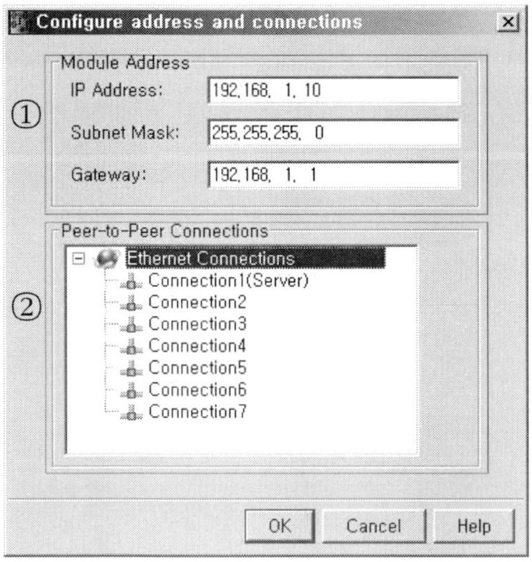

① 모듈 주소 :

첫 번째 이더넷 연결을 하기 전에 LOGO 0BA7 기본모듈의 IP 주소, 서브넷 마스크, 게이트웨이를 구성합니다.

기본 모듈의 기본 값은 다음과 같습니다.

IP address: 169.254.45.2

Subnet mask: 255.255.0.0

Gateway: 169.254.45.1

② 이더넷 연결 :

연결을 추가하려면, "이더넷 연결"을 마우스 오른쪽 단추로 클릭합니다.PLC 0BA7 기본모듈은 TCP/IP 기반 S7 통신은 최대 8개의 네트워크 연결이 가능합니다.

③ 다음 장치에 연결 :

- 추가 LOGO! 0BA7 장치
- 이더넷 기능을 갖춘 SIMATIC S7 PLC를
- 네트워크 S7 PLC와 이더넷 통신을 지원하는 하나의 SIMATIC HMI (조작 패널)의 최대

노트

SIMATIC HMI에 S7 통신을 구성하는 동안, 당신은 연결 장치로 S7-200을 선택해야 합니다.

참조

LOGO!Soft Comfort V7.0.을 사용하여 LOGO! 0BA7 네트워크 토폴로지를 구성할 수 있습니다.
LOGO!의 0BA7 사이 S7 통신 구성에 대한 자세한 내용은, SIMATIC의 PLC 및 HMI의는, PLC 웹 사이트에서 지원 선택에서 자주 묻는 질문을 참조하십시오.
각 S7 연결 로컬IP/로컬TSAP(Transmission Layer Service Access Point)와 원격IP/원격TSAP가 되는 클라이언트 또는 서버유형으로 구성될 수 있습니다.
각각 구성서버에서 요구되는 정보에 대한 데이터 소스 통신 파트너 클라이언트. 각 LOGO! 0BA7 연결의 클라이언트 또는 서버 정보를 구성하려면 연결을 두 번 클릭합니다.

클라이언트와 LOGO! 0BA7 기본모듈

LOGO! 0BA7 기본모듈은 클라이언트로 구성되어, 그것은 원격의 PLC에서 데이터 전송을 요청할 수 있습니다.

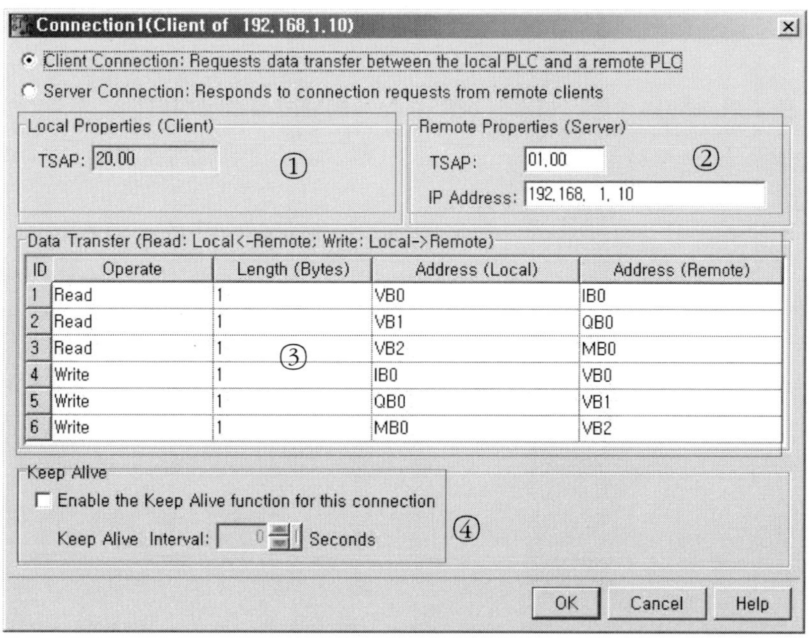

① Local Properties (Client)
TSAP는 TCP/IP 통신에서 전송 계층 서비스 액세스 포인트이다.
클라이언트의 로컬TSAP 자동 LOGO!Soft Comfort에 의해 생성된다.

② Remote Properties (Server)
원격 TSAP는 연결하려는 서버의 TSAP입니다. 원격 IP 주소는 연결할 서버의 IP 주소입니다.

③ Data Transfer (Read: Local ← Remote, Write: Local → Remote)
32 데이터 전송의 최대 클라이언트 연결을 만들 수 있습니다. 새로운 데이터 전송 행을 삽입하려면, 기존의 행을 마우스 오른쪽 단추로 클릭하거나 기존 행의 마지막 셀의 Enter 키를 누릅니다. 판독과정에서, 데이터는 원격 서버로부터 판독되고 로컬 기본 모듈에 저장, 쓰기 프로세스에서, 데이터는 원격 서버에 로컬 기본 모듈로부터 기입된다.
Address(Local) 및 Address(Remote)의 열(column)값을 지정하여 로컬 기본모듈 및 원격 서버에서 원하는 데이터를 저장할 수 있습니다.최대 전송 데이터 길이마다 데이터 전송을 위해 212 바이트이다.

④ Keep Alive :
당신이 체크 박스를 선택하면, PLC 0BA7 기본 모듈은 연결 5초마다 확인합니다.

데이터 전송

아래의 표는 범위와 클라이언트 연결 로컬 주소 제한을 설명합니다.

요청보기

Local address		Remote address	
Address Type	Range	Address Type	Range
VB	0 to 850	VB DB.DBB MB IB QB	0 to 0xFFFF DB[0 to 0xFFFF].DBB[0 to 0xFFFFFF] 0 to 0xFFFF 0 to 0xFFFF 0 to 0xFFFF

노트

Address Type:

- VB: variable byte memory
- DB.DBB: data block byte memory
- MB: flag byte memory
- IB: input byte memory
- QB: output byte memory

Local address + Data length - 1 ≤ 850

아래 표는 다양한 클라이언트와 연결 로컬 주소 제한을 설명한다.

쓰기 요청

Local address		Remote address	
Address Type	Range	Address Type	Range
VB MB IB QB	0 to 850 0 to 3 0 to 2 0 to 1	VB DB.DBB MB IB QB	0 to 0xFFFF DB[0 to 0xFFFF].DBB[0 to 0xFFFFFF] 0 to 0xFFFF 0 to 0xFFFF 0 to 0xFFFF

노트

Local address + Data length - 1 ≤ Max value of Local address type

LOGO! 기본 모듈에서, MB, IB 및 QB는 읽기 전용입니다.

LOGO! 0BA7 기본모듈과 서버

이 연결의 서버가 SIMATIC S7 또는 SIMATIC HMI 경우, 당신은 서버 연결을 구성해야 합니다. 이 LOGO! 0BA7 기본모듈의 서버는 다른 LOGO! 기본모듈의 경우, 다음과 같이 "Configure address and connections" 대화상자에서 두 번 클릭하여 연결1에 연결 대화상자에서 서버 연결을 구성합니다.

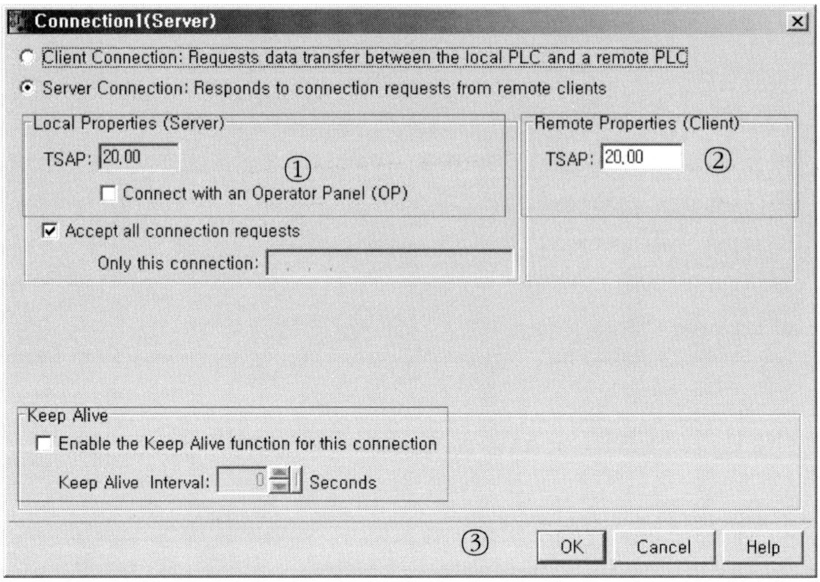

① Local Properties (Server)

TSAP : PLC 0BA7의 범위는 FF.FF.에 20.00

서버의 로컬 TSAP가 자동으로 LOGO!Soft Comfort에 의해 생성됩니다. 만약 운영자 패널(SIMATIC HMI)이 연결에서 클라이언트입니다, "운영자와 연결을 선택 패널(OP)" 확인란을 선택합니다. LOGO!Soft Comfort가 자동으로 02.00에 TSAP를 변경합니다.

당신은 "모든 연결 요청을 수락"확인란을 선택하면, 서버는 네트워크에 있는 모든 클라이언트의 요청에 응답합니다.

서버는 하나의 IP 주소에서 요청을 받아들일 수 있습니다. 이 주소는 연결하려는 클라이언트의 IP 주소입니다.

② Remote Properties (Client)

원격 TSAP는 연결하려는 클라이언트의 TSAP입니다.

③ Keep Alive

이 확인란을 선택하면 로고! 0BA7 기본 모듈은 연결 5초마다 확인합니다.

21) Tools → Parameter VM Mapping (0BA7 only)

VM 개요

S7 통신을 위한 인터페이스인, VM(가상 메모리)이 데이터 전송설정에 의해 데이터 교환을 위한 로컬 통신버퍼로서 사용된다.

네트워크 토폴로지는 LOGO!Soft Comfort에서 이더넷 연결 구성을 합니다.

다음 데이터 교환 처리를 설명한다.

- 서버 S7 연결 및 데이터 전송에 의해 지정된 VM 영역에 필요한 데이터를 저장한다. 이 작업은 다음 섹션에서 "공유"행동으로 정의된다.
- 클라이언트 장치가 서버의 VM 영역을 판독하여, 해당 네트워크 공정 단계에 대응하는 로컬 VM 영역을 갱신한다.
- 로컬 갱신 후 클라이언트에서 회로 프로그램은 서버에 유래 로컬 VM에서 정보를 이용할 수 있다.

Data type and VM address

다음은 VM 어드레싱 및 데이터 분류 사용량 나타낸다.

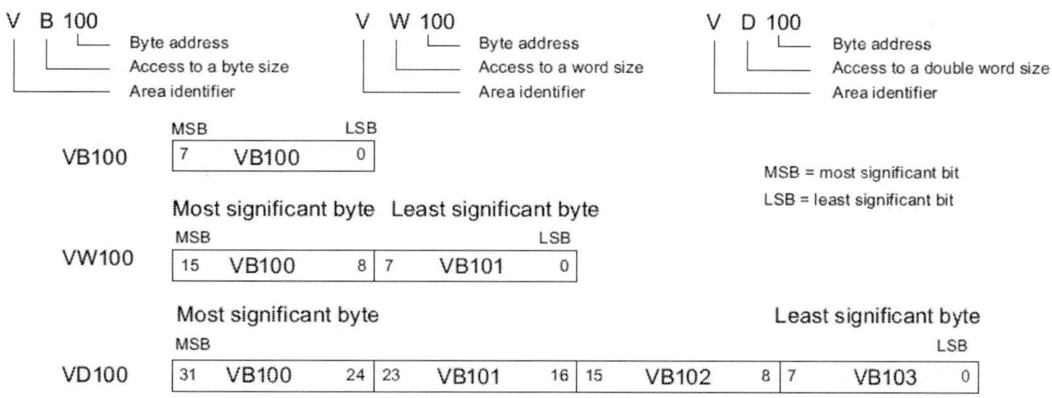

VM mapping 만들기

자동으로 로컬 VM에 입력, 출력 및 마커를 업데이트 할 수 있습니다. 또한, VM에 로컬 변수 값을 변경하고 LOGO!Soft Comfort의 값은 그에 따라 변경된다. 이와 같이, LOGO! 및 로컬정보를 VM에서 실시간으로 서로 동기화됩니다. 매개변수 VM 매핑 기능을 통해, 블록과 VM 간의 매핑을 만들 수 있습니다. 매개변수 블록의 값은 지정된 VM의 각 주기에 동기화됩니다. 동기화 후, VM 다른 SIMATIC 장치와 통신하는데 사용될 수 있습니다. 각 LOGO!의 VM에 매핑은 최대 64개의 매개변수를 가질 수 있습니다! 0BA7 기본모듈. 다음과 같이 매개변수 VM 매핑 설정 대화 상자가 표시됩니다.

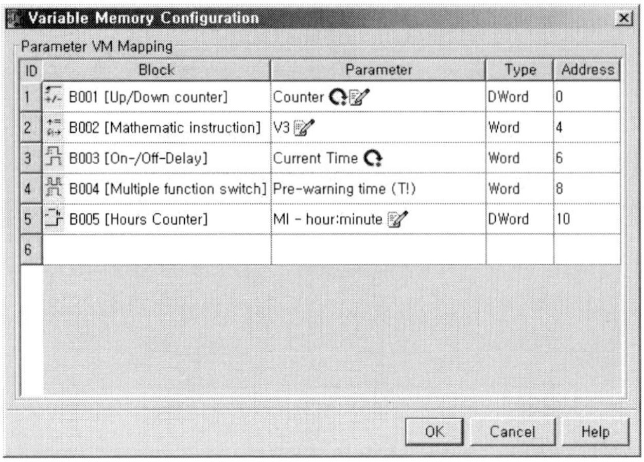

Variable Memory Configuration

Parameter VM Mapping

ID	Block	Parameter	Type	Address
1	B001 [Up/Down counter]	Counter	DWord	0
2	B002 [Mathematic instruction]	V3	Word	4
3	B003 [On-/Off-Delay]	Current Time	Word	6
4	B004 [Multiple function switch]	Pre-warning time (T!)	Word	8
5	B005 [Hours Counter]	MI - hour:minute	DWord	10
6				

OK Cancel Help

현재 프로그램의 매개변수가 SFBs는 블록 열에 나열됩니다. 매개변수 열은 해당 블록의 매개변수의 선택 목록을 제공합니다.
유형 열은 선택한 매개변수의 데이터 형식을 표시합니다. 주소 열은 구성할 수 있습니다. 그것은 매개 변수 값을 저장하는 데 사용되는 VM 주소를 식별하는데 사용됩니다.

매개변수 설정 값을 읽고/쓰기

매개변수 값의 실제 값이고 읽기 전용입니다

파라미터 값이 실제 값이지만, 이 값은 여전히 변경될 수 있습니다.

노트

업/다운 카운터만 카운터 매개 변수는 플래그가 있습니다.

: 매개변수 값은 다른 이미 프로그래밍된 기능블록의 실측치로부터 참조된다.
제공된 플래그가 나타나지 않으면, 그 파라미터 값은 시스템 값이며 변경될 수 없습니다.

매개변수 VM 매핑 창에서 수행할 수 있습니다 :

- Ctrl 키를 눌러 여러 레코드 라인을 선택하거나 키와 원하는 라인의 ID를 클릭 시프트.
- 원하는 행의 마지막 셀에서 Enter 키를 눌러 아래의 줄을 삽입
- 원하는 라인의 ID를 클릭하고 Insert 키를 누르거나 원하는 라인을 right clicking하고 상황에 맞는 메뉴에서 행 삽입을 선택하여 최대 줄을 삽입합니다.

- 원하는 라인의 ID를 클릭하고 Delete 키를 누르거나 원하는 라인을 rightc licking하고 상황에 맞는 메뉴에서 삭제를 선택하여 행을 삭제합니다.

매개변수의 유형을 변경할 수 있으며, 각각의 매개변수에 대한 고유한 주소를 구성해야 합니다. 매개변수의 주소범위는 0-850입니다. 입력 값을 초과하는 경우 이 범위는, 입력 및 출력은 특정 VM 주소로 해결될 것이다.
다음 표는 I/O 및 VM 주소 간의 매핑을 제공합니다.

DI	VM Address	DQ	VM Address
I1	V923.0	Q1	V942.0
I2	V923.1	Q2	V942.1
I3	V923.2	Q3	V942.2
I4	V923.3	Q4	V942.3
I5	V923.4	Q5	V942.4
I6	V923.5	Q6	V942.5
I7	V923.6	Q7	V942.6
I8	V923.7	Q8	V943.7
I9	V924.0	Q9	V943.0
I10	V924.1	Q10	V943.1
I11	V924.2	Q11	V943.2
I12	V924.3	Q12	V943.3
I13	V924.4	Q13	V943.4
I14	V924.5	Q14	V943.5
I15	V924.6	Q15	V943.6
I16	V924.7	Q16	V943.7
I17	V925.0		
I18	V925.1		
I19	V925.2		
I20	V925.3		
I21	V925.4		
I22	V925.5		
I23	V925.6		
I24	V925.7		

AI	VM Address	AQ	VM Address
AI1	VW926	A1	VW944
AI2	VW928	A2	VW946
AI3	VW930		
AI4	VW932		
AI5	VW934		
AI6	VW936		
AI7	VW938		
AI8	VW940		

AM	VM Address	M	VM Address
AM1	VW952	M1	V948.0
AM2	VW954	M2	V948.1
AM3	VW956	M3	V948.2
AM4	VW958	M4	V948.3
AM5	VW960	M5	V948.4
AM6	VW962	M6	V948.5
AM7	VW964	M7	V948.6
AM8	VW966	M8	V948.7
AM9	VW968	M9	V949.0
AM10	VW970	M10	V949.1
AM11	VW972	M11	V949.2
AM12	VW974	M12	V949.3
AM13	VW976	M13	V949.4
AM14	VW978	M14	V949.5
AM15	VW980	M15	V949.6
AM16	VW982	M16	V949.7
		M17	V950.0
		M18	V950.1
		M19	V950.2
		M20	V950.3
		M21	V950.4
		M22	V950.5
		M23	V950.6
		M24	V950.7
		M25	V951.0
		M26	V951.1
		M27	V951.2

LOGO! 0BA7 기본모듈은 S7 통신 인터페이스에 의해 다음과 같은 데이터를 공유할 수 있습니다.

Data Type	Number	Memory Type
Digital input	24	Byte
Digital output	16	Byte
Digital flag	27	Byte
Analog input	8	Word
Analog output	2	Word
Analog flag	16	Word
Value parameter	**	**
Actual value	**	**

길이(Byte, Word, DWord)는 VM에 의해 요구되는 영역의 바이트 수를 나타내는 매개변수입니다. 변수메모리 구성 대화상자에서 지정한 블록 매개변수에 연결되어 있습니다.

VM 지역의 모든 구성에 사용할 수 없습니다.

VM 영역의 일부 바이트가 예약되어 있습니다. 사용자가 64개 이상의 매개변수를 지정할 수 없습니다. 64개 이상을 지정하려고하면, LOGO!Soft Comfort은 실패한 작업 메시지를 표시합니다.

Parameter settings

Function Block	Data type	Read Write	Parameter settings in LOGO!Soft Comfort	Parameter settings on a partner device
On-Delay				
Current Time	VW	R		
On-Delay	VW	R/W	Unit: Seconds	Value range: 0 to 9999
			Unit: Minutes or Hours	Value range: 0 to 5999
Remaining Time	VW	R		
On-Delay Time Base	VB	R/W	10 milliseconds	1
			Seconds	2
			Minutes	3
Off-Delay				
Current Time	VW	R		
On-Delay	VW	R/W	Unit: Seconds	Value range: 0 to 9999
			Unit: Minutes or Hours	Value range: 0 to 5999
Remaining Time	VW	R		
On-Delay Time Base	VB	R/W	10 milliseconds	1
			Seconds	2
			Minutes	3
On-/Off-Delay				
Current Time	VW	R		
On-Delay(TH)	VW	R/W	Unit: Seconds	Value range: 0 to 9999
			Unit: Minutes or Hours	Value range: 0 to 5999

Off Time (TL)	VW	R/W	Unit: Seconds	Value range: 0 to 9999
			Unit: Minutes or Hours	Value range: 0 to 5999
On Time(TH)Remaining Time	VB	R/W		
Off Time(TL)Remaining Time	VW	R		
On Time (TH) Time Base	VW	R	10 milliseconds	1
			Seconds	2
			Minutes	3
Off Time (TL) Time Base	VB	R/W	10 milliseconds	1
			Seconds	2
			Minutes	3
Current Time Base	VB	R/W		
Retentive On-Delay				
Current Time	VW	R		
On-Delay	VW	R/W	Unit: Seconds	Value range: 0 to 9999
			Unit: Minutes or Hours	Value range: 0 to 5999
Remaining Time	VW	R		
On-Delay Time Base			10 milliseconds	1
			Seconds	2
			Minutes	3
Wiping Relay(Pulse Output)				
Current Time	VW	R		
Off Time (TL)	VW	R/W	Unit: Seconds	Value range: 0 to 9999
			Unit: Minutes or Hours	Value range: 0 to 5999
Off Time(TL)Remaining Time	VW	R		
Off Time (TL) time Base			10 milliseconds	1
			Seconds	2
			Minutes	3

Function Block	Data type	Read Write	Parameter settings in LOGO!Soft Comfort	Parameter settings on a partner device
Edge Triggered Wiping Relay				
Current Time	VW	R		
Pulse Width (TH)	VW	R/W	Unit: Seconds	Value range: 0 to 9999
			Unit: Minutes or Hours	Value range: 0 to 5999
Interpulse Width (TL)	VW	R/W	Unit: Seconds	Value range: 0 to 9999
			Unit: Minutes or Hours	Value range: 0 to 5999
Pulse Width(TH)Remaining Time	VW	R		
Pulse Width(TL) Remaining Time	VB	R		
Pulse Width(TH)Time Base	VB	R/W	10 milliseconds	1
			Seconds	2
			Minutes	3
Interpulse Width(TL)Time Base	VB	R/W	10 milliseconds	1
			Seconds	2
			Minutes	3

Current Time Base	VB	R/W	10 milliseconds	1
			Seconds	2
			Minutes	3
Asynchronous Pulse Generator				
Current Time	VW	R		
Pulse Width	VW	R/W	Unit: Seconds	Value range: 0 to 9999
			Unit: Minutes or Hours	Value range: 0 to 5999
Interpulse Width	VW	R/W	Unit: Seconds	Value range: 0 to 9999
			Unit: Minutes or Hours	Value range: 0 to 5999
Pulse Remaining Time	VW	R		
Interpulse Remaining Time	VW	R		
Pulse Width(TH)Time Base	VB	R/W	10 milliseconds	1
			Seconds	2
			Minutes	3
Interpulse Width(TL) Time Base	VW	R/W	10 milliseconds	1
			Seconds	2
			Minutes	3
Current Time Base	VB	R/W	10 milliseconds .	1
			Seconds	2
			Minutes	3
Random Generator				
Current Time	VW	R		
Max. On Delay (TH)	VW	R/W	Unit: Seconds	Value range: 0 to 9999
			Unit: Minutes or Hours	Value range: 0 to 5999
Max. Off Delay (TL)	VW	R/W	Unit: Seconds	Value range: 0 to 9999
			Unit: Minutes or Hours	Value range: 0 to 5999
Max. On Delay(TH)Remaining Time	VW	R		
Max. Off Delay(TL)Remaining Time	VW	R		
Max. On Delay(TH) Time Base	VB	R/W	10 milliseconds	1
			Seconds	2
			Minutes	3
Max. Off Delay(TL) Time Base	VW	R/W	10 milliseconds	1
			Seconds	2
			Minutes	3
Current Time Base	VB	R/W	10 milliseconds	1
			Seconds	2
			Minutes	3

Function Block	Data type	Read Write	Parameter settings in LOGO!Soft Comfort	Parameter settings on a partner device
Stairway Lighting Switch				
Current Time	VW	R		
Off Delay	VW	R/W	Unit: Seconds	Value range: 0 to 9999
			Unit: Minutes or Hours	Value range: 0 to 5999

Pre-Warning Time (T!)	VW	R		
Pre-Warning Period (T!L)	VB	R		
Off Delay Remaining	VB	R		
Pre-Warning Time (T!)Remaining	VB	R		
Pre-Warning Period (T!L)Remaining	VB	R		
Off Delay Time Base	VB	R/W	10 milliseconds	1
			Seconds	2
			Minutes	3
Multiple Function Switch				
Current Time	VW	R		
Off Delay Time (T)	VW	R/W	Unit: Seconds	Value range: 0 to 9999
			Unit: Minutes or Hours	Value range: 0 to 5999
Permanent Light (TL)	VW	R/W	Unit: Seconds	Value range: 0 to 9999
			Unit: Minutes or Hours	Value range: 0 to 5999
Pre-Warning Time (T!)	VW	R		
Pre-Warning Period (T!L)	VW	R		
Off Delay Time(T) Remaining	VW	R		
Permanent Light(TL)Remaining	VW	R		
Pre-Warning Period (T!L) Raining	VW	R		
Off Delay Time (T) Time Base	VB	R/W	10 milliseconds	1
			Seconds	2
			Minutes	3
Permanent Light (TL) Time Base	VW	R/W	10 milliseconds	1
			Seconds	2
			Minutes	3
Current Time Base	VB	R/W	10 milliseconds	1
			Seconds	2
			Minutes	3
Weekly Timer (입력상자가 사용할 수 없게 설정하거나 기능이 비활성화 된 경우 " 0xFF는" S7 PLC에 대한 HMI에 표시되며 "–"기본 모듈에 표시됩니다.)				
Week Day 1	VB	R/W	Sunday	Bit 0
			Monday	Bit 1
			Tuesday	Bit 2
			Wednesday	Bit 3
			Thursday	Bit 4
			Friday	Bit 5
			Saturday	Bit 6
			관련 비트가 1 인 경우, 다음 날이 설정된다.	
On Time 1	VW	R/W	h:m	h:m
Off Time 1	VW	R/W	h:m	h:m
Week Day 2	VB	R/W	Sunday	Bit 0
			Monday	Bit 1

			Tuesday	Bit 2
			Wednesday	Bit 3
			Thursday	Bit 4
			Friday	Bit 5
			Saturday	Bit 6
			관련 비트가 1 인 경우, 다음 날이 설정된다.	
On Time 2	VW	R/W	h:m	h:m
Off Time 2	VW	R/W	h:m	h:m
Week Day 3	VB	R/W	Sunday	Bit 0
			Monday	Bit 1
			Tuesday	Bit 2
			Wednesday	Bit 3
			Thursday	Bit 4
			Friday	Bit 5
			Saturday	Bit 6
			관련 비트가 1 인 경우, 다음 날이 설정된다.	
On Time 3	VW	R/W	h:m	h:m
Off Time 3	VW	R/W	h:m	h:m
Pulsely	VB	R/W	Off	0
			On	1
Yearly Timer (입력상자가 사용할 수 없게 설정하거나 기능이 비활성화 된 경우 " 0xFF는" S7 PLC에 대한 HMI에 표시되며 "–"기본 모듈에 표시됩니다.)				
On Time	VW	R/W	Month:Day	Month:Day
Off Time	VW	R/W	Month:Day	Month:Day
On Year	VB	R/W	Year	Year
Off Year	VB	R/W	Year	Year
Monthly	VB	R/W	No	0
			Yes	1
Yearly	VB	R/W	No	0
			Yes	1
Pulsely	VB	R/W	No	0
			Yes	1
Astronomical Clock				
Longitude	VD	R/W		VBx+0
			W	1
			E	0
			0	VBx+1
			'	VBx+2
			"	VBx+3
Latitude	VD	R/W		VBx+0
			S	1
			N	0
			0	VBx+1
			'	VBx+2
			"	VBx+3
Time Zero (E+; W-)	VW	R/W		-11 to 12

				낮은 바이트 비트 7, 기호 의미: 예를 들면: 00000001 10000000 means -1.
SunRise Time	VW	R		h:m
SunSet Time	VW	R		h:m

Function Block	Data type	Read Write	Parameter settings in LOGO!Soft Comfort	Parameter settings on a partner device
Stop Watch				
Time Base	VB	R/W	10 milliseconds	0
			Seconds	1
			Minutes	2
			Hours	3
Current Time	VD	R		
Lap Time	VD	R		
Output Time	VW	R		
Up/Down Counter				
Counter	VD	R/W		0 to 9999
On Threshold	VD	R/W		0 to 9999
Off Threshold	VD	R/W		0 to 9999
start value	VD	R/W		0 to 9999
Hours Counter				
Maintenance Interval (MI)	VD	R/W		0 to 599999 (9999H 59M)
Time-to-Go (MN)	VD	R		
Total Time (OT)	VD	R		
Threshold Trigger				
Frequency	VW	R		
On Threshold	VW	R/W		0 to 9999
Off Threshold	VW	R/W		0 to 9999
Gate Time	VW	R		
Analog Threshold Trigger				
On	VW	R/W		-20000 to 20000
Off	VW	R/W		-20000 to 20000
Gain	VW	R		
Offset	VW	R		
Ax, Amplified	VW	R		
Analog Differential Trigger				
On	VW	R/W		-20000 to 20000
Off	VW	R/W		-20000 to 20000
Gain	VW	R		
Offset	VW	R		
Ax, Amplified	VW	R		
Off	VW	R		
Analog Comparator				
On	VW	R/W		-20000 to 20000

Off	VW	R/W		-20000 to 20000
Gain	VW	R		
Offset	VW	R		
Ax, Amplified	VW	R		
Ay, Amplified	VW	R		
Ax (Amplified)-Ay (Amplified)	VW	R		

Function Block	Data type	Read Write	Parameter settings in LOGO!Soft Comfort	Parameter settings on a partner device
Analog Watchdog				
Gain	VW	R		
Offset	VW	R		
Aen (Comparison Value)	VW	R		
Ax, Amplified	VW	R		
Differential (+)	VW	R/W		0 to 20000
Differential (-)	VW	R/W		0 to 20000
Analog Amplifier				
Analog Amplifier: Gain	VW	R/W		-1000 to 1000
Analog Amplifier: Offset	VW	R/W		-10000 to 10000
Analog Amplifier: Ax, Amplified	VW	R		
Analog Multiplexer				
AQ Amplified	VW	R		
V1 (S1=0; S2=0)	VW	R/W		-32768 to 32767
V2 (S1=0; S2=1)	VW	R/W		-32768 to 32767
V3 (S1=1; S2=0)	VW	R/W		-32768 to 32767
V4 (S1=1; S2=1)	VW	R/W		-32768 to 32767
PWM				
Min.	VW	R/W		-10000 to 20000
Max.	VW	R/W		-10000 to 20000
Gain	VW	R/W		-1000 to 1000
Offset	VW	R/W		-10000 to 10000
Ax, Amplified (Current Period)	VW	R		
T	VW	R/W	Unit: Seconds	Value range: 0 to 9999
			Unit: Minutes or Hours	Value range: 0 to 9999
Periodic Time Time Base	VB	R/W	10 milliseconds	
			Seconds	
			Minutes	
Mathematic Instructions				
AQ Amplified	VW	R		
V1	VW	R/W		-32768 to 32767
V2	VW	R/W		-32768 to 32767
V3	VW	R/W		-32768 to 32767
V4	VW	R/W		
Operator 1	VB	R/W		VBx+0

			+	0
			-	1
			*	2
			/	3
Operator 2	VB	R/W		VBx+0
			+	0
			-	1
			*	2
			/	3
Operator 3	VB	R/W		VBx+0
			+	0
			-	1
			*	2
			/	3
Priority1	VB	R/W	L	0
			M	1
			H	2
Priority2	VB	R/W	L	0
			M	1
			H	2
Priority3	VB	R/W	L	0
			M	1
			H	2
Reset Mode	VB	R/W	Reset to zero	0
			Keep last value	1
Analog Ramp				
Gain	VW	R		
Offset	VW	R		
Current Level	VW	R		
Level 1 (L1)	VW	R/W		-10000 to 20000
Level 2 (L2)	VW	R/W		-10000 to 20000
Largest Output Value	VW	R		
Start/Stop Offset	VW	R/W		0 to 20000
Speed of Change	VW	R/W		1 to 10000
PI Controller				
Set Value (SP)	VW	R/W		-10000 to 20000
PV, Amplified	VW	R		
Aq	VW	R		
Kc	VW	R/W		0 to 9999
Integeration Time (TI)	VW	R/W	Unit: Minutes	0 to 9999
Direction	VB	R/W	+	0
			-	1
Manual Output (Mq)	VW	R/W		0 to 1000
min	VW	R/W		-10000 to 20000
max	VW	R/W		-10000 to 20000
Gain	VW	R		-1000 to 1000
Offset	VW	R		-10000 to 10000
Analog Filter				

Dialog Parameter Averge Value Sample Number	VB	R/W		3 to 8
			8	3
			16	4
			32	5
			64	6
			128	7
			256	8
Ax	VW	R		
Aq	VW	R		
Max/Min				
Mode	VB	R/W		0, 1, 2 and other value
Ax	VW	R		
Minimum Value	VW	R		
Maximum Value	VW	R		
Aq	VW	R		
When reset=0, reset Min/Max	VW	R/W		0 or 1
Average Value				
Sample Time	VW	R/W	Unit: Seconds or Minutes	Value range: 0 to 59
			Unit: Hours	Value range: 0 to 23
			Unit: Days	Value range: 0 to 365
Number of Samples	VW	R/W	Unit: Seconds	Value range: 1 to St*100
			Unit: Days	Value range: 1 to 32767
			Unit: Hours	Value range: 1 to 32767
			Unit: Seconds and ≤ 5 Minutes	Value range: 1 to St*6000
			Unit: Seconds and ≥ 6 Minutes	Value range: 1 to 32767
Ax	VW	R		
Aq	VW	R		
Sample Time Time Base	VB	R/W	Seconds	1
			Minutes	2
			Hours	3
			Days	4

22) Tools → Options

이 메뉴 명령어에서 LOGO!Soft Comfort에 대한 여러 가지 옵션을 선택할 수 있습니다.

- Standard Editor
- Language
- Document view
- Screen
- Print
- Cut connections
- Interface
- Simulation
- Colors
- Look & Feel

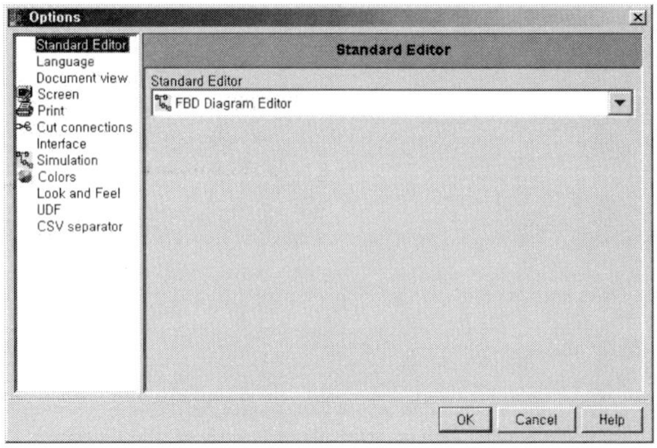

(1) Tools → Options – Standard Editor

여기서 FBD 혹은 LAD 중 디폴트 편집기를 지정합니다.

(2) Tools → Options: Language

여기서 LOGO!Soft Comfort 언어를 설정할 수 있습니다.

새로운 언어를 설정하고 적용시키려면 LOGO!Soft Comfort를 종료한 후 다시 실행시켜야 합니다.

(3) Tools → Options: Document view

사용자 프로그램을 다이얼로그 탭에서 디스플레이할 것인지나 윈도우에서 디스플레이할 것 인지를 여기서 결정합니다. 윈도우에 디스플레이하는 것을 선택하게 되면 여러 개의 사용자 프로그램을 정렬시켜 비교할 수 있는 장점이 있습니다. 탭에서 디스플레이할 때에는 탭을 선택한 후 오른쪽 마우스 버튼으로 바로가기 메뉴를 열고 다음 항목을 클릭할 수 있습니다.

- Close
- Close all
- Save
- Save as

(4) Tools → Options: Screen

이 메뉴 명령어에서 화면에 보여지는 모든 설정을 할 수 있습니다.

사용자 프로그램에 무엇을 보이게 할 것인지를 여기서 결정합니다.

- Comments
- Connector Names
- Block Parameters

그 외의 설정들

- Antialiasing : 안티앨리어싱 기능으로 코너부분과 모서리 부분이 부드럽게 처리됩니다. View 〉 Select lines을 스위치 On 시키면 라인이 라벨링되는 예를 아래 그림에서 볼 수 있습니다.

B007 〉 B006/2 의미: 연결이 2번 핀을 통해 블록 7에서 블록 6으로 이루어집니다. 연결이 이루어지는 타깃 블록이 바로 옆에 붙여 있으면 라벨링이 되지 않습니다.
- LOGO!Soft Comfort가 열려져 있는 다이얼로그 창의 위치와 크기를 알려주어야 하는 지의 여부를 결정할 수 있습니다.
- LOGO!Soft Comfort가 전체 작업환경(윈도우 위치, 열려있는 사용자 프로그램 등)을 알려주어야 하는 지의 여부도 결정할 수 있습니다.

(5) Tools → Options: Print

이 메뉴 명령어에서 무엇을 인쇄할 것인지를 선택할 수 있습니다.

- File → Properties: Comment에서 입력된 주석
- 커넥터 이름과 파라미터
- 모든 블록, 모든 선택된 블록 혹은 특수 타이머 펑션의 파라미터 목록
- 커넥터 이름 목록

여기서 비어있는 페이지를 인쇄하지 않을 것인지, 사용자 프로그램을 확대하거나 축소시켜 인쇄할 것인지를 설정할 수 있습니다.

인쇄 실행 전에 이 다이얼로그 창이 항상 나타납니다.

(6) Edit → Cut connections

사용자는 잘라내기/붙여넣기(Cut / Join) 툴(페이지 26)을 통해 연결을 수동으로 끊을 것인지 자동으로 끊을 것인지를 선택할 수 있습니다.

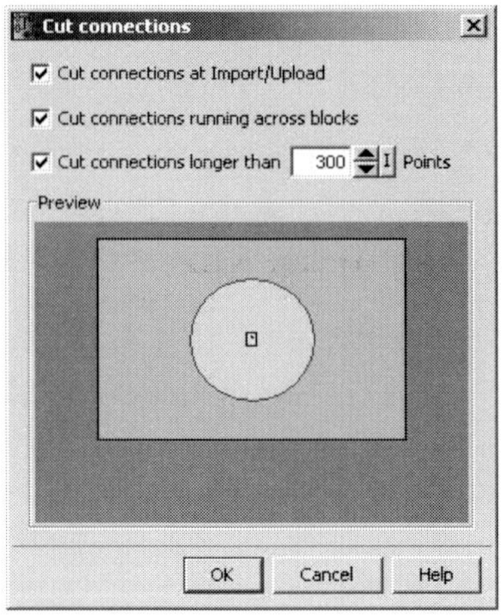

이 다이얼로그 창에서 다음 타입의 연결 중 하나나 둘을 잘라낼 것을 지정할 수 있습니다.

- 블록을 넘어서 통과하는 연결
- 설정 길이를 초과하는 연결

OK로 설정 내용을 확인하면 LOGO!Soft Comfort는 연결을 잘라내기 합니다.

Cut connections during import/upload 체크 박스가 선택이 되면 위에서 설명한 설정이 다음의 경우에도 적용됩니다.

- LOGO! 에서 LOGO!Soft Comfort 로 사용자 프로그램을 업로드 (전송)하는 경우
- LOGO!Soft Standard 혹은 LOGO!Soft Comfort에서 작성된 사용자 프로그램을 Import 시키는 경우

(7) Tools → Options: Interface

LOGO!가 어떻게 연결되는지 정확히 알고 있으면 목록에서 인터페이스를 지정하십시오. PC 케이블을 사용하고 있지만 어떤 인터페이스로 LOGO!에 연결하는지를 잘 모르고 있는 경우 LOGO!Soft Comfort가 자동적으로 관련 인터페이스를 찾게 할 수 있습니다.

Communication with a PC Cable

PC 케이블을 사용하여 통신을 수동으로 LOGO! 기본모듈에 연결할 수 있는 통신 인터페이스를 선택할 수 있다, 또한 LOGO!Soft Comfort 자동으로 유효한 통신을 감지할 수 있도록 "자동 검색" 버튼을 클릭할 수 있습니다.

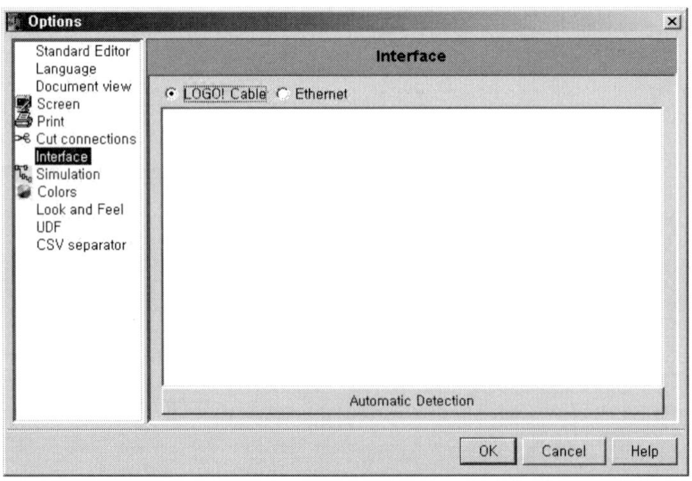

Communication with the Ethernet

이더넷 통신을 하려면 “이더넷”을 선택합니다. 그리고 인터페이스 테이블에서 logo! 기본모듈의 IP주소를 선택하고 “Detect” 버튼을 클릭합니다.

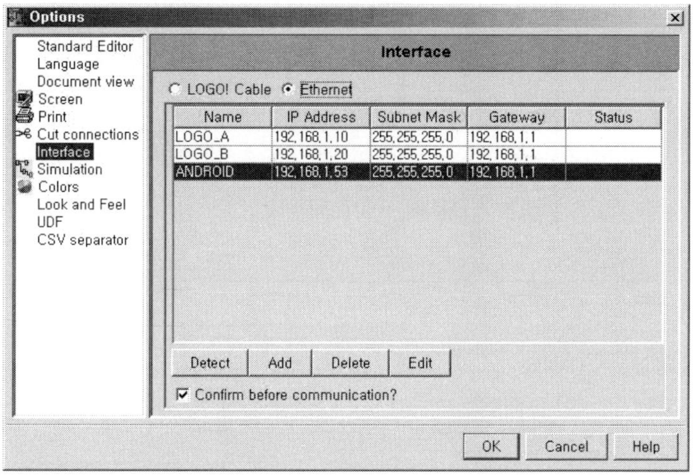

(8) Tools → Options: Simulation

시뮬레이션 모드를 스위치 On시키면 자동적으로 시뮬레이션이 실행될 것인지는 시뮬레이션 옵션 다이얼로그 창에서 선택해야 합니다. 그렇지 않으면 시뮬레이션 모드에서 녹색 화살표 아이콘을 눌러야 시뮬레이션이 실행됩니다. 또한 시뮬레이션 모드에서 신호 상태나 프로세스 변수의 디스플레이를 온 오프 시킬 수 있습니다. 이런 신호 상태와 프로세스 변수 디스플레이를 오프시키면 시뮬레이션 성능에 도움을 주는데 이는 LOGO!Soft Comfort가 그러한 값들 계산을 지속적으로 하지 않아도 되기 때문입니다.

또한 LOGO! TD 텍스트 메시지가 별도의 시뮬레이션 윈도우로 표시될 것인가를 지정할 수 있습니다. 지정이 되면 시뮬레이션 모드는 별도의 윈도우에 LOGO! 기본 모듈과 LOGO! TD에 표시될 메시지 텍스트를 보여줍니다.

마지막으로 시뮬레이션을 실행시키면서 입력과 출력을 리셋시킬 것인지를 지정할 수 있습니다.

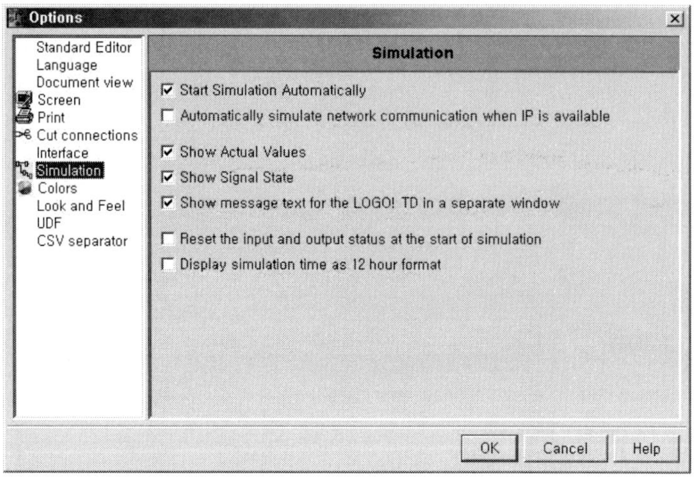

(9) Tools → Options: Colors

여기서 색을 지정할 수 있습니다.

- 데스크톱 색
- 시뮬레이션 모드에서 "1"이나 "0" 신호를 보여주는 신호 색
- 선택한 라인 색. 최대 4개의 블록 입력과 블록 출력에 대해 각각 연결 색을 설정할 수 있습니다.
- 펑션 블록의 배경 색

원래의 설정으로 돌아가려면 Default 버튼을 클릭하십시오.

(10) Tools → Options: Look and Feel

여기서 LOGO!Soft Comfort 사용자 인터페이스의 레이아웃을 지정할 수 있습니다. 시도해 보십시오.

(11) Tools → Options: UDF (0BA7 only)

UDF 라이브러리를 구성합니다.

하나의 UDF(LMA.) 파일을 여러 UDF 파일이 있는 폴더 : UDF 라이브러리는 요소의 두 가지 유형을 포함할 수 있습니다.

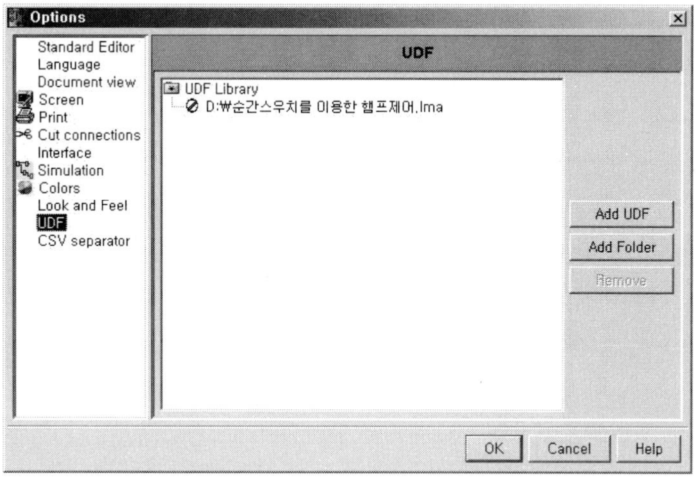

UDF 추가폴더를 추가하거나 제거버튼을 사용하여 제거하거나 UDF 파일이나 폴더를 추가할 수 있습니다. UDF 라이브러리에 추가 UDF는 블록 트리로 즉시 나타나면 회로 프로그램에 사용할 수 있습니다.

2.9.6 Window 메뉴

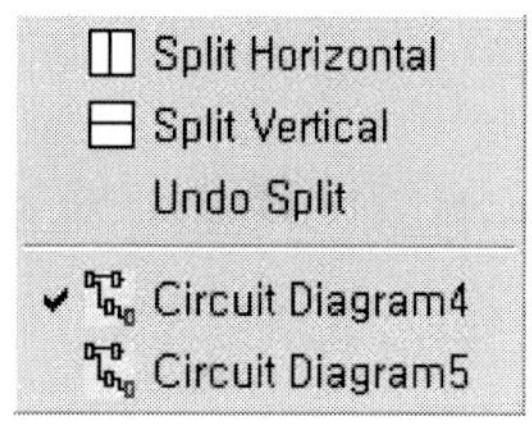

Window 메뉴 개요

윈도우 메뉴에서 사용자 프로그램 윈도우를 정렬시킬 수 있습니다. 용량이 큰 프로그램을 좀 더 쉽고 분명하게 보기 위해 기존 사용자 프로그램을 중복해서 열거나 분할시킬 수 있습니다.
다음과 같은 윈도우 옵션이 제공됩니다.

1) Window → Split Vertical :

용량이 큰 사용자 프로그램을 가지고 있고 넓게 분포된 오브젝트들을 보고 비교하는 경우 윈도우를 수직적으로 분할할 수 있습니다. 물론 이 분할은 그 윈도우에서만 적용되는 것이고 사용자의 프로그램에는 영향을 미치지는 않습니다. 분할된 윈도우에서 스크롤 바를 사용하여 사용자 프로그램에 있는 여러 명령어들을 보거나 수정할 수 있습니다.

필요하다면 윈도우를 여러 부분으로 분할할 수도 있습니다. 각 윈도우를 수평적으로 또는 수직적으로 분할할 수 있으며 분할된 것 중 마우스가 마지막으로 동작한 곳이 현재 활성화된 부분입니다.

분할된 윈도우에서 사용자 프로그램을 수정할 수 있습니다. 변경된 부분은 전체 사용자 프로그램에 적용됩니다. 이는 윈도우가 분할된 것이지 프로그램이 분할된 것이 아니기 때문입니다.

2) Window → Split Horizontal

용량이 큰 사용자 프로그램을 가지고 있고 넓게 분포된 오브젝트들을 보고 비교하는 경우 윈도우를 수평적으로 분할할 수 있습니다. 물론 이 분할은 그 윈도우에서만 적용되는 것이고 사용자의 프로그램에는 영향을 미치지는 않습니다. 분할된 윈도우에서 스크롤 바를 사용하여 사용자 프로그램에 있는 여러 명령어들을 보거나 수정할 수 있습니다.

사용자는 필요하다면 윈도우를 여러 부분으로 분할할 수도 있습니다. 각 윈도우를 수평적으로 또는 수직적으로 여러 번 분할할 수 있으며 분할된 것 중 마우스가 마지막으로 동작한 곳이 현재 활성화된 부분입니다.

분할된 윈도우에서 사용자 프로그램을 수정할 수 있습니다. 변경된 부분은 전체 사용자 프로그램에서 적용됩니다. 이는 윈도우가 분할된 것이지 프로그램이 분할된 것이 아니기 때문입니다.

3) Window → Undo Split

이 명령어 메뉴는 분할된 모든 사용자 프로그램 윈도우를 원상태로 되돌리기 위해 사용합니다.

2.9.7 Help 메뉴

온라인 Help

온라인 Help는 LOGO!Soft Comfort 에서 이루어지는 프로그램 설정, 툴, 사용자 프로그램 작성에 대한 정보를 빠르고 신뢰할 만하게 제공합니다.

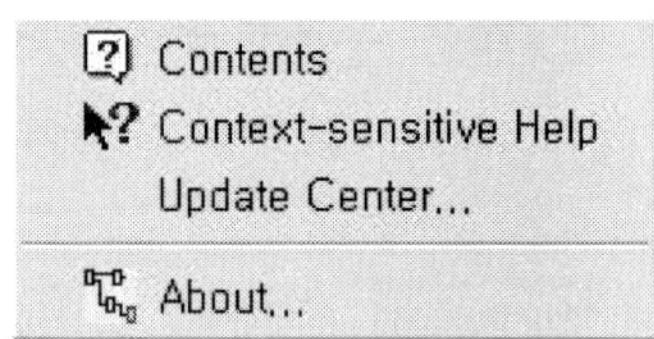

1) Help → Contents

온라인 Help 제목들

사용자 인터페이스 단원(페이지 27)에서 툴바가 있는 사용자 인터페이스와 LOGO!Soft Comfort 메뉴를 자세히 설명합니다.

LOGO!Soft Comfort 사용에 대한 기초적인 내용과 사용자 프로그램 작성에 대한 빠르고 쉬운 방법은 사용 설명서를 참조하십시오.

이 단원의 마지막 부분에서 심도 있는 실전문제를 접하게 됨으로 사용자 프로그램 작성에 대한 모든 단계를 익히게 될 것입니다.
샘플 어플리케이션 장에서는 LOGO!를 활용한 몇 가지 예를 설명합니다. 레퍼런스 단원에서는 다음과 같은 내용이 포함됩니다.

- 컨스탄트와 터미널, 기본 펑션 (FBD 편집기만 해당), 특수 펑션, 항목에서 사용자 프로그램에 사용되는 여러 명령어들에 대해 설명합니다.
- 사용자 프로그램 단원에서는 필요한 메모리, LOGO!에 대한 사용자 프로그램 제한사항, 블록에 대한 추가 정보들을 제공합니다.

팁과 트릭 절에서는 LOGO!Soft Comfort에서 빈번하게 사용되는 작업에 대해 설명합니다.
온라인 Help는 키워드와 용어를 기반으로 하는 색인(index)과 검색 기능(full text search)을 지원합니다.

블록에 대한 Help
사용자 프로그램에서 하나의 블록을 더블 클릭하면 그 블록에 대한 파라미터와 설정부분이 있는 윈도우가 열립니다. 이 윈도우의 Help버튼을 클릭하면 이 블록에 대한 Help정보를 얻을 수 있습니다. 이 윈도우에는 옆의 심벌들이 없습니다. 
(조치) 사용자 프로그램에서 블록을 선택하고 오른쪽 마우스 버튼을 클릭한 후 Help 메뉴 명령어를 선택하십시오.

2) Help → Context-sensitive help :

→ Help Context-sensitive help
오브젝트에 대한 도움말을 보려면 context - sensitive Help 아이콘을 클릭한 후 오브젝트를 클릭하십시오.
(결과) 이 오브젝트 정보가 들어있는 윈도우가 열립니다.
프로그래밍 인터페이스 상에서 오브젝트를 선택하고 오른쪽 마우스 버튼을 누르면 Help 제목들이 바로가기 메뉴로 표시되고 이 메뉴에서 원하는 Help항목을 누르면 해당 정보가 보여지게 됩니다.
이 메뉴 명령어에 대한 아이콘은 표준 툴바(페이지 22)에도 있습니다.

3) Help → Update Center

업데이트 센터
업데이트 센터는 LOGO!Soft Comfort 관련 언어추가, 프로그램 애드온, 서비스 팩과 새로운 버전 설치를 도와줍니다.

업데이트와 업그레이드

동일한 버전 내에서 소프트웨어를 최신 것으로 만든다면 이것은 업데이트라고 합니다. 예를 들어 LOGO!Soft Comfort Version 4.0은 4.1 로 업데이트될 수 있습니다. 업데이트는 인터넷을 통해서만 가능합니다.

소프트웨어를 최신 버전으로 올린다면 이것은 업그레이드라고 합니다. 예를 들어 LOGO!Soft Comfort Version 5.0은 6.1로 업그레이드됩니다. 사용자는 업데이트 센터나 CD-ROM을 통해 소프트웨어를 업그레이드할 수 있습니다.

업데이트 센터이용

업데이트나 업그레이드를 수행하려면 다음 단계들을 수행하십시오.

① 인터넷을 통해서 LOGO!Soft Comfort를 업그레이드를 할 것인지 업그레이드 파일(CDROM, 플로피, 혹은 하드디스크 드라이브)을 통해서 업그레이드를 할 것인지를 선택하십시오.

② 파일로 LOGO!Soft Comfort를 업그레이드(업데이트)할 것을 선택하면 업그레이드(업데이트) 파일이 저장된 폴더 경로를 입력하기 위한 프롬프트가 나타납니다.

LOGO!Soft Comfort 를 인터넷을 통해 업데이트하는 경우 정확한 인터넷 어드레스를 인터넷 업그레이드(업데이트) 설정 항목에 입력해야 합니다. 만약 인터넷에 직접연결이 되지 않으면 프록시 서버를 지정해야 합니다. 이 경우 네트워크 관리자의 도움을 받아 인터넷이 이루어지도록 하십시오.

③ 사용자의 소프트웨어 버전에서 할 수 있는 모든 업그레이드(업데이트) 정보를 보여줍니다. 원하는 업그레이드(업데이트)를 선택하십시오. 인터넷에서 LOGO!Soft Comfort를 업그레이드(업데이트) 하는 경우 사용자가 선택한 업그레이드(업데이트)가 다운로드 되고 설치될 것입니다.

④ 인터넷을 통해 LOGO!Soft Comfort를 업데이트하는 경우 이 작업들이 끝나면 인터넷 연결을 수동으로 종료할 것인지를 묻는 프롬프트가 나타납니다.

LOGO!Soft Comfort는 업그레이드(업데이트)가 완료되었을 때 자동으로 종료됩니다. 설치된 업그레이드(업데이트)의 기능들은 LOGO!Soft Comfort를 다시 실행할 때 적용됩니다.

에러 발생

업그레이드(업데이트) 작업 중 Does not agree with magic number 메시지가 발생하면 업그레이드(업데이트) 파일인 Setup.exe가 완벽하게 수행되지 않았음을 의미합니다. 이 경우 인터넷에서 업그레이드(업데이트) 파일을 다시 한 번 다운받은 후 설치하십시오.

4) Help → About

General 탭은 사용하는 LOGO!Soft Comfort 소프트웨어의 버전과 릴리즈 버전을 보여줍니다. System 탭은 사용되는 자바의 런-타임 버전, 프로그램 경로, 설치된 운영 체제와 사용되는 메모리에 대한 정보를 보여줍니다.

Chapter 3

자습서(Tutorial)

프로그래밍을 하기 위한 사전 조건

PC 사용에 익숙하며 펑션 블록 다이어그램을 작성할 줄 알아야 합니다. 사용자 프로그램을 다운-로드시키기 위해 LOGO! 디바이스와 PC를 연결시키기 위한 PC 케이블이 있어야 합니다.

프로그램 작성

간단한 사용자 프로그램을 작성하여 PC에서 시뮬레이션 해 봄으로써 LOGO!Soft Comfort의 기본적인 사용법을 배우게 될 것입니다. 이 단원의 마지막에서는 몇 개의 샘플 프로그램을 다루게 될 것이며 사용자 프로그램을 준비하고 전송하고 저장하는 내용을 배우게 될 것입니다. 필요하다면 본 사용 설명서 단원에 들어가기에 앞서 사용자 인터페이스를 다시 한 번 리뷰하십시오.

- 공장 도어 (Factory door)
- 공조 시스템 (Air-conditioning system)
- 히팅 제어 (Heating control)
- Filling 스테이션 (Filling station)

툴바를 이용하여 프로그램 작성

이 도입 절에서는 표준툴바와 프로그래밍 툴바만 필요합니다.
툴을 선택하려면 마우스 포인터를 아이콘위에 갖다 놓은 후 마우스의 왼쪽 버튼을 클릭하십시오. 그러면 아래 그림처럼 됩니다.

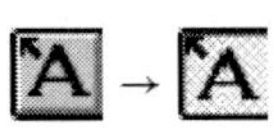

3.1 사용자 프로그램 작성

사용자 프로그램을 작성할 때의 단계는 아래와 같습니다.

1. 새로운 사용자 프로그램 생성.
2. 블록 선택
3. 블록 갖다놓기
4. 블록 설정과 주석 쓰기
5. 블록 연결하기

6. 사용자 프로그램 최적화
7. 사용자 프로그램 저장

모든 블록이 모든 환경에서 사용될 수 있는 것은 아님을 주지하십시오.

1) 새로운 사용자 프로그램 생성

LOGO!Soft Comfort를 실행시킨 후 바로 새로운 사용자 프로그램을 생성할 수 있습니다. 이를 위해서는 표준 툴바에 있는 File new 아이콘을 클릭하십시오.

→ **File new**

FBD 편집기 (Tools/Options/Editor 에서 지정한 디폴트 편집기)가 새로운 윈도우에서 열리고 새로운 사용자 프로그램을 작성할 수 있게 됩니다.

File new 아이콘의 오른쪽에 있는 작은 화살표를 클릭하면 FBD 편집기(혹은 LAD)가 열립니다.

2) 블록 선택

사용자 프로그램을 작성하는 첫 번째 단계는 블록들을 선택하는 것입니다. I/O들과 표준 SFB 블록들을 삽입하는 순서를 정하십시오.

프로그래밍 툴바의 Co에는 컨스탄트와 터미널(LAD 편집기만 해당)이 있습니다. 즉, I/O들과 컨스탄트 신호 목록이 있습니다. BF에는 이진 연산을 위한 기본 논리 연산 펑션들이 있고 SF에는 특수 펑션들이 있습니다. 펑션 키를 사용하여 각 펑션 그룹을 호출하는 것도 가능합니다.

Co 혹은 [F6] → Constants / Terminals

SF 혹은 [F8] → SFBs

FBD 편집기만 해당 혹은 [F7] → Basic functions

3) 블록 위치시키기

원하는 블록들이 있는 아이콘 그룹을 클릭하거나 펑션 키를 누르십시오. 선택한 펑션 그룹에 속한 모든 블록들이 프로그래밍 인터페이스 아래쪽에 보여집니다.

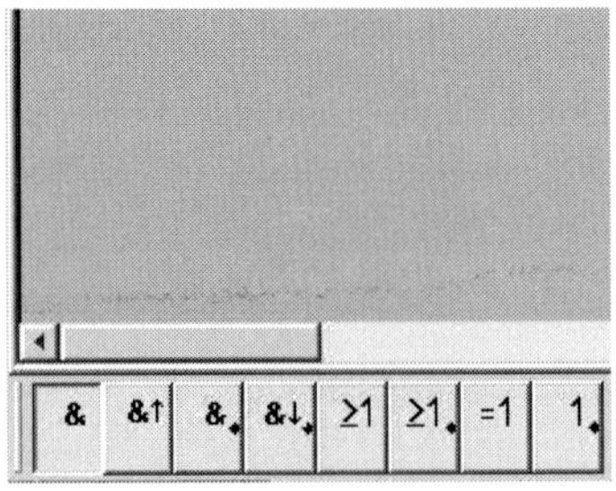

FBD 편집기 예

간단한 마우스 클릭으로 선택한 펑션을 프로그래밍 인터페이스에 삽입시킬 수 있습니다. 첫 번째 그룹 펑션이 디폴트로 설정되며 다른 펑션들도 마우스로 선택해서 갖다 놓을 수 있습니다.

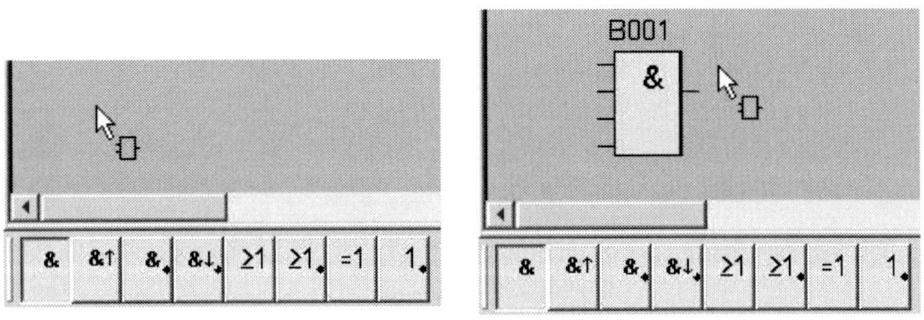

FBD 편집기의 예

지금 블록들을 바로 정렬시킬 필요는 없습니다. 블록들을 서로 연결시키고 사용자 프로그램에 주석을 입력할 때 정렬시키면 됩니다.

4) 블록들 편집

바로가기 메뉴

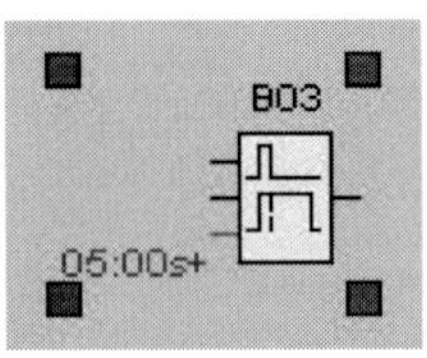

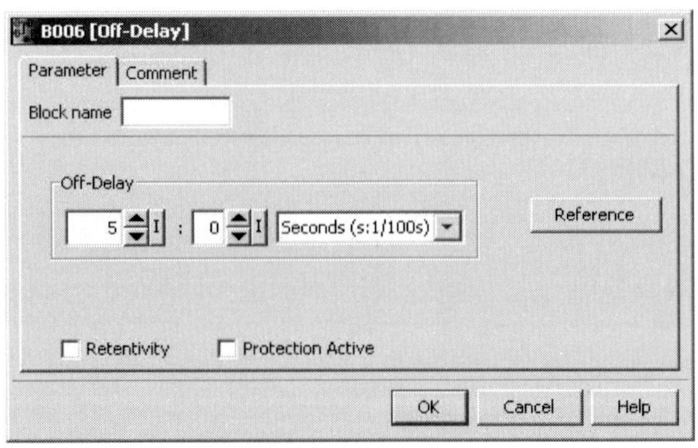

오브젝트 선택 후 오른쪽 마우스 버튼을 누르면 여러 편집 옵션을 제공하는 바로가기 메뉴가 나옵니다. 편집 옵션들은 오브젝트마다 다릅니다. 오브젝트는 블록과 연결 라인, 프로그래밍 인터페이스와 툴바 등을 의미합니다.
바로 가기 메뉴에서 선택한 오브젝트에 대해 Help를 호출할 수 있습니다

블록 설정

블록 속성을 설정하려면 왼쪽 마우스 버튼을 더블 클릭하십시오. 속성 다이얼로그 창에는 주석(Comment) 탭을 비롯하여 기본 펑션, 컨스탄트와 커넥터, SFB에 대한 여러 파라미터 탭들이 있습니다. 여기서 블록들에 대한 값과 설정을 입력할 수 있습니다. 관련 블록의 파라미터에 대한 헬프는 help 버튼을 클릭하면 호출됩니다.
특수 펑션은 프로그래밍 인터페이스에서 블록의 왼쪽에 있는 녹색 글자를 보고 확인할 수 있습니다.

5) 블록 연결

이제 블록들을 연결해야 합니다. 프로그래밍 툴 바(페이지 25)에서 블록 연결 아이콘을 선택하십시오.

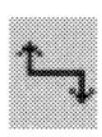 → Connector

FBD의 예

마우스 포인터를 블록 커넥터에 위치시키십시오. 왼쪽 마우스 버튼을 누른 후 그 상태를 유지하면서 포인터를 소스 커넥터에서 타깃 커넥터로 이동시키십시오. 마우스 버튼을 놓으십시오.

LOGO!Soft Comfort가 두 개의 터미널을 연결시킵니다.

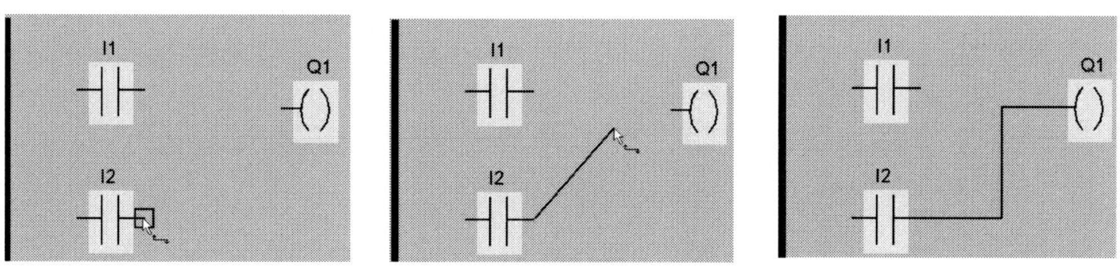

LAD의 예

블록의 입력단이나 출력단을 선택하고 오른쪽 마우스 버튼을 누르면 여러 개의 블록 연결 옵션이 보여 집니다. 이 바로가기 메뉴에서 Connect to block 메뉴 명령어를 클릭하면 연결에 사용할 수 있는 모든 블록 목록이 나타납니다. 해당 타깃 블록을 클릭하면 LOGO!Soft Comfort가 연결 라인을 그리게 됩니다. 이는 프로그래밍 인터페이스 상에서 서로 멀리 있는 소스 블록과 타깃 블록을 연결할 때 매우 편리합니다.

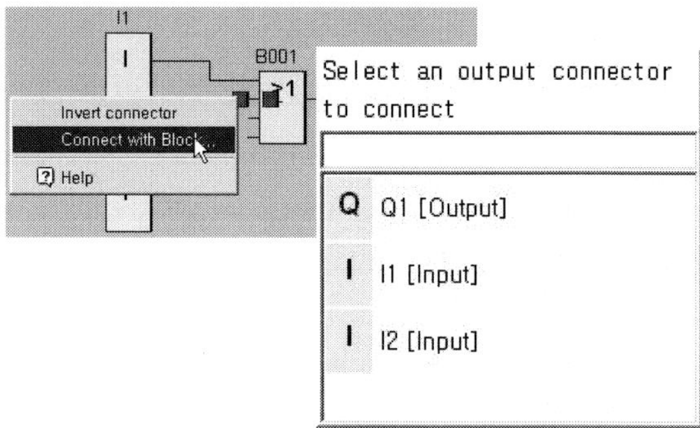

LAD 편집기에서의 주의사항

I/O들을 편집기 윈도우의 왼쪽에 있는 버스 바에 연결시켜야 함을 잊지 마십시오.

블록 연결에 대한 팁

출력에서 입력으로 라인을 연결시키거나 혹은 입력에서 출력으로 라인을 연결시킬 때 연결(connection)을 보여주는 팝업 툴 팁들이 열리게 됩니다. 이때 마우스 버튼을 놓으면 지정된 입력에 라인이 연결됩니다.

사용자 프로그램에 대한 추가 Help는 LOGO!Soft Comfort에 있는 간단한 정보(tool tip)를 참조하십시오. 마우스 포인터를 블록위로 움직여 잠시 멈추면 블록의 이름이 보입니다. 마우스 포인터를 블록 입력단 쪽으로 이동하면 블록 입력의 이름이 보입니다.

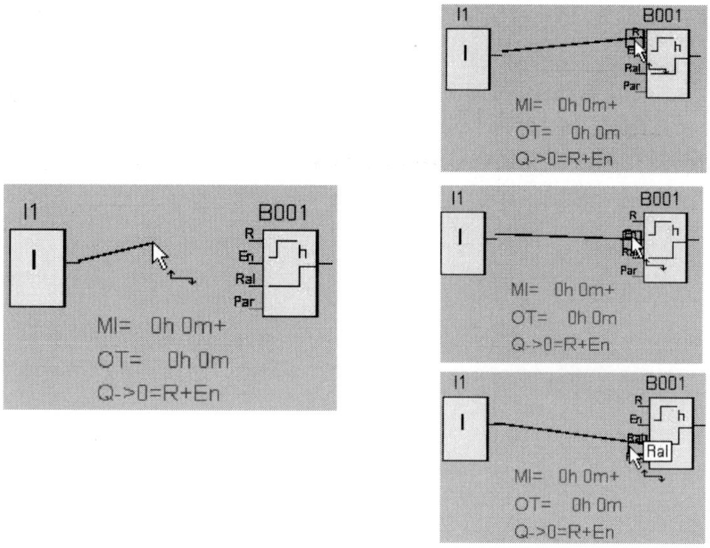

블록들 간의 연결을 쉽게 하기 위해 마우스 포인터가 입력단 핀에 의해 잡히게 되면 그 주위에 파란색 프레임이 나타납니다.

블록 연결 규칙

다음과 같은 규칙이 블록 연결에 적용됩니다.

- 싱글 입력을 복수 출력에 연결할 수 있습니다.
- 복수 입력을 싱글 출력에 연결할 수 없습니다.
- I/O를 동일한 경로 내에서 연결할 수 없습니다(무한 루프). 무한 루프는 허용되지 않습니다. 필요한 경우 플래그나 출력을 연결하십시오.
- SFB도 녹색 "커넥터(connector)"를 가지고 있습니다. 이것들이 연결핀을 의미하는 것은 아니며 파라미터 설정 값을 할당할 때 사용될 수 있습니다.
- 아날로그 I/O는 디지털 I/O에 연결할 수 없습니다.

복수 연결 (Multiple connections)

I/O를 기존 연결된 부분에 연결할 수 있습니다.

6) 사용할 수 있는 블록

디폴트 하드웨어

LOGO!의 메모리 용량과 버전에 의해 다음이 결정됩니다.

- 사용자 프로그램에서 사용할 수 있는 블록 수
- 사용자 프로그램에서 생성할 수 있는 블록 타입

디폴트로는 최신의 LOGO!가 선택됩니다.

사용자 프로그램을 생성한 후에 Tools → Determine LOGO! 메뉴 명령어를 호출하거나 펑션키 [F2]을 누르면 어떤 LOGO! 버전이 사용자의 프로그램을 실행시킬 수 있는지를 Info 윈도우로 보여줍니다.

선정된 LOGO!에서 사용할 수 없는 블록은 회색으로 처리됩니다.

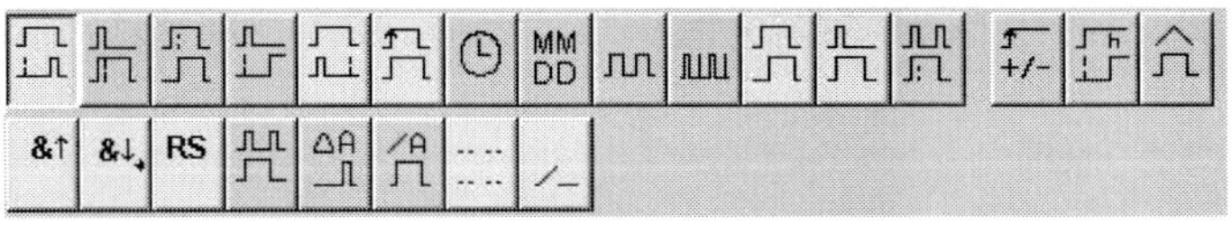

사용자 프로그램의 최적화

사용자의 프로그램을 작성하는 중에 선정된 LOGO!가 그 프로그램을 실행시킬 수 없다고 판단되면 일단 사용자에게 제공되는 LOGO!의 모든 리소스를 활용해야 합니다. 예를 들어 메모리를 많이 차지하는 블록을 메모리가 적게 소요되는 여러 개의 블록으로 바꾸는 것입니다.

여러 최적화 시도가 성공하지 않으면 다른 LOGO! 버전을 사용하거나 사용자 프로그램을 최적화/단순화시켜야 합니다.

3.2 레이아웃 편집

1) 레이아웃 편집

사용자 프로그램에 블록들을 삽입하고 연결하여 실행시킬 준비가 되었어도 레이아웃을 최적화시키는 약간의 작업이 필요합니다. 사용자는 삽입한 블록과 라인의 위치를 다시 조정할 수 있습니다.

2) 오브젝트 선택

오브젝트를 이동하거나 정렬시키기 위해 먼저 그것들을 선택해야 합니다. 프로그래밍 툴바에서 선택 툴(Selection Tool)을 클릭하거나 [ESC] 키를 눌러 선택(Selection)을 활성화시키십시오.

 or [ESC] → Selection

마우스 클릭으로 하나의 블록과 연결 라인을 선택할 수 있습니다. 마우스 포인터로 여러 개의 블록과 연결 라인들을 한 번에 선택할 수 있는데 이는 왼쪽 마우스 버튼을 누른 상태에서 오브젝트 주위로 사각형 틀을 그린 후 버튼을 놓으면 됩니다. 선택된 오브젝트들은 구석마다 조그마한 적색 사각형으로 하이라이트 됩니다.

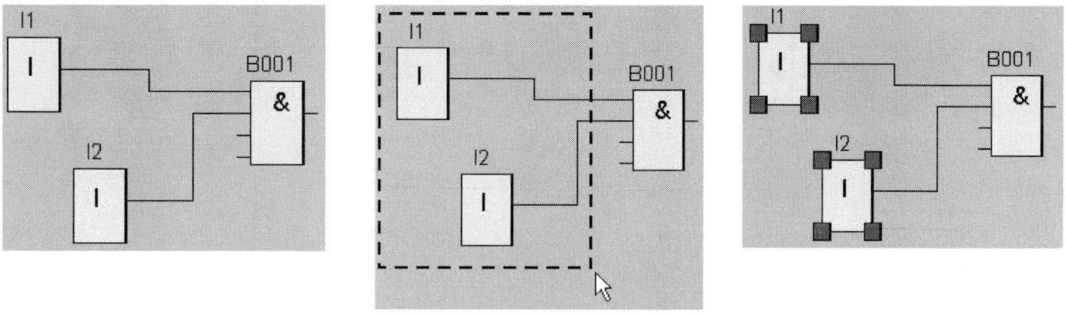

FBD 편집기 예

한 번의 마우스 클릭으로 하나의 오브젝트를 선택하거나 혹은 마우스를 드래그시켜 여러 개의 오브젝트 그룹들을 선택하는 것 외에 "optional selection"에서 [Ctrl] 키를 누른 상태에서 원하는 오브젝트들을 하나씩 선택하는 방법도 있습니다. 선택한 오브젝트를 해제하려면 [Ctrl] 키를 누른 상태에서 선택한 오브젝트를 다시 한 번 누르면 됩니다.

3) 선택한 블록 편집

선택한 오브젝트나 오브젝트 그룹은 [Del] 키로 삭제할 수 있고 키보드를 사용하거나 마우스 드래 앤 드롭으로 이동시킬 수 있습니다. 키보드 커서 키를 이용하면 아주 조금씩 위치를 이동시킬 수 있습니다. 그러나 이 작업을 수행할 때는 Format → Grid 메뉴에서 스냅(snap) 펑션이 설정되면 안됩니다. 관련 툴바 아이콘을 사용하여 선택한 오브젝트들을 잘라내기, 복사하기, 붙여넣기를 할 수도 있습니다.

 → 선택한 오브젝트 잘라내기

 → 선택한 오브젝트 복사하기

 → 선택한 오브젝트 붙여넣기

선택한 연결 라인 편집

연결 라인을 편집하기 위한 특별한 기능이 있습니다. 선택된 연결 라인은 원형과 사각형 푸른색으로 표시됩니다. 원형 핸들은 라인이 연장되는 방향으로 라인을 이동시킬 수 있습니다. 사각형 핸들은 라인의 시작과 끝을 다시 조정할 때 사용됩니다. 라인들은 원형 핸들에 의해 드래그되어 이동됩니다.

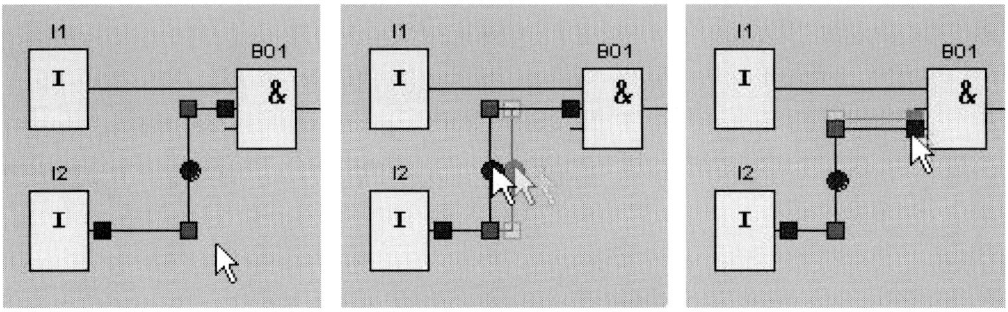

FBD 편집기 예

연결 라인의 끝이 타깃 커넥터에 연결되지 않으면 마우스 버튼을 놓을 때 초기 위치로 다시 돌아갑니다.

4) 블록 교체

블록을 다른 펑션으로 대체하는 방법

1. 새로운 블록을 교체할 블록 위나 아래에 삽입합니다.
2. 이전 블록의 연결 라인을 새로운 블록으로 다시 연결시킵니다.
3. 모든 연결 라인을 다시 와이어링한 후에 이전 블록을 삭제하고 새로운 블록을 이전 블록 위치에 놓으면 됩니다.

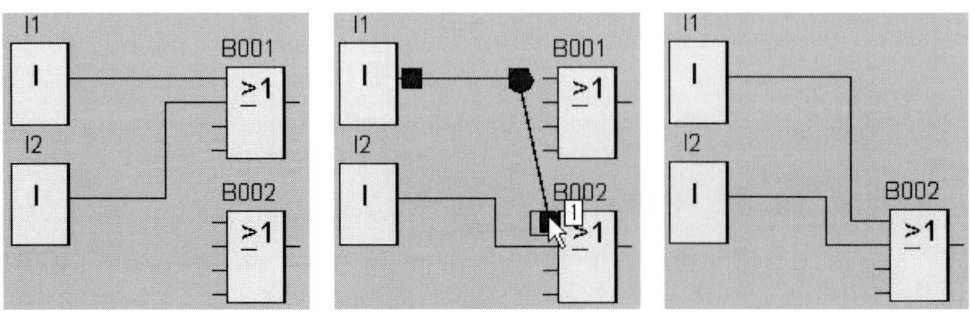

FBD 편집기 예

위와 같은 순서로 블록을 교체하면 연결 라인을 그대로 유지할 수 있습니다. 이전 블록을 먼저 삭제하면 연결 라인도 삭제가 되기 때문에 모든 연결 라인을 다시 생성해야 합니다.

5) 연결 라인 잘라내기

사용자 프로그램의 용량이 큰 경우 프로그램을 해석하는 것이 어려울 수 있습니다. 특히 연결라인이 많은 경우 프로그램이 더욱 복잡하게 보입니다. 이때 프로그래밍 툴바의 "자르기/연결하기(Cut/Join)" 기능을 사용하여 연결 레이아웃을 정리할 수 있습니다.

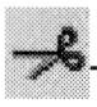 → Cut/Join

이 툴을 선택한 후에 연결 라인을 클릭하십시오. 선택된 연결라인은 그래픽에서 분리됩니다. 그러나 블록 사이의 링크는 여전히 활성화되어 있습니다.

연결을 자르기 한 후 열리게 된 종단은 화살표 아이콘으로 보여 지며 화살표는 신호의 흐름방향을 가리킵니다. 아이콘 위에 그 종단으로 연결되는 프로그램의 페이지 번호, 블록 이름, 블록 터미널 번호 등의 크로스 레퍼런스 정보가 나타납니다.

또는 자르기를 원하는 두 블록 사이의 연결라인을 선택한 후 오른쪽 마우스 버튼으로 바로가기메뉴를 열고 잘라내기 명령어를 선택해도 됩니다.

Edit → Cut Connections 메뉴 명령어를 사용하여 연결 그룹을 잘라내기 할 수도 있습니다. 연결 라인을 자르기하기 전에 자르기할 영역을 지정하고 한 번에 자르기를 하는 것입니다. 한 예로 블록들을 통과해 지나가는 모든 연결 라인을 자르기할 수 있습니다.

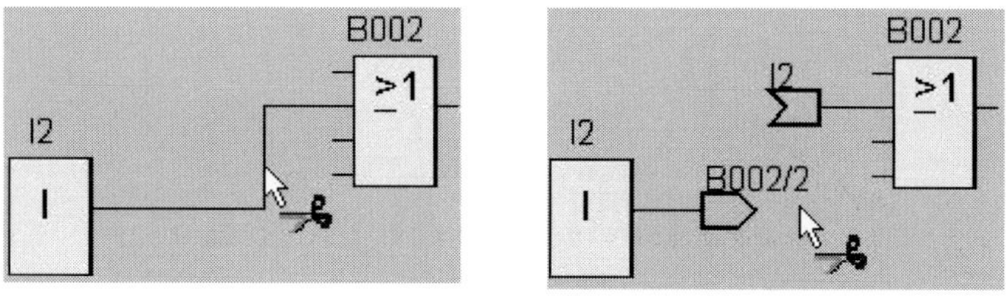

FBD 편집기 예

자르기/연결하기(Cut/Join) 툴이 활성화되는 동안 열려있는 종단을 클릭하면 연결이 이루어지게 됩니다. 또는 열려 있는 종단을 선택한 후 오른쪽 마우스 버튼으로 바로가기 메뉴를 열고 Link 메뉴 명령어를 호출하면 연결이 이루어집니다.

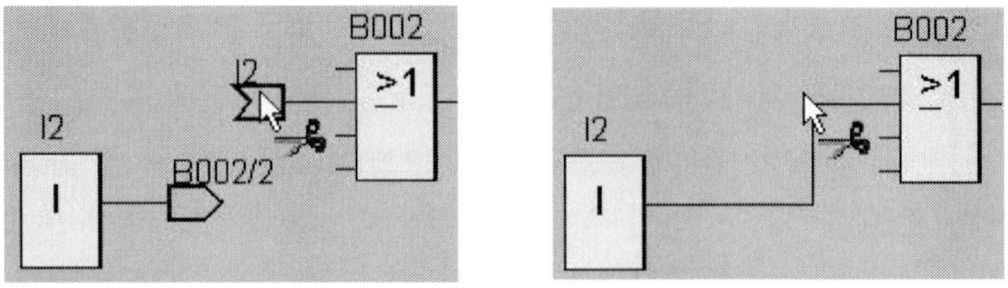

FBD 편집기 예

이 툴을 사용자 프로그램 용량을 적게 만들기 위해 사용하지 마십시오. 대부분의 경우 아이콘들을 재조정하는 것만으로도 레이아웃을 최적화시킬 수 있습니다.

적용과 장점

용량이 크거나 복잡한 프로그램에는 연결라인이 많아지게 되므로 프로그램 해석이 어렵게 됩니다. 이런 경우 자르기/연결하기(Cut/Join) 버튼으로 프로그램의 레이아웃을 정리하면 매우 효과적입니다.

자르기 명령에 의해 열려있는 종단은 오른쪽 마우스 버튼으로 파트너 커넥터에 쉽게 연결될 수 있습니다. 오른쪽 마우스 버튼으로 바로가기 메뉴를 열고 GoTo Partner 메뉴를 선택하면 자르기 파트너의 종단으로 점프하게 됩니다.

자르기/연결기(Cut/Join) 툴은 프로그램이 인쇄할 수 있는 페이지를 넘어가는 경우에 유용하게 사용할 수 있습니다. 두개의 블록이 서로 다른 페이지에 있고 이 블록들이 연결 라인으로 연결되어 있다면 크로스 레퍼런스 정보(상호 관련 정보) 없이 분리됩니다. 그러나 자르기/연결기 (Cut/Join) 툴로 연결 라인을 자르기하면 연결 소스 블록이나 파트너 블록에 크로스 레퍼런스 정보가 생겨납니다.

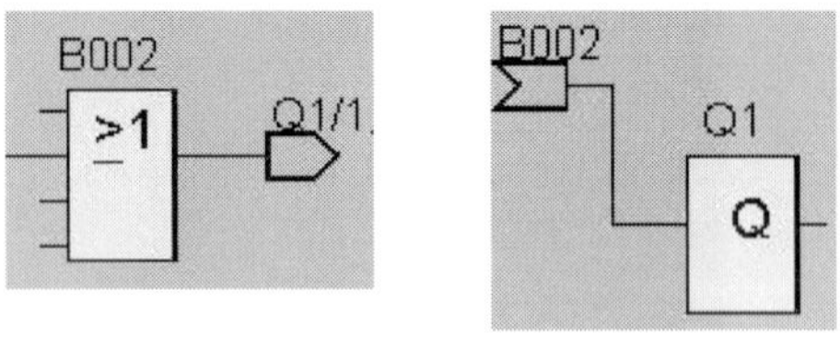

FBD 편집기 예

3.3 문서화와 저장

1) 사용자 프로그램의 문서화

라벨

프로그래밍 툴바에 있는 텍스트 툴을 사용하여 블록과는 상관없는 텍스트나 혹은 블록과 연관된 텍스트(라벨)을 생성할 수 있습니다. 이 작업을 하려면 텍스트 툴을 클릭하십시오.

→Text tool

이 아이콘이 활성화되어 있을 때 프로그래밍 인터페이스 상의 빈 영역을 클릭하여 텍스트 입력 박스를 여십시오. 여기에 라벨 텍스트를 입력한 후에 라벨 윈도우 밖 아무 곳을 클릭하거나 [ESC] 키를 누르십시오. 윈도우가 닫히고 라벨 텍스트가 다이어그램에 보이게 될 것입니다. 이 라벨은 원하는 곳으로 이동할 수 있습니다.

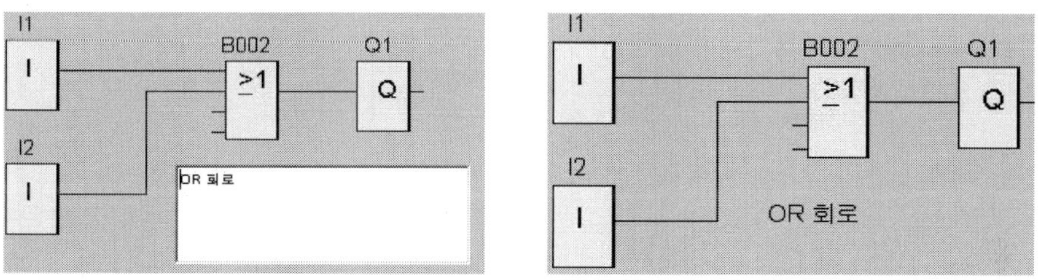

FBD 편집기 예

블록과 독립적인 텍스트와 블록과 연관된 텍스트

블록과 독립적인 라벨을 생성하려면 프로그래밍 인터페이스의 빈 영역을 클릭하십시오. 텍스트 툴을 선택하고 해당 라벨을 클릭하면 라벨을 편집할 수 있습니다.

텍스트 툴을 선택하고 블록을 클릭하면 블록 주석이라고 부르는 '블록과 연관된 라벨'이 생성됩니다. 이 라벨은 블록 속성 다이어그램 창의 주석(Comment) 탭에서도 주석을 입력하고 변경할 수 있습니다. 블록 주석은 블록에 이름을 부여하거나 블록의 기능을 설명하는 주석을 삽입할 때 사용합니다.

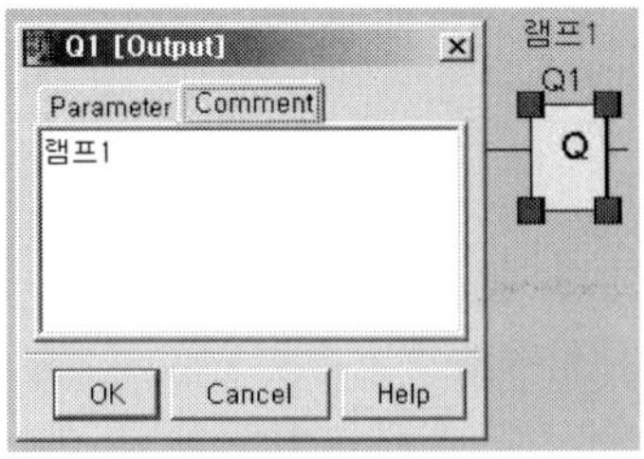

'블록과 연관된 라벨'이 있는 블록을 선택하면 그 라벨 텍스트는 마킹이 되지 않습니다. 그러나 블록을 옮기면 라벨도 옮겨집니다. 블록을 복사하거나 잘라내기 하면 블록 자체만 클립보드에 복사됩니다. 잘라내기 작업은 관련 라벨을 삭제합니다. 그러나 그 라벨을 개별적으로 선택, 이 동, 복사, 잘라내기, 붙여넣기를 할 수 있습니다. 클립보드로부터 붙여넣기 한 '블록과 연관된 라벨'은 더 이상 그 블록과 관련이 없어집니다.

Edit → Input/Output Names에서 블록 번호와 I/O들의 커넥터 이름을 부여할 수 있습니다.

2) 사용자 프로그램 열기와 저장

사용자 프로그램 저장

표준 툴바의 저장 아이콘을 클릭하면 사용자 프로그램을 저장할 수 있습니다.

→ **File Save**

사용자 프로그램은 열렸을 당시의 이름으로 저장됩니다. 이전 내용은 오버라이트 됩니다. 저장을 처음 할 때는 프로그램 이름과 파일 디렉토리 경로를 묻는 프롬프트가 나타납니다.

사용자 프로그램 열기

File open 아이콘을 클릭하면 언제든지 사용자 프로그램을 열수 있고 수정할 수 있습니다. 버튼에 있는 오른쪽 화살표 아이콘을 클릭하면 최근에 열렸던 사용자 프로그램 목록이 열립니다.

→ **File Open**

3.4 사용자 프로그램의 시뮬레이션

1) 시뮬레이션 실행

 Tools → Simulation (페이지 53) 메뉴 명령어나 프로그래밍 툴바에 있는 시뮬레이션 아이콘을 누르면 사용자 프로그램을 시뮬레이션시킬 수 있습니다.

시뮬레이션이 시작되면 LOGO!Soft Comfort는 사용자 프로그램을 체크해서 에러를 Info 윈도우에 표시합니다. Info 윈도우는 View → Info Window (페이지 47) 메뉴 명령어나, [F4]를 눌러 호출할 수 있습니다. 또는 Info 윈도우에서 [F2] 펑션 키를 눌러 사용자 프로그램을 실행시킬 수 있는 LOGO! 버전을 표시할 수도 있습니다.

시뮬레이션 모드에는 시뮬레이션 툴바와 상태 윈도우(페이지 23)가 시뮬레이션을 실행시키거나 사용자 프로그램의 동작을 모니터링할 수 있습니다.

2) 입력 레이아웃

입력은 키 형식이나 스위치 아이콘으로 보여집니다. 입력의 이름은 아이콘 밑에 표시됩니다. 열려있는 입력 그림은 활성화되지 않은 스위치를 의미합니다. 아이콘을 클릭하면 활성화되고 스위치는 닫힌 상태로 나타납니다.

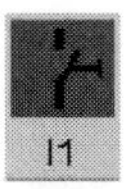

→ 푸시버튼 I1의 아이콘, 활성화되지 않음 → 입력 스위치 열림

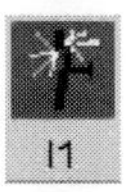

→ I1의 아이콘, 활성화됨 → 입력 스위치 닫힘

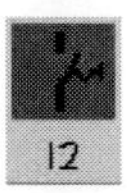

→ 푸시버튼 I2, 아이콘, 활성화되지 않음 → 입력 스위치 열림

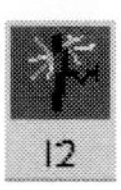

→ I2의 아이콘, 활성화됨 → 입력 스위치 닫힘

아날로그와 주파수 입력의 레이아웃

슬라이드 저항으로 아날로그 값과 주파수 값 입력을 설정할 수 있습니다. 해당 블록을 클릭하면 슬라이드 제어기가 팝업되어 동작하게 됩니다. 좀 더 정밀할 값을 지정하려면 그 값을 직접입력하거나 그림에 보이는 업/다운 화살표 키로 값을 직접 설정할 수 있습니다.

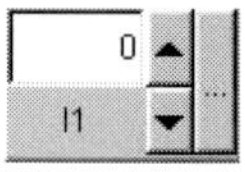

→ 입력 블록 I1 표시 → 주파수 입력

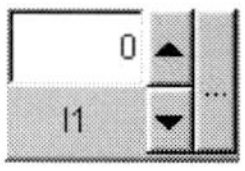

입력 펑션

Tools → Simulation Parameters(페이지 53) 메뉴에서 시뮬레이션을 위한 입력 응답을 설정할 수 있습니다.

3) 출력 레이아웃

시뮬레이션 모드에서는 출력 Q(페이지 114)와 플래그 M이 출력으로 표시됩니다. 출력이나 플래그의 상태는 밝은 전구나 어두운 전구 아이콘으로 표시됩니다. 출력의 이름은 아이콘 아래 표시됩니다.

 → 출력 Q1의 상태 표시 → 출력 스위치 오프

 → 출력 Q1의 상태 표시 → 출력 스위치 온

출력 상태는 이처럼 상태를 표시하기만 합니다. 여기서 아이콘을 클릭해서 출력을 스위치할 수는 없습니다. 사용자 프로그램에서 출력이 스위치되면 전구가 활성화되고 출력이 스위치 오프되면 전구도 또한 스위치 오프됩니다.

4) 출력세트

시뮬레이션 모드에서 블록의 디지털 출력에 마우스를 위치시킨 후 오른쪽 마우스 키로 Set output 명령어를 선택할 수 있습니다.

이 명령어는 블록의 현재 상태와 상관없이 출력을 세트시킬 수 있게 해 줍니다. 출력은 사용자가 이 명령어를 다시 활성화시키거나 시뮬레이션을 종료시키기 전까지 그대로 유지됩니다.

이런 식으로 시뮬레이션을 사용하여 사용자 프로그램이 어떤 상태에 대해 어떻게 응답하는지를 확인할 수 있습니다.

5) 전원차단

전원이 차단되는 때를 시뮬레이션하기 위해 Power 아이콘을 클릭하여 입력 단에 주어지는 전원을 차단할 수 있습니다.

 → 전원 아이콘, 동작하지 않았음

 → 전원 아이콘, 동작했음 → 전원 차단 시뮬레이션

이 기능은 전원이 차단되었다가 다시 인가되었을 때 사용자 프로그램의 응답과 메모리 유지 기능(Retentive)을 테스트하기 위해 사용합니다. 메모리 유지 기능(Retentive)은 시뮬레이션 실행 기능과는 달리 "전원 차단" 펑션과 관련됩니다. 시뮬레이션을 실행시키는 것은 LOGO!에서의 "Load Program" 펑션과 같습니다. 이때에는 유지 메모리를 포함한 모든 데이터가 리셋됩니다.

6) 메시지 텍스트 레이아웃

메시지 텍스트에 삽입된 블록을 오른쪽 마우스 버튼으로 누르면 그 블록들이 사용자 프로그램의 어디에서 사용된 것인지를 알 수 있습니다. 사용자 프로그램에서 이 블록을 선택(Go toBlock)한 후 이 블록의 속성을 호출(Block Properties)할 수도 있습니다.

LOGO! 0BA6에서 메시지 텍스트를 설정했다면 메시지 텍스트가 LOGO! Display와 LOGO! TD 중 한 곳이나 또는 양쪽에 표시되도록 지정할 수 있습니다. 만약 한곳에만 표시되도록 지정하면 시뮬레이션 모드는 그 곳에 보여지는 메시지를 하나의 윈도우로 보여주고 양쪽에 지정하면 LOGO! Display와 LOGO! TD에 보여지는 메시지를 두 개의 윈도우로 각각 보여줍니다. 만약 LOGO! 0BA5 메시지 텍스트를 사용한다면 메시지 텍스트는 LOGO! Display에만 표시됩니다.

표준 보기

다음 그림은 LOGO! Display에만 보여지는 표준 보기입니다.

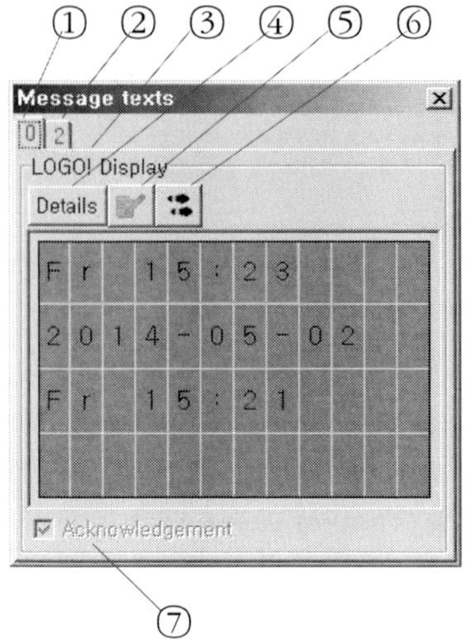

① 우선권을 보여주는 메시지 텍스트 탭

② 또 다른 메시지 텍스트 탭
여기서 우선권이 두 번째인 메시지 텍스트가 존재함을 볼 수 있습니다.

③ 메시지가 표시되는 디바이스 이름. 설정에 따라 "LOGO! Display"나 "LOGO! TD"가 될 수 있습니다.

④ Details 버튼
이 버튼을 클릭하면 보기내용이 바뀌고 Detail View (아래 설명 참조)에서 더 자세한 내용을 볼 수 있습니다.

⑤ Enter value manually 심벌
이 펑션을 사용하기 전에 먼저 메시지 텍스트에서 변경하고자 하는 항목을 클릭해야 합니다. 그 후에 이 버튼을 사용하면 현재의 값을 변경할 수 있습니다.
또는 메시지 텍스트에서 해당 항목을 더블 클릭하여 수동으로 그 값을 변경할 수 있습니다.

⑥ Go to Block 심벌
이 버튼을 클릭하면 메시지에서 사용된 특수 펑션이 사용자 프로그램에서 선택됩니다.

⑦ 사용자 프로그램에서 문자 세트를 선정하기 위한 M27(Page 115)를 사용하지 않을 경우 다른 문자 세트를 사용하기 위한 옵션

자세히 보기

다음 화면은 LOGO! Display에만 보여지는 메시지 텍스트 자세히 보기입니다.

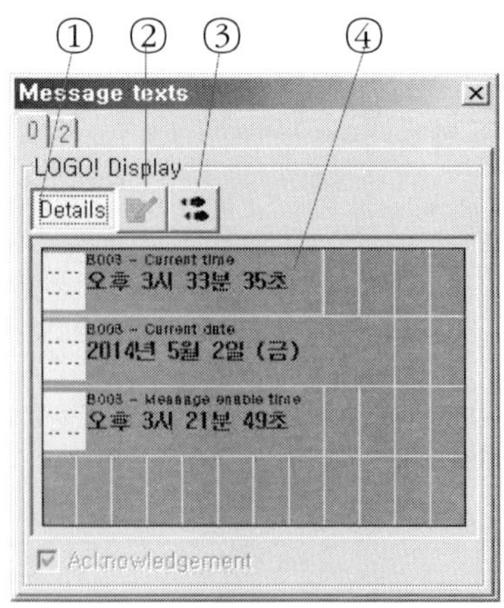

① Details 버튼
이 버튼을 클릭하면 표준 보기 (위 설명 참조)로 돌아옵니다.

② Enter value manually 심벌
이 펑션을 사용하기 전에 먼저 메시지 텍스트에서 변경하고자 하는 항목을 클릭해야 합니다. 그 후에 이 버튼을 사용하면 현재의 값을 변경할 수 있습니다.
또는 메시지 텍스트에서 해당 항목을 더블 클릭하여 수동으로 그 값을 변경할 수 있습니다.

③ Go to Block 심벌
이 버튼을 클릭하면 메시지에서 사용된 특수 펑션이 사용자 프로그램에서 선택됩니다.

④ 메시지 텍스트 항목이 어느 블록에서 발생했는지를 보여주는 항목

LOGO! Display와 LOGO! TD 메시지 텍스트 디스플레이 각각 보기

Tools → Options: Simulation(페이지 61) 다이얼로그 창에서 "Show message text for the LOGO! TD in a separate window" 옵션을 선택하고 메시지 목적지를 LOGO! Display와 LOGO! TD 모두로 선택하면 시뮬레이션 모드는 두 개의 윈도우로 각 메시지 텍스트를 보여줍니다.

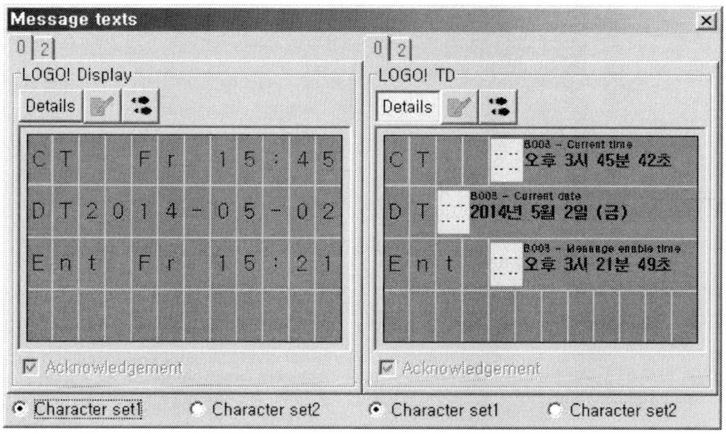

7) 시뮬레이션 모드에서의 파라미터 할당

시뮬레이션이 동작하는 동안에도 블록을 더블 클릭하면 블록 속성 다이얼로그 창이 열리게 됩니다. 여기서 주석과 파라미터를 수정할 수 있습니다.

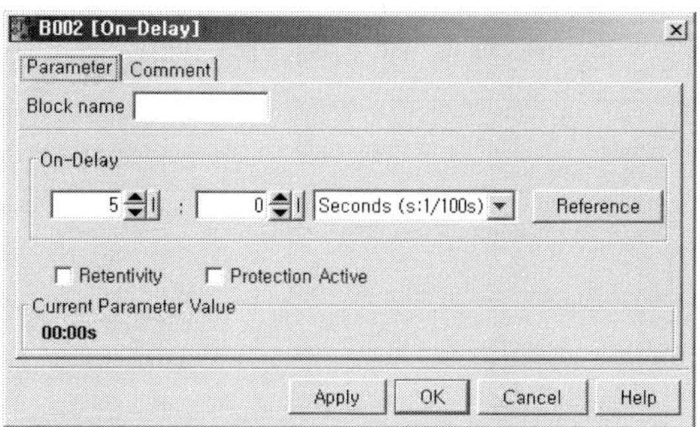

시뮬레이션 모드에서 실제 파라미터 값을 볼 수 있습니다. 이 기능으로 사용자 프로그램의 응답을 테스트할 수 있습니다. 사용자는 현재의 시뮬레이션 모드에서 동시에 여러 개의 파라미터 설정 윈도우를 열 수 있습니다.

8) 다른 동작방법

스위치를 직접 클릭하여 그것들을 온 오프 시킬 수 있습니다.

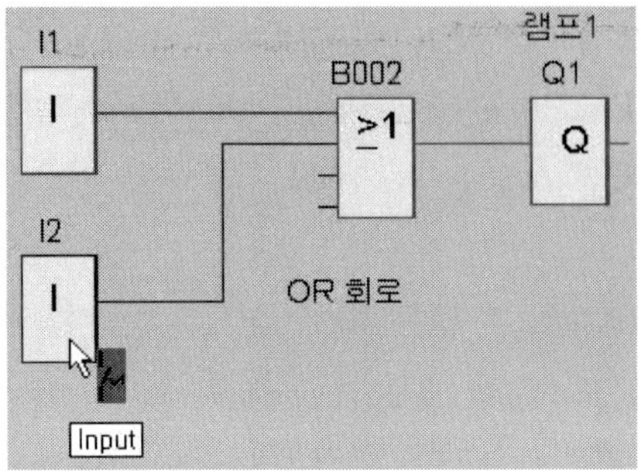

상태 윈도우를 마우스로 선택하거나 LOGO!Soft Comfort 밖으로 드래그 앤 드롭하여 별도의 윈도우로 만들 수 있습니다.이는 많은 양의 I/O를 사용자 프로그램에서 조작하거나 I/O 레이아웃을 필요에 맞게 정렬할 때 매우 유용합니다.

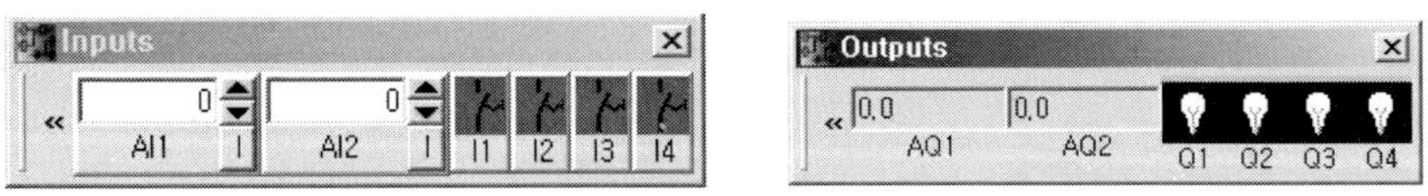

FBD 편집기의 예

9) 시뮬레이션 시간조정

LOGO!Soft Comfort의 시뮬레이션 모드는 시간 기반이나 지정된 사이클 수를 기반으로 사용자 프로그램을 테스트할 수 있습니다. 타이머 기능을 테스트하기 위해 날짜와 시간을 변경할 수 있습니다. 자세한 내용은 시뮬레이션 툴 바 장에 있는 시간 제어(페이지 23) 항목을 참조하십시오.

3.5 실습 예

1) 실습 예 : 소개

용수펌프관련 실습 샘플 어플리케이션은 프로그램 작성을 단계별로 소개합니다. 앞에서 언급한 사용설명서(Tutorial)와는 달리 여기서는 공부한 내용들을 실제 예에서 어떻게 적용하는 지를 보여줍니다. 샘플 사용자 프로그램은 어플리케이션 예제 단원에 나와 있습니다.

2) 목표

어플리케이션

식수공급 외에 빗물은 국내용수 공급시스템에서 그 중요성이 커지고 있습니다. 이를 통해 비용을 절감하고 환경을 보호할 수 있기 때문입니다. 빗물은 다음과 같은 용도로 사용될 수 있습니다.

- 옷 세탁
- 정원 용수
- 실내 화초 용수
- 세차
- 화장실

식수를 대신할 빗물은 적합한 시스템으로 수집될 수 있습니다.

시스템 설명

빗물을 수조에 모읍니다. 수조로부터 각 용수 공급시스템으로 넘어갑니다. 여기서부터는 식수와 동일한 방법으로 처리됩니다. 수조에 빗물이 남아있지 않으면 식수가 수조에 공급되어 시스템 기능이 유지됩니다. 이와 같은 설비의 요구조건을 만족하는 제어 프로그램이 작성될 것입니다.

아래 그림은 용수 공급시스템이 어떻게 이루어지는 지를 보여줍니다.

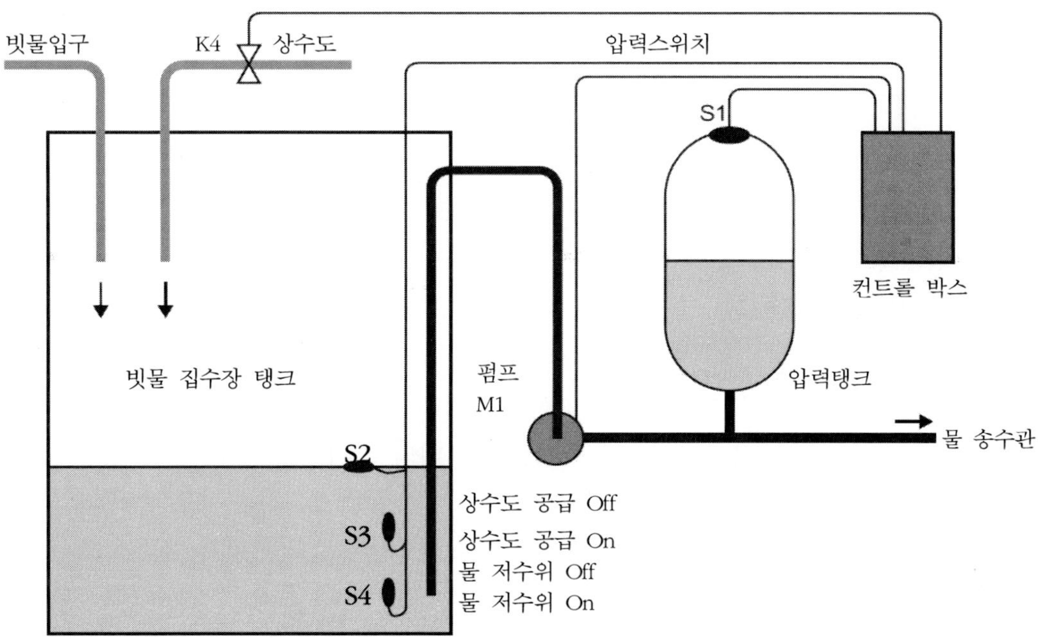

제어 시스템에 필요한 사항

- 용수 공급은 항상 가능해야 합니다. 빗물이 모두 소모되는 등의 위급 상황이 오면 식수가 수조에 공급되도록 시스템이 전환되어야 합니다.
- 식수가 수조에 공급될 때 공급 용수가 식수 공급 라인으로 넘어가는 것을 방지해야 합니다.
- 공급 용수 수조에 물이 없는 경우 펌프는 가동되지 않아야 합니다. (수위감시).

3) 솔루션 레이아웃

펌프와 솔레노이드 밸브는 공급 용수 수조에 설치된 압력 스위치와 3개의 플로트 스위치에 의해 제어됩니다. 펌프는 수조 압력이 최소 이하로 떨어지면 가동되어야 하고 운전 압력에 도달하면 몇 초의 트레킹 타임이후에 가동이 중지되어야 합니다. 트레킹 타임은 용수가 출렁거릴 때 어느 정도 시간 여유를 줌으로 펌프가 진동하는 것을 방지해 줍니다.

보조회로

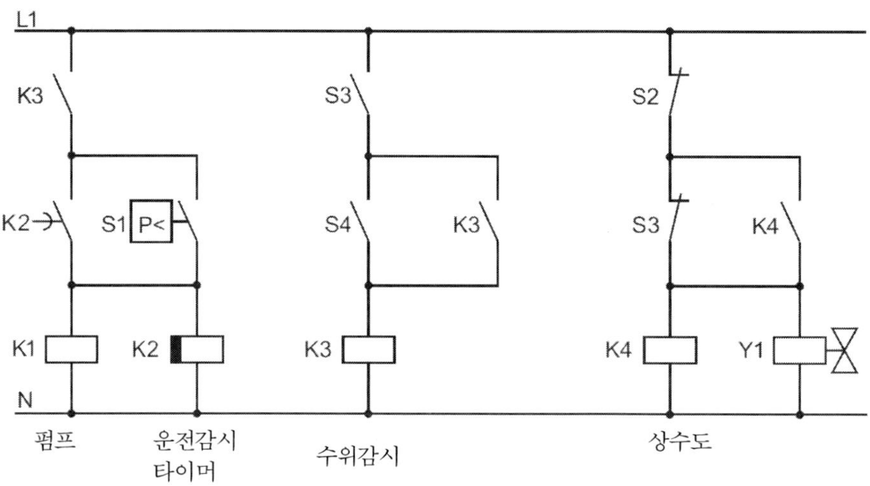

4) LOGO!를 이용한 솔루션

필드 디바이스 연결

LOGO! 디바이스 외에 필요한 것은 펌프를 제어하기 위한 압력스위치와 플로트 스위치입니다. 3상 AC모터를 사용하는 경우 모터 동작을 위한 마그네틱 스위치(MC)가 필요합니다. 단상 AC 펌프를 사용하는 시스템에서는 AC 펌프의 전류가 Q1 용량을 초과하는 경우 출력 마그네틱 스위치(MC)를 반드시 설치해야 합니다. 솔레노이드 밸브는 전력 소모가 낮기 때문에 LOGO!에서 직접 제어가 가능합니다.

연결 다이어그램

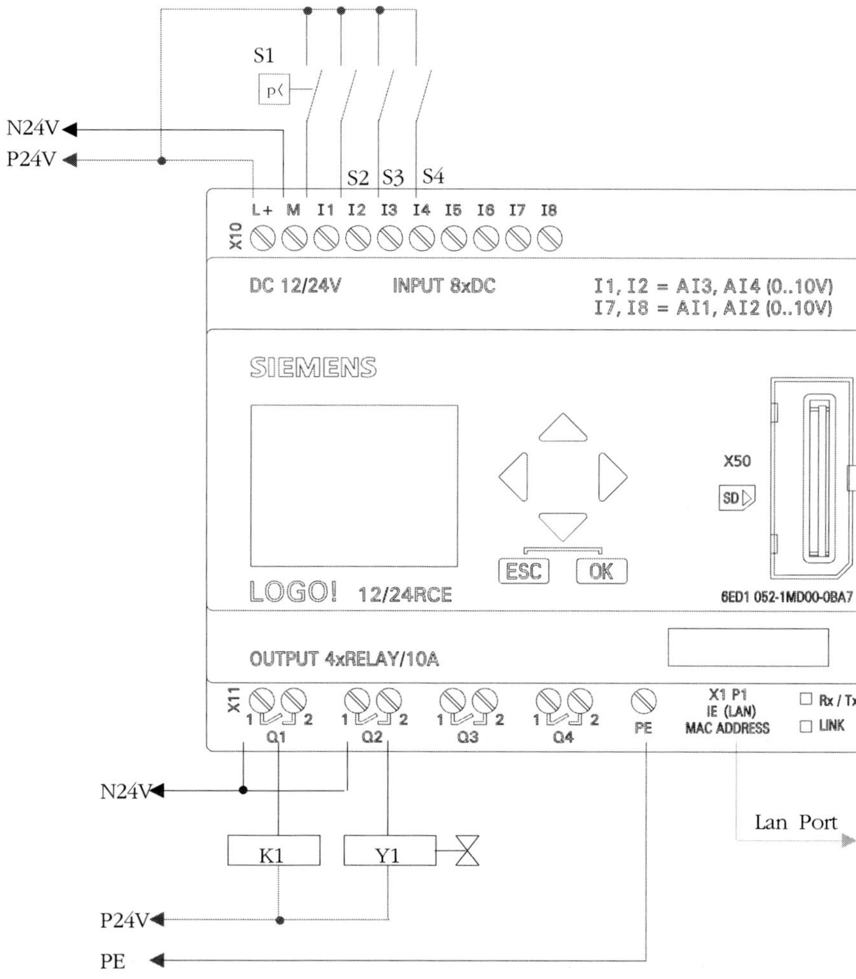

K1 : 펌프
Y1 : 상수도 밸브

블록 다이어그램

아래 블록 다이어그램은 펌프와 솔레노이드를 어떻게 연결할 것인지를 보여줍니다. 이 레이아웃은 사용자 프로그램 내용과 같습니다.

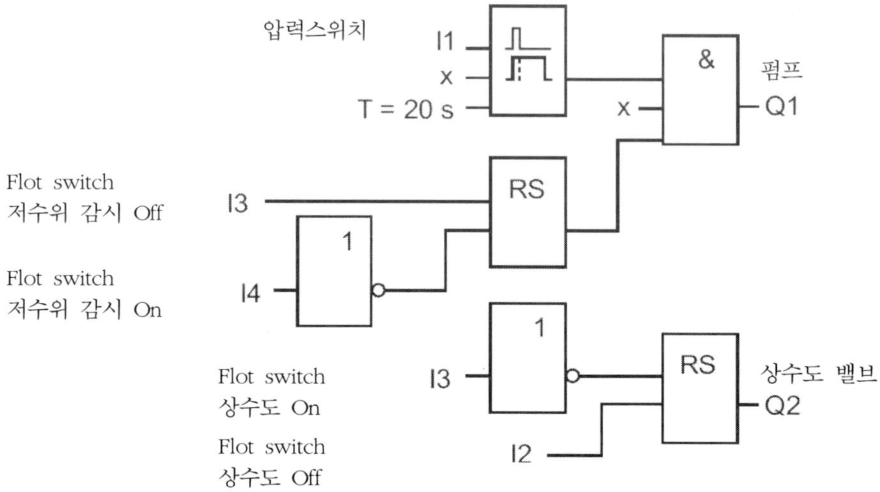

옵션

특정한 어플리케이션에서는 별도의 스위치기어(Switchgear)로 설정해야 하는 추가기능을 LOGO!에서 구현할 수 있습니다.

- 펌프를 특정한 시간에만 예를 들면 여름기간 몇 달 동안 혹은 하루 중 특정 시간에만 동작시킬 수 있습니다.
- 용수공급 부족 알림
- 시스템 에러 메시지

5) 프로젝트 데이터 입력

프로젝트를 계획한 다음에는 LOGO!Soft Comfort로 프로그램을 작성해야 합니다. 프로그래밍을 시작하기 전 먼저 메뉴 다이얼로그 창에서 프로젝트 관련 데이터를 입력할 수 있습니다.

단계 별로 프로그래밍 작업을 할 때 일정한 간격으로 사용자 프로그램을 저장해야 합니다. 추후에 다른 옵션을 테스트할 때 가장 최근에 수정된 프로그램 버전을 열기 원할 수도 있기 때문입니다.

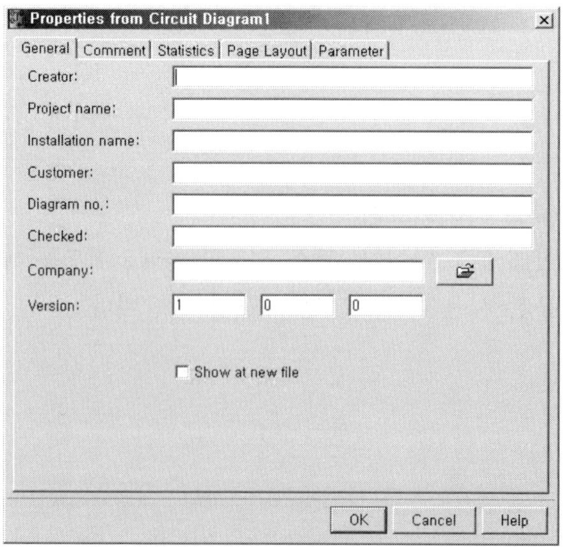

6) 블록 위치시키기

다음 단계에서는 원하는 블록을 프로그래밍 인터페이스에 갖다 넣습니다. 표준 펑션과 특수 펑션 외에 I/O 블록도 필요합니다. 지금 단계에서는 블록들을 나중에 연결할 것을 고려하여 블록들을 적당히 위치시켜도 됩니다. 최적의 위치를 찾는 것은 모든 연결이 이루어진 후에 수행합니다.

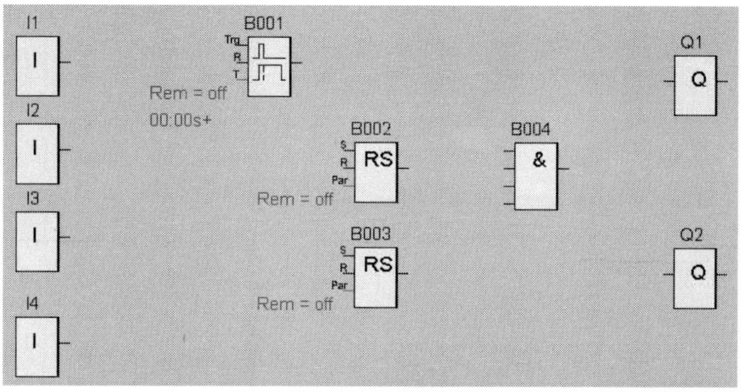

FBD 편집기

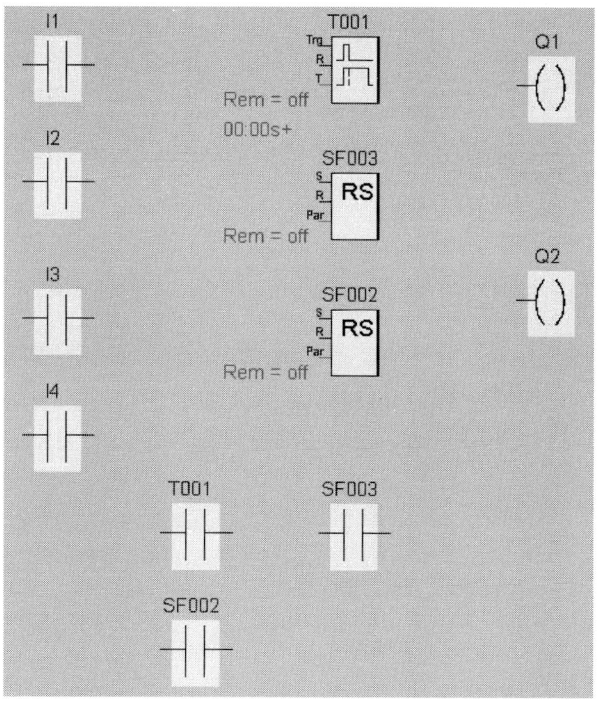

LAD 편집기

7) 블록 연결하기

사전에 계획한대로 블록들을 연결하십시오. 소스 블록의 출력에서 시작하여 타깃 블록의 입력으로 들어가도록 연결하십시오. 연결할 때 커넥터의 이름이 보이는데 이는 여러 SFB 커넥터를 다룰 때 매우 유용합니다.

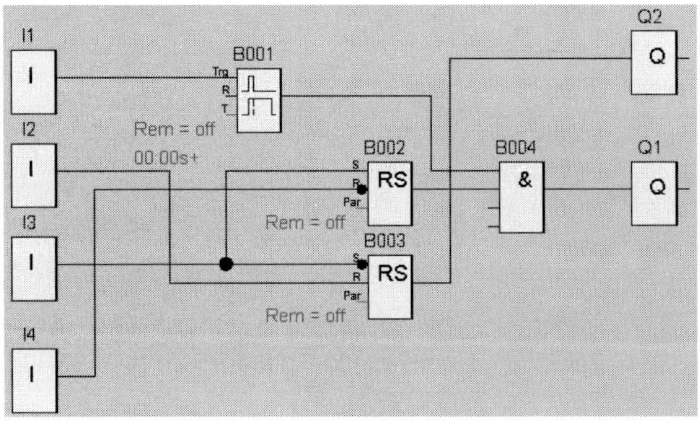

FBD 편집기

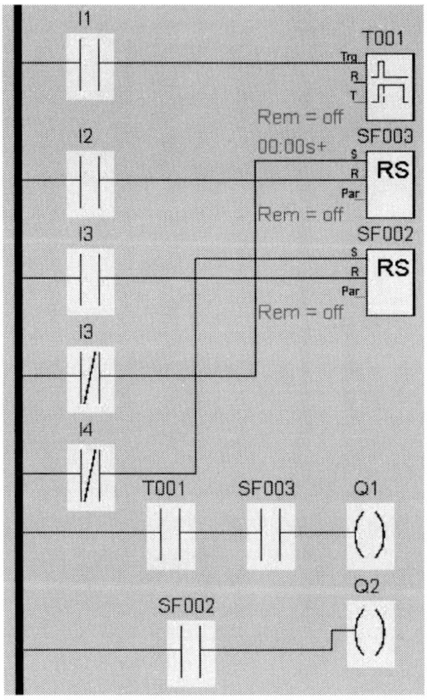

LAD 편집기

8) 프로그램 인터페이스 화면정리

연결라인들이 블록들을 통과해 넘어가는 경우도 생길 수 있습니다. 현재 사용자 프로그램의 레이아웃이 깨끗하게 정리되지는 않았습니다. 프로그래밍 인터페이스 화면을 정리하기 위해 연결 라인과 블록들을 이동시키고 정렬시켜 프로그램을 가능한 한 최적화시키십시오.

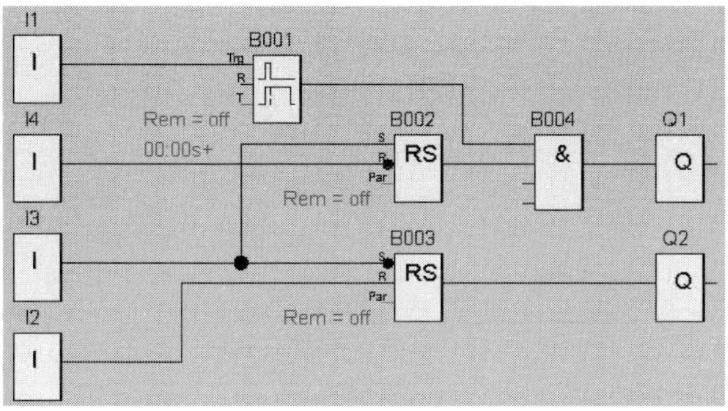

FBD 편집기

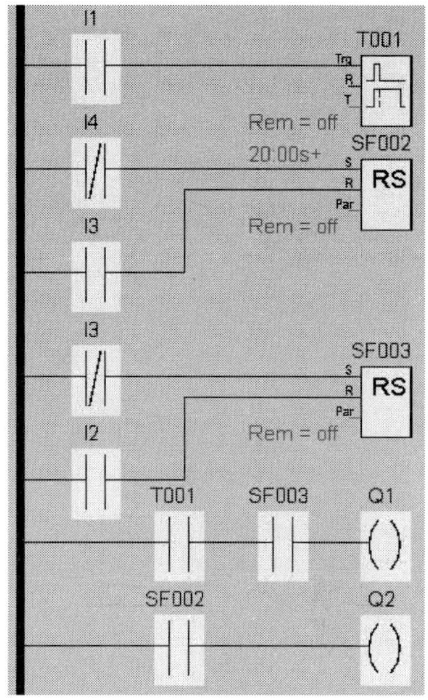

LAD 편집기

9) 보기 최적화

원하지 않지만 꼭 사용해야만 하는 라인 크로스(블록을 넘어가는 라인)에는 잘라내기/붙여넣기(Cut/Join) 툴(Page 26)을 사용할 경우 오버뷰 보기를 개선할 수 있습니다.

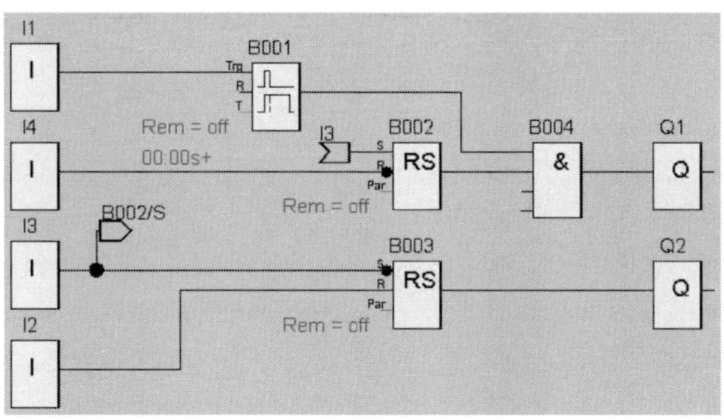

FBD 편집기

이제 사용자 프로그램을 완성했습니다. 모든 연결 부분을 다시 한번 확인하고 필요에 맞도록 블록 파라미터를 설정하십시오.

10) 사용자 프로그램 테스트

사용자 프로그램을 시뮬레이션 모드에서 실행시킨 후 프로그램에 에러가 없는지를 확인하십시오.

프로그램을 LOGO!에서 실행시킬 수 있다고 생각되더라도 프로그램이 원하는 대로 동작하는지를 확인해야 할 필요가 있고 일부 파라미터를 수정하기 원할 수도 있습니다. 시뮬레이션을 통해 프로그램을 여러 입력 값으로 실행시켜 보고 전원 차단시의 시스템 반응을 테스트하며 사용자가 계산한 값이나 기대 응답을 시뮬레이션 응답과 비교해 보십시오. 시뮬레이션 툴바와 상태 윈도우 윈도우는 이러한 작업에 필요한 기능을 지원합니다.

플로트와 압력 스위치는 원래 모멘터리 동작만 합니다. 그러나 테스트를 목적으로 사용자 프로그램을 시뮬레이션 시킬 때는 입력 기능을 모멘토리 동작에서 스위칭 동작으로 변경할 수 있습니다.

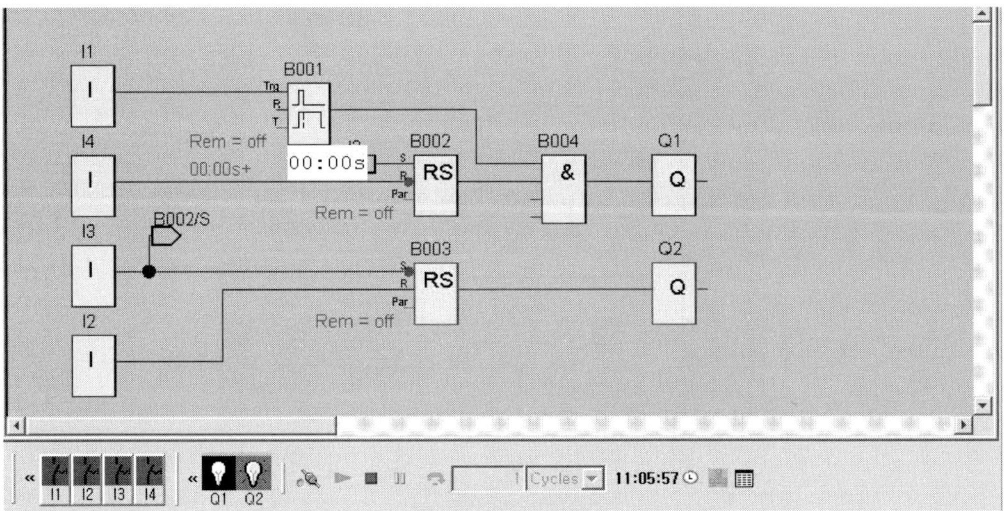

FBD 편집기의 예

모든 연결을 마치고 프로그램이 원하는 대로 실행되면 사용자 프로그램을 문서화시킬 수 있습니다.

11) 사용자 프로그램 문서화

프로그램 명령어

이제 텍스트 툴(Text tool)을 사용하여 사용자 프로그램에 주석을 입력할 수 있습니다. I/O에 주석을 입력하면 프로그램 이해를 도울 수 있습니다. 커넥터 이름을 화면에 표시할 필요는 없지만 커넥터에 이름을 부여하면 나중에 연결목록(Connection list)을 인쇄할 수 있습니다. File → Properties 다이얼로그 창의 comment 탭에서 사용자 프로그램에 주석을 입력할 수 있으며 이 주석을 사용자 프로그램을 인쇄시 인쇄 내용에 포함시킬 수 있습니다.

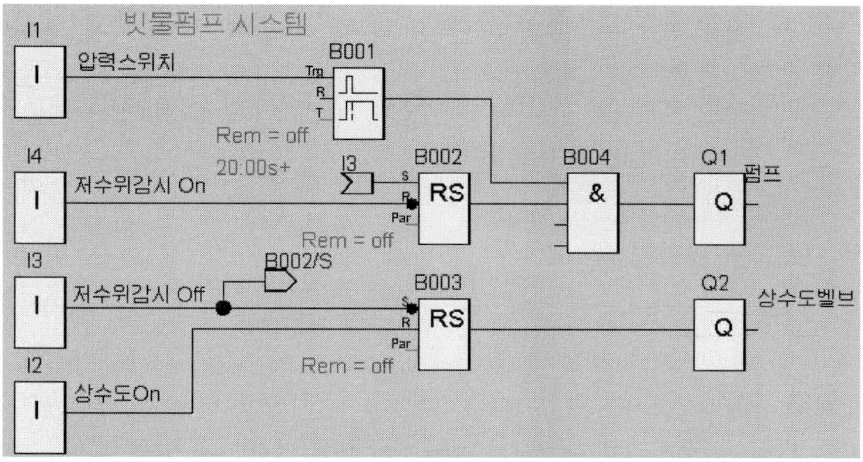

FBD 편집기 예

저장 매체에 파일 저장하기

사용자 프로그램을 전송하기 전에 다시 한 번 저장해야 합니다. 메뉴 바에서 해당 명령어를 선택하여 프로그램 이름과 경로를 입력하십시오.

사용자 프로그램 인쇄

File → Print 명령어를 사용하여 사용자 프로그램을 인쇄하십시오. 이 다이얼로그 창에서 인쇄 포맷을 지정하고 포함할 부분과 포함시키지 않을 부분을 지정하십시오.

12) 사용자 프로그램 전송

패스워드 보호

사용자의 프로세스 솔루션을 보호하고 인가받지 않은 자의 접근을 막기 위해 패스워드를 LOGO!로 전송할 수 있습니다.

패스워드 File → Properties 메뉴 다이얼로그 창에서 Parameter 탭에서 부여합니다. 패스워드를 입력한 후 OK로 확인하십시오.

패스워드 보호는 사용자 프로그램을 LOGO!로 전송할 때 사용되며 LOGO!가 전송 모드를 종료하면 패스워드 보호 기능이 활성화됩니다.

패스워드는 LOGO!에 들어있는 사용자 프로그램을 보호합니다. 데이터 값이나 파라미터를 편집하는 것, LOGO!에 들어있는 사용자 프로그램을 보는 것 또는 LOGO!에서 PC로 업-로딩하는 작업은 패스워드를 입력한 후에라야 가능합니다.

사용자 프로그램 전송

이제 사용자 프로그램을 적합한 LOGO! 버전으로 전송하고 모듈을 연결하십시오. LOGO!를 주변 디바이스와 연결하십시오.

매우 짧은 시간에 LOGO!Soft Comfort 에서 사용자 프로그램을 작성하였고 기존의 방법과 비교할 때 많은 시간과 노력이 절감되었음을 확인할 수 있습니다.

13) 사용자 프로그램 온라인 테스트

사용자 프로그램 시뮬레이션에 만족하고 그 프로그램을 LOGO!에 다운로드하였다면 프로그램에 대한 온라인 테스트를 실행할 수 있습니다. 온라인 테스트는 시뮬레이션과 비슷하여 입력, 출력, 블록 파라미터를 볼 수 있습니다. 다른 점은 시뮬레이션은 PC에서 시뮬레이션된 입력으로 프로그램을 실행시킨다는 것이고 테스트는 실제 입력(Live 입력)으로 실행시킨다는 것입니다.

다음 예는 연습으로 작성한 사용자 프로그램 예를 온라인 테스트하는 것을 보여줍니다. 이 예에서 입력 I1이 On이 된 다음 Off가 되었고 I1이 Off가 되자 오프 딜레이 타이머가 동작을 시작하였습니다.

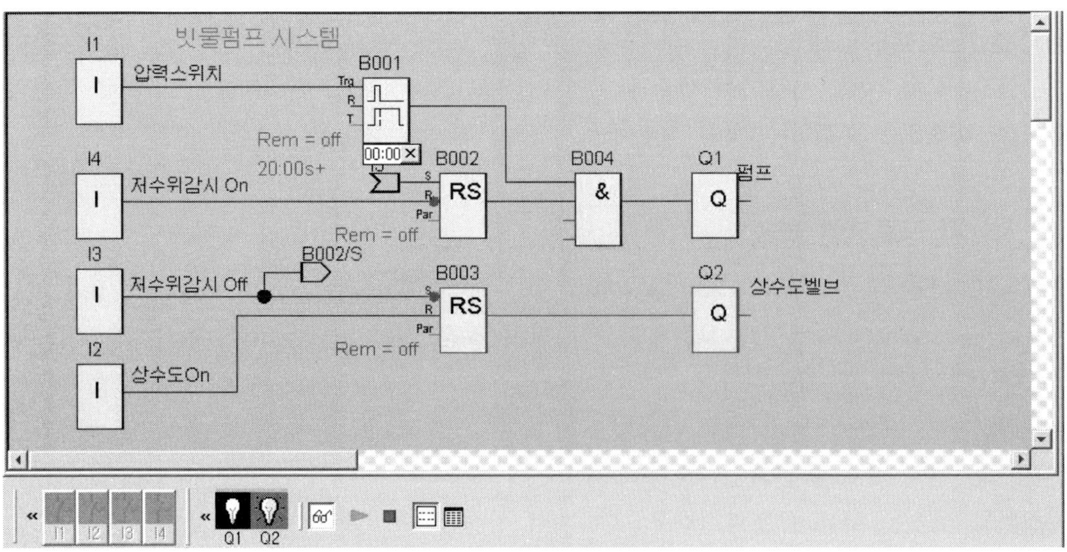

온라인 테스트를 위한 사전조건은 Tools → Online Test 단원을 참조하십시오.

Chapter 4

어플리케이션 예제

샘플 어플리케이션 - 오버뷰

소개

LOGO!Soft Comfort에는 LOGO!의 다양한 기능을 소개하기 위해 사용설명서에서 제시한 용수 펌프 어플리케이션 등의 소규모 어플리케이션들이 포함되어 있습니다.
이 온라인 Help는 간단하게 작업내용들을 설명하고 LOGO!Soft Comfort로 작성된 솔루션을 제공합니다. 이러한 사용자 프로그램들은 LOGO!Soft Comfort CD-ROM의 ..\Samples 폴더에 들어 있습니다. 또한 CD-ROM에는 여러 샘플에 관한 문서도 있습니다.
더 많은 샘플 프로그램들은 인터넷 사이트 http://www.siemens.com/logo의 "Products and Solutions" 아래 "Applications"에 있습니다.

노트

LOGO! 샘플 어플리케이션은 무료입니다. 그러나 그 내용들에 대해서는 책임지지 않으며 다만 LOGO! 모듈과 LOGO!Soft Comfort 소프트웨어로 구현이 가능한 여러 어플리케이션 정보를 제공하고자 합니다. 사용자 맞춤 솔루션은 샘플과 다를 수 있습니다.
사용자는 자신의 책임 하에 시스템을 운전해야 합니다. 우리는 국가별 표준과 시스템관련 설치 규정을 참조하고 있습니다.

이 장은 다음과 같은 샘플 어플리케이션을 제공합니다.

- 공조 시스템(Air-conditioning system)
- 공장 도어(Factory door)
- 히팅 제어(Heating control)
- 필링 스테이션(Filling station)

용수공급 펌프 예도 참조하십시오.

4.1 공조 시스템(Air-conditioning system)

공조 시스템을 위한 사전조건

공조시스템은 오염된 공기를 배출하고 신선한 공기를 해당 공간 안으로 공급합니다. 다음 샘플 시스템을 참조하십시오.

- 룸에는 공기배출 팬과 신선한 공기를 공급하는 팬이 있습니다.
- 각 팬은 Flow 센서에 의해 모니터링 됩니다.
- 룸 안의 압력은 대기압이상으로 올라갈 수 있습니다.
- 신선한 공기를 공급하는 팬은 Flow 센서가 배기 팬의 운전상태가 안전하다는 신호를 줄 때에만 스위치 On이 됩니다.
- 경고등은 팬 중 하나가 고장 났음을 보여줍니다.

일반적인 솔루션

팬은 Flow 센서에 의해 모니터링 됩니다. 어느 짧은 시간동안 공기 흐름이 감지되지 않으면 시스템은 스위치 Off되고 에러 메시지가 발생합니다. 이 에러는 오프 버튼을 누르면 해제됩니다.

팬 모니터링에는 Flow 센서 외에 여러 스위칭 디바이스가 있는 분석기 회로 기기가 필요합니다. LOGO!는 이러한 분석회로를 대체할 수 있습니다.

LOGO!Soft Comfort 솔루션

LOGO!를 사용하면 몇 개의 스위치기어를 줄일 수 있습니다. 이로 인해 설치시간과 제어패널에서의 설치공간을 줄일 수 있게 해줍니다. 처음부터 작은 제어패널을 사용할 수도 있습니다. LOGO!를 통해 시스템이 오프가 되면 팬들이 차례로 오프가 되는 것을 구현할 수 있습니다.

LOGO!Soft Comfort에서의 사용자 프로그램

시스템은 입력 I1과 I2에서 스위치 On, Off될 수 있습니다. 팬은 출력 Q1과 Q2로 연결됩니다. Flow 센서는 입력 I3과 I4로 연결됩니다. 블록 B007과 B008은 Flow 센서가 폴트 출력 Q3을 보낸 이후의 감시타이머(Watchdog Timer)를 설정하는데 사용됩니다.

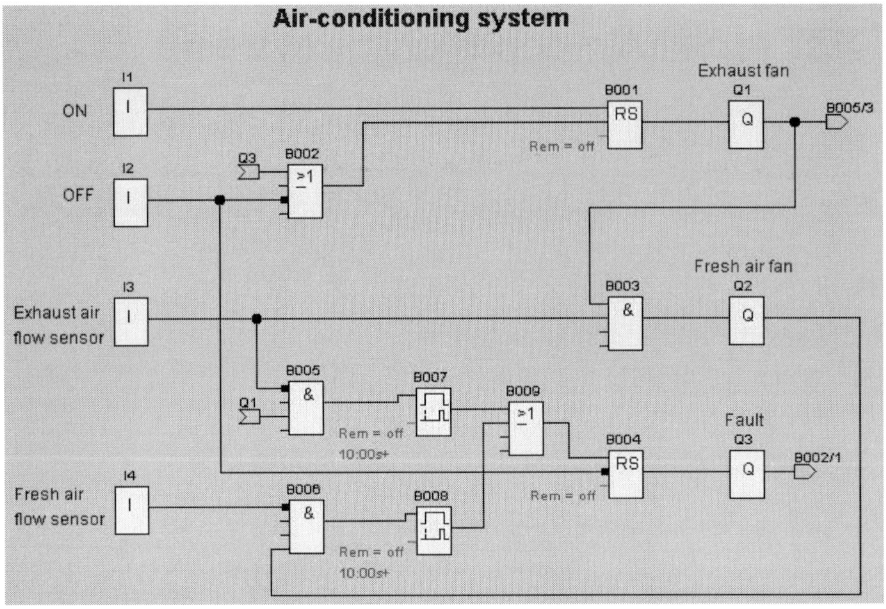

출력 Q3을 반전시켜 Q4에서 출력 메시지를 내보내는데 사용할 수 있습니다. 릴레이 Q4는 메인 전원이 차단되거나 시스템에 폴트가 생겼을 때에만 드롭 됩니다. 그러므로 이 출력은 리모트 메시지로 사용될 수 있습니다.

4.2 공장 도어(Factory door)

게이트 제어 시스템을 위한 사전조건 :
많은 공장에서 롤 게이트 제어가 사용되고 있습니다. 이 게이트는 자동차가 출입할 때만 열리며 게이트 키퍼에 의해 제어됩니다.

- 슬라이딩 게이트는 푸시버튼에 의해 열리고 닫힙니다. 게이트 키퍼는 게이트 운전을 감시합니다.
- 롤 게이트는 일반적으로 완전히 열리고, 닫힙니다. 그러나 순간적으로 정지될 수 도 있습니다.
- 플래싱 라이트는 게이트가 움직이기 전 5초 동안과 움직이는 동안 동작합니다.
- 안전 압력 스트립(safety pressure strip)은 게이트가 닫히는 동안 사람이 다치는 것과 다른 물체가 게이트에 닿아서 파손되는 것을 막아줍니다.

일반적인 솔루션

자동문 운전에 대한 제어 시스템은 종류가 많습니다. OPEN과 CLOSE 버튼은 이미 게이트가 반대 방향으로 동작을 시작하지 않은 경우 해당 방향으로 게이트를 동작시킵니다. 게이트의 움직임은 STOP 버튼이나 관련 리밋스위치에 의해 멈추게 됩니다.

LOGO!Soft Comfort 솔루션

LOGO! 프로그램은 일반제어에 비해 많은 기능을 제공합니다. 안전 바가 동작하면 게이트가 멈춥니다. 게이트가 열리거나 닫히기 전 5초 동안 플래싱 라이트가 동작함으로 게이트가 동작을 시작했음을 알립니다. 플래싱 라이트는 게이트가 멈추기 전까지 계속합니다.
일반적인 솔루션과는 달리 LOGO!는 더 쉽고 경제적으로 제어시스템을 변경할 수 있는 방법을 제공합니다.

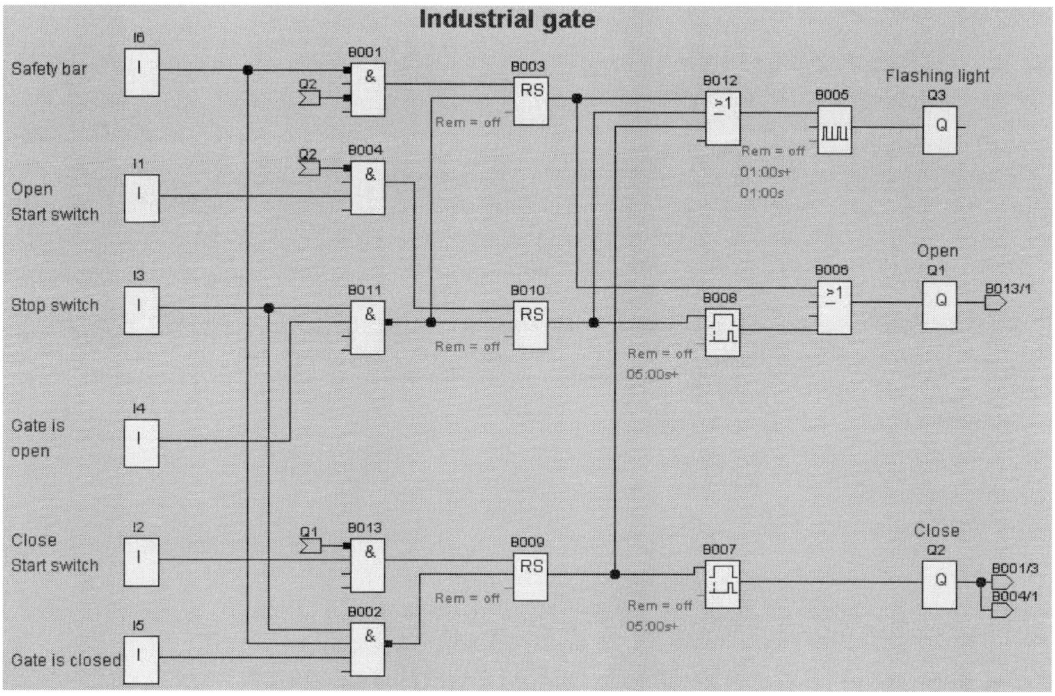

4.3 히팅 제어(Heating control)

히팅 제어를 위한 사전조건

이 예에서는 히터의 유체온도가 외부 온도에 반비례하게 제어되어야 하는 곳의 히팅 관리 예를 보여줍니다. 이는 외부 온도가 낮을수록 히터의 유체온도는 높아져야 하는 것을 의미합니다.

PT100 센서는 외부 온도와 유체 온도를 측정합니다.
외부 온도 0℃에서 유체온도는 50℃가 되어야 합니다.
외부 온도가 4℃ 아래로 떨어지면 히팅 스위치가 On되어야 합니다.

LOGO!Soft Comfort 솔루션

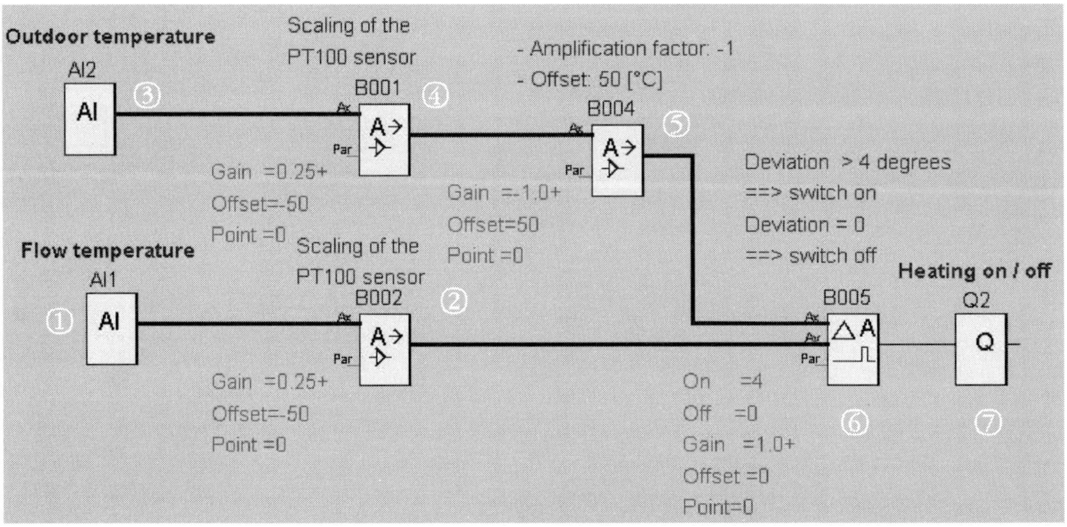

① PT100 센서가 히터의 유체온도를 측정하는 AI1에 연결됩니다.

② 아날로그 증폭기 파라미터는 다음과 같이 설정됩니다.

- 센서: PT100
- 측정 범위와 파라미터는 PT100 센서에 의해 정해집니다.
- 단위: 섭씨
- 해상도: x 1

  증폭기는 센서에 의해 측정된 실제 온도를 출력에 내보냅니다.

③ PT100 센서가 외부 온도를 측정하는 AI2 에 연결됩니다.

④ 아날로그 증폭기 파라미터는 다음과 같이 설정됩니다.

- 센서: PT100
- 측정 범위와 파라미터는 PT100 센서에 의해 정해집니다.
- 단위: 섭씨
- 해상도: x 1

  증폭기는 센서에 의해 측정된 실제 온도를 출력에 내보냅니다.

⑤ 아날로그 증폭기 파라미터는 다음과 같이 설정됩니다.

- 센서: 센서 없음
- Gain: -1 (B001 아날로그 증폭기 출력 값의 부호를 변경시킵니다.)
- 오프셋: 50

  B004에서의 증폭 파라미터는 두 온도의 합이 50인 경우 비교된 온도의 차이가 0가 되게 합니다.

⑥ 아날로그 비교기의 파라미터는 다음과 같이 설정됩니다.

- 센서: 센서 없음
- Gain: 1
- 오프셋: 0
- 온 스레스홀드 값: 4
- 오프 스레스홀드 값: 0

  히터의 유체 온도와 표준 외부 온도의 차이가 4℃를 넘으면 아날로그 비교기는 출력 Q2를 스위치 On시킵니다.

  온도 차가 0℃ 아래로 떨어지면 아날로그 비교기는 출력 Q2를 다시 Off시킵니다.

⑦ 출력 Q2는 히팅 작업을 스위치 On-Off시킵니다.

운전모드

외부 온도가 떨어지면 B004 아날로그 증폭기로 입력되는 값이 떨어진 외부 온도만큼 증가하게 됩니다. 이로 인해 아날로그 비교기에서의 히터의 유체와 외부 온도 간 차이는 증가하게 됩니다.

만약 온도차가 4℃를 초과하게 되면 히팅 작업이 on됩니다.

히팅 작업을 On시키면 히터의 유체온도는 증가하게 됩니다. 이는 아날로그 비교기에서 히터의 유체와 외부 온도와의 차이를 감소시킵니다.(외부 온도가 히터의 유체온도가 증가하는 것보다 더 느리게 떨어지는 경우).

온도 차가 0℃ 이하로 떨어지면 히팅 작업이 Off됩니다.

파라미터 변경

아날로그 증폭기에서의 오프셋 파라미터는 외부 온도 0℃일 때 사용자가 원하는 히터의 유체 온도에 따라 다르게 됩니다. 또한 히팅 작업 On 스레스홀드와, Off 스레스홀드는 B005 아날로그 비교기의 On/Off 스레스홀드 값에 의해 변경될 수 있습니다.

실행시켜 보십시오!

LOGO!Soft Comfort CD-ROM 에 이 예제가 들어 있습니다. 이 프로그램을 LOGO!Soft Comfort에 로딩 시킨 후 시뮬레이션 모드에서 실행시켜보십시오.

4.4 Filling 스테이션

Filling 스테이션을 위한 사전조건

하나의 박스에 두 개의 서로 다른 아이템을 각각 지정된 양만큼 채워져야 합니다. 모든 아이템들이 박스에 채워지면 포장 스테이션으로 이송됩니다. 컨베이어 벨트는 2가지 타입의 아이템을 박스로 이송시킵니다(이 예에서는 Filling 컨베이어벨트 부분은 예외로 합니다). 이 프로그램을 위해 각 타입의 아이템을 계수하기 위한 업/다운 카운터를 사용하며 아날로그 연산 명령어를 사용하여 전체 아이템 개수를 합산합니다. 각 타입의 아이템 개수와 이제까지 계수된 전체 개수를 LOGO! Display와 LOGO! TD(텍스트 디스플레이)에 표시합니다.

처리과정은 다음과 같습니다.

- 박스를 채우기 위해 각 아이템은 컨베이어벨트로 박스까지 이송됩니다. (이 예제에서는 이 부분은 예외로 합니다).
- 아이템이 박스로 떨어지는 것은 일정한 순서 없이, 무작위로 떨어집니다.
- 박스로 떨어지는 아이템은 센서로 계수됩니다.
- LOGO! Display와 LOGO! TD에서 각 아이템이 얼마나 많이 계수되었으며 박스에 담긴 전체 아이템 개수는 몇 개인지를 표시해야 합니다.

LOGO!Soft Comfort에서의 사용자 프로그램

라이트 배리어가 두개의 디지털 입력 I1과 I2에 연결되어 있어서 아이템이 박스에 떨어지는 것을 감지하게 됩니다. 두 개의 카운터(B001과 B002)는 박스에 떨어지는 두 개의 아이템을 계수합니다. 각 카운터의 온 스레스홀드는 각 아이템의 최대 개수를 지정합니다. 박스가 다

차게 되면 컨베이어벨트가 10초간 동작을 하여 채워진 박스를 포장 스테이션으로 이송을 하고 빈 박스가 필링 스테이션(Filling station)으로 이송됩니다.

사용자 프로그램은 메시지 텍스트 펑션 블록(Page 195)을 사용하여 전체 얼마나 많은 아이템이 계수되었는지 또 각 아이템이 얼마나 많이 계수되었는지를 표시합니다. 메시지 텍스트에서는 계수된 아이템의 바 그래프와 계수된 텍스트를 번갈아 가며 표시하기 위해 "ticking" 기능을 사용합니다. 메시지 텍스트는 현재 설정된 문자 세트에 따라 영어나 독일어로 보여집니다.

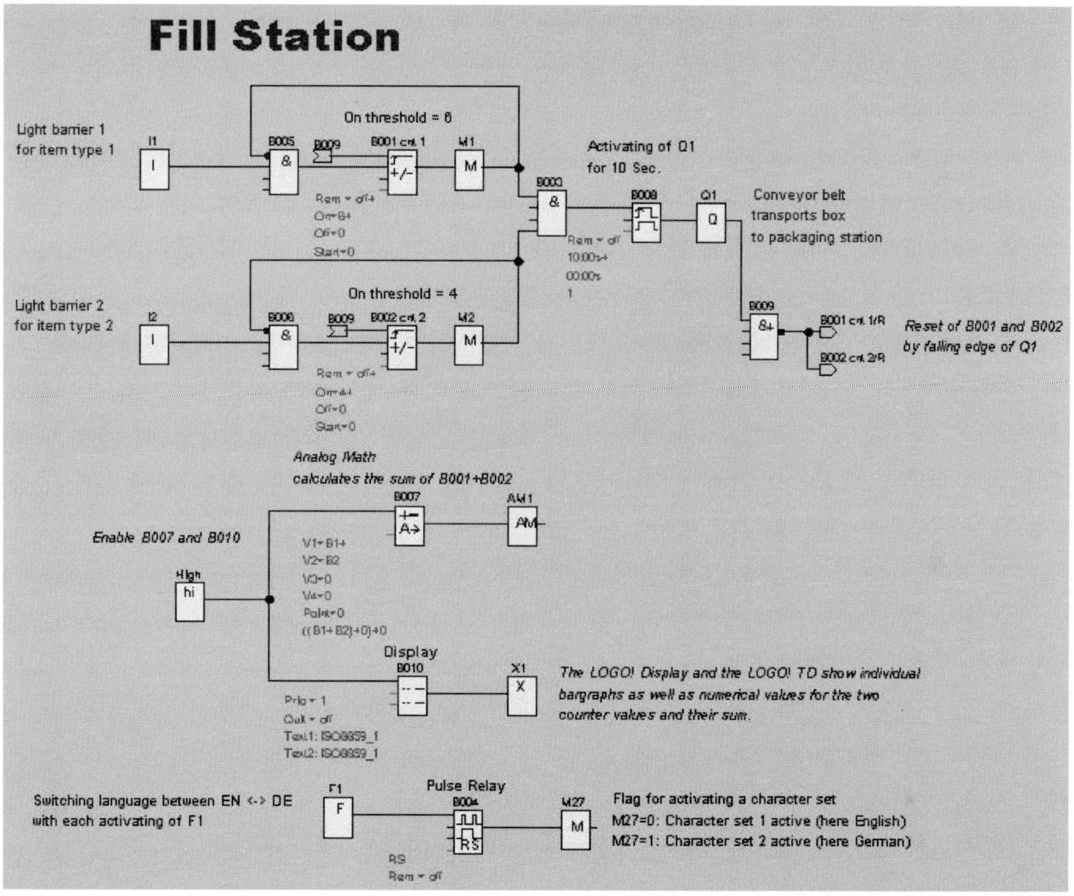

펑션 블록의 파라미터

다음과 같은 파라미터를 사용합니다.

- 온 트레스홀더 카운터 B001과 B002는 박스에 담기는 각 아이템의 개수를 지정합니다.
- 에지 트리거 wiping 릴레이의 펄스 폭(pulse width -TH)은 컨베이어벨트의 이송 시간을 정의합니다.

- 전체 아이템을 계산하는 아날로그 연산 펑션 블록 B007은 다음과 같이 프로그램 됩니다.
  - 값 1은 B001의 현재 값을 위한 레퍼런스 파라미터입니다.
  - 값 2는 B002의 현재 값을 위한 레퍼런스 파라미터입니다.
  - 연산자 1은 두개의 카운터를 합산하는 "+" 입니다.
  - 우선권 1은 높은 우선권 순위를 의미합니다.(이는 이 펑션 블록 내에서 유일한 연산이기 때문에 이 경우 우선권은 의미가 없습니다).
  - 남은 연산자와 피연산자는 "+ 0" 로 설정되므로 방정식의 출력에는 영향을 미치지 않습니다.

메시지 텍스트

메시지 텍스트 블록 B010은 메시지 텍스트를 화면에 디스플레이 시키는데 4개의 라인이 "라인별 Ticking"을 하기 때문에 두 개의 화면이 차례로 표시됩니다. 첫 번째 화면에서는 각각 계수된 아이템(B001과 B002 현재 값)에 대한 바-그래프와 B007로 연산되어 더해진 전체 아이템에 대한 바 그래프를 보여줍니다. 두 번째 화면은 그 값을 숫자와 텍스트로 보여줍니다. 메시지 텍스트 펑션 블록은 두 개의 문자 세트로 설정됩니다. 첫 번째 문자 세트에 대한 메시지 텍스트는 영어 텍스트로 설정되며 두 번째 문자 세트에 대한 메시지 텍스트는 독일어로 설정됩니다. File → Message Text Settings에서 문자 세트를 선택할 수 있습니다. 예제의 경우 영어 문자나 독일어 문자 중 한 가지 문자 세트가 선택될 것입니다. LOGO!가 런 모드에 있을 경우 현재의 문자 세트 지정에 따라 디스플레이 될 메시지가 결정됩니다.

Chapter 5

LOGO! Functions

콘스턴트와 커넥터(Constants and connectors) -Co

콘스턴트와 커넥터(Co)는 입력, 출력, 플래그, 일정한 전압레벨(콘스턴트)를 의미합니다.

1) 디지털 입력(Digital Inputs) "I"

디지털 입력은 "I"로 표시하며, 디지털 입력(I1, I2, …)수는 설치된 순서대로 자동으로 할당된다. 다음은 고속 디지털 입력으로 사용된다. (I3, I4, I5, I6)

2) 아날로그 입력(Analog Inputs) "AI"

아날로그 입력은 "AI"로 표시하며, LOGO! 12/24RCE, 버전은 입력 I1(AI3), I2(AI4), I7(AI1), I8(AI2)을 아날로그 입력으로도 사용 가능하다,

추가로 연결되는 아날로그 모듈의 입력은 이미 존재하는 아날로그 입력에 따라 넘버링 되고. 프로그래밍 모드에서 아날로그 입력을 취하는 특수 함수의 입력신호를 선택하면 LOGO!에서는 아날로그 입력 AI1 … AI8, 아날로그 플래그 AM1 …AM6, 아날로그 출력 AQ1과 AQ2, 아날로그 출력이 있는 함수의 블록번호를 제공한다.

3) 디지털 출력(Digital Ouputs) "Q"

디지털 출력은 "Q"로 표시하며. 출력 수(Q1, Q2, … Q16)는 설치된 순서대로 자동으로 할당된다.

4) 아날로그 출력(Analog Ouputs) "AQ"

아날로그 출력은 "AQ"로 표시하며, AQ1, AQ2 2개의 아날로그 출력이 사용 가능합니다. 아날로그 출력은 함수의 아날로그 입력, 아날로그 플래그 AM, 아날로그 출력 커넥터에만 연결될 수 있습니다, 다음 그림은 예를 들어 LOGO~를 보여줍니다.

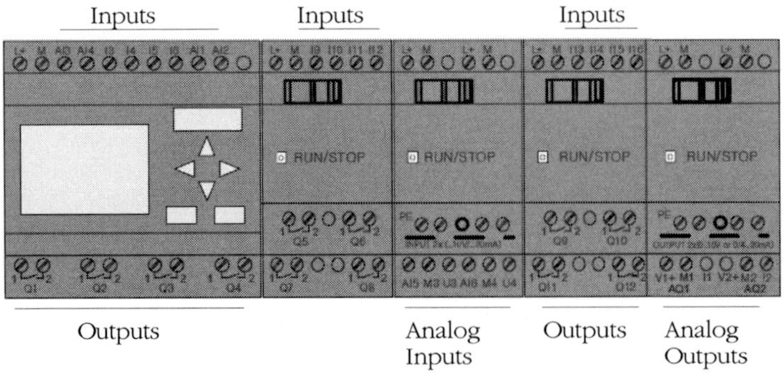

구성 및 회로 프로그램의 입력과 출력의 넘버링

5) 플래그 블록(Flag blocks) "M", "AM"

플래그 블록은 문자 "M" 혹은 AM으로 표시되고, 흔히 내부 릴레이로 알려져 있다. 이러한 블록들은 가상 출력이며 그들의 입력 값을 출력합니다. LOGO!는 27개 디지털 플래그 M1 … M27과 6개의 아날로그 플래그 AM1 … AM6를 제공한다.

- 스타트업 플래그(Startup flag) : 플래그 M8은 사용자 프로그램의 첫 번째 사이클로 설정되며 사용자 프로그램에서 스타트업 플래그로 사용될 수 있다. 이 신호는 사용자 프로그램이 첫 번째 사이클을 완료했을 때 자동적으로 리셋 된다.
  M8 플래그는 일반 플래그처럼 첫 번째 사이클 이후 모든 사이클에서 프로시저를 설정하거나 삭제하거나 판단할 때 사용하면 편리하다.
- 백라이트 플래그(Backlight flags M25 and M26) : M25 플래그는 LOGO!의 백라이트를 제어합니다. 디스플레이 탑재.M26 플래그는 TD의 백라이트를 제어합니다.
  (참고) 로고의 백라이트 수명을! TD 20,000 시간입니다.
- 메시지 문자 설정 플래그(Message text character set flag M27) : M27 플래그는 LOGO!에서 메시지 텍스트를 디스플레이할 때 사용하는 두 개의 Character set를 선택합니다. 0 상태는 Character set 1을, 1 상태는 Character set 2에 해당합니다.
  M 27=0(low)이면 character set 1로 구성된 메시지 텍스트만이 디스플레이 됩니다.
  M 27=1(high)이면 character set 2로 구성된 메시지 텍스트만이 디스플레이 됩니다. 사용자 프로그램에서 M 27을 사용하지 않는다면 메시지 텍스트는 Msg config 메뉴나 LOGO!Soft Comfort에서 선택한 character set로 디스플레이 됩니다.

주의

플래그 출력은 항상 이전 프로그램 사이클의 신호를 가져옵니다. 이 값은 동일 프로그램 사이클 내에서는 변경되지 않습니다.

6) 시프트 레지스터 비트(Shift register bits)

LOGO!는 쉬프트 레지스터 비트 S1에서 S8을 제공하며 이 비트들은 사용자 프로그램에서 단지 읽기만 가능한 속성을 가집니다.

7) 커서 키(Cursor keys)

C ▲, C ▶ , C ▼ , C ◀ ("C" = "Cursor") 4개의 커서 키를 사용가능하다. 커서 키는 다른 입력처럼 사용자 프로그램에서 프로그램 할 수 있다. 시스템이 RUN에 있는 동안 커서를 해당 디스플레이에서 또 액티브된 메시지 텍스트(ESC+키)에서 설정할 수 있다.

커서 키는 스위치와 입력을 저장할 수 있으며 사용자 프로그램에서 오퍼레이터 제어가 가능하게 해준다.

8) LOGO! TD 함수 키(LOGO! TD function keys) "F1, F2, F3, F4"

LOGO! TD는 사용자 프로그램에서 사용할 수 있는 4개의 함수 키를 가지고 있으며 사용자는 다른 입력과 동일한 방법으로 키에 대한 프로그램을 할 수 있다.

커서 키와 마찬가지로 LOGO!가 RUN 모드에 있을 때 이 키들을 누르면 사용자 프로그램의 동작에 영향을 줄 수 있으며 스위치와 입력을 저장할 수 있다.

이 키들은 F1, F2, F3, F4로 표시된다.

9) 레벨(Levels) "Hi", "Lo"

전압 레벨은 hi 와 lo 로 표시됩니다. 블록에서 상수 "1" = hi 혹은 "0" =lo 상태는 영속전압 레벨 혹은 상수 값 hi 혹은 lo에 의해 설정될 수 있습니다.

10) 오픈 커넥터(Open connectors) "x"

사용하지 않는 블록 커넥터는 x로 표시될 수 있습니다.

11) 네트워크 입, 출력 (0BA7 모델만 가능)

LOGO!Soft Comfort을 통해 다음과 같은 네트워크 입, 출력을 구성할 수 있습니다. LOGO! 회로 프로그램은 디지털, 아날로그 입, 출력의 네트워크에 대한 Parameter에서 상대 디바이스의 관계를 설정합니다.

(1) 네트워크 디지털 입력(Network digital inputs) : “NI”

네트워크 디지털 입력은 NI로 식별됩니다. 64개의 네트워크 디지털 입력을 지원합니다. 선두 어드레스는 NI1으로 시작합니다.

(2) 네트워크 아날로그 입력(Network analog inputs) : “NA”

네트워크 아날로그 입력은 NAI로 식별됩니다. 32개의 네트워크 아날로그 입력을 지원합니다. 선두 어드레스는 NAI1으로 시작합니다.

(3) 네트워크 디지털 출력(Network digital outputs) : "NQ"

네트워크 디지털 출력은 NQ로 식별됩니다. 64개의 네트워크 디지털 출력을 지원합니다. 선두 어드레스는 NQ1로 시작합니다.

(4) 네트워크 아날로그 출력(Network analog outputs) : "NAQ"

네트워크 아날로그 출력은 NAQ로 식별됩니다. 16개의 네트워크 아날로그 출력을 지원합니다. 선두 어드레슨 NAQ1로 시작합니다.

5.1 기본 함수 리스트(Basic function) - GF(F7)

기본 함수는 이진(Binary)연산의 간단한 논리요소(Logic Element)를 의미합니다.

각 기본 함수(Function)의 입력을 반전시킬 수 있습니다. 즉 입력에서의 논리 "1"을 논리 "0"로 반전시킵니다. 입력에서 "0"로 설정되면 프로그램은 논리 "1"로 설정합니다.

GF 목록은 LOGO! 프로그램에 사용할 수 있는 기본 기능블록을 포함하며 다음과 같은 기본 기능을 사용할 수 있습니다.

& | &↑ | & | &↓ | ≥1 | ≥1 | =1 | 1

심벌	명칭	심벌	명칭
&	AND (논리적)	≥1	OR (논리화)
&↑	AND with edge evaluation (엣지 기능이 있는 AND)	≥1	NOR (OR의 반전)
&	NAND (AND의 반전)	=1	XOR (배타적 OR)
&↓	NAND with edge evaluation (엣지 기능이 있는 NAND)	1	NOT (논리반전)

심벌	명칭	심벌	명칭
	Make contact ("a" 접점)	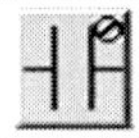	Analog contact
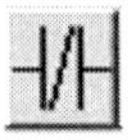	Break contact ("b" 접점)		Analog output
	Relay coil (출력코일)		Network inputs
	Inverted output (반전출력코일)		Network outputs
LAD 전용 명령어			Network analog inputs
			Network analog

[시퀀스 회로와 논리식관계]

시퀀스 다이어그램	LOGO!에서 보기	기본 함수 이름
 직렬회로 메이크 접점	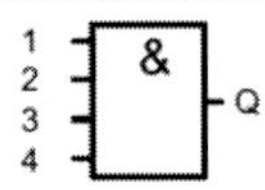	AND
	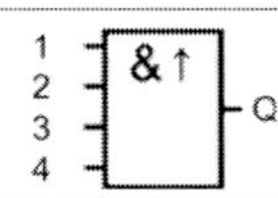	엣지 기능이 있는 AND
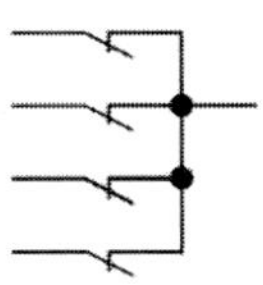 브레이크 접점으로 이루어진 병렬회로	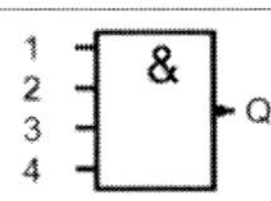	NAND (AND의 반전)
	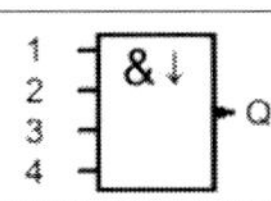	DPT지 기능이 있는 NAND
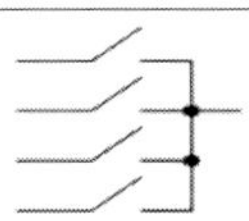 메이크 접점으로 이루어진 병렬회로	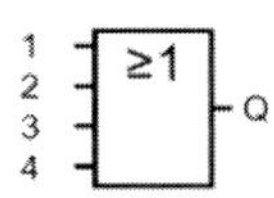	OR
 브레이크 접점으로 이루어진 직렬회로	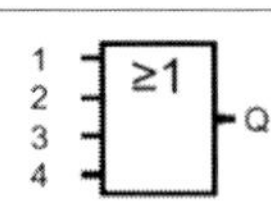	NOR (OR의 반전)
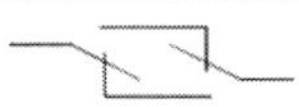 이중 체인지오버 접점	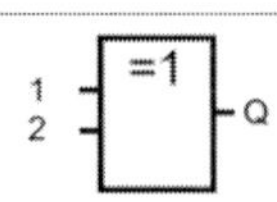	XOR (exclusive OR)
 브레이크 접점	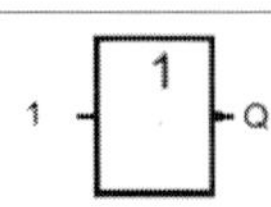	NOT (반전 inverter)

5.1.1 AND(논리적)

여러 메이크 접점(Make contact)으로 이루어진 직렬회로 다이어그램.

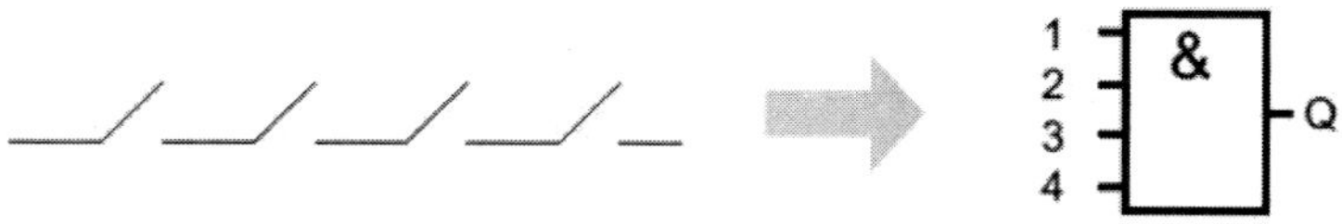

AND 출력은 모든 입력이 1인 경우, 즉 모든 접점이 닫히는 경우에만 1입니다.
사용하지 않는 블록 입력 (x) : x = 1.

[AND 함수 로직 테이블]

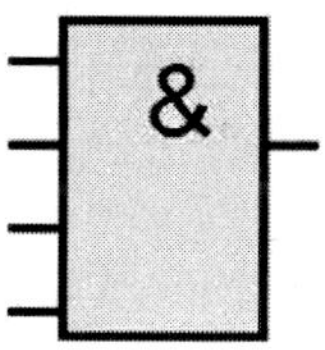

1	2	3	4	Q
0	0	0	0	0
0	0	0	1	0
0	0	1	0	0
0	1	0	0	0
0	1	0	1	0
0	1	1	0	0
0	1	1	1	0
1	0	0	0	0
1	0	0	1	0
1	0	1	0	0
1	1	0	0	0
1	1	0	1	0
1	1	1	0	0
1	1	1	0	0
1	1	1	1	1

5.1.2 엣지 기능이 있는 AND

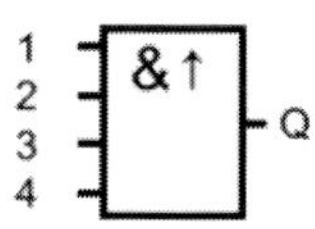

DPT지 트리거 출력 AND는 모든 입력이 1이고 이전 사이클에서 최소 하나 이상의 입력이 0 이였던 경우에만 1입니다. 사용하지 않는 블록 입력 (x): x = 1.

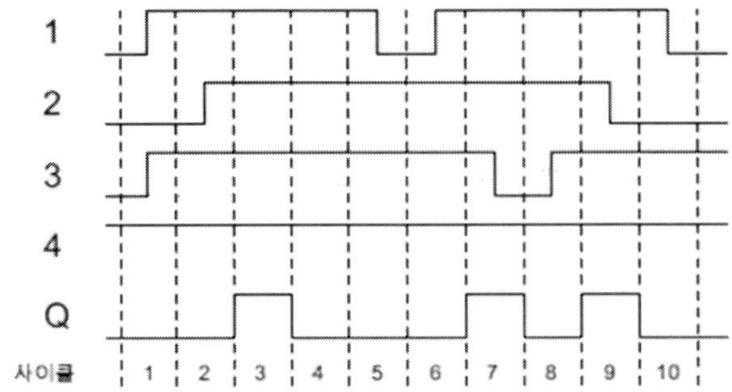

5.1.3 NAND(Not AND)

사용자 프로그램에서 여러 브레이크 접점으로 이루어진 병렬회로

NAND 출력은 모든 입력이 1인 경우, 즉 모든 접점이 닫히는 경우에만 0입니다. 사용하지 않는 블록 입력 (x): x = 1.

[NAND 함수 로직 테이블]

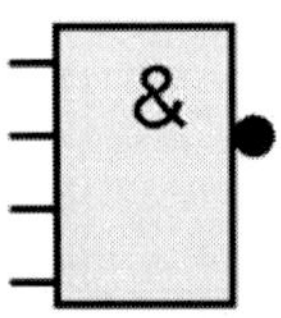

1	2	3	4	Q
0	0	0	0	1
0	0	0	1	1
0	0	1	0	1
0	1	1	1	1
0	1	0	0	1
0	1	0	1	1
0	1	1	1	0
1	0	0	0	1
1	0	0	1	1
1	0	1	0	1
1	1	0	0	1
1	1	0	1	1
1	1	1	0	1
1	1	1	0	1
1	1	1	1	0

5.1.4 엣지 기능이 있는 NAND

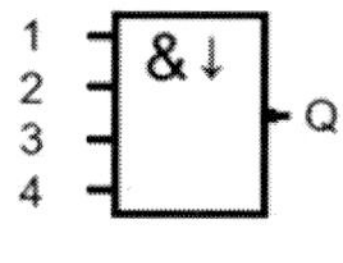

엣지 기능이 있는 NAND의 출력 상태는 최소 하나의 입력이 0이고 이전 사이클에서 모든 입력이 1이었던 경우에만 1입니다. 사용하지 않는 블록 입력 (x): x = 1.

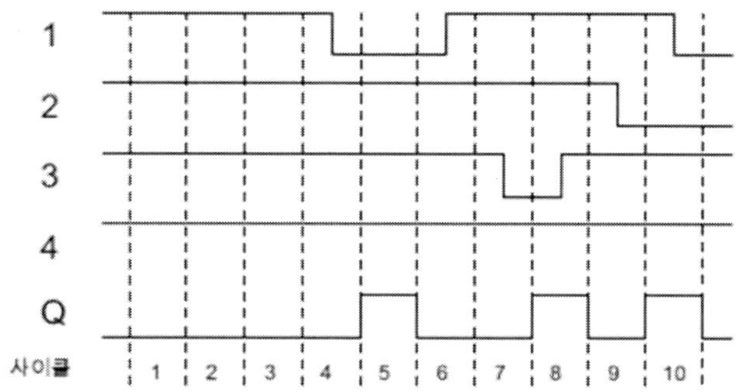

[에지 기능이 있는 NAND 의 타이밍 다이어그램]

5.1.5 OR(논리화)

여러 메이크 접점으로 이루어진 병렬회로의 다이어그램

OR 엘리먼트의 출력 상태는 최소 하나의 입력이 1인 경우 즉, 최소 하나의 접점이 닫힌 경우에만 1입니다. 사용하지 않는 블록 입력 (x): x = 0.

[OR 함수 로직 테이블]

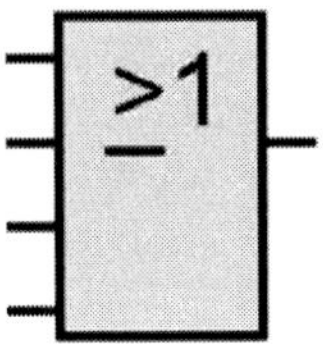

1	2	3	4	Q
0	0	0	0	1
0	0	0	1	1
0	1	0	0	1
0	1	0	1	1
0	1	1	0	1
0	1	1	1	1
1	0	0	0	1
1	0	0	1	1
1	0	1	0	1
1	0	1	1	1
1	1	0	0	1
1	1	1	0	1
1	1	1	0	1
1	1	1	1	0

5.1.6 NOR(Not OR)

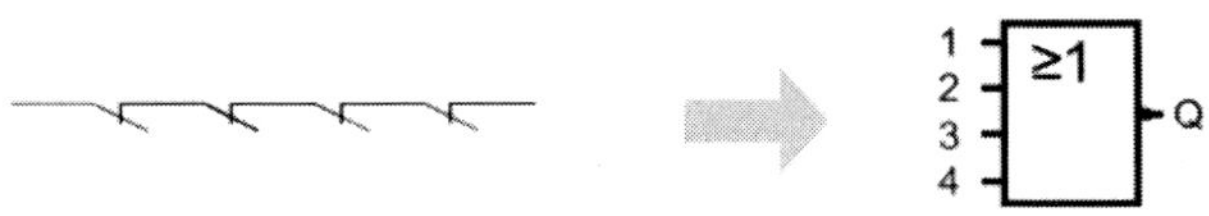

여러 브레이크 접점으로 이루어진 직렬회로의 다이어그램

NOR의 출력 상태는 모든 입력이 0인 경우 즉, 모든 스위치가 오프인 경우에만 1입니다. NOR 출력은 하나 이상의 입력이 스위치 온 된 경우(로직 1 상태)에 0으로 설정됩니다. 사용하지 않는 블록 입력 (x): x = 0.

[NOR 함수 로직 테이블]

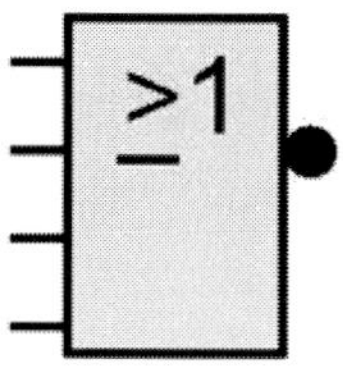

1	2	3	4	Q
0	0	0	0	1
0	0	0	1	0
0	1	0	0	0
0	1	0	1	0
0	1	1	0	0
0	1	1	1	0
1	0	0	0	0
1	0	0	1	0
1	0	1	0	0
1	0	1	1	0
1	1	0	0	0
1	1	1	0	0
1	1	1	0	0
1	1	1	1	0

5.1.7 XOR(exclusive OR)

사용자 프로그램에서의 XOR, 2개의 체인지오버 접점으로 이루어진 직렬 다이어그램

XOR 출력 상태는 입력들이 동일하지 않은 경우 1입니다.
사용하지 않는 블록 입력 (x): x = 0.

[XOR 함수 로직 테이블]

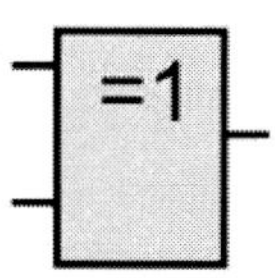

1	2	Q
0	0	0
0	1	1
1	0	1
1	1	0

5.1.8 NOT(반전, inverter)

사용자 프로그램에서의 브레이크 접점

출력상태는 입력이 0인 경우 1입니다. NOT 블록은 입력 상태를 반전시킵니다.

NOT 블록의 장점, 응용 사례: LOGO!는 브레이크 접점이 필요하지 않습니다. 단순히 메이크 접점과 NOT 블록을 사용하면 브레이크 접점으로 사용할 수 있습니다.

[NOT 함수 로직 테이블]

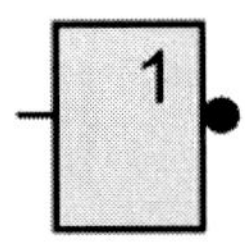	1	Q
	0	1
	1	0

5.2 특수함수(Special functions list) SF

입력지정 방식이 다르기 때문에 기본함수와 특수함수 사이에 차이가 있다는 것을 바로 알 수 있을 것입니다. 특수함수(SFs)에는 타이머를 포함 적산기능과, 다양한 파라미터 지정으로 자신의 요구에 맞게 프로그램을 작성할 수 있습니다.

특수함수(SF)에 대한 기초적인 정보와 입력 표현 방식의 아래와 같이 대해 설명합니다.

5.2.1 입력의 명칭(Designation of the inputs)

입력논리

여기서는 다른 블록이나 LOGO! 유닛의 입력에 연결시키는데 사용되는 커넥터에 대해 설명합니다.

- S (Set) : 입력 S에서의 신호는 출력을 논리 "1"로 세트시킵니다.
- R (Reset) : 리셋 입력 R은 다른 모든 입력에 대해 우선권을 가지며 출력을 리셋 시킵니다.
- Trg (Trigger) : 이 입력은 함수를 트리거 시키는데 사용됩니다.
- Cnt (Count) : 이 입력은 펄스를 카운팅 하는데 사용됩니다.

- Fre (Frequency) : F 측정될 주파수 입력이 이 입력에 인가됩니다.
- Dir (Direction) : 이 입력은 +/- 방향을 지정합니다.
- En (Enable) : 이 입력은 블록을 이네이블(허용)시킵니다. 이 입력이 0이면 블록으로 입력되는 다른 신호는 무시됩니다.
- Inv (Invert) : 이 입력의 신호는 블록의 출력 신호를 반전시킵니다.
- Ral (Reset all) : 모든 내부 값이 리셋 됩니다.
- Lap (for the stopwatch function) : 이 입력에서 신호가 스톱워치를 일시 중지합니다.

> **노트**
> 특수함수의 사용하지 않는 논리입력은 논리 0 값이 됩니다.

SF 입력에서의 커넥터 X

커넥터 x에 연결된 SF 입력은 low로 세트됩니다. 즉 입력이 'lo' 신호를 가져옵니다.

파라미터 입력

몇몇 입력에는 아무 신호도 인가하지 않습니다. 대신 관련블록 값을 구성합니다.

- Par(Parameter) : 이 입력은 연결되지 않습니다. 여기서 관련 블록 파라미터를 설정합니다. [타임, 온/오프 트레스홀드(Threshold) 등]
- No(Cam) : 이 입력은 연결되지 않습니다. 여기서 타임 패턴을 지정합니다.
- P(Priority) : 이것은 오픈된 입력입니다. 여기서 우선권을 정의하거나 RUN 중에 메시지가 인지될 것인지 아닌지를 지정합니다.

5.2.2 타임 응답(Time response)

타이머 T

어떤 SF에서는 타임 값 T을 구성하는 것이 가능합니다. 타임을 지정하는 경우 사용자 입력 타임 값은 타임 베이스를 기반으로 합니다.

타임 베이스	_ _ : _ _
s (seconds), 초	seconds : 1/100 seconds
m (minutes), 분	minutes : seconds
h (hours), 시간	hours : minutes

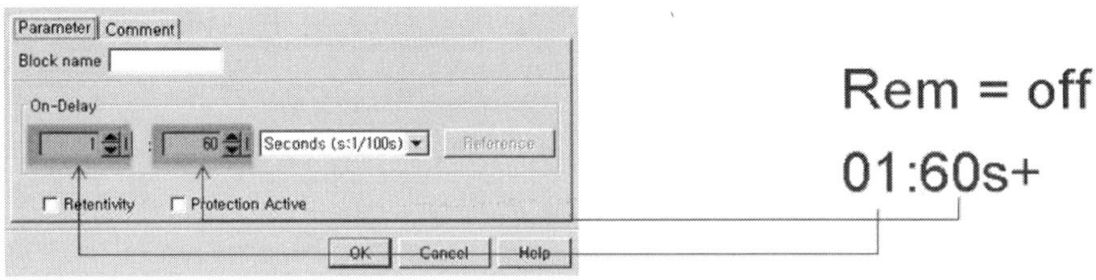

T의 정확도(Accuracy of T)

전자부품의 특성으로 발생하는 미세한 차이로 인해 설정타임 T가 차이가 날 수 있습니다. 이와 같은 차이에 대한 설명은 "온 딜레이" 단원을 참조하십시오.

타이머의 정확도 주간, 연간 타이머(Accuracy of the timer(weekly/yearly timer))

C 버전에서 리얼타임 클록의 부정확성을 방지하기 위해 타이머 값은 지속적으로 높은 정확도의 타임베이스와 비교되고 교정됩니다. 최대 타이밍 부정확도는 ±5 s/day입니다.

5.2.3 리얼타임 클록백업(Backup of the real-time clock)

LOGO!의 내부 리얼타임 클록이 백업이 되기 때문에 전원이 차단된 이후에도 클록은 지속적으로 동작합니다. 주변온도가 백업타임에 영향을 줍니다. 25℃ 온도에서 백업타임은 보통 80시간입니다.

LOGO!에서 전원차단이 80시간(hours)을 넘어서는 경우 아래와 같이 모델별로 내부 클록이 다르게 동작합니다.

- 시리즈 0BA0 : 재기동이 되면 클록은 "Sunday 00:00 1 January"으로 설정됩니다. 타임이 동작을 시작합니다. 이를 통해 시스템은 필요시 액션을 트리거 시키는 타임 스위칭을 수행하게 됩니다.
- 시리즈 0BA1 이후: 재기동이 되면 클록은 "Sunday 00:00 1 January"으로 설정됩니다. 타임이 정지되고 점멸하게 됩니다. LOGO!는 전원 차단 이전의 상태로 돌아갑니다. RUN 상태에서 시스템은 위에서 말한 타임으로 파라미터 작업이 된 카운터를 동작시킵니다. 클록은 그러나 여전히 정지되어 있습니다.
- 시리즈 0BA6: 옵션 배터리 카드나 LOGO! 메모리/배터리 콤비 카드를 사용한다면 LOGO!는 이년까지 클록 타임을 유지할 수 있습니다. 이러한 카드는 0BA6부터 지원합니다.

5.2.4 유지(Retentivity)

스위칭 상태, 카운터, 여러 SF의 타임 값 유지되도록 설정될 수 있습니다. 이는 현재의 데이터 값이 전원차단 이후에도 유지되며 블록은 프로그램 차단 시점부터 다시 시작함을 의미합니다. 타이머는 리셋되지 않으며 남은 시간동안 동작을 계속합니다.

예를 들면

이 응답을 이네이블 시키려면 관련 함수가 메모리 유지기능으로 설정되어야 합니다.
두 가지 옵션이 가능합니다.

- R : 데이터가 유지됩니다.
- / : 현재 데이터가 유지되지 않습니다(디폴트). 메모리 유지 기능의 이네이블과 디세이블은 운전 시간 카운터, 주간 타이머, 연간 타이머, PI 제어기 SF 들은 항상 메모리가 유지됩니다.

5.2.5 파라미터 보호(Parameter protection)

파라미터 보호설정에서 파라미터가 디스플레이 될 것인지 LOGO 파라미터 모드에서 편집될 수 있게 할 것인지를 결정할 수 있습니다. 두 가지 옵션이 가능합니다.

- + : 파라미터 속성은 파라미터 할당모드(디폴트)에서 읽기/쓰기를 허용합니다.
- - : 파라미터 속성은 파라미터 할당모드에서 읽기/쓰기가 금지되어 있으며 프로그래밍 모드에서만 편집될 수 있습니다.

> **노트**
> 파라미터 보호는 "Set Param." 윈도우에서만 지원합니다. 보호되는 특수함수의 변수가 메시지 텍스트에 삽입된다면 그 변수는 메시지 텍스트에서도 편집될 수 있습니다. 이러한 변수들을 보호하기 위해 메시지 텍스트 보호를 활성화시킬 수도 있습니다.

5.2.6 아날로그 값의 Gain과 오프셋 계산 (Calculating the gain and offset of analog values)

센서가 아날로그 입력에 연결되며 프로세스 값이 전기적인 신호로 변환됩니다. 이 신호 값은 이 센서의 일반적인 범위 안에 놓여지게 됩니다.

LOGO!는 항상 아날로그 입력에서의 전기적인 신호를 0에서 1000까지의 디지털 값으로 변환시킵니다.

입력 AI로 들어오는 0에서 10V 전압은 내부적으로 0에서 1000으로 변환됩니다. 10V을 넘어서는 입력전압은 내부 값 1000으로 표기됩니다.

그러나 LOGO!에서 사전에 지정한대로 값의 범위를 항상 0에서 1000까지로 처리할 수 없기 때문에 그 값에 이득 값으로 곱하고 그 값의 범위의 제로를 쉬프트 시킵니다(오프셋).

이를 통해 아날로그 값을 LOGO! 디스플레이에 출력시킬 수 있으며 이는 실제 프로세스 값에 비례합니다.

파라미터	최소	최대
입력 전압 (V)	0	≥ 10
내부 값	0	1000
이득	-10.00	+10.00
오프셋	-10000	+10000

수학규칙(Mathematical rule)

실제 값 Ax =

(입력 Ax 에서의 내부 값 x Gain) + 오프셋

Gain과 오프셋 계산(Gain and offset calculation)

Gain과 오프셋은 함수의 하이(Hi) 값과 로우(Lo) 값에 기반을 두고 계산됩니다.

EX 1

사용가능한 써모커플(Thermocouples)은 다음과 같은 기술 데이터를 가지고 있습니다. -30에서 +70℃, 0에서 10VDC (즉, LOGO!의 0에서 1000)

실제 값 = (내부 값 x Gain) + 오프셋, 그러므로

-30 = (0 x A) + B, 즉, 오프셋 B = -30

+70 = (1000 x A) -30, 즉, Gain A = 0.1

EX 2

압력센서는 1000mbar를 전압 0으로 변환시키고 압력 5000mbar를 10V 전압으로 변환시킵니다.

실제 값 = (내부 값 x Gain) + 오프셋, 그러므로

1000 = (0 x A) + B, 즉, 오프셋 B = 1000

5000 = (1000 x A) +1000, 즉, Gain A = 4

[아날로그 값의 예(Example of analog values)]

프로세스 변수	전압(V)	내부 값	Gain(이득)	오프 셋	보여지는 값(Ax)
-30℃	0	0	0.1	-30	-30
0℃	3	300	0.1	-30	0
+70℃	10	1000	0.1	-30	70
1000 mbar	0	0	4	1000	1000
3700 mbar	6.75	675	4	1000	3700
5000 mbar	10	1000	4	1000	5000
	0	0	0.01	0	0
	5	500	0.01	0	5
	10	1000	0.01	0	10
	0	0	1	0	0
	5	500	1	0	5000
	10	1000	1	0	10000
	0	0	10	0	0
	5	500	10	0	5000
	10	1000	10	0	10000
	0	0	0.01	5	5
	5	500	0.01	5	10
	10	1000	0.01	5	15
	0	0	1	500	500
	5	500	1	500	1000
	10	1000	1	500	15000
	0	0	1	-200	-200
	5	500	1	-200	300
	10	1000	1	-200	800
	0	0	10	-10000	-10000
	10	1000	10	-10000	0
	0.02	2	0.01	0	0
	0.02	2	0.1	0	0
	0.02	2	1	0	2
	0.02	2	10	0	20

5.3 타이머(Timer)

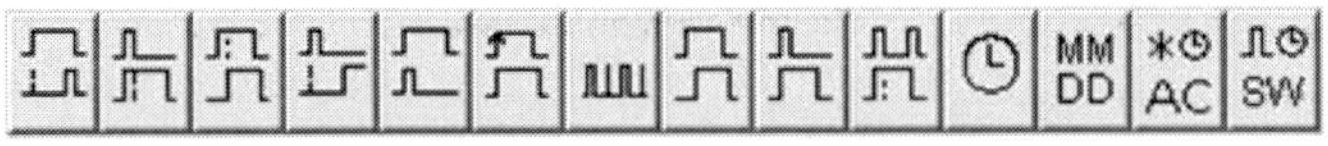

심벌	명칭	심벌	명칭
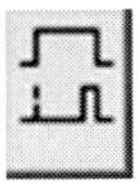	On-delay (온 딜레이)	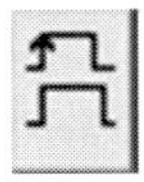	Edge triggered wiping relay (상승엣지펄스릴레이)
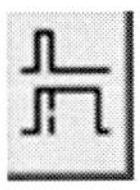	Off-delay (오프 딜레이)		Asynchronous pulse generator (비동기 펄스 발생기)
	On-Off delay (온-오프 딜레이)	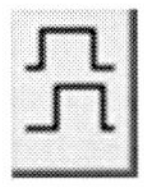	Random generator (랜덤 발생기)
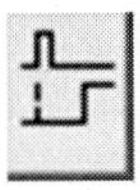	Retentive on-delay (유지 온 딜레이)	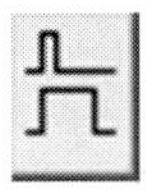	Stairway lighting switch (계단 조명 스위치)
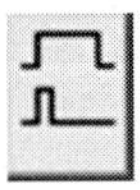	Wiping relay(pulse output) (와이핑 릴레이-펄스출력)		Multiple function switch (멀티 함수 스위치)
	Weekly timer (주간 타이머)		
	Yearly timer (연간 타이머)		
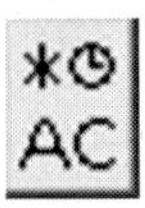	Astronomical clock (천문 타이머)		
	Stopwatch (스톱워치)		

5.3.1 온 딜레이(On-delay)

구성된 지연 시간이 다 지나야 출력이 On 됩니다.

LOGO!에서의 심벌	배선	설명
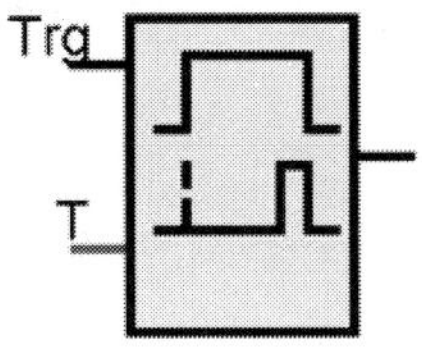	입력 Trg	Trg (Trigger)의 신호에 의해 온 딜레이 타이머가 시작됩니다.
	파라미터	T는 이시간이 지나야 출력이 스위치 온이 되는 온 딜레이 타임 값입니다(0에서 1로 출력 신호 변환). 메모리 유지: / = 메모리 유지 안됨 R = 상태가 메모리 유지됩니다.
	출력 Q	Q는 Trg가 세트된 상태에서 지정된 시간 T가 지나야 출력이 On 됩니다.

파라미터 T

타임 응답단원에 있는 파라미터 T의 디폴트를 참조하십시오.

파라미터 T의 타임 값은 이미 사용된 다른 함수의 실제 값으로 제공될 수 있습니다. 다음 함수의 실제 값을 사용할 수 있습니다.

- 아날로그 비교기(실제 값 Ax - Ay)
- 아날로그 트레스홀드 트리거(실제 값 Ax)
- 아날로그 증폭기(실제 값 Ax)
- 아날로그 멀티플렉서(실제 값 AQ)
- 아날로그 램프(실제 값 AQ)
- 아날로그 연산(실제 값 AQ)
- PI 제어기(실제 값 AQ)
- 업/다운 카운터(실제 값 Cnt)

T = parameter인 경우 사용 가능한 타임베이스 범위

타임 베이스	최대 값	최소 해상도	정확도
s (seconds)	99:99	10 ms	+ 10 ms
m (minutes)	99:59	1s	+ 1 s
h (hours)	99:59	1 min	+ 1 min

타이밍 다이어그램

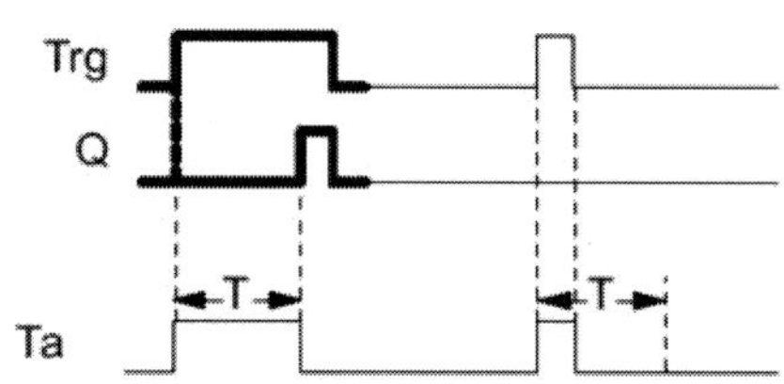

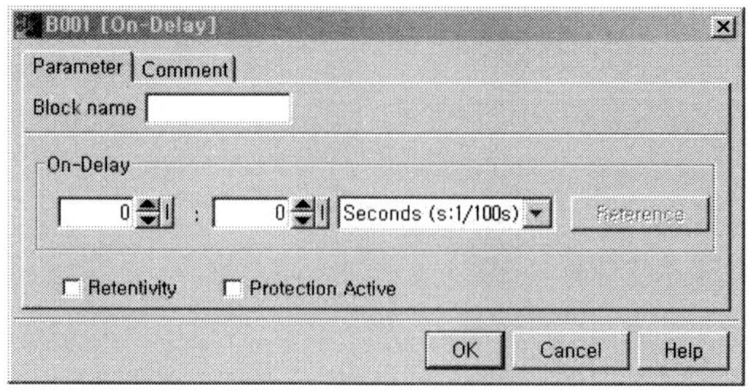

기능설명

타임 Ta는 입력 Trg이 0에서 1로 변환될 때 시작됩니다(Ta는 LOGO!의 현재 시간).

입력 Trg의 상태가 구성된 시간 이상으로 1 인 상태를 유지하면 타임 값에 도달했을 때 출력이 1이 됩니다(출력은 입력이 온이 된 후 시간 지연이 있은 후에 온이 됩니다).

타임 T가 지난 후 입력 Trg가 0으로 변하면 타임 값은 리셋 됩니다.

입력 Trg가 0이 될 때 출력은 0로 리셋 됩니다.

메모리 유지 기능이 설정되지 않았다면 출력 Q와 진행된 시간은 전원 차단 후 리셋 됩니다.

5.3.2 오프 딜레이(Off-delay)

입력 Tag가 Off된 순간부터 지정된 시간이 흐르면 출력은 리셋 됩니다.

LOGO!에서의 심벌	배선	설 명
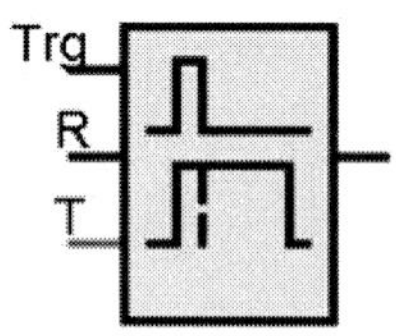	입력 Trg	입력 Trg (Trigger)의 네거티브 에지로 오프 딜레이 타이머가 동작합니다(1에서 0으로 변환).
	입력 R	R(Reset) 입력으로 온 딜레이 타이머와 출력을 리셋 시킵니다.
	파라미터	출력은 딜레이 타임 T 가 지난 후에 스위치 Off됩니다(출력 신호 변환 : 1에서 0로 출력 신호 변환). 메모리 유지: / = 메모리 유지 안됨 R = 상태가 메모리 유지 됩니다.
	출력 Q	Q는 입력 Trg의 신호로 세트됩니다. Q는 T가 지나기까지 그 상태를 유지합니다.

파라미터 T

타임 응답단원에 있는 파라미터 T의 디폴트를 참조하십시오.

파라미터 T의 타임 값은 이미 사용된 다른 함수의 실제 값으로 제공될 수 있습니다. 다음 펑션의 실제 값을 사용할 수 있습니다.

- 아날로그 비교기(실제 값 Ax - Ay)
- 아날로그 트레스홀드 트리거(실제 값 Ax)
- 아날로그 증폭기(실제 값 Ax)
- 아날로그 멀티플렉서(실제 값 AQ)
- 아날로그 램프(실제 값 AQ)
- 아날로그 연산(실제 값 AQ)

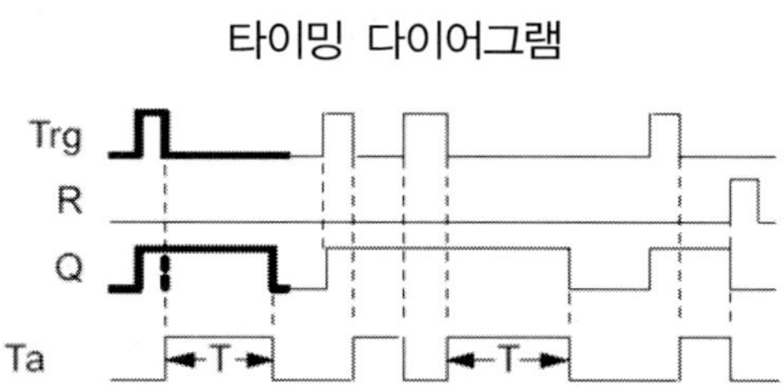

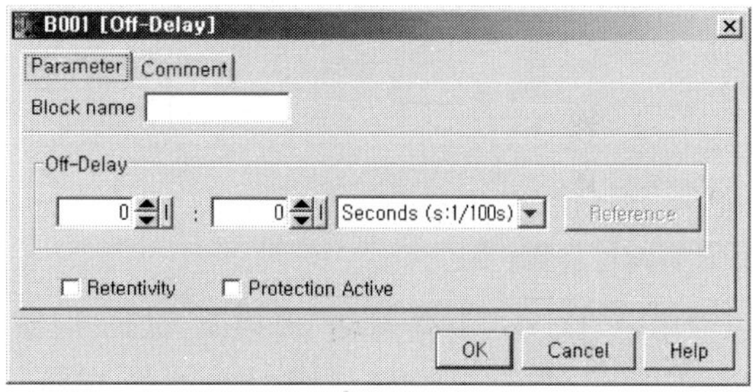

기능설명

출력 Q는 입력 Trg가 hi로 변환될 때 즉시 hi로 설정됩니다.

입력 Trg가 1에서 0가 되면 LOGO!는 실제 타임 Ta를 트리거 시킵니다. 출력은 세트상태를 유지합니다. 출력 Q는 Ta가 (Ta=T)에서 지정한 값에 도달했을 때 0로 리셋 됩니다.

타임 Ta는 입력 Trg에 펄스 입력이 들어오면 다시 트리거 됩니다.

타임 Ta가 지나기 전에 입력 R(Reset)을 통해 Ta와 출력을 리셋 시킬 수 있습니다.

메모리 유지 기능이 설정되지 않았다면 출력 Q와 진행된 시간은 전원 차단 후 리셋 됩니다.

5.3.3 온-오프 딜레이(On-Off delay)

온/오프 딜레이 함수는 구성된 온 딜레이 타임이 지나면 출력을 세트시킵니다. 그 후 두 번째로 구성된 시간이 지나면 다시 리셋 됩니다.

LOGO!에서의 심벌	배선	설명
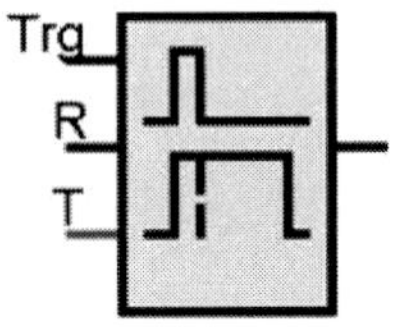	입력 Trg	입력 Trg(Trigger)에서의 포지티브에지(0에서 1로 변환)로 온 딜레이 타이머(TH)가 트리거 됩니다. 입력 Trg(Trigger)에서의 네거티브에지(1에서 0로 변환)로 오프 딜레이타임어가 TL이 트리거 됩니다.
	파라미터	TH는 출력이 hi로 세트되는 타임입니다(출력신호 0에서 1로 변환). TL은 출력이 리셋되는 타임입니다(출력신호 1에서 0으로 변환) 메모리 유지: / = 메모리 유지 안됨 R = 상태가 메모리 유지 됩니다.
	출력 Q	Q는 Trg가 계속 세트된 상태에서 지정한 타임 TH가 지나면 세트 됩니다. Trg가 다시 세트가 되지 않은 상태에서 지정한 시간 TL이 지나면 Q는 리셋 됩니다.

파라미터 TH와 TL

파라미터 TH와 TL에 대한 프리셋 값은 타임 응답을 참조하십시오.

TH와 TL에 대한 온 딜레이 타임과 오프 딜레이 타임은 이미 사용된 다른 함수의 실제 값으로 제공될 수 있습니다.

다음 함수의 실제 값을 사용할 수 있습니다.

- 아날로그 비교기(실제 값 Ax - Ay)
- 아날로그 트레스홀드 트리거(실제 값 Ax)
- 아날로그 증폭기(실제 값 Ax)

  필요한 함수를 블록 번호로 선택합니다. 타임베이스는 조정이 가능합니다.
- 아날로그 멀티플렉서(실제 값 AQ)
- 아날로그 램프 (실제 값 AQ)
- 아날로그 연산(실제 값 AQ)
- PI 제어기(실제 값 AQ)
- 업/다운 카운터(실제 값 Cnt)

기능설명

타임 TH는 입력 Trg가 0에서 1로 변환될 때 시작됩니다.

입력 Trg의 상태가 지정된 시간 TH 동안 1이 되면 출력은 TH 시간이 지난 이후에 논리 1로 세트 됩니다. (출력은 온 딜레이 후에 입력을 따르게 됩니다).

타임 TH가 지난 후 입력 Trg가 0으로 변하면 타임 값은 리셋 됩니다. TL는 출력이 1에서

0로 변환되면 트리거 됩니다.

입력 Trg의 상태가 지정된 시간 TL 동안 0이 되면 출력은 TL 시간이 지난 이후에 논리 0으로 세트 됩니다(출력은 오프 딜레이 후에 입력을 따르게 됩니다).

타임 TL가 지난 후 입력 Trg가 1로 변하면 타임 값은 리셋 됩니다.

메모리 유지 기능이 설정되지 않았다면 출력 Q와 진행된 시간은 전원 차단 후 리셋 됩니다.

타이밍 다이어그램

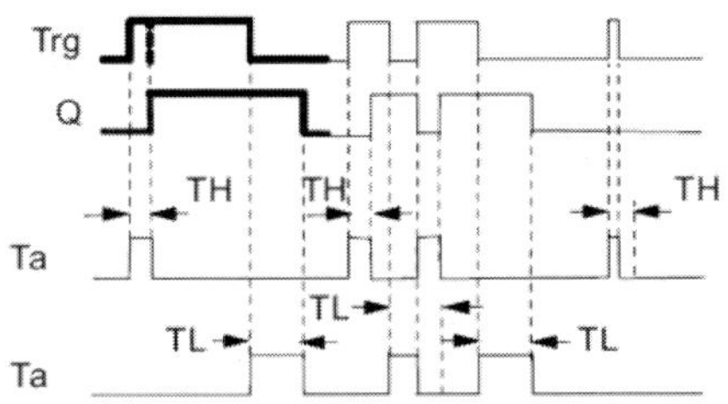

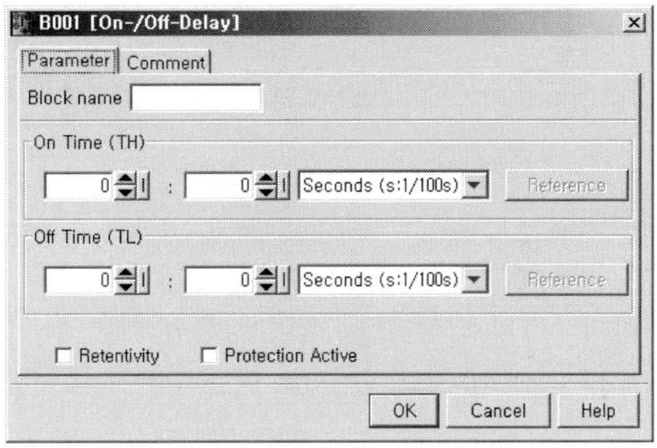

기능설명

타임 TH는 입력 Trg가 0에서 1로 변환될 때 시작됩니다.

입력 Trg의 상태가 지정된 시간 TH 동안 1이 되면 출력은 TH 시간이 지난 이후에 논리 1로 세트됩니다(출력은 온 딜레이 후에 입력을 따르게 됩니다).

타임 TH가 지난 후 입력 Trg가 0으로 변하면 타임 값은 리셋 됩니다.

TL는 출력이 1에서 0로 변환되면 트리거 됩니다.

입력 Trg의 상태가 지정된 시간 TL 동안 0이 되면 출력은 TL 시간이 지난 이후에 논리 0으로 세트됩니다(출력은 오프 딜레이 후에 입력을 따르게 됩니다).

타임 TL가 지난 후 입력 Trg가 1로 변하면 타임 값은 리셋 됩니다.

메모리 유지 기능이 설정되지 않았다면 출력 Q와 진행된 시간은 전원 차단 후 리셋 됩니다.

5.3.4 유지 온-딜레이(Retentive On-delay)

입력에 펄스신호를 주면 구성 가능한 온 딜레이 타임이 트리거 됩니다. 이 시간이 지나면 출력이 세트 됩니다.

LOGO!에서의 심벌	배선	설명
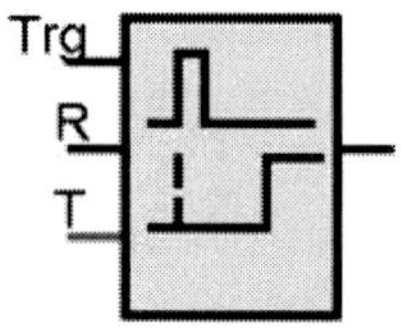	입력 Trg	Trg(Trigger)의 신호에 의해 온 딜레이 타이머가 시작됩니다.
	입력 R	R(Reset) 입력으로 온 딜레이 타이머와 출력을 리셋시킵니다.
	파라미터	T는 출력을 위한 온 딜레이 타임입니다 (출력신호가 0에서 1로 변환됩니다). 메모리 유지: / = 메모리 유지 안됨 R = 상태가 메모리 유지됩니다.
	출력 Q	Q는 타임 T가 지난 후에 스위치 온 됩니다.

파라미터 T

타임 응답 단원에 있는 디폴트를 참조하십시오.

파라미터 T의 타임 값은 이미 사용된 다른 함수의 실제 값으로 제공될 수 있습니다. 다음 함수의 실제 값을 사용할 수 있습니다.

- 아날로그 비교기(실제 값 Ax - Ay)
- 아날로그 트레스홀드 트리거(실제 값 Ax)
- 아날로그 증폭기(실제 값 Ax)
- 아날로그 멀티플렉서(실제 값 AQ)
- 아날로그 램프(실제 값 AQ)
- 아날로그 연산(실제 값 AQ)
- PI 제어기(실제 값 AQ)
- 업/다운 카운터(실제 값 Cnt)

타이밍 다이어그램

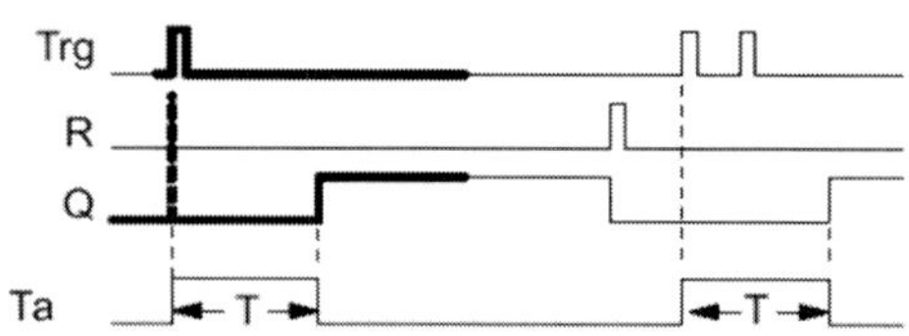

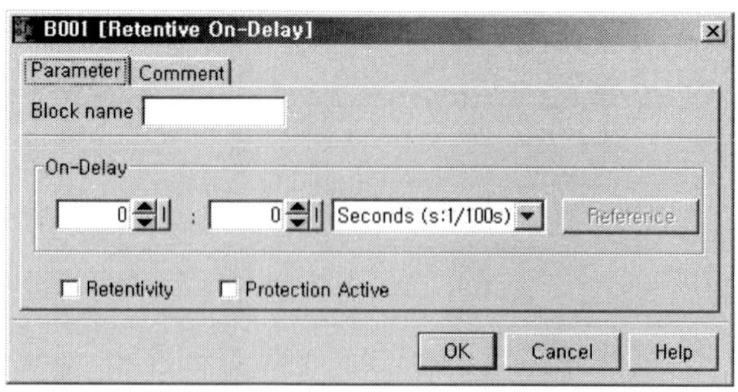

기능설명

입력 Trg이 0에서 1로 변환되면 타임 Ta가 트리거 됩니다. Ta = T이면 출력 Q는 세트됩니다.
입력 Trg에 다른 펄스가 입력되어도 Ta에 영향을 주지 않습니다.
출력과 타임 Ta은 입력 R이 1이 될 때에 리셋 됩니다.
메모리 유지 기능이 설정되지 않았다면 출력 Q 와 진행된 시간은 전원 차단 후 리셋 됩니다.

5.3.5 와이핑 릴레이(Wiping relay /pulse output)

입력신호에 의해서 지정된 시간만큼의 출력신호를 발생시킵니다.

LOGO!에서의 심벌	배선	설명
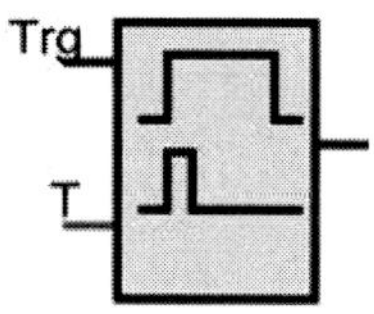	입력 Trg	입력 Trg(Trigger)의 신호로 와이핑 릴레이의 타임이 트리거 됩니다.
	파라미터	타임 T에 도달하면 출력이 리셋 됩니다(출력신호가 1에서 0으로 리셋). 메모리 유지: / = 메모리 유지 안됨 R = 상태가 메모리 유지 됩니다.
	출력 Q	Trg에 신호가 입력되면 Q를 세트시킵니다. 입력 신호 = 1이면 출력 Q는 타임 Ta 동안 유지됩니다.

파라미터 T

타임 응답 단원에 있는 파라미터 T에 대한 내용을 참조하십시오.
파라미터 T의 타임 값은 이미 사용된 다른 함수의 실제 값으로 제공될 수 있습니다. 다음 함수의 실제 값을 사용할 수 있습니다.

- 아날로그 비교기(실제 값 Ax - Ay)
- 아날로그 트레스홀드 트리거(실제 값 Ax)
- 아날로그 증폭기(실제 값 Ax)
- 아날로그 멀티플렉서(실제 값 AQ)
- 아날로그 램프(실제 값 AQ)
- 아날로그 연산(실제 값 AQ)
- PI 제어기 (실제 값 AQ)
- 업/다운 카운터(실제 값 Cnt)

필요한 함수를 블록 번호로 선택합니다. 타임베이스는 조정이 가능합니다.

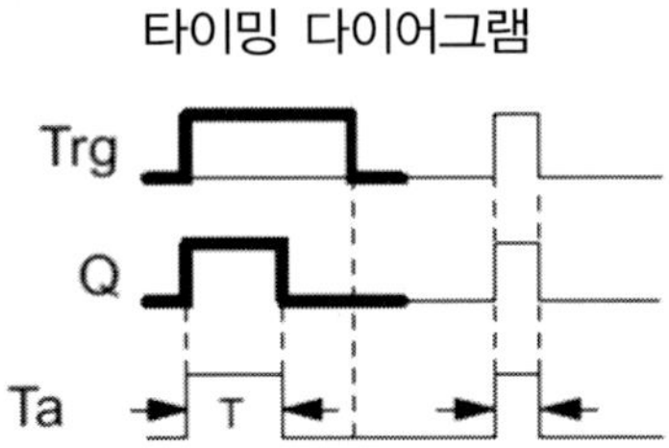

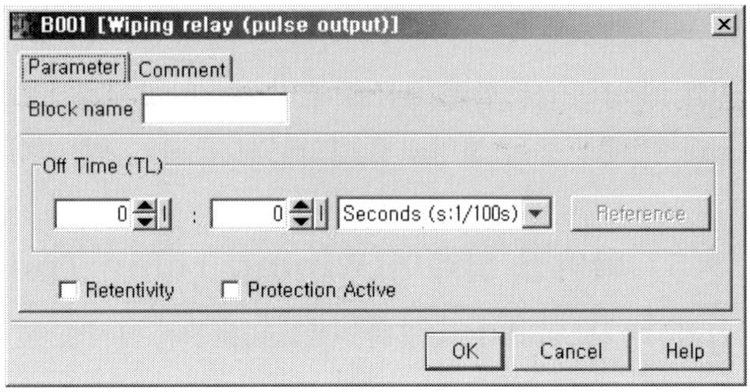

기능설명

입력신호 Trg가 0에서 1로 변환되면 출력이 세트되고 출력이 세트되어 있는 동안 Ta가 트리거 됩니다. 출력 Q는 Ta가 (Ta=T)에서 지정한 값에 도달했을 때 lo(펄스 출력)로 리셋 됩니다. 지정된 타임이 다 지나기 전에 입력 Trg의 신호가 1에서 0으로 변환되면 출력은 즉시 리셋 됩니다. 메모리 유지기능이 설정되지 않았다면 출력 Q와 진행된 시간은 전원 차단 후 리셋 됩니다.

5.3.6 에지 트리거 와이핑 릴레이(Edge trigger Wiping relay)

입력 펄스는 구성된 시간이 다 지나면 정해진 수와 정해진 pulse/pause 비율을 가진 출력펄스를 발생시킵니다.

LOGO!에서의 심벌	배선	설명
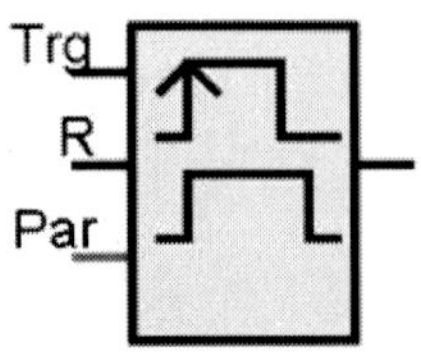	입력 Trg	입력 Trg(Trigger)의 신호로 에지 트리거 와이핑 릴레이의 타임이 트리거 됩니다.
	입력 R	R(Reset) 입력으로 현재 타임(Ta)과 출력이 리셋 됩니다.
	파라미터	펄스 폭 TL와 내부 펄스폭 TH는 조정이 가능합니다. N은 pulse/pause 사이클 TL/TH의 수를 의미합니다: 값의 범위: 1~9 메모리 유지: / = 메모리 유지 안됨. R = 상태가 메모리 유지 됩니다.
	출력 Q	출력 Q는 TL이 다 지나면 세트가 되고 TH 가다 지나면 리셋 됩니다.

파라미터 TH와 TL

타임 응답단원에 있는 파라미터 T에 대한 내용을 참조하십시오.
펄스 폭 TH과 내부 펄스 폭 TL은 이미 사용된 다른 함수의 실제 값으로 제공될 수 있습니다.
다음 함수의 실제 값을 사용할 수 있습니다.

- 아날로그 비교기(실제 값 Ax -Ay)
- 아날로그 증폭기(실제 값 Ax)
- 아날로그 램프(실제 값 AQ)
- PI 제어기(실제 값 AQ)
- 아날로그 트레스홀드 트리거(실제 값 Ax)
- 아날로그 멀티플렉서(실제 값 AQ)
- 아날로그 연산(실제 값 AQ)
- 업/다운 카운터(실제 값 Cnt)

타이밍 다이아그램 A

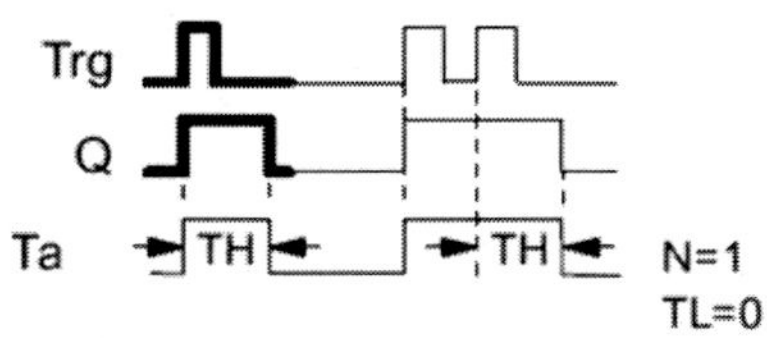

타이밍 다이아그램 B

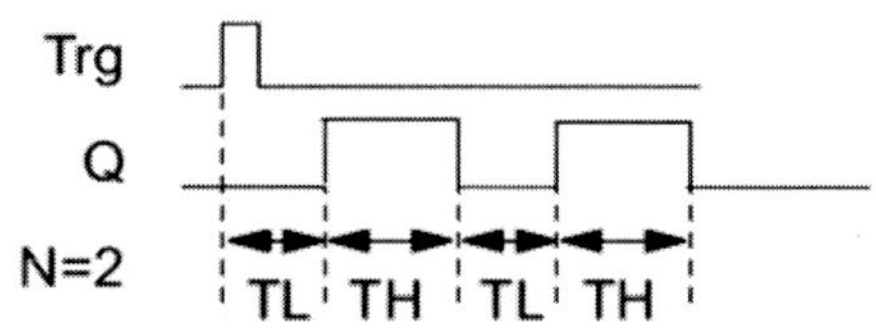

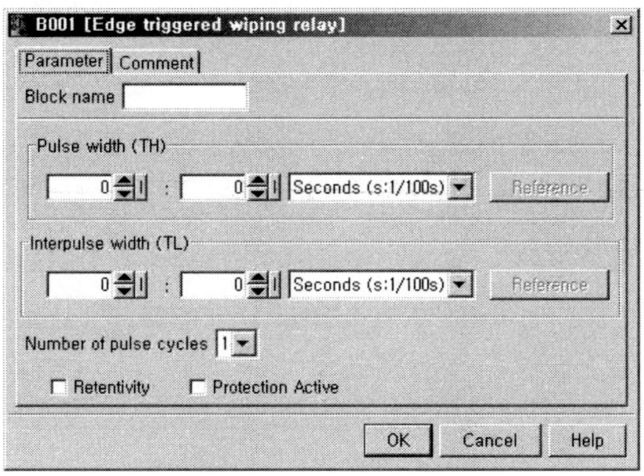

기능설명

입력 Trg가 0에서 1로 변환되면 타임 TL이 트리거 됩니다(Time Low). 타임 TL이다.
지나면 출력 Q는 TH 동안 세트됩니다(Time High). 입력 Trg가 지정된 타임(TL + TH)이 다 지나기 전에 0에서 1로 다시 변환되면(다시 트리거 되면) 타임 Ta는 리셋되고 pulse/pause 주기는 다시 시작됩니다.
메모리 유지 기능이 설정되지 않았다면 출력 Q와 타임은 전원 차단 후 리셋 됩니다.

5.3.7 비동기 펄스 발생기(Asynchronous pulse generator)

출력에서의 펄스 모양은 구성 가능한 pulse/pause 비율에 의해 변경될 수 있습니다.

LOGO!에서의 심벌	배선	설명
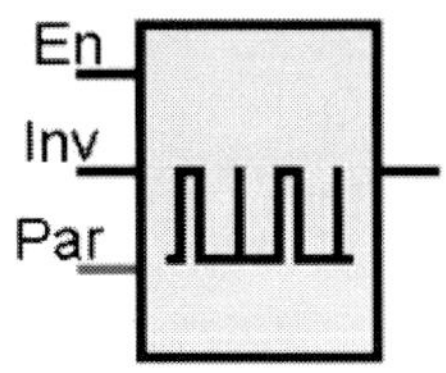	입력 En	입력 En의 신호로 비대칭형 펄스 발생기를 인에이블/디세이블시킬 수 있습니다.
	입력 INV	Inv 입력은 활성화된 비대칭 펄스 발생기의 신호를 반전시킬 때 사용합니다.
	파라미터	펄스 폭 TH와 내부 펄스 폭 TL을 조정할 수 있습니다. 메모리 유지: / = 메모리 유지 안됨 R = 상태가 메모리 유지 됩니다.
	출력 Q	Q는 pulse/pause 타임 TH와 TL로 주기적으로 온 오프를 반복합니다.

파라미터 TH와 TL

타임응답 단원에 있는 파라미터 T에 대한 내용을 참조하십시오.
펄스 폭 TH과 내부 펄스 폭 TL은 이미 사용된 다른 함수의 실제 값으로 제공될 수 있습니다.
다음 함수의 실제 값을 사용할 수 있습니다.

- 아날로그 비교기 (실제 값 Ax - Ay)
- 아날로그 증폭기 (실제 값 Ax)
- 아날로그 램프 (실제 값 AQ)
- PI 제어기(실제 값 AQ)
- 아날로그 트레스홀드 트리거(실제 값 Ax)
- 아날로그 멀티플렉서 (실제 값 AQ)
- 아날로그 연산(실제 값 AQ)
- 업/다운 카운터(실제 값 Cnt)

필요한 함수를 블록 번호로 선택합니다. 타임베이스는 조정이 가능합니다.

타이밍 다이어그램

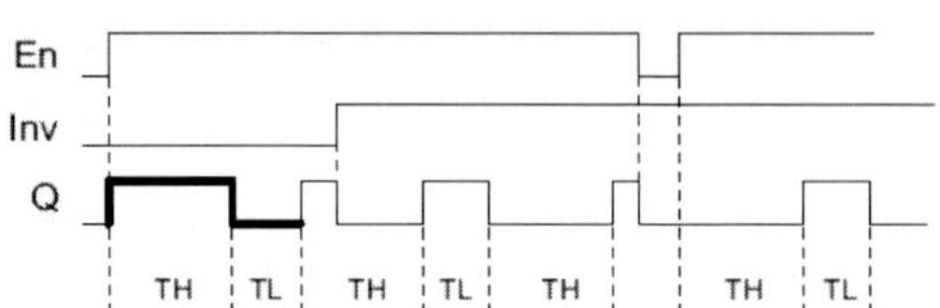

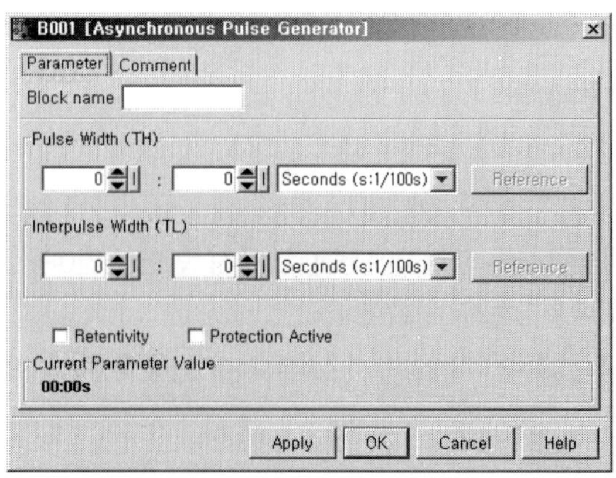

기능설명

TH(Time High)와 TL(Time Low) 파라미터에서 pulse/pause 비율을 설정할 수 있습니다. 입력 INV는 블록이 입력 EN에 의해 이네이블 되었을 때 출력 신호를 반전시키기 위해 사용합니다. 메모리 유지 기능이 설정되지 않았다면 출력 Q와 진행된 시간은 전원 차단 후 리셋 됩니다.

5.3.8 랜덤 발생기(Random generator)

랜덤 발생기의 출력은 지정된 시간 내에서 세트되거나 리셋 됩니다.

LOGO!에서의 심벌	배선	설명
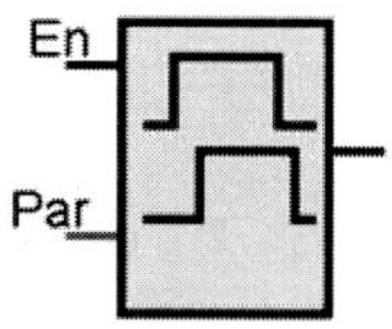	입력 En	입력 Trg(Trigger)에서의 포지티브 에지(0에서 1로 변환)로 랜덤 발생기의 온 딜레이 타임이 트리거 됩니다. 입력 Trg(Trigger)에서의 포지티브 에지(1에서 0로 변환)로 랜덤 발생기의 오프 딜레이 타임이 트리거 됩니다.
	파라미터	온 딜레이가 0s와 TH 값 사이의 한 값에서 랜덤으로 세트됩니다. 온 딜레이가 0s와 TL 값 사이의 한 값에서 랜덤으로 세트됩니다.
	출력 Q	En이 계속해서 세트되어 있는 상태에서 온 딜레이의 시간이 다 지나면 Q는 세트됩니다. En이 다시 세트가 되지 않고 그동안 오프딜레이 타임이 다 지나면 다시 리셋 됩니다.

파라미터 TH와 TL

타임 응답 단원에 있는 파라미터 T에 대한 내용을 참조하십시오.
펄스 폭 TH과 내부 펄스 폭 TL은 이미 사용된 다른 함수의 실제값으로 제공될 수 있습니다.
다음 함수의 실제 값을 사용할 수 있습니다.

- 아날로그 비교기 (실제 값 Ax - Ay)
- 아날로그 증폭기 (실제 값 Ax)
- 아날로그 램프 (실제 값 AQ)
- PI 제어기 (실제 값 AQ)
- 아날로그 트레스홀드 트리거 (실제 값 Ax)
- 아날로그 멀티플렉서 (실제 값 AQ)
- 아날로그 연산 (실제 값 AQ)
- 업/다운 카운터 (실제 값 Cnt)

필요한 함수를 블록 번호로 선택합니다. 타임베이스는 조정이 가능합니다.

타이밍 다이어그램

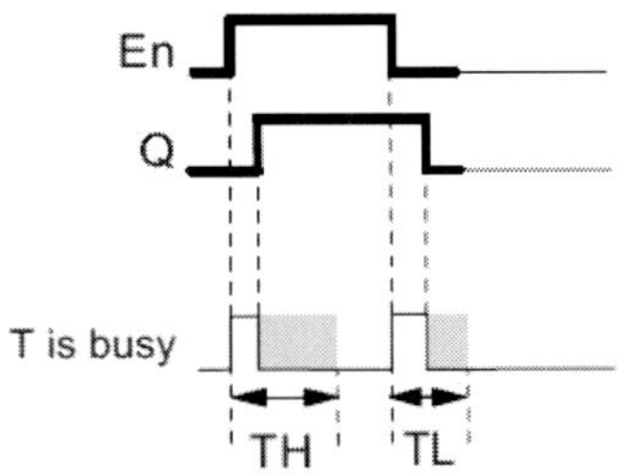

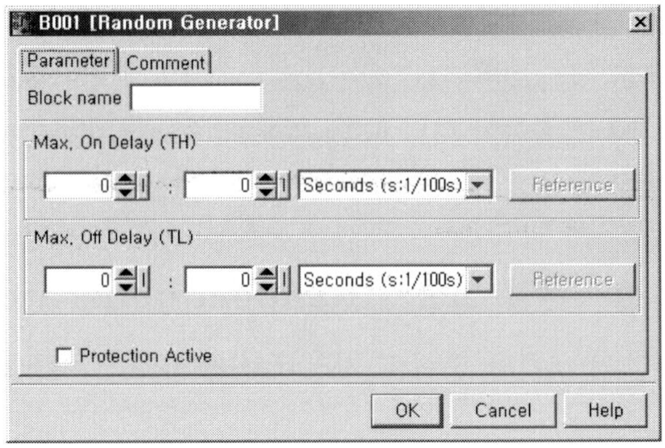

기능설명

입력 En이 0에서 1로 변환되면 0s와 TH 사이의 랜덤 타임이 세트되고 트리거 됩니다. 온 딜레이의 시간동안 En의 상태가 hi이면 온 딜레이 타임이 다 지났을 때 출력은 세트가 됩니다. 타임은 온 딜레이 타임이 다 지나기 전에 입력 En이 리셋되면 리셋됩니다.

입력 En이 1에서 0로 변환되면 0s와 TL 사이의 랜덤 오프 딜레이 타임이 트리거 됩니다. 오프 딜레이 타임의 시간동안 입력 En의 상태가 lo이면 오프 딜레이 타임이 다 지날 때 출력 Q는 리셋 됩니다.

오프 딜레이 타임이 다 지나기 전에 En의 상태가 1로 돌아오면 타임은 리셋 됩니다.

지나간 시간은 전원이 차단되면 리셋 됩니다.

5.3.9 계단 전등스위치(Stairway lighting switch)

입력 펄스의 에지로 구성 가능한 타임이 트리거 됩니다. 이 시간이 지나면 출력이 리셋 됩니다. 이 시간에 도달하기 전에 셧-다운을 경고하기 위해 경고 신호가 출력될 수 있습니다.

LOGO!에서의 심벌	배선	설명
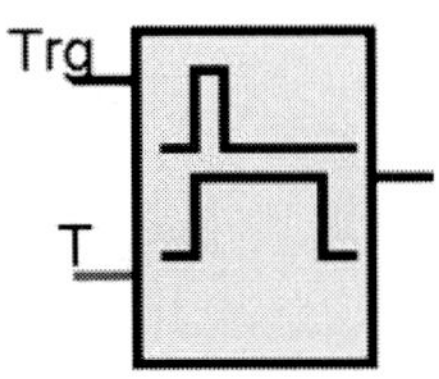	입력 Trg	입력 Trg(Trigger)의 신호로 계단 라이팅 스위치의 오프 딜레이 타임이 트리거 됩니다.
	파라미터	T는 출력을 위한 오프 딜레이 타임입니다. (출력 신호가 1에서 0로 변환됩니다) T!는 사전 경고를 위한 트리거링 타임을 결정합니다. T!L은 사전 경고 시간 길이를 결정합니다. 메모리 유지: / = 메모리 유지 안됨 R = 상태가 메모리 유지 됩니다.
	출력 Q	Q는 타임 T가 지난 후에 리셋 됩니다. 이 시간이 도달하기 전에 경고 신호가 출력될 수 있습니다.

파라미터 TH와 TL

타임 응답 단원에 있는 파라미터 T에 대한 내용을 참조하십시오.
펄스 폭 TH과 내부 펄스 폭 TL은 이미 사용된 다른 함수의 실제 값으로 제공될 수 있습니다.
다음 함수의 실제 값을 사용할 수 있습니다.

- 아날로그 비교기 (실제 값 Ax - Ay)
- 아날로그 증폭기 (실제 값 Ax)
- 아날로그 램프 (실제 값 AQ)
- PI 제어기 (실제 값 AQ)
- 아날로그 트레스홀드 트리거 (실제 값 Ax)
- 아날로그 멀티플렉서 (실제 값 AQ)
- 아날로그 연산 (실제 값 AQ)
- 업/다운 카운터 (실제 값 Cnt)

필요한 함수를 블록 번호로 선택합니다. 타임베이스는 조정이 가능합니다.

타이밍 다이어그램

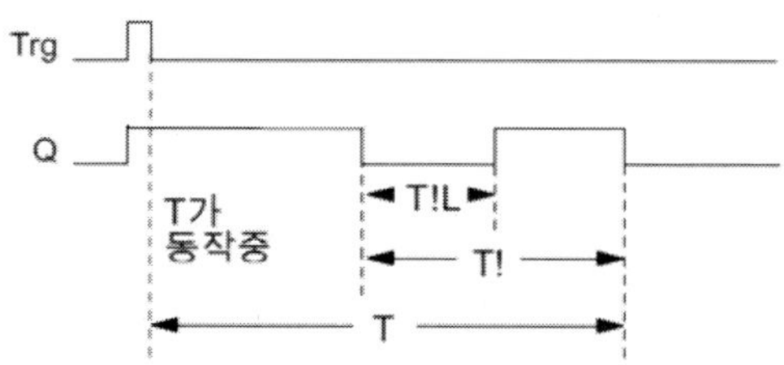

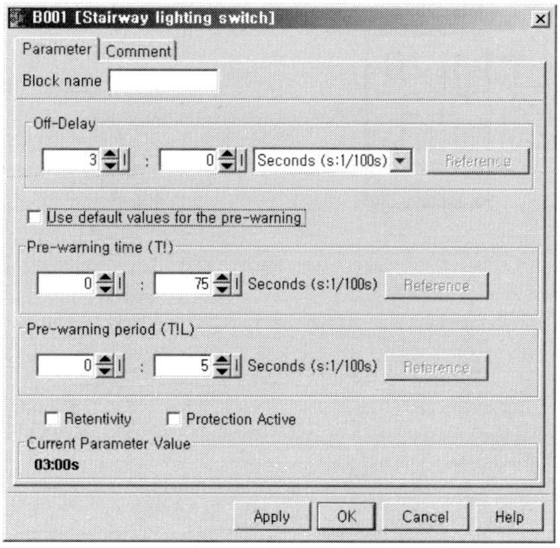

기능설명

입력 Trg에서 신호가 0에서 1로 변환될 때 출력 Q는 세트됩니다. 입력 Trg에서 신호가 1에서 0로 변환되면 현재 구성된 시간 Ta가 트리거 되고 출력 Q는 세트를 유지합니다.
Ta = T이면 출력 Q는 리셋 됩니다. 오프 딜레이 타임(T - T!)이 다 지나기 전에 오프 사전 경고 타임 T!L 동안 Q를 리셋 시키는 사전 경고를 출력시킬 수 있습니다. Ta 중에 입력 Trg에 추가 one-shot이 있으면 Ta을 트리거 시킵니다.
메모리 유지 기능이 설정되지 않았다면 출력 Q와 진행된 시간은 전원 차단 후 리셋 됩니다.

5.3.10 멀티함수 스위치(Multiple function switch)

두 개의 다른 함수간 스위칭

- 오프 딜레이가 있는 펄스 스위치
- 스위치 (지속적인 라이팅)

LOGO!에서의 심벌	배선	설 명
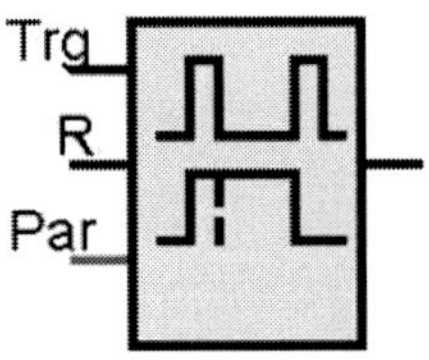	입력 Trg	입력 Trg(Trigger)에 신호가 인가되면 출력 Q(영구적인 라이팅)를 세트시키거나 혹은 오프 딜레이가 있는 Q를 리셋 시킵니다. 출력 Q는 활성화되었을 때 입력 Trg에서의 신호로 리셋될 수 있습니다.
	입력 R	R의 입력으로 현재 타임 Ta과 출력이 리셋 됩니다.
	파라미터	T는 오프 딜레이 타임을 결정합니다. T 시간이 지나고 나면 출력이 리셋 됩니다. (1에서 0로 변환). TL은 영구적인 라이트 펑션을 인에이블시키기 위해 입력이 세트되어야만 하는 주기를 결정합니다. T!은 사전 경고 타임을 위한 온 딜레이 타임을 결정합니다. T!L은 사전 경고 시간 길이를 의미합니다. 메모리 유지: / = 메모리 유지 안됨 R = 상태가 메모리 유지 됩니다.
	출력 Q	입력 Trg의 신호에 의해 출력 Q가 세트됩니다. Trg에서의 입력의 길이에 따라 출력이 다시 영구적으로 스위치 오프 되거나, 스위치 온 될 수 있고 혹은 입력 Trg에서 다른 신호에 의해서 리셋 됩니다.

파라미터 T, TL, T! 그리고 T!L

타임응답 단원에 있는 파라미터 T의 디폴트를 참조하십시오.

오프 딜레이 타임 T, 영구적인 라이트 타임 TL, 온 딜레이 사전 경고 타임 T! 그리고 사전 경고 주기 T!L는 이미 사용된 다른 함수의 실제 값으로 제공될 수 있습니다. 다음 함수의 실제 값을 사용할 수 있습니다.

- 아날로그 비교기 (실제 값 Ax - Ay)
- 아날로그 증폭기 (실제 값 Ax)
- 아날로그 램프 (실제 값 AQ)
- PI 제어기 (실제 값 AQ)
- 아날로그 트레스홀드 트리거 (실제 값 Ax)

- 아날로그 멀티플렉서 (실제 값 AQ)
- 아날로그 연산 (실제 값 AQ)
- 업/다운 카운터(실제 값 Cnt)

타이밍 다이어그램

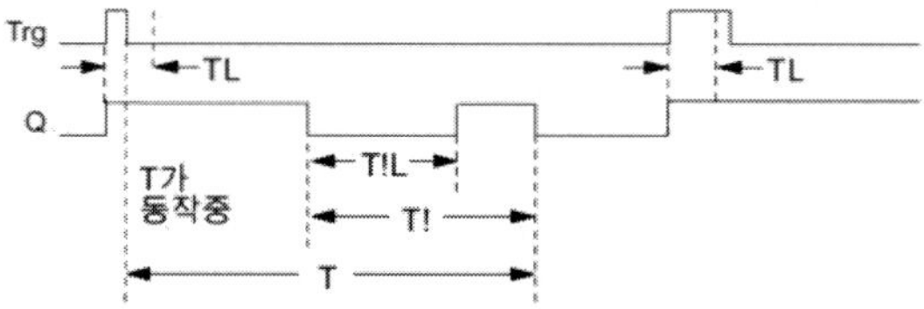

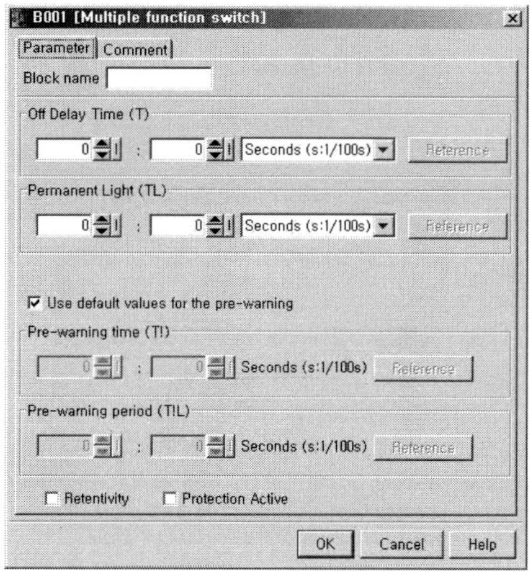

기능설명

입력 Trg에서의 신호가 0에서 1로 변환될 때 출력 Q는 세트됩니다.
출력 Q = 0이고 TL 동안 입력 Trg가 hi로 세트되면 영구적인 라이팅 함수가 이네이블 되고 그에 따라 출력 Q가 세트됩니다.
TL 타임이 다 지나기 전에 입력 Trg의 상태가 0로 변환되면 오프 딜레이 타임 T가 트리거 됩니다.
Ta = T이면 출력 Q는 리셋 됩니다.
오프 딜레이 타임 (T - T!)이 다 지나기 전에 오프 경고 신호를 출력할 수 있으며 오프 사전 경고 타임 T!L 동안 Q를 리셋 시킬 수 있습니다. 입력 Trg에서의 새로운 신호는 항상 T와 출력 Q를 리셋 시킵니다.
메모리 유지 기능이 설정되지 않았다면 출력 Q와 진행된 시간은 전원 차단 후 리셋 됩니다.

5.3.11 주간 타이머(Weekly timer)

출력은 구성 가능한 온/오프 날짜로 제어됩니다. 이 함수는 모든 주간 요일의 조합을 지원합니다. 비 활성화된 요일을 숨기고 활성화된 요일을 선택합니다.

LOGO!에서의 심벌	배선	설 명
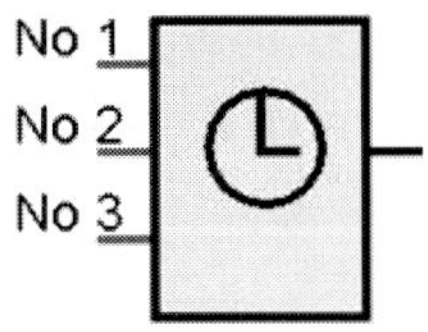	캠 파라미터1, 2 그리고 3	Cam 파라미터에서 각 Cam 스위치에 대한 주간 타이머의 온 오프 타임을 설정합니다. 여기서 온 오프 타임에 대한 요일과 시간도 지정합니다.
	Par	타이머가 활성화되었을 때 한 사이클 동안 펄스를 내보내고 그 다음 리셋을 시킬 것인지를 지정합니다. 펄스 파라미터는 세 개의 캠 모두에 적용됩니다.
	출력 Q	구성된 캠이 동작을 하면 Q가 세트됩니다.

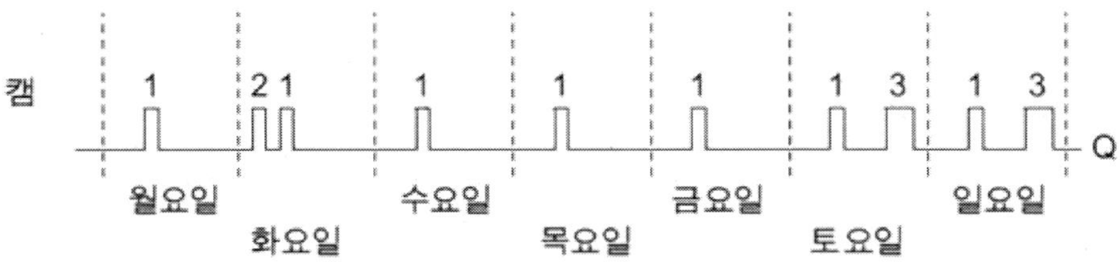

캠 1:	매일:	06:30 h 에서 8:00 h
캠 2:	화요일:	03:10 h 에서 04:15 h
캠 3:	토요일과 일요일:	16:30: h 에서 23:10 h

타이밍 다이어그램(3가지의 예)

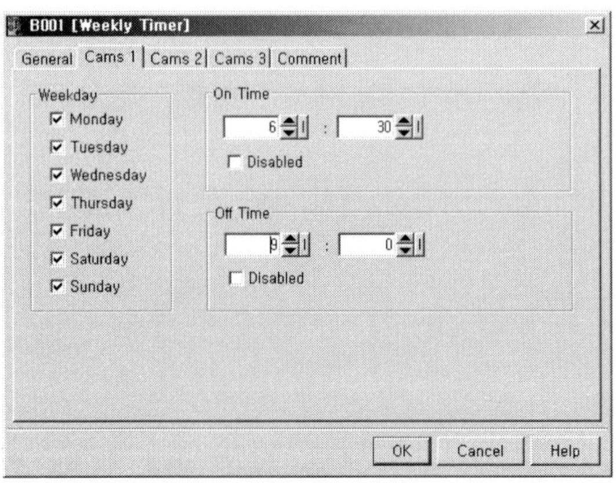

캠1 매일

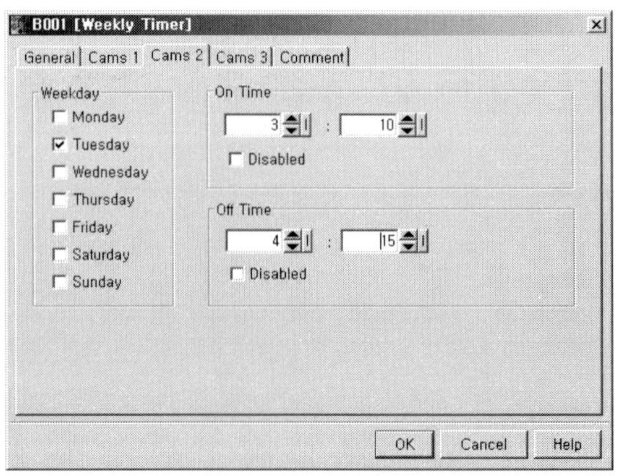

캠2 화요일

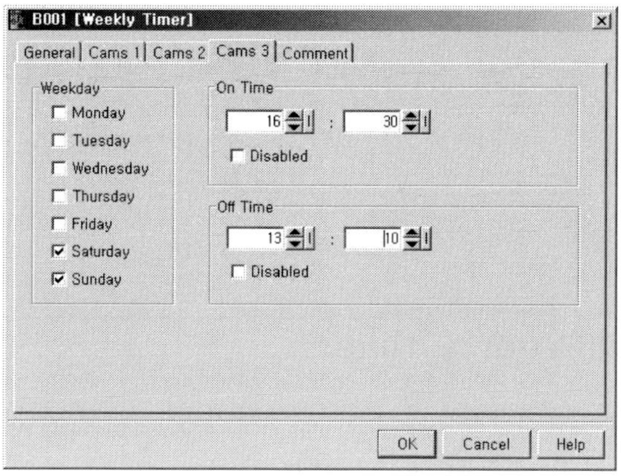

캠3 토요일과 일요일

기능설명

각 주간 타이머에는 각 캠에 대해 타임 히스테리시스를 구성할 수 있는 3개의 캠이 있습니다. 캠 파라미터에서 온 오프 히스테리시스를 설정합니다. 주간 타이머는 구성된 시간에 출력을 세트시킵니다.

주간 타이머는 오프 타임이 구성되었다면 오프 타임 시에 혹은 펄스 출력이 지정되었으면 사이클 마지막에 출력을 리셋 시킵니다. 다른 캠과 온 타임과 오프 타임이 동일하면 충돌이 발생합니다. 이 경우 캠3 이 2번보다 우선권을 가지며 캠 2 번이 1 번보다 우선권을 갖습니다. 주간 타이머의 스위칭 상태는 3개 캠 모두의 상태에 의해 결정됩니다.

주간요일

"D=" (Day) 글자는 다음을 의미합니다.

- M: Monday(월요일)
- T: Tuesday(화요일)
- W: Wednesday(수요일)
- T: Thursday(목요일)
- F: Friday(금요일)
- S: Saturday(토요일)
- S: Sunday(일요일)

대문자는 주간 중 지정된 날을 의미합니다. 는(=) 주간 요일 중 선택한 것이 없음을 의미합니다.

온/오프 타임

00:00 h 과 23:59 h 중 어떤 시간도 가능합니다. 온 타임이 펄스 신호가 될 수 있도록 구성할 수도 있습니다. 타이머 블록이 특정한 시간에 한 사이클 동안만 동작을 하고 그 후 출력을 리셋 시킬 수 있습니다.

- -:- - 의미 온 오프 타임이 설정되지 않았습니다.

5.3.12 연간 타이머(Yearly timer)

출력은 구성 가능한 On-Off 날짜로 제어됩니다. 타이머는 년별, 월별 혹은 사용자가 정의한 시간을 기반으로 동작하도록 구성할 수 있습니다. 어느 모드에서건 지정된 시간주기 동안 펄스출력을 내도록 구성할 수도 있습니다. 시간주기는 시작 년부터 미래의 99년까지 구성할 수 있습니다. 예) 2014년 6월 31일에서 2113년 6월 31일

LOGO!에서의 심벌	배선	설 명
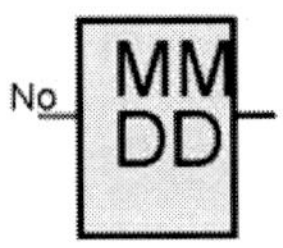	캠 파라미터	캠 파라미터에서 타이머 모드, 타이머의 온/오프 시간 그리고 출력이 펄스 출력인지를 구성합니다.
	출력 Q	구성된 캠이 동작을 하면 Q가 세트됩니다.

타이밍 다이어그램

EX 1

Yearly 모드 온, Monthly 모드 오프, Pulse 오프, 온 타임 = 2014-06-01, 오프 타임 = 2017-08-31: 매년 6월 1일에는 타이머 출력이 스위치 온 되어 8월 31일까지 유지됩니다.

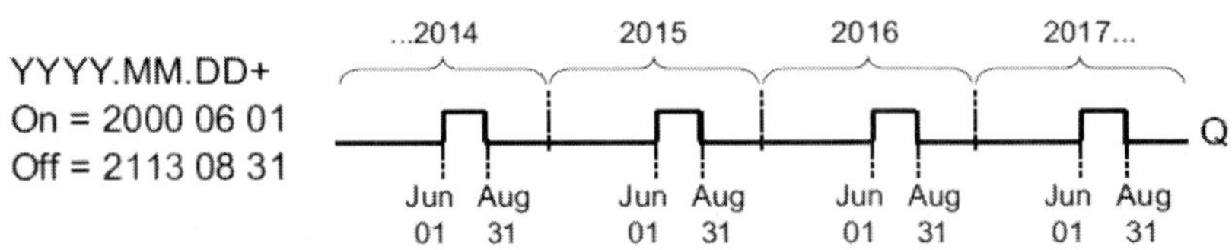

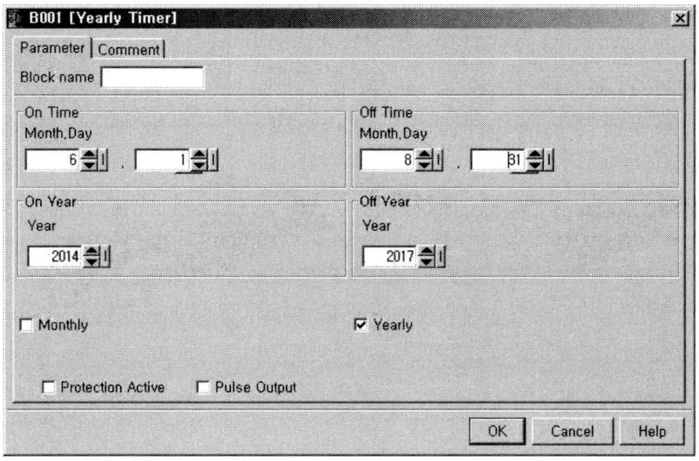

EX 2

Yearly 모드 온 Monthly 모드 오프, Pulse 온, 온 타임 = 2014-03-15, 오프 타임 = 2017-**-**: 매년 3월 15일에는 타이머 출력이 한 사이클 동안 스위치 On됩니다.

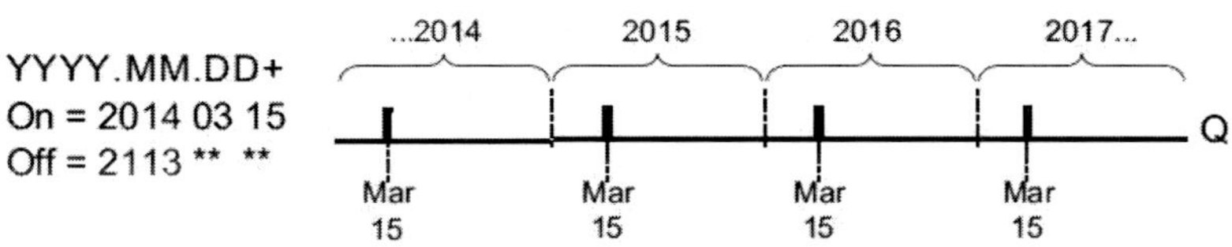

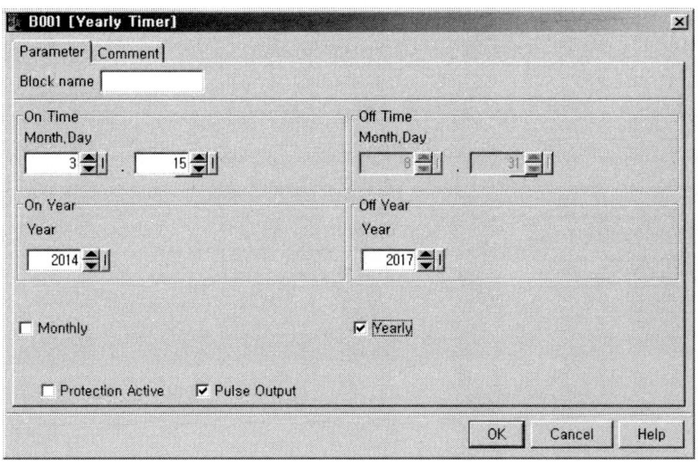

EX 3

Yearly 모드 온, Monthly 모드 오프, Pulse 오프, 온 타임 = 2014-06-01, 오프 타임 = 2016-08-31: 2014, 2015, 2016년 유월 일일에 타이머 출력이 스위치 On되어 8월 31일까지 유지됩니다.

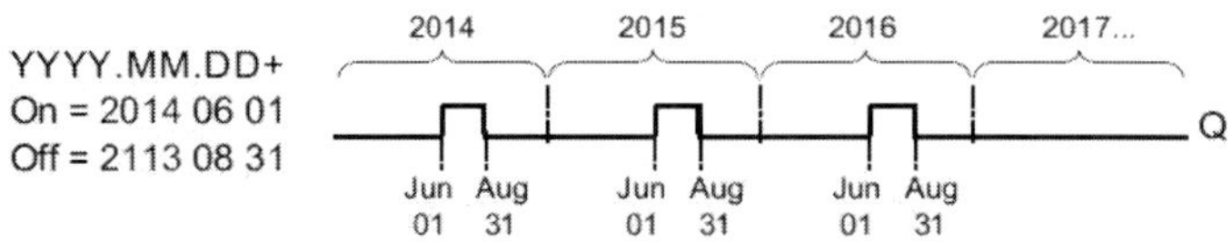

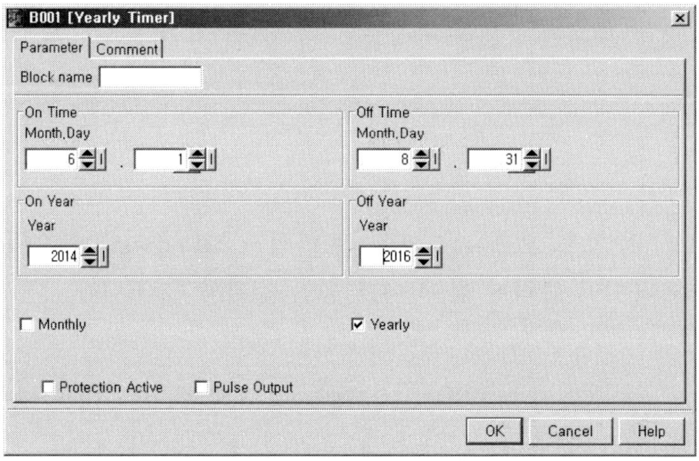

EX 4

Yearly 모드 온, Monthly 모드 오프, Pulse 온, 온 타임 = 2014-03-15, 오프 타임 = 2017-**-**: 2014, 2015, 2016년 3월 15일에는 타이머 출력이 한 사이클 동안 스위치 On됩니다.

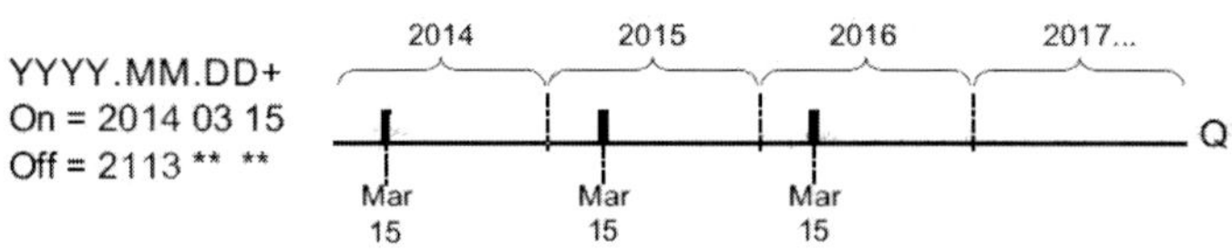

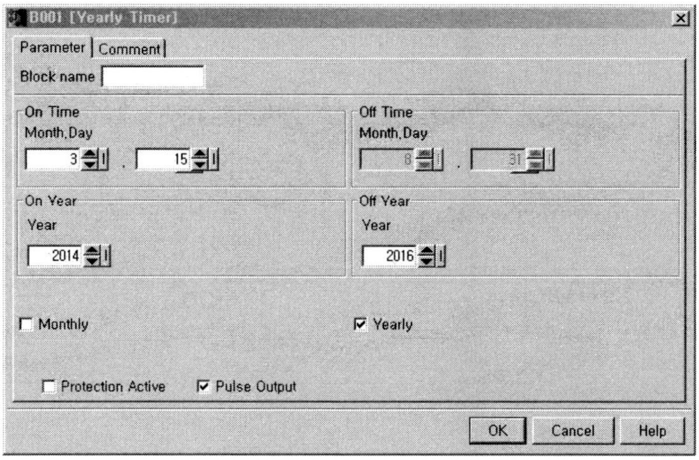

EX 5

Yearly 모드 온, Monthly 모드 오프, Pulse 오프, 온 타임 = 2014-06-01, 오프 타임 = 2017-08-31: 2014년 6월 1일에 타이머 출력이 스위치 On되어 2016년 8월 31일까지 유지됩니다.

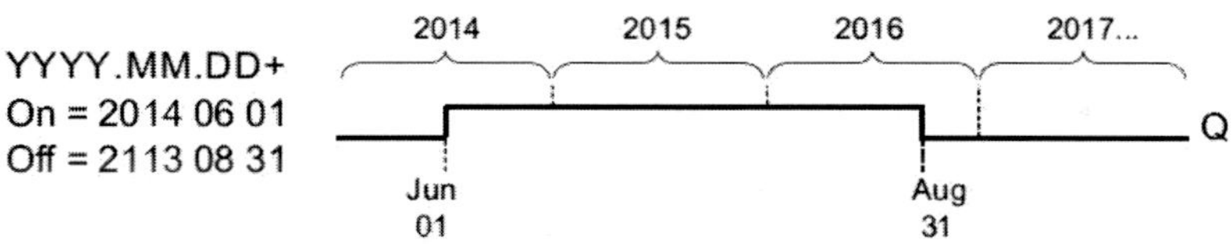

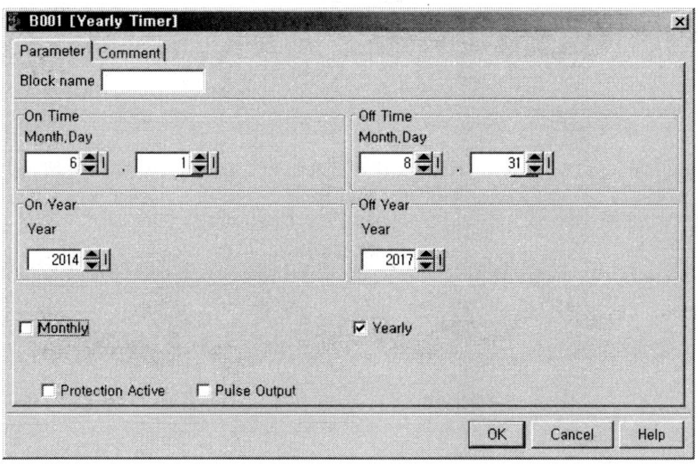

EX 6

Yearly 모드 오프, Monthly 모드 오프, Pulse 선택, 온 타임 = 2014-03-15, 오프 타임 = ****-**-**: 2014년 3월 15일에 타이머 출력이 한 사이클 동안 스위치 On됩니다.
왜냐하면 타이머가 월간 동작이나 연간 동작이 없고 타이머 펄스 출력이 지정된 온 타임에 한 번만 나가기 때문입니다.

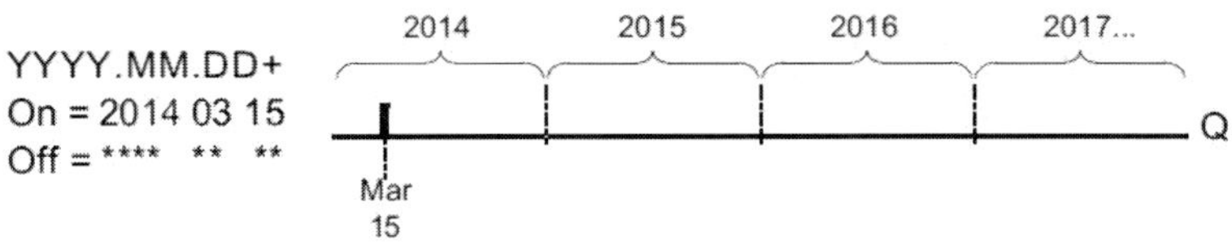

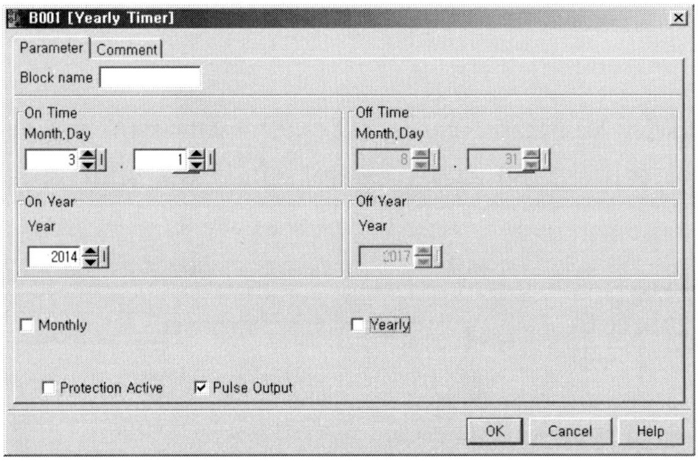

EX 7

Yearly 모드 온, Monthly 모드 오프, 펄스 오프, 온 타임 = 2014-12-15, 오프 타임 = 2016-01-07: 2014, 2015년 12월 15일에 타이머 출력이 스위치 On되고 다음 해 1월 7일까지 On으로 유지됩니다. 타이머 출력이 2016년 1월 7일에 오프가 되면 다음해 12월 15일에 다시 On되지는 않습니다.

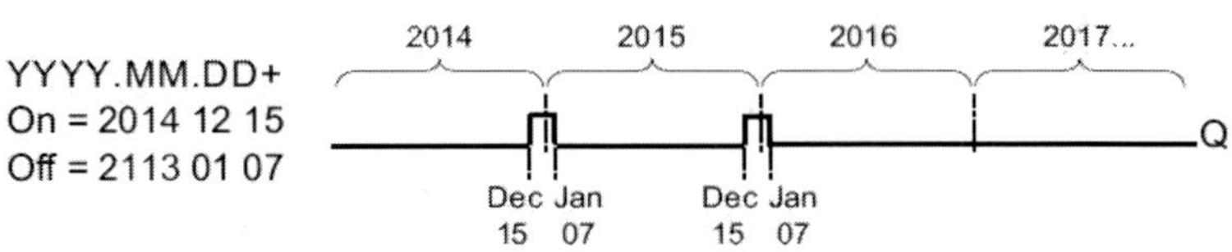

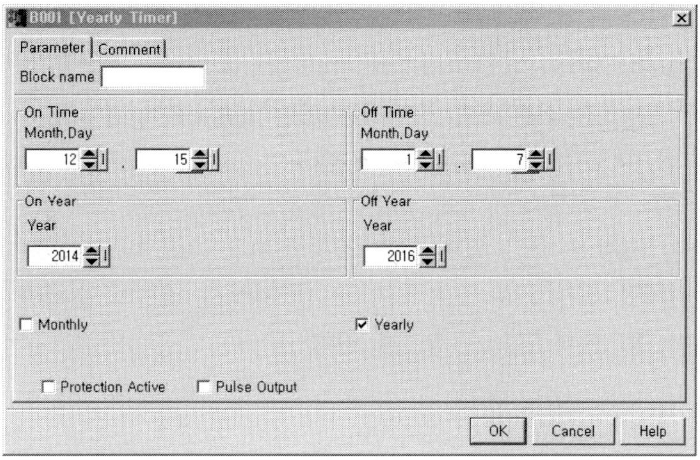

EX 8

Yearly 모드 온, Monthly 모드 온, 온 타임 = 2014-**-01, 오프 타임 = 2016-**-05: 2014년부터 각 달(월)의 첫 번째 날에 타이머 출력이 On되고 그달 5일에 Off됩니다. 타이머는 이러한 패턴으로 2016년 마지막 달까지 계속됩니다.

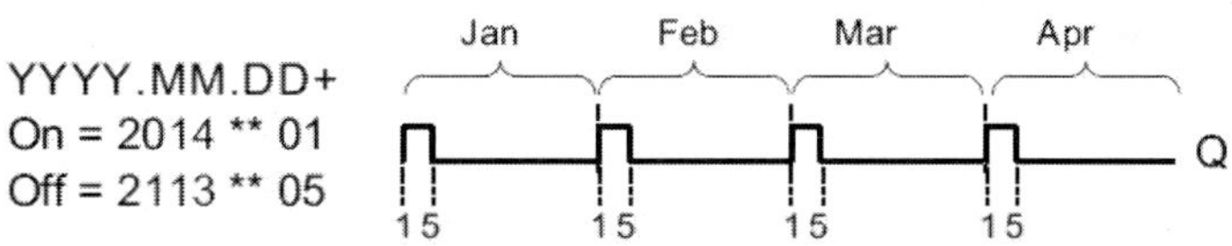

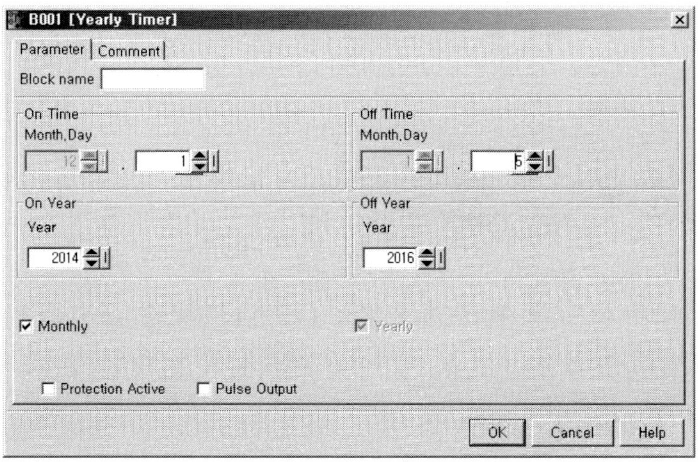

기능설명

연간 타이머는 지정한 On/Off 날짜에 출력을 세트시키고 리셋 시킵니다. 00:00 에 세트와 리셋이 실행됩니다. 사용자 프로그램 작성 시 다른 시간설정이 필요하다면 연간 타이머와 함께 주간 타이머를 사용하십시오.

온 타임은 타이머가 세트될 때의 월과 일을 지정합니다. 오프 타임은 출력이 다시 리셋될 때의 월과 일을 의미합니다. 온과 오프 타임 시간 지정시 필드의 순서에 유의하십시오. 첫 번째 필드가 년, 두 번째 필드가 월, 세 번째 필드가 일을 표시합니다.

Monthly 모드를 On으로 설정하면 타이머 출력은 매달 지정된 날짜의 시작 시간에 스위치 On되고 Off타임의 지정된 날짜까지 유지됩니다. On Year는 타이머가 동작하기 시작하는 연도를 지정합니다. Off Year는 타이머가 동작을 멈추는 마지막 연도를 의미합니다. 최대 연도는 2113입니다.

Yearly 모드를 On으로 설정하면 타이머 출력은 매달 지정된 월과 날짜의 시작 시간에 스위치 On되고 Off타임의 지정된 월과 날짜까지 유지됩니다. On Year 는 타이머가 동작하기 시작하는 연도를 지정합니다. Off Year 는 타이머가 동작을 멈추는 마지막 연도를 의미합니다. 최대 연도는 2113입니다.

Pulse 모드를 선택하면 타이머 출력은 지정된 On타임에 한 사이클 동안만 스위치 On도고 그 후에는 리셋 됩니다. 타이머를 월간이나 연간 기반으로 펄스를 주거나 단 1회 펄스를 주도록 선택할 수 있습니다

Monthly, Yearly 혹은 Pulse 체크 박스 중 하나도 모드 On을 설정하지 않았다면 On타임과 Off 타임의 타임주기를 사용자가 지정할 수 있습니다. 어떤 타임 주기라도 지정할 수 있습니다.

연중 여러 번 발생하지만 비주기적으로 스위치 On/Off를 해야 되는 프로세스에서는 멀티 연간 타이머를 정의할 수 있습니다. 이 타이머는 여러 개의 연간 타이머를 사용하여 출력을 OR 함수로 연결시킨 것입니다.

5.3.13 천문 타이머(Astronomical clock)

천문타이머 기능은 일출시간(TR)과 일몰시간에 LOGO! 호스트 모듈에 사용되는(TS)의 출력 사이에이 높음으로 설정됩니다. LOGO! 지리적 위치에 기초하여, 자동 여름 / 겨울 변환 설정 및 모듈의 현재 시간이 자동으로 시간을 계산합니다.

LOGO!에서의 심벌	배선	설 명
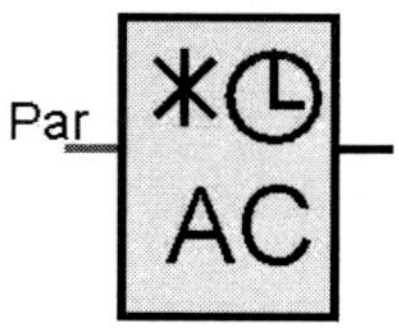	파라미터	경도, 위도 및 시간대를 지정합니다. 경도(Longitude) : 방향 : EAST 또는 WEST 값 범위 : 0~180도에서, 0~59분, 0~59초 위도(Latitude) : 방향 : 북(NORTH) 또는 남(SOUTH) 값 범위 : 0~90도에서 0~59분, 0~59초 지역(Zone) : 값 범위 : -11~12
	출력 Q	일출의 현재 시간 LOGO! 호스트 모듈에서 Q(TR)과 일몰 사이의 시간 사이에 (TS)가 설정된다, "1."

참조

LOGO!Soft Comfort에서 원하는 날짜 변경선을 지정할 수 있습니다. 그러면 LOGO! Soft Comfort는 위도와 경도의 정보를 이용하여 천문학 타이머에 적용됩니다.

타이밍 다이어그램

이하 현재시간 Ta LOGO! 호스트 모듈을 나타내는 타이밍도의 예이다.

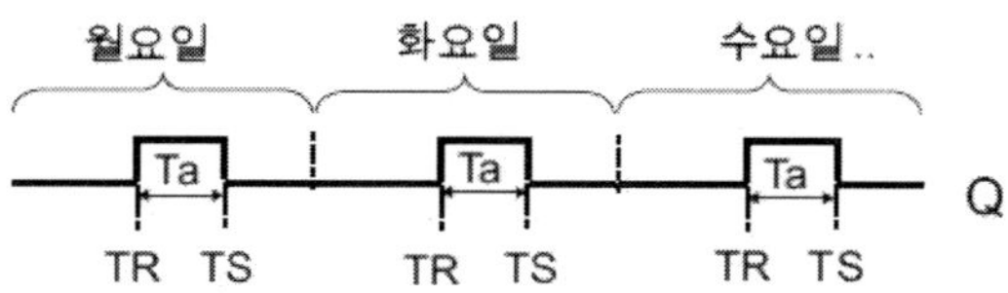

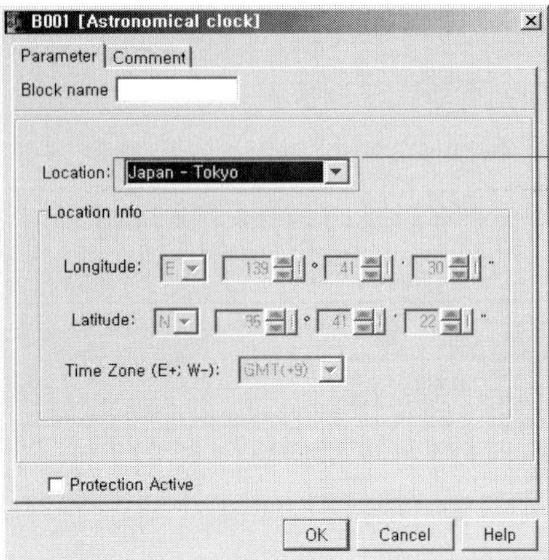

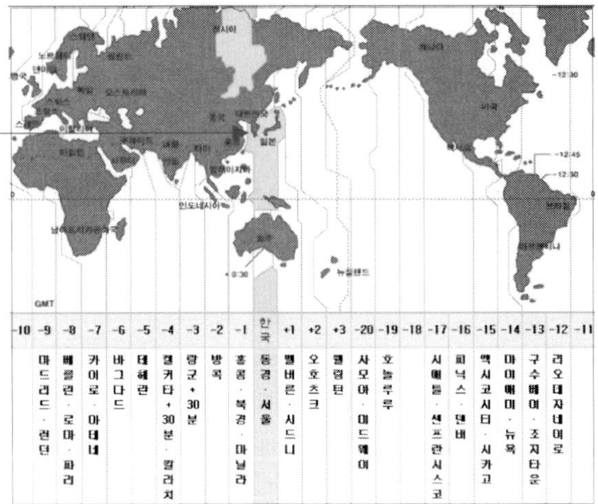

기능설명

함수 입력에서 TR 및 TS 값을 계산하고, Ta(Ta LOGO! 현재시간) TR 및 TS 사이에 있을 때 Q를 설정하지 않으면, 함수는 Q를 재설정합니다.

자동 여름 / 겨울 전환이 활성화되어 있을 경우 TR과 TS 값을 계산할 때, 함수는 고려해서 구성된 시간의 차이를 적용됩니다.

5.3.14 스톱워치(Stopwatch) (0BA7 only)

스톱워치가 활성화 된 이후 경과된 시간을 기록합니다.

LOGO!에서의 심벌	배선	설명
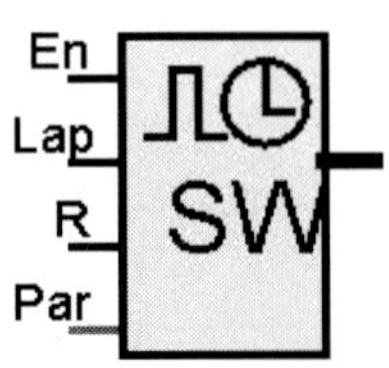	입력 En	입력 EN의 신호는 지금까지 경과 시간 AQ의 아날로그 출력을 시작합니다.
	입력 Lap	입력 Lap(0에서 1로 변할 때)의 상승에지는 스톱워치를 일시 정지, 입력 Lap(1에서 0로 변할 때)에서 하강에지 스톱워치를 다시 활성화합니다.
	입력 R	경과 시간의 리셋 단자 R에 입력 신호.
	파라미터	스톱워치 기본TB를 설정할 수 있습니다. 가능한 시간축 설정 : 10 MS, S, M, 및 H 유지 : / = 비유지 R = 유지
	출력 AQ	Lap신호에서 Lap까지 입력 값(AQ)이 유지된다. R의 신호가 On되면 AQ 값을 0으로 됩니다.

파라미터 TB

당신은 아래의 기준을 설정하는 시간에서 컬렉션을 기반으로 할 수 있습니다.

- 10 ms(10 milliseconds)
- S (seconds)
- M (minutes)
- h (hours)

타이밍 다이어그램

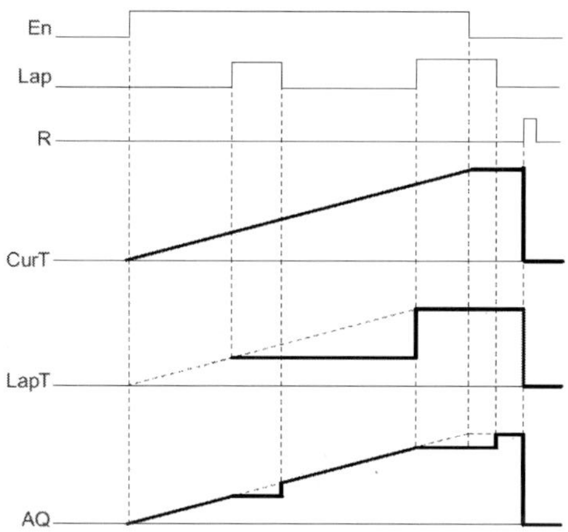

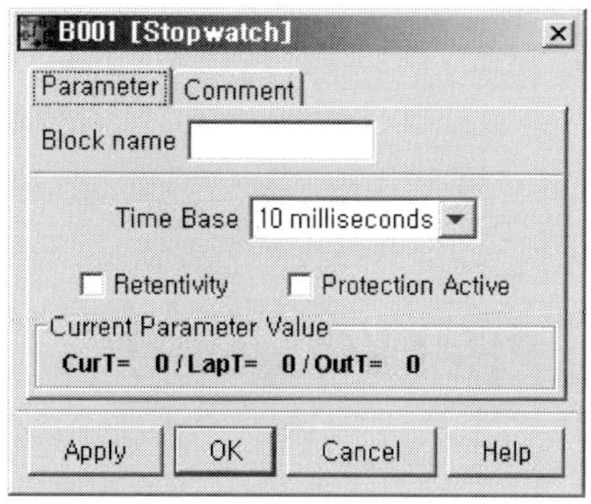

기능설명

En = 1 : 현재 시간이 증가한다.

En = 0 : 현재 시간 일시 정지한다.

En = 1 and Lap = 0 : 출력 AQ는 현재 경과 시간 값을 출력한다.

En = 1 and Lap = 1 : 현재 시간은 계속 증가하고 출력 AQ는 Lap 타임의 값을 출력한다.

En = 0 and Lap =1 : 출력 AQ로 Lap 타임의 값을 출력한다.

En = 0 and Lap = 0 : 출력 AQ 최신 현재 시간의 값을 출력한다.

R = 1 : 현재 시간과 Lap 시간을 모두가 재설정됩니다.

프로그램 예

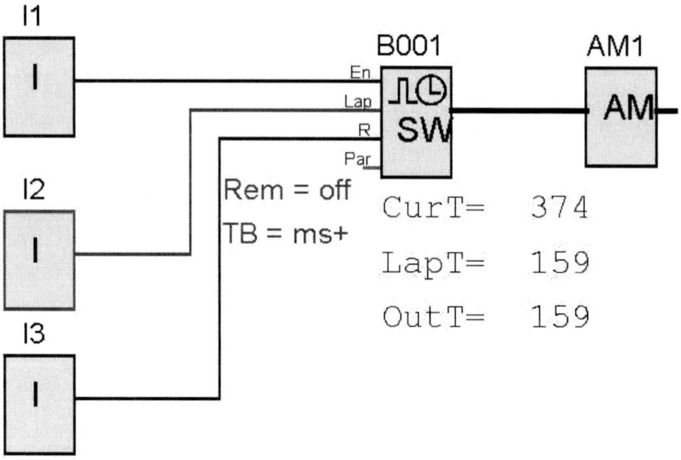

I1 : En(스타트)
I2 : Lap(데이터 기록)
I3 : R(데이터 삭제)

5.4 카운터(Counter)

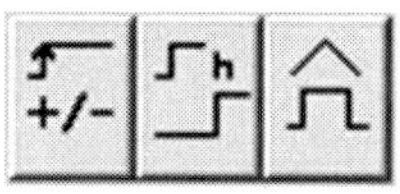

심벌	명칭	심벌	명칭
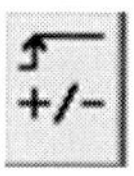	Up/Down counter (업/다운 카운터)		
	Hours counter (운전시간 카운터)		
	Threshold trigger (임계 값 트리거)		

5.4.1 업/다운 카운터(Up/Down counter)

파라미터 설정에 따라 입력 펄스가 내부 값을 증가시키거나 감소시킵니다. 구성된 트레스홀드에 도달하면 출력이 세트되거나 리셋 됩니다. 카운트 방향은 Dir 입력 신호로 변경될 수 있습니다

LOGO!에서의 심벌	배선	설명
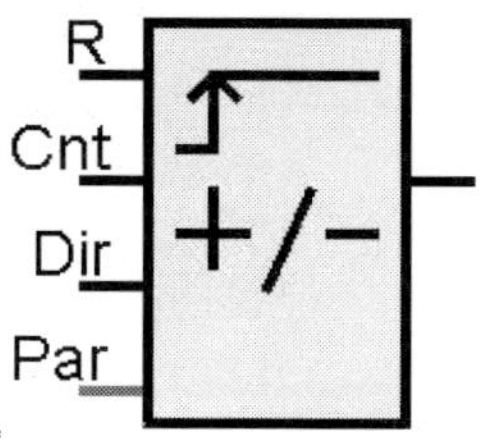	입력 R	R에 신호가 입력되면 출력과 내부 카운터 값을 스타트 값으로 리셋 시킵니다.
	입력 Cnt	이 함수는 입력 Cnt의 값이 0에서 1로 변환되면 카운팅을 합니다. 1에서 0으로 변환되는 것은 카운팅하지 않습니다. 이용 : - 고속 카운팅을 위해서는 I3, I4, I5, I6을 사용하십시오.(LOGO! 12/24RC/RCo, LOGO! 24/24o, LOGO! 24C/24Co에서만 지원): 최대 5kHz. - 저속 카운팅을 위해서는 아무 입력이나 명령어를 사용하십시오. (일반적으로 4Hz).
	입력 Dir	입력 Dir은 카운팅 방향을 결정합니다. Dir = 0: 업 카운트 Dir = 1: 다운 카운트
	파라미터	온: 온 트레스홀드 값의 범위: 0~999999 오프: 오프 트레스홀드 값의 범위: 0~999999 StartVal: 상향이나 하향으로 카운팅되는 초기 값 내부 카운트 값 Cnt를 위한 메모리 유지 / = 메모리 유지 안됨, R = 상태가 메모리 유지 됩니다.
	출력 Q	Q는 Cnt에서의 실제 값과 지정한 트레스홀드에 따라 세트되고 리셋 됩니다.

파라미터 On과 Off

온 트레스홀드 On과 오프 트레스홀드 Off는 값은 이미 사용된 다른 함수의 실제 값으로 제공될 수 있습니다. 다음 함수의 실제 값을 사용할 수 있습니다.

- 아날로그 비교기 (실제 값 Ax - Ay)
- 아날로그 증폭기 (실제 값 Ax)
- 아날로그 램프 (실제 값 AQ)
- PI 제어기 (실제 값 AQ)
- 아날로그 트레스홀드 트리거 (실제 값 Ax)
- 아날로그 멀티플렉서 (실제 값 AQ)
- 아날로그 연산 (실제 값 AQ)
- 업/다운 카운터 (실제 값 Cnt)

필요한 함수를 블록 번호로 선택합니다.

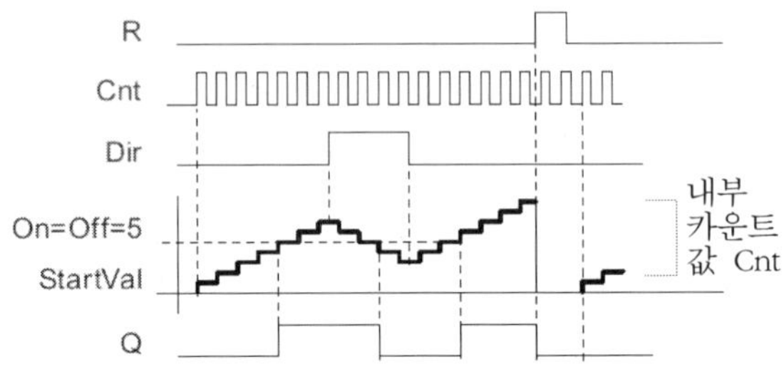

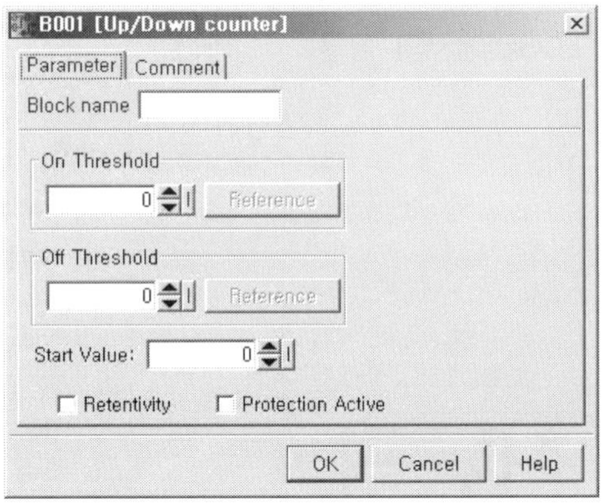

기능설명

이 함수는 입력 Cnt에 포지티브 에지 신호가 들어올 때마다 내부 카운터를 증가시키거나(Dir = 0) 감소시킵니다. (Dir = 1) 리셋 입력 R에 신호를 주면 내부 카운터 값을 스타트 값으로 리셋 시킬 수 있습니다.

R=1이면 출력 Q는 0이고 입력 Cnt에서의 펄스는 카운팅되지 않습니다.

메모리 유지 기능이 설정되지 않았다면 출력 Q 와 진행된 시간은 전원 차단 후 리셋 됩니다.

Q는 Cnt에서의 실제 값과 지정한 트레스홀드에 따라 세트되고 리셋 됩니다. 계산 규칙은 다음과 같습니다.

계산규칙

- 온 트레스홀드 ≥ 오프 트레스홀드 이면:

  Q = 1, Cnt ≥ 온 일 때

  Q = 0, Cnt 〈 오프 일 때
- 온 트레스홀드 〈 오프 트레스홀드 이면 Q = 1, 온 ≤ Cnt ≤ 오프 일 때

주의

이 함수는 각 사이클마다 한 번씩 카운터의 리밋 값을 체크합니다.

그러므로 고속 카운터 입력 I3, I4, I5, I6 에서의 펄스가 스캔 사이클 타임보다 빠르면 이 특수 함수는 지정된 리밋 값이 초과되어야 스위칭 됩니다.

예: 사이클마다 100까지의 펄스가 카운팅될 수 있습니다. 이제까지 900개의 펄스가 카운팅 되었습니다. 온 = 950, 오프 = 10000입니다. 값이 1000에 도달하면 그 다음 사이클에서 출력이 세트됩니다(오프 = 980이면 출력은 세트되지 않습니다).

5.4.2 운전시간 카운터(Hours counter)

구성된 시간은 모니터링 입력에서 신호에 의해 트리거 됩니다. 이 시간이 지나면 출력이 세트됩니다.

LOGO!에서의 심벌	배선	설 명
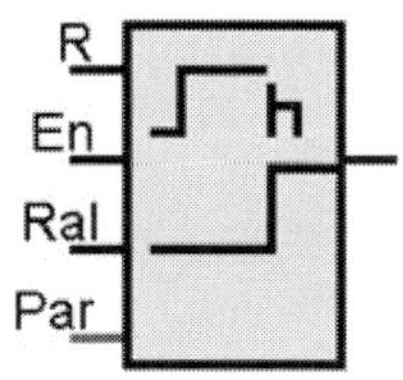 	입력 R	입력 R에 포지티브 에지(0에서 1로 변환)가 입력되면 출력 Q가 리셋되고 진행해야 될 남은 시간(MN)을 카운터에 구성된 값 MI에 설정합니다.
	입력 En	En은 모니터링 입력입니다. LOGO!는 이 입력의 온 타임을 확인합니다.
	입력 Ral	입력 Ral(Reset all)에 포지티브 에지가 입력되면 운전시간 카운터(OT)와 출력이 리셋되고 진행해야 될 남은 시간을 구성된 정비간격(MI)시간에 설정합니다. 출력 Q = 0, 측정된 운전 시간 OT = 0, 남은 정비 간격 시간 MN = MI.
	파라미터	MI: 시와 분 단위로 지정되는 정비간격 시간 값의 범위: 0000...9999 h, 0...59 m OT: 누적된 전체 운전시간. 시작시간 이후의 시간이 시와 분 단위로 지정될 수 있습니다. 값의 범위: 00000 ~ 99999 h, 0 ~ 59 m Q → 0: - "R" 이 선택되었을 때: Q = 1, MN = 0일 때; Q = 0, R = 1 혹은 Ral = 1일 때 - "R+En" 이 선택되었을 때: Q = 1, MN = 0일 때; , Q = 0, R = 1 혹은 Ral = 1 혹은 En = 0일 때
	출력 Q	진행해야 될 남은 시간 MN = 0 인 경우 출력이 세트됩니다(타이밍 다이어그램 참조) 다음의 경우에 출력이 리셋 됩니다. - "Q→0:R+En" 인 경우, R = 1 혹은 Ral = 1 혹은 En = 0일 때 - "Q→:R" 인 경우 R = 1 혹은 Ral = 1일 때

MI = 구성된 타임 간격

MN = 남은 시간

OT = 입력 Ral 에서 최근 hi 신호 이후 흐른 전체 시간

이러한 값들은 항상 메모리 유지가 됩니다!

파라미터 MI

정비 간격 파라미터 MI 는 이미 사용된 다른 함수의 실제 값으로 제공될 수 있습니다. 다음 함수의 실제 값을 사용할 수 있습니다.

- 아날로그 비교기 (실제 값 Ax - Ay)
- 아날로그 증폭기 (실제 값 Ax)
- 아날로그 램프 (실제 값 AQ)
- PI 제어기 (실제 값 AQ)
- 아날로그 트레스홀드 트리거 (실제 값 Ax)
- 아날로그 멀티플렉서 (실제 값 AQ)
- 아날로그 연산 (실제 값 AQ)
- 업/다운 카운터 (실제 값 Cnt)

필요한 함수를 블록 번호로 선택합니다.

타이밍 다이어그램

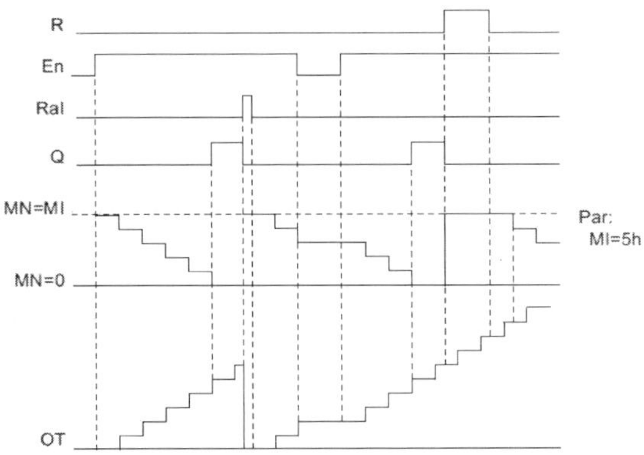

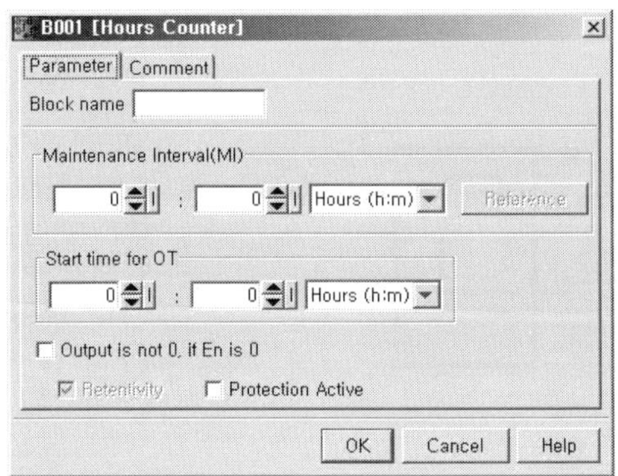

MI = 구성된 시간간격

MN = 남은 시간

OT = 입력 Rel에서 최근 hi 신호 이후 지난 전체시간

기능설명

운전 시간 카운터는 입력 En을 모니터링 합니다. En = 1이면 LOGO!는 지나간 시간과 진행해야 될 남은 시간 MN 시간을 계산합니다.

LOGO!는 파라미터 할당에서 이 시간을 디스플레이합니다. 진행해야 될 남은 시간 MN = 0인 경우 출력 Q가 세트됩니다.

입력 R에 신호가 입력되면 출력 Q가 리셋되고, 진행해야 될 남은 시간 카운터가 지정된 값 MI로 설정됩니다. 운전 시간 카운터 OT는 영향을 받지 않은 상태로 남아 있습니다.

입력 Ral에 신호가 입력되면 출력 Q가 리셋되고, 진행해야 될 남은 시간 카운터가 지정된 값 MI로 설정됩니다. 운전 시간 카운터 OT는 제로로 리셋됩니다.
Q 파라미터의 구성에 따라 출력은 입력 R 이나 Ral("Q →0:R")에 신호가 입력되는 경우 혹은 리셋 신호가 hi이거나 En 신호가 lo("Q →0:R+En")인 경우에 리셋됩니다.

MI,MN, OT 값 보기

- LOGO! Basic: 시스템이 RUN 모드에 있을 때 파라미터 할당 모드를 오픈하고 MI, MN, OT의 실제 값을 볼 수 있습니다.
- LOGO! Pure") LOGO!Soft Comfort에서 온라인 테스트를 사용하여 이 같은 값들을 읽을 수 있습니다.
- LOGO!Soft Comfort 에서 "Tools -> Transfer: Hours counter" 메뉴 명령어로 운전시간 카운터를 읽을 수 있습니다.

OT 의 리밋 값 : OT에서의 운전 시간 값은 입력 R에 신호가 입력되어 운전 시간 카운터가 리셋될 때에도 계속 유지됩니다. 운전시간 카운터 OT는 Ral의 신호가 0에서 1로 변경되면 제로로 리셋됩니다. OT는 리셋 입력 R의 상태와 상관없이 En=1이면 카운팅을 계속합니다. OT의 리미트 값은 99999 h입니다. 이 값에 도달할 때 운전 시간 카운터는 정지됩니다. 프로그래밍 모드에서 OT의 초기 값을 설정할 수 있습니다. MN은 리셋 입력 R이 이네이블되지 않으면 다음 공식에 의해 계산됩니다. MN = MI - (OT % MI). % 연산자는 정수 나누기의 나머지를 제공해줍니다.

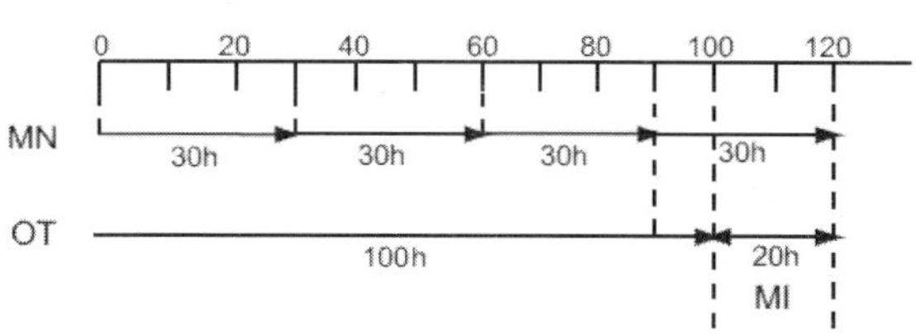

예:
MI = 30h, OT = 100h
MN = 30 - (100 % 30)
MN = 30 -10
MN = 20h

런-타임 모드에서 OT 값은 사전에 설정될 수 없습니다. MI 값이 변하면 MN에 대한 계산을 할 수 없게 되고 MN은 MI의 값을 갖게 됩니다. MN은 MI의 값을 취합니다.

5.4.3 트레스홀드 트리거(Threshold trigger)

출력이 구성 가능한 트레스홀드 트리거에 의해 세트되거나 리셋 됩니다.

LOGO!에서의 심벌	배선	설 명
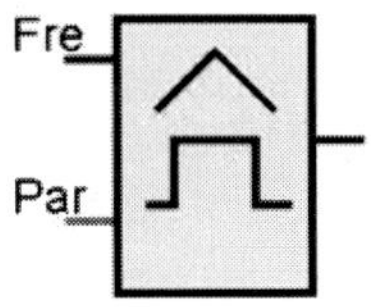	입력 Fre	이 함수는 입력 Fre의 값이 0에서 1로 변환되면 카운팅을 합니다. 1에서 0으로 변환되는 것은 카운팅하지 않습니다. - 고속 카운팅을 위해서는 I3, I4, I5, I6을 사용하십시오. (LOGO!12/24RC/RCo, LOGO! 24/24o, LOGO! 24C/24Co에서만 지원) 최대 5 kHz. - 저속 카운팅을 위해서는 아무 입력이나 명령어를 사용하십시오.(일반적으로 4 Hz).
	파라미터	온: 온 트레스홀드 값의 범위: 0000...9999 오프: 오프 트레스홀드 값의 범위: 0000...9999 G_T: 입력 펄스가 측정되는 동안의 타임 간격 혹은 게이트 시간 값의 범위: 00:05 s...99:99 s
	출력 Q	Q는 트레스홀드에서 세트되거나 리셋 됩니다.

파라미터 G_T

게이트 타임 G_T는 이미 사용된 다른 함수의 실제 값으로 제공될 수 있습니다. 다음 함수의 실제 값을 사용할 수 있습니다.

- 아날로그 비교기 (실제 값 Ax - Ay)
- 아날로그 증폭기 (실제 값 Ax)
- 아날로그 램프 (실제 값 AQ)
- PI 제어기 (실제 값 AQ)
- 아날로그 트레스홀드 트리거 (실제 값 Ax)
- 아날로그 멀티플렉서 (실제 값 AQ)
- 아날로그 연산 (실제 값 AQ)
- 업/다운 카운터 (실제 값 Cnt)

필요한 함수를 블록 번호로 선택합니다.

타이밍 다이어그램

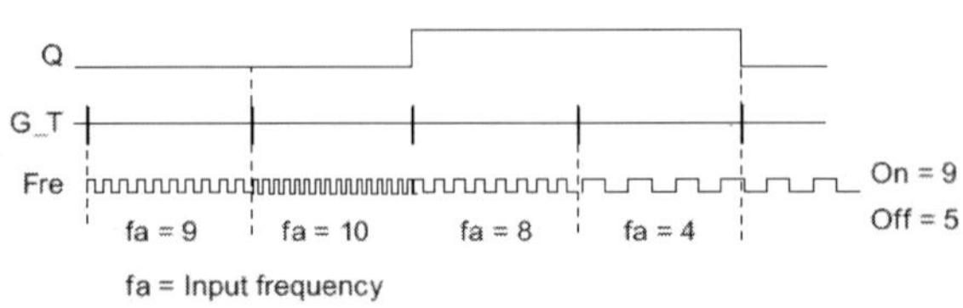

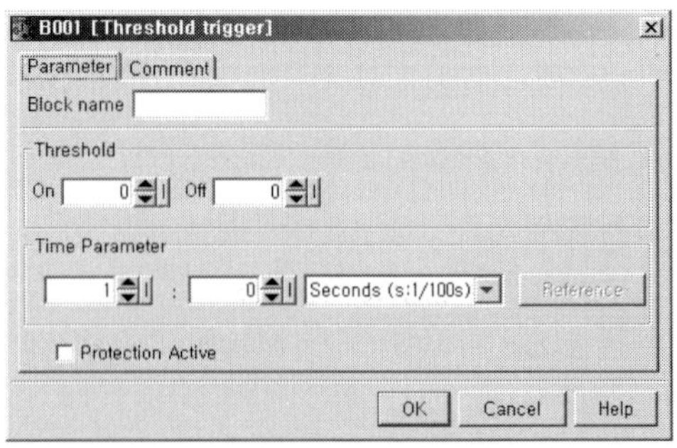

기능설명

트레스홀드 트리거는 입력 Fre의 신호를 측정합니다. 구성 가능한 시간 G_T 동안의 펄스들이 기록됩니다. Q는 세트 트레스홀드에 따라 세트되거나 리셋됩니다. 계산 규칙은 다음과 같습니다.

계산규칙

- 온 트레스홀드 ≥ 오프 트레스홀드 이면:
  Q = 1, fa > On일 때
  Q = 0, fa ≤ Off일 때
- 온 트레스홀드 < 오프 트레스홀드 이면 Q = 1
  On ≤ fa < Off일 때

5.5 아날로그(Analog)

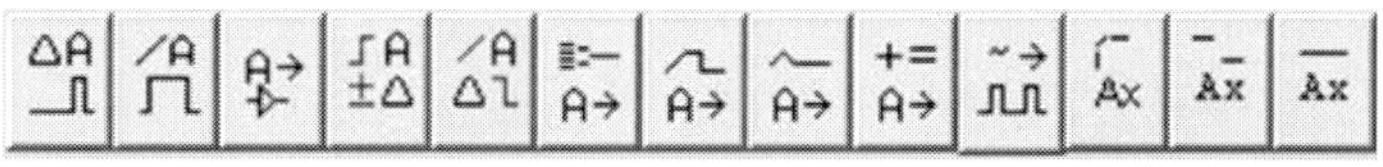

심벌	명칭	심벌	명칭
	Analog comparator (아날로그 비교기)	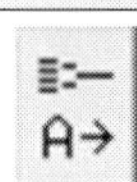	Analog multiplexer (아날로그 멀티플렉서)
	Analog threshold trigger (아날로그 임계 트리거)	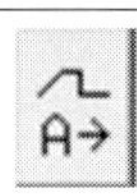	Analog Ramp 아날로그 램프
	Analog amplifier (아날로그 증폭기)		PI controller 비례/ 적분 제어)
	Analog watchdog (아날로그 감시)	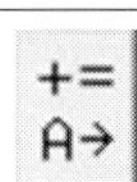	Mathematic instruction (아날로그 연산-수학 명령어)
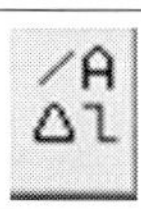	Analog differential trigger (아날로그 차분 트리거)	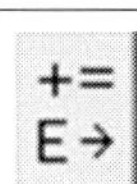	Mathematic instruction error detection (아날로그 연산 에러 검출)
	Pulse Width Modulator(PWM) (펄스 폭 변조)		
	Analog filter (아날로그 필터)		
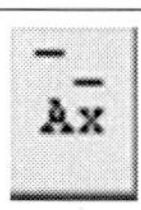	Max/Min (상한/하한)		
	Average value (평균 값)		

5.5.1 아날로그 트레스홀드 트리거(Analog threshold trigger)

출력이 구성 가능한 두 개의 트레스홀드(임계 값) 트리거에 의해 세트되거나 리셋 됩니다.

LOGO!에서의 심벌	배선	설명
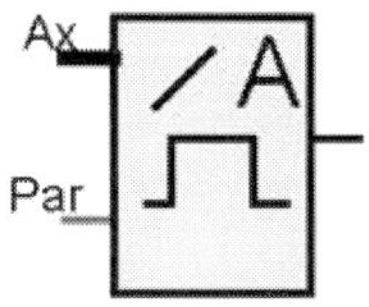	입력 Ax	입력 Ax에 아날로그 신호를 연결합니다. 아날로그 입력 AI1…AI8 (*), 아날로그 플래그 AM1...AM6, 아날로그 출력 처리 함수 블록번호, 아날로그 출력 AQ1과 AQ2를 사용하십시오.
	파라미터	A: Gain(이득) 값의 범위: ±10.00 B: 제로 오프셋 값의 범위: ±10,000 온: 온 트레스홀드 값의 범위: ±20,000 오프: 오프 트레스홀드 값의 범위: ±20,000 p: 소수점 이하 자리수 값의 범위: 0, 1, 2, 3
	출력 Q	Q는 트레스홀드와 차분 값에 따라 세트되고 리셋됩니다.

* AI1…AI8: 0~10V는 0~1000(내부 값)에 해당합니다.

이득과 오프셋 파라미터 : 이득과 오프셋에 대한 자세한 내용은 "아날로그 값의 이득과 오프셋 계산단원을 참조하십시오.

파라미터 On과 Off

온과 오프 파라미터는 이미 사용된 다른 함수의 실제 값으로 제공될 수 있습니다. 다음 함수의 실제 값을 사용할 수 있습니다.

- 아날로그 비교기(실제 값 Ax - Ay)
- 아날로그 트레스홀드 트리거 (실제 값 Ax)
- 아날로그 증폭기(실제값 Ax)
- 아날로그 멀티플렉서(실제 값 AQ)
- 아날로그 램프(실제 값 AQ)
- 아날로그 연산(실제 값 AQ)
- PI 제어기(실제 값 AQ)

• 업/다운 카운터(실제 값 Cnt)

필요한 함수를 블록 번호로 선택합니다.

파라미터 P (소수점 이하 자릿수)

메시지 텍스트에 디스플레이 될 On, Off, Ax 값에는 적용되지 않습니다.
온 오프 값의 비교에는 적용되지 않습니다(비교 함수에서는 소수점을 무시합니다).

타이밍 다이어그램

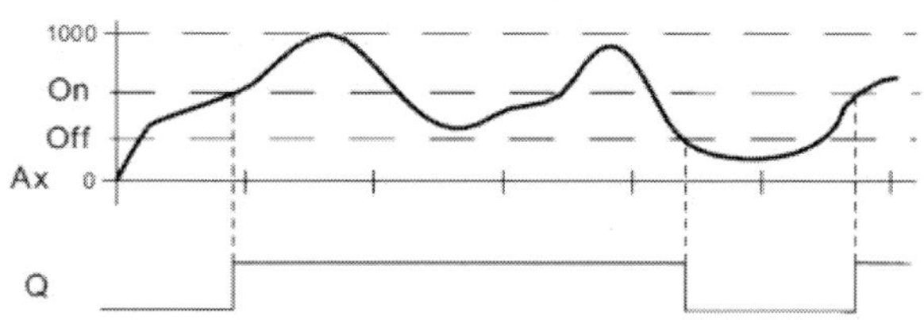

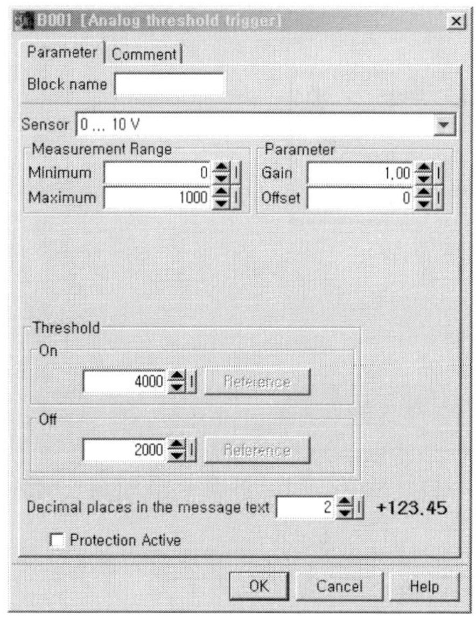

기능설명

이 함수는 입력Ax 에서 아날로그 신호를 가져옵니다.
Ax는 A(이득) 파라미터의 값으로 곱해지고 그 결과에 파라미터 B(오프셋)의 값이 더해집니다. 즉, (Ax * 이득) + 오프셋 = Ax의 실제 값 Q는 세트 트레스홀드 설정에 따라 세트되거나 리셋 됩니다. 계산규칙은 다음과 같습니다.

계산규칙

• 온 트레스홀드 ≥ 오프 트레스홀드 이면:
  Q = 1, 실제 값 Ax 〉 On일 때
  Q = 0, 실제 값 Ax ≤ Off일 때
• 온 트레스홀드 〈 오프 트레스홀드 이면 Q = 1
  On ≤ 실제 값 Ax 〈 Off일 때

5.5.2 아날로그 차분 트리거(Analog differential trigger)

구성 가능한 트레스홀드와 차분 값에 따라 출력이 세트되고 리셋 됩니다.

LOGO!에서의 심벌	배선	설명
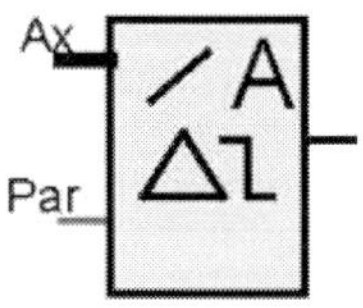	입력 Ax	입력 Ax에 아날로그 신호를 연결합니다. 아날로그 입력 AI1...AI8 (*), 아날로그 플래그 AM1...AM6, 아날로그 출력 처리 함수 블록번호, 아날로그 출력 AQ1과 AQ2를 사용하십시오.
	파라미터	A: 이득 값의 범위: ±10.00 B: 제로 오프셋 값의 범위: ±10,000 온: 온 트레스홀드 값의 범위: ±20,000 오프: 오프 트레스홀드 값의 범위: ±20,000 p: 소수점 이하 자리수 값의 범위: 0, 1, 2, 3
	출력 Q	Q는 트레스홀드와 차분 값에 따라 세트되고 리셋됩니다.

* AI1...AI8: 0~10V는 0~1000(내부 값)에 해당합니다.

이득과 오프셋 파라미터

이득과 오프셋에 대한 자세한 내용은 "아날로그 값의 이득과 오프셋 계산단원을 참조하십시오.

Par 파라미터 설정

이득과 오프셋 파라미터는 센서를 관련 어플리케이션에 맞추기 위해 사용됩니다.

파라미터 P (소수점 이하 자릿수)

메시지 텍스트에 디스플레이 될 On, Off, Ax 값에는 적용되지 않습니다.

타이밍 다이어그램 A:
네거티브 차이 Δ가 있는 함수

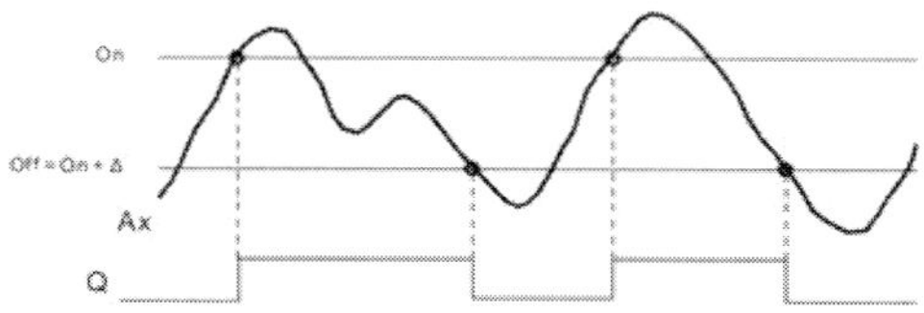

타이밍 다이어그램 B:
포지티브 차이 Δ가 있는 함수

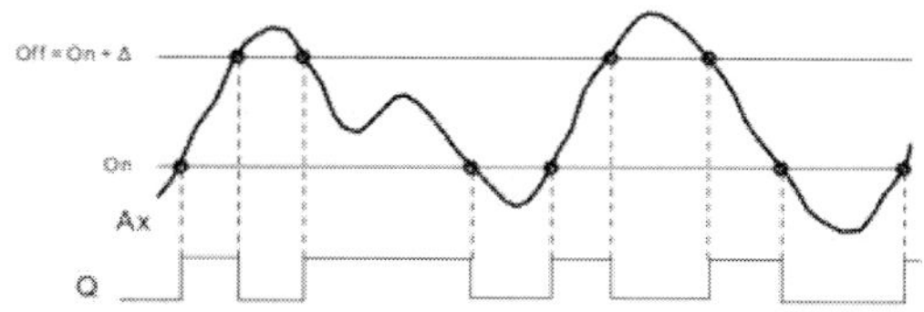

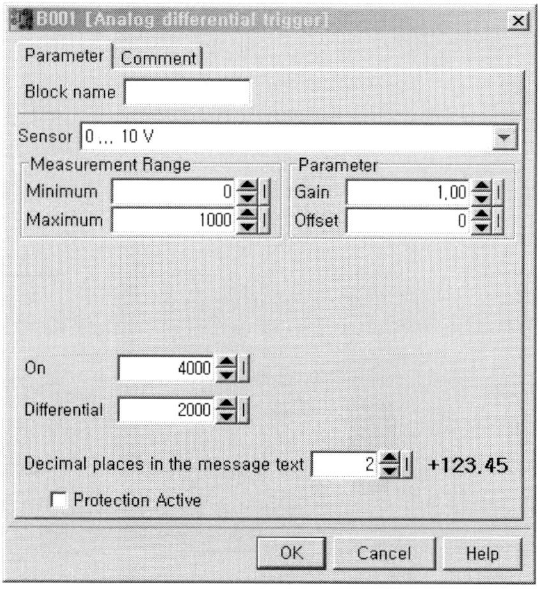

기능설명

이 함수는 입력 Ax 에서 아날로그 신호를 가져옵니다.

Ax는 A(이득) 파라미터의 값으로 곱해지고 그 결과에 파라미터 B(오프셋)의 값이 더해집니다. 즉, (Ax * 이득) + 오프셋 = Ax의 실제 값 Q는 트레스홀드 세트와 차분 값(Δ)에 따라 세트되고 리셋 됩니다. 이 함수는 자동적으로 오프 파라미터를 계산합니다. 오프 = 온 + Delta, 여기서 Δ 포지티브나 네거티브가 될 수 있습니다. 계산 규칙은 다음과 같습니다.

계산 규칙

- 온 트레스홀드 ≥ 오프 트레스홀드 이면:

  Q = 1, 실제 값 Ax 〉 On일 때

  Q = 0, 실제 값 Ax ≤ Off일 때

타이밍 다이어그램 A를 참조하십시오.

- 온 트레스홀드 〈 오프 트레스홀드이면 Q = 1

  On ≤ 실제 값 Ax 〈 Off일 때

타이밍 다이어그램 A를 참조하십시오.

5.5.3 아날로그 비교기(Analog comparator)

출력은 Ax - Ay 차이와 두 개의 구성 가능한 트레스홀드에 따라 세트되거나 리셋 됩니다.

LOGO!에서의 심벌	배선	설명
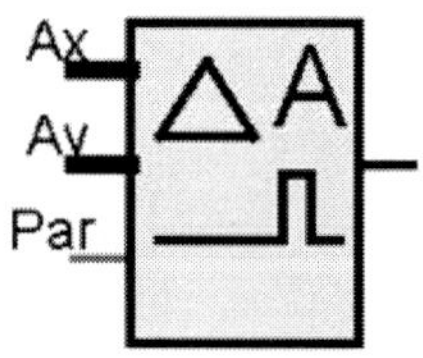 	입력 Ax와 Ay	차이를 분석하기 원하는 아날로그 신호를 입력 Ax와 Ay에 입력하십시오. 아날로그 입력 AI1...AI8 (*), 아날로그 플래그 AM1...AM6, 아날로그 출력 처리 함수 블록번호, 아날로그 출력 AQ1과 AQ2를 사용하십시오.
	파라미터	A: 이득(Gain) 　값의 범위: ±10.00 B: 제로 오프셋 　값의 범위: ±10,000 온: 온 트레스홀드 　값의 범위: ±20,000 오프: 오프 트레스홀드 　값의 범위: ±20,000 p: 소수점 이하 자릿수 　값의 범위: 0, 1, 2, 3
	출력 Q	Q는 Ax - Ay 차이와 세트 트레스홀드에 따라 세트되고 리셋됩니다.

* AI1...AI8: 0~10V는 0~1000(내부 값)에 해당합니다.

이득과 오프셋 파라미터

이득과 오프셋에 대한 자세한 내용은 "아날로그 값의 이득과 오프셋 계산단원을 참조하십시오.

파라미터 On과 Off

온 트레스홀드 On과 오프 트레스홀드 Off는 값은 이미 사용된 다른 함수의 실제 값으로 제공될 수 있습니다. 다음 함수의 실제 값을 사용할 수 있습니다.

- 아날로그 비교기 (실제 값 Ax - Ay)
- 아날로그 트레스홀드 트리거(실제 값 Ax)

- 아날로그 증폭기(실제 값 Ax)
- 아날로그 멀티플렉서(실제 값 AQ)
- 아날로그 램프(실제 값 AQ)
- 아날로그 연산(실제 값 AQ)
- PI 제어기(실제 값 AQ)
- 업/다운 카운터(실제 값 Cnt)

필요한 함수를 블록 번호로 선택합니다.

파라미터 P (소수점 이하 자릿수)

메시지 텍스트에 디스플레이 될 On, Off, Ax, Δ값에는 적용되지 않습니다.
온 오프 값의 비교에는 적용되지 않습니다(비교 함수에서는 소수점을 무시합니다).

타이밍 다이어그램

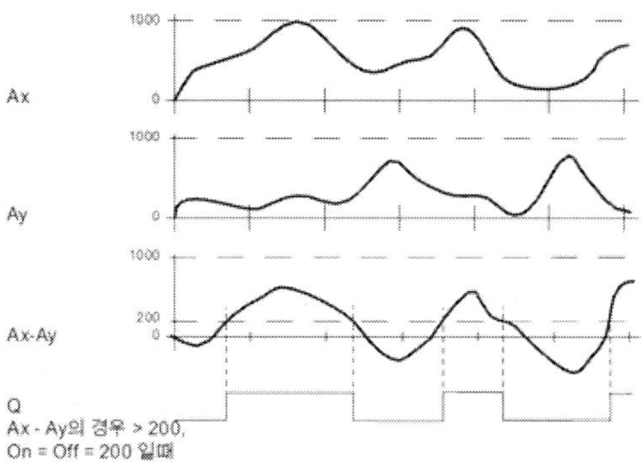

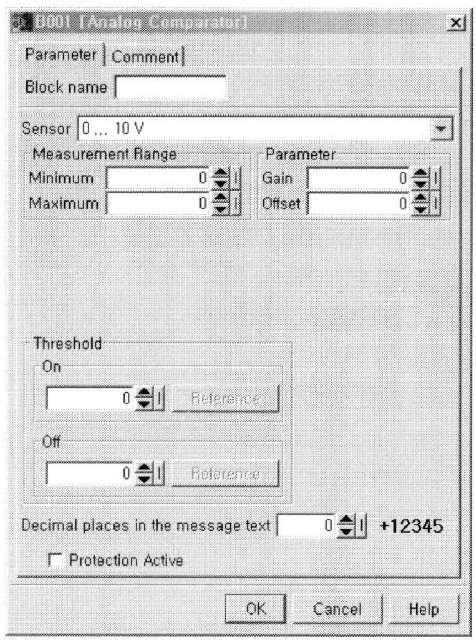

기능설명

이 함수는 입력 Ax와 Ay에서 아날로그 신호 값을 읽습니다.
Ax와 Ay는 각각 파라미터 A(이득)에 의해 곱해지며 그 결과가 파라미터 B(오프셋)의 값이 더해집니다. 즉, (Ax •이득) + 오프셋 = 실제 값 Ax 혹은 (Ay •이득) + 오프셋 = 실제 값 Ay 함수에서 Ax -Ay 실제 값 사이의 차이("Δ")를 구합니다.
Q는 실제 값 Ax - Ay 차이와 세트 트레스홀드에 따라 세트되고 리셋 됩니다. 계산 규칙은 다음과 같습니다.

계산규칙

- 트레스홀드 온 ≥ 트레스홀드 오프이면:

  Q = 1,

  (실제 값 Ax - 실제 값 Ay) > On일 때

  Q = 0,

  (실제 값 Ax - 실제 값 Ay) ≤ Off일 때

- 온 트레스홀드 < 오프 트레스홀드이면 Q = 1

  On ≤ (실제 값 Ax - 실제 값 Ay) < Off일 때

Par 파라미터 설정

이득과 오프셋 파라미터는 센서를 관련 어플리케이션에 맞추기 위해 사용됩니다.

프로그래밍 모드에서의 보기:

예) 히팅제어 시스템에서 Tv 인가와 회수 라인 온도 Tr가 AI2에서의 센서로 비교가 될 것입니다. 인가 온도와 회수 라인 온고가 15℃를 넘으면 제어 신호가 트리거 될 것입니다(예를 들어 "히터 온 heater On"). 제어 신호는 온도차가 5℃보다 작을 때 리셋 됩니다.

온도의 프로세스 값이 파리미터 할당 모드에 나타납니다.

사용가능한 써머커플은 다음과 같은 기술 데이터를 가지고 있습니다. -30에서 +70℃, 0에서 10VDC.

어플리케이션	내부 매핑
-30에서 +70℃ = 0에서 10V DC	0에서 1000
0℃	300 → 오프셋 = -30
값의 범위: -30 에서 +70℃ = 100	1000 → 이득 = 100/1000 = 0.1
온 트레스홀드 = 15℃	트레스홀드 = 15
오프 트레스홀드 = 5℃	트레스홀드 = 5

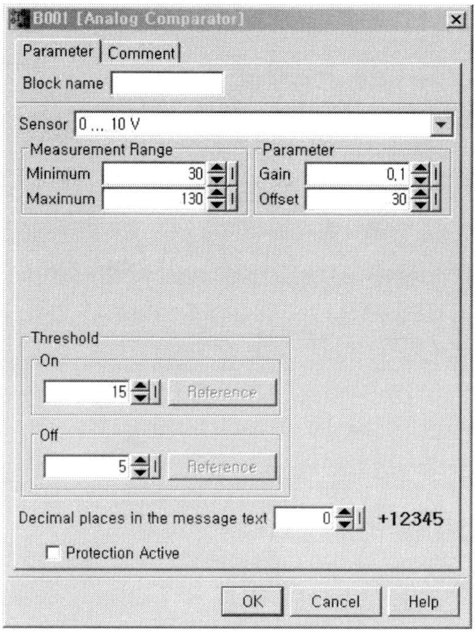

센서타입(Sensor) : 0~10V

측정범위(Measurement Range)

최고(Minihum) : -30

최고(Maximum) : 70

매개변수(Parameter)

이득(Gain) : 0.10

오프 셋(Offset) : -30

임계 값(Threshold)

On : 15

Off : 5

메시지 텍스트에서의 소수점 : +1234.5

보호모드

아날로그 비교기의 입력 민감도 줄이기 :

"온 딜레이"와 "오프 딜레이" 특수 함수를 통해서 아날로그 비교기의 출력을 선택적으로 지연시킬 수 있습니다. 입력 trg(= 아날로그 비교기의 출력)에서 신호의 펄스폭이 온 딜레이 타임보다 길 때만 출력 Q가 세트되도록 설정할 수 있습니다.

이 방법을 통해 가상 히스테리시스를 설정하여 짧은 시간의 신호에 대한 입력 응답을 민감도를 줄일 수 있습니다.

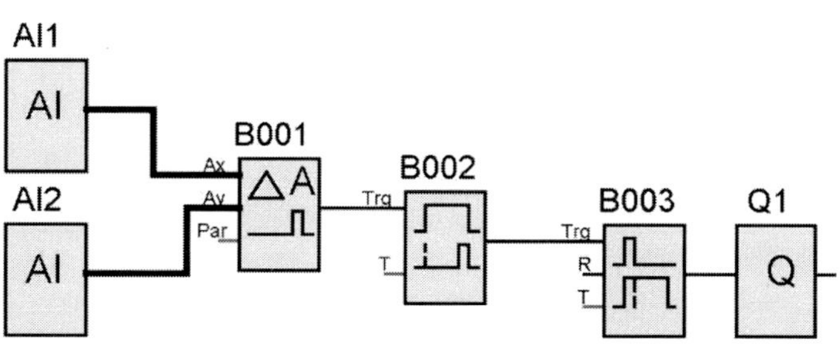

함수 블록 다이어그램

5.5.4 아날로그 감시(Analog watchdog)

이 특수한 함수는 아날로그 입력의 프로세스 값을 메모리에 저장한 후 출력 값이 이 값에 구성된 오프셋을 더한 값을 초과하거나 그 아래로 떨어질 때 출력을 세트시키는 것입니다.

LOGO!에서의 심벌	배선	설 명
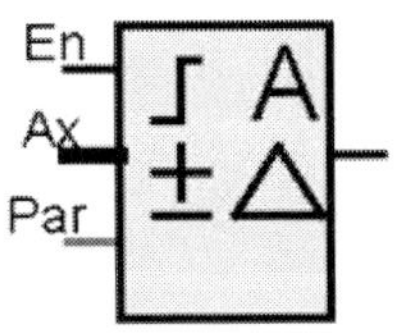	입력 En	En에 포지티브 에지(0에서 1로의 변환)신호가 입력되면 Ax("Aen")의 아날로그 값을 메모리로 저장하고 아날로그 범위 Aen - Δ2에서 Aen+Δ1 의 모니터링을 시작합니다.
	입력 Ax	모니터링 할 아날로그 신호를 입력 Ax에 연결합니다. 아날로그 입력 AI1...AI8 (*), 아날로그 플래그 AM1...AM6, 아날로그 출력처리 함수 블록번호, 아날로그 출력 AQ1과 AQ2를 사용하십시오.
	파라미터	A: 이득 : 값의 범위: ±10.00 B: 제로 오프셋 : 값의 범위: ±10,000 Δ1:Aen 위에 있는 차분 값: 온/오프 트레스홀드 온/오프 트레스홀드 값의 범위: 0-20,000 0-20,000 Δ2:Aen 위에 있는 차분 값: 온/오프 트레스홀드 온/오프 트레스홀드 값의 범위: 0-20,000 p: 소수점 이하 자리수 값의 범위: 0, 1, 2, 3 메모리 유지: / = 메모리 유지 안됨 R = 상태가 메모리에 유지됩니다.
	출력 Q	Q는 저장된 아날로그 값과 오프셋에 따라 세트/리셋 됩니다.

* AI1...AI8: 0~10V는 0~1000(내부 값)에 해당합니다.

이득과 오프셋 파라미터

이득과 오프셋에 대한 자세한 내용은 "아날로그 값의 이득과 오프셋 계산단원을 참조하십시오.

파라미터 델타 1과 델타 2

델타 1과 델타 2 파라미터는 이미 사용된 다른 함수의 실제 값으로 제공될 수 있습니다. 다음 함수의 실제 값을 사용할 수 있습니다.

- 아날로그 비교기(실제 값 Ax - Ay)
- 아날로그 트레스홀드 트리거(실제 값 Ax)
- 아날로그 증폭기(실제 값 Ax)
- 아날로그 멀티플렉서(실제 값 AQ)
- 아날로그 램프(실제 값 AQ)
- 아날로그 연산(실제 값 AQ)
- PI 제어기(실제 값 AQ)
- 업/다운 카운터(실제 값 Cnt)

필요한 함수를 블록 번호로 선택합니다.

파라미터 P (소수점 이하 자릿수)

메시지 텍스트에 디스플레이되는 Aen, Ax, Δ1과 Δ2 값에만 적용됩니다.

함수블록 다이어그램

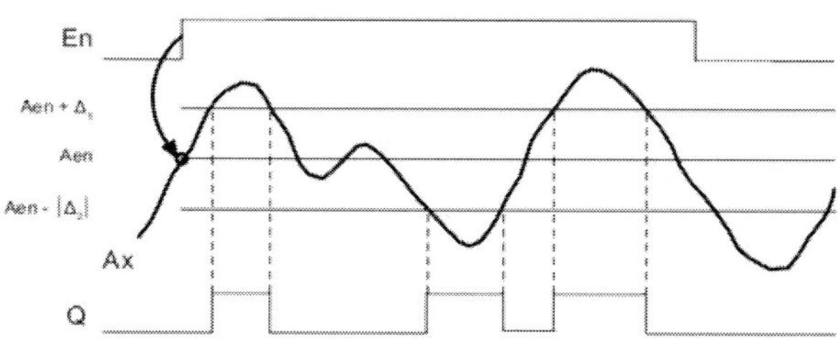

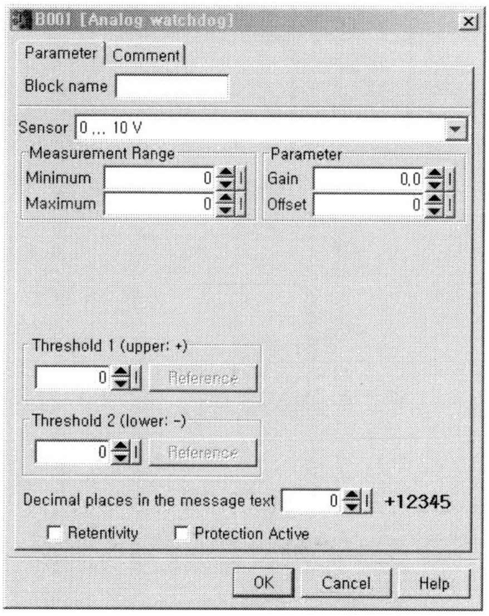

기능설명

입력 En이 0에서 1로 변환되면 아날로그 입력 Ax의 신호 값이 저장됩니다. 이렇게 저장된 프로세스 값을 "Aen"이라고 부릅니다. 아날로그 실제 값 Ax와 Aen는 파라미터 A(이득)의 값에 의해 곱해지고 그 결과 값에 파라미터 B(오프셋)를 더합니다.

(Ax • 이득) + 오프셋 = 실제 값 Aen, 입력 En이 0에서 1로 변환될 때 혹은 (Ax • 이득) + 오프셋 = 실제 값 Ax일 때 입력 En = 1이고 입력 Ax의 실제 값 Aen - Δ2에서 Aen +

Δ1 범위를 벗어나면 출력 Q는 세트됩니다.
입력 Ax의 실제 값 Aen - Δ2에서 Aen + Δ1 범위에 놓이거나 입력 En의 신호가 lo로 변환되면 출력 Q는 리셋 됩니다.

5.5.5 아날로그 증폭기(Analog amplifier)

이 특수 함수는 아날로그 입력을 증폭시켜 아날로그 출력으로 내보냅니다.

LOGO!에서의 심벌	배선	설명
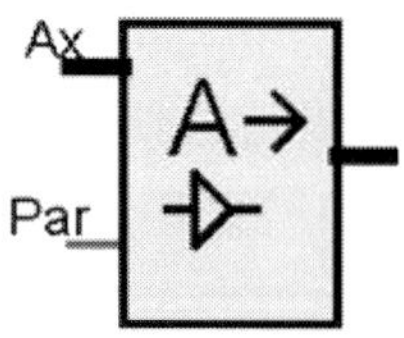	입력 Ax	입력 Ax에 증폭된 아날로그 신호를 연결합니다. 아날로그 입력 AI1...AI8 (*), 아날로그 플래그 AM1...AM6, 아날로그 출력 처리 함수 블록번호, 아날로그 출력 AQ1과 AQ2를 사용하십시오.
	파라미터	A: 이득 값의 범위: ±10.00 B: 제로 오프셋 값의 범위: ±10,000 p: 소수점 이하 자리수 값의 범위: 0, 1, 2, 3
	출력 AQ	이 특수함수는 아날로그 출력을 가지고 있습니다! 이 출력은 함수의 아날로그 입력, 아날로그 플래그 또는 아날로그 출력 커넥터(AQ1, AQ2)에만 연결될 수 있습니다. AQ 값의 범위: -32767...+32767

* AI1...AI8: 0~10V는 0~1000(내부 값)에 해당합니다.

Gain과 오프셋 파라미터
이득과 오프셋 파라미터에 대한 자세한 내용은 "아날로그 값의 이득과 오프셋" 계산단원을 참조하십시오.

파라미터 P (소수점 이하 자릿수)
메시지 텍스트에서의 AQ 값에만 적용됩니다.

기능설명
이 함수는 입력 Ax의 아날로그 신호를 가져옵니다.
이 값은 이득 파라미터 A(이득)에 의해 곱해지며 그 결과 값에 파라미터 B(오프셋)가 더해집니다. (Ax * 이득) + 오프셋 = 실제 값 Ax. Ax의 실제 값이 AQ 출력입니다.

아날로그 출력

이 특수 함수를 실제 아날로그 출력에 연결하는 경우 아날로그 출력은 0에서 1000까지의 값만을 처리합니다. 이 경우 특수 함수의 아날로그 출력과 실제 아날로그 출력 사이에 별도의 증폭기를 연결해야 합니다. 이 증폭기로 특수 함수의 출력 범위를 0에서 1000으로 표준화시킬 수 있습니다.

아날로그 입력 값 스케일링

아날로그 증폭기와 아날로그 플래그에 아날로그 입력을 연결함으로 포텐셔미터의 아날로그 입력 값에 영향을 줄 수 있습니다.

- 추가 사용을 위해 아날로그 증폭기에서 아날로그 값을 스케일 합니다.
- 예를 들어 타임 함수(온/오프 딜레이 파라미터 T의 타임 베이스나 혹은 업/다운 온/오프 리미트 값을 스케일된 아날로그 값에 연결합니다.

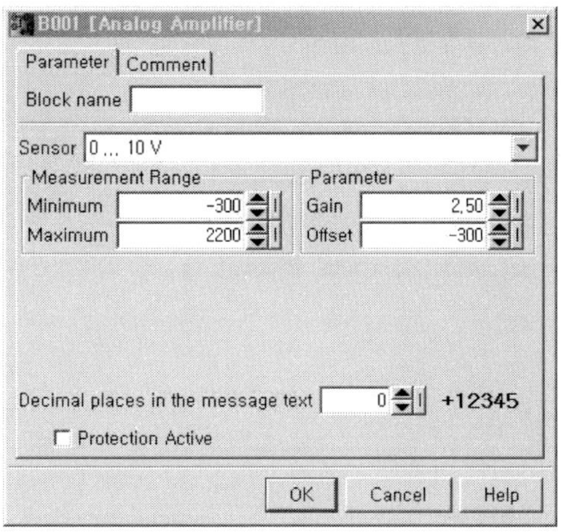

파라미터 변수 지정모드 (예)에서 보기

5.5.6 아날로그 멀티플렉서(Analog multiplexer)

이 특수 함수는 0이나 사전에 저장된 4개 아날로그 값 중 하나를 아날로그 출력에 출력합니다.

LOGO!에서의 심벌	배선	설명
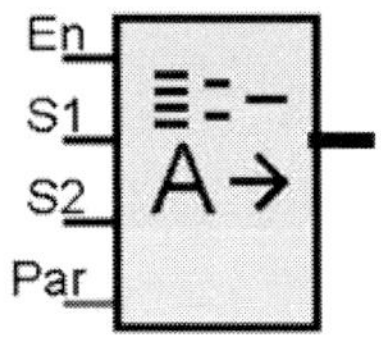	입력 En	입력 En(Enable)이 0에서 1로 변환되면 S1과 S2의 값에 따라 파라미터링된 아날로그 값이 AQ로 출력됩니다.
	입력 S1과 S2	출력될 아날로그 값을 위한 S1과 S2(셀렉터) · S1 = 0 과 S2 = 0: 1 값이 출력됩니다. · S1 = 0 과 S2 = 1: 2 값이 출력됩니다. · S1 = 1 과 S2 = 0: 3 값이 출력됩니다. · S1 = 1 과 S2 = 1: 4 값이 출력됩니다.
	파라미터	V1...V4: 출력될 아날로그 값: 값의 범위: -32768...+32767 p: 소수점 이하 자릿수 값의 범위: 0, 1, 2, 3
	출력 AQ	이 특수 함수는 아날로그 출력을 가지고 있습니다. 아날로그 출력은 함수의 아날로그 입력, 아날로그 플래그 AM, 아날로그 출력 커넥터(AQ1, AQ2)에만 연결될 수 있습니다. AQ 값의 범위: -32768 ~ +32767

파라미터 V1…V4

V1…V4의 아날로그 값은 이미 사용된 다른 함수에 의해 제공될 수 있습니다. 다음 함수의 실제 값을 사용할 수 있습니다.

- 아날로그 비교기 (실제 값 Ax - Ay)
- 아날로그 트레스홀드 트리거 (실제 값 Ax)
- 아날로그 증폭기 (실제 값 Ax)
- 아날로그 멀티플렉서 (실제 값 AQ)
- 아날로그 램프 (실제 값 AQ)
- 아날로그 연산 (실제 값 AQ)
- PI 제어기 (실제 값 AQ)
- 업/다운 카운터 (실제 값 Cnt)

필요한 함수를 블록번호로 선택합니다. 파라미터 디폴트에 대한 내용은 온 딜레이 단원을 참조하십시오.

파라미터 P (소수점 이하 자릿수)

메시지 텍스트에서의 값에만 적용됩니다.

타이밍 다이어그램

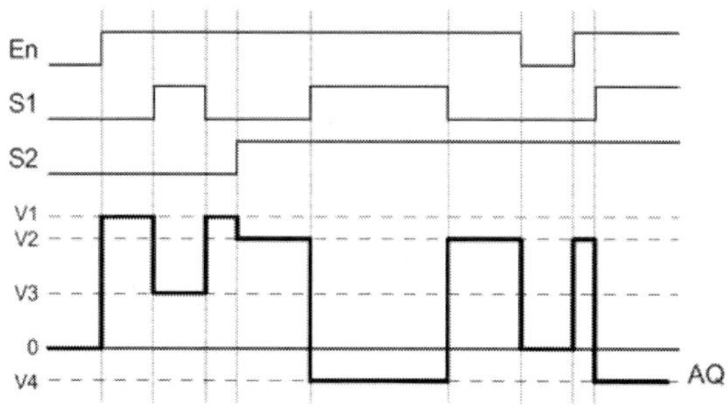

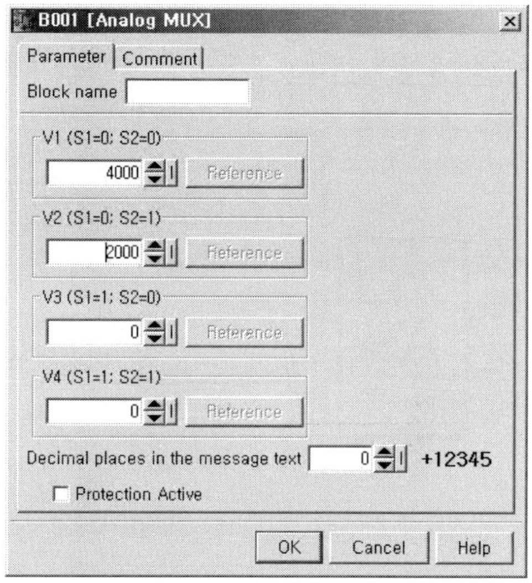

기능설명

입력 En이 On 되면 함수는 S1과 S2의 값에 따라 V1에서 V4의 4개 아날로그 값 중 하나를 출력 AQ에 출력합니다.

입력 En이 On 되지 않으면 함수는 출력 AQ에 아날로그 값 0를 출력합니다.

아날로그 출력

이 특수 함수를 실제 아날로그 출력에 연결하는 경우 아날로그 출력은 0에서 1000까지의 값만을 처리합니다. 이 경우 특수 함수의 아날로그 출력과 실제 아날로그 출력 사이에 별도의 증폭기를 연결해야 합니다. 이 증폭기로 특수 함수의 출력 범위를 0에서 1000으로 표준화시킬 수 있습니다.

5.5.7 아날로그 램프(Analog lamp)

아날로그 램프함수는 출력을 현재 레벨에서 선택한 레벨로 지정된 속도로 변경시킵니다.

LOGO!에서의 심벌	배선	설명
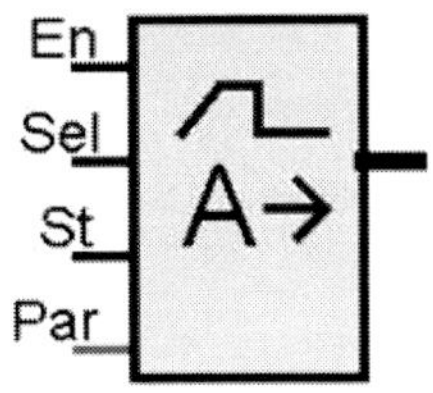	입력 En	입력 En(Enable)의 상태가 0에서 1로 변환되면 start/stop 레벨(오프셋 "B" + StSp)을 100ms 동안 출력하고 선택한 레벨로 램프 운전을 시작합니다. 상태가 1에서 0 으로 변환되면 즉시 현재 레벨을 오프셋 "B"로 설정하며 이로 인해 출력 AQ가 0가 됩니다.
	입력Sel	SeI = 0: 레벨 1이 선택됩니다. SeI = 1: 레벨 2가 선택됩니다. Sel의 상태가 변환되면 현재의 레벨이 선택된 레벨로 지정된 속도로 변경되게 만듭니다.
	입력 St	입력 St(Decelerated Stop)에서의 상태가 0에서 1로 변환되면 현재의 레벨이 일정한 속도로 start/stop 레벨(오프셋 "B" + StSp)에 도달할 때까지 감소하게 됩니다. start/stop 레벨은 100ms 동안 유지되고 그 후 현재 레벨이 오프셋 "B"로 설정되며 이로 인해 출력 AQ가 0가 됩니다.
파라미터	Level 1과 Level 2: 도달할 레벨 각 레벨의 값의 범위: -10,000에서 +20,000 MaxL: 어떤 경우에도 초과해서는 안될 최대값 값의 범위: -10,000에서 +20,000 StSp: Start/Stop 오프셋: 오프셋 "B"에 더해져서 Start/Stop 레벨을 생성하는 값. Start/Stop 오프셋이 0이면 start/stop 레벨은 오프셋 "B" 입니다. 값의 범위: 0에서 +20,000 Rate: level 1, level 2 혹은 오프셋에 도달하는 속도 Steps/seconds로 나타납니다. 값의 범위: 1에서 10,000 A: 이득 값의 범위: 0에서 10.00 B: 오프셋 : 값의 범위: ±10,000 p: 소수점 이하 자리수 값의 범위: 0, 1, 2, 3	
출력 Q	출력 AQ은 아래 공식을 사용하여 스케일 됩니다. AQ 값의 범위: 0에서 +32767 (현재 Level - 오프셋 "B") / 이득 "A" 값의 범위: 0에서 +32767 노트: AQ가 파라미터 모드나 메시지 모드에서 디스플레이되면 스케일되지 않은 값이 보여집니다 (엔지니어링 단위: 현재 레벨).	

파라미터 L1, L2

L1과 L2의 아날로그 값은 이미 사용된 다른 함수에 의해 제공될 수 있습니다. 다음 함수의 실제 값을 사용할 수 있습니다.

- 아날로그 비교기 (실제 값 Ax - Ay)
- 아날로그 트레스홀드 트리거 (실제 값 Ax)
- 아날로그 증폭기 (실제 값 Ax)
- 아날로그 멀티플렉서 (실제 값 AQ)

- 아날로그 램프 (실제 값 AQ)
- 아날로그 연산 (실제 값 AQ)
- PI 제어기 (실제 값 AQ)
- 업/다운 카운터 (실제 값 Cnt)

필요한 함수를 블록 번호로 선택합니다. 파라미터 디폴트에 대한 내용은 온 딜레이 단원을 참조하십시오.

파라미터 P (소수점 이하 자릿수)

메시지 텍스트에 삽입될 AQ, L1, L2, MaxL, StSp, Rate 값을 디스플레이할 때에만 적용됩니다.

타이밍 다이어그램

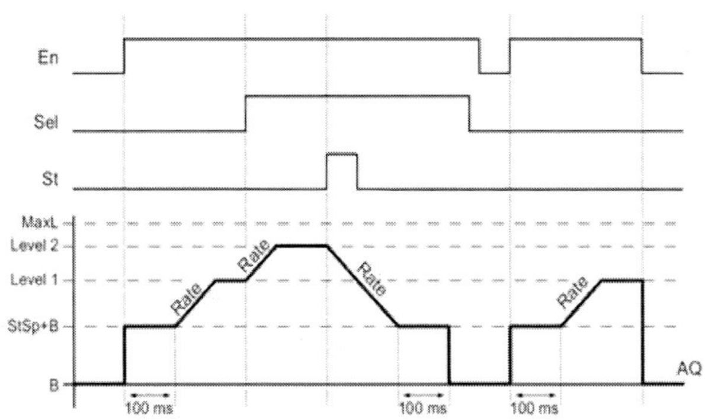

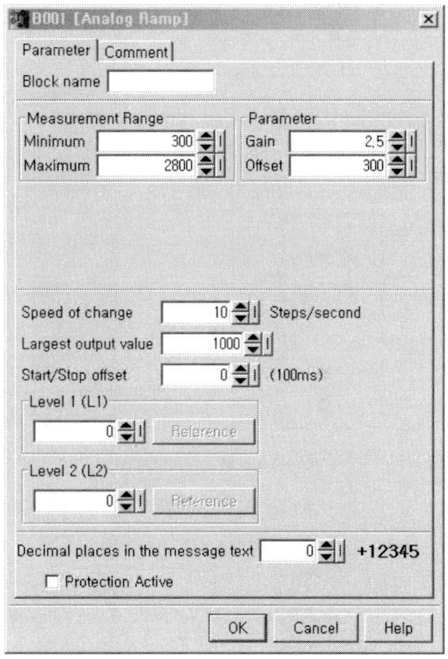

기능설명

입력 En이 세트되면 함수는 100ms동안 StSp + 오프셋 "B"의 값을 세트시킵니다.

그 후 Sel의 선택에 따라 함수는 StSp + 오프셋 "B" 레벨에서 레벨 1이나 레벨 2로 지정된 상승 속도로 상승시킵니다.

입력 St이 세트되면 함수는 StSp + 오프셋 B 레벨로 Rate에서 설정한 가속 설정 값으로 상승시킵니다. 그 후 StSp + 오프셋 "B"에서의 레벨을 100ms동안 유지시킵니다. 100ms 이후에는 레벨이 오프셋 "B"로 설정됩니다. 스케일된 값(출력 AQ)은 0입니다.

입력 St가 세트되면 함수는 입력 St와 En이 리셋된 이후에만 다시 동작시킬 수 있습니다.
입력 Sel이 변경되면 Sel의 선택에 따라 함수는 현재의 타깃 레벨에서 지정된 속도로 새로운 타깃 레벨로 이동시킵니다.
입력 En이 리셋되면 함수는 즉시 현재의 레벨을 오프셋 "B"로 세트시킵니다.
현재의 레벨은 100ms마다 업데이트됩니다. 출력 AQ와 현재 레벨 사이의 관계는 아래와 같습니다. 출력 AQ = (현재 레벨 -오프셋 "B") / 이득 "A"

5.5.8 PI 제어기(PI controller)

비례동작과 적분동작 제어기입니다. 비례제어와 적분제어를 각각 사용하거나 조합하여 사용할 수 있습니다.

LOGO!에서의 심벌	배선	설명
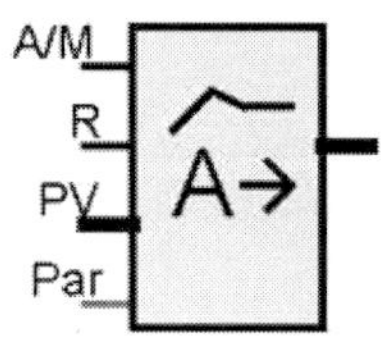	입력 A/M	제어기 모드를 설정합니다. 1: 자동 모드 0: 수동 모드
	입력 R	입력 R에 신호가 들어오면 출력 AQ를 리셋시킵니다. 이 입력이 세트되어 있는 한 입력 A/M은 디세이블 됩니다. 출력 AQ는 0로 세트됩니다.
	입력 PV	아날로그 값: 프로세스 변수이며 값 출력에 영향을 줍니다.
파라미터	SP: 설정 값 할당 값의 범위: -10,000에서 +20,000 KC: 이득 값의 범위: 00.00에서 99.99 TI: 적분 시간 값의 범위: 00:01에서 99:59 m Dir: 제어기 동작 방향 값의 범위: + 혹은 - Mq: 매뉴얼 모드에서의 AQ 값 값의 범위: 0에서 1000 Min: PV의 최소 값 값의 범위: -10,000에서 +20,000 Max: PV의 최소 값 값의 범위: -10,000에서 +20,000 A: 이득 값의 범위: ±10.00 B: 오프셋 값의 범위: ±10,000 p: 소수점 이하 자릿수 값의 범위: 0, 1, 2, 3	
출력 AQ	이 특수함수는 아날로그 출력을 가지고 있습니다. (= manipulated variable). 아날로그 출력은 함수의 아날로그 입력, 아날로그 플래그 AM, 아날로그 출력 커넥터(AQ1, AQ2)에만 연결될 수 있습니다. AQ 값의 범위: 0...1000	

파라미터 SP와 Mq

설정 값 SP와 Mq 값은 이미 사용된 다른 함수에 의해 제공될 수 있습니다. 다음 함수의 실제 값을 사용할 수 있습니다.

- 아날로그 비교기 (실제 값 Ax - Ay)
- 아날로그 트레스홀드 트리거 (실제 값 Ax)
- 아날로그 증폭기 (실제 값 Ax)
- 아날로그 멀티플렉서 (실제 값 AQ)
- 아날로그 램프 (실제 값 AQ)
- 아날로그 연산 (실제 값 AQ)
- PI 제어기 (실제 값 AQ)
- 업/다운 카운터 (실제 값 Cnt)

파라미터 KC, TI

아래 사항을 참조하십시오.

- 파라미터 KC가 0이면 "P" 함수(비례 제어)은 실행되지 않습니다.
- 파라미터 TI가 99:59 m이면 "I" 함수(적분 제어)은 실행되지 않습니다.

파라미터 P (소수점 이하 자릿수)

메시지 텍스트에 삽입될 PV, SP, Min, Max 값을 디스플레이할 때에만 적용됩니다.

타이밍 다이어그램

AQ에 영향을 주는 특성, 방법, 속도 등은 KC와 TI 파라미터에 따라 달라집니다. 그러므로 다이어그램에서의 AQ 라인은 단순히 한 예일 뿐입니다. 제어 동작은 연속적이기 때문에 아래 다이어그램은 단지 일부만 표시하고 있습니다.

타이밍 다이어그램

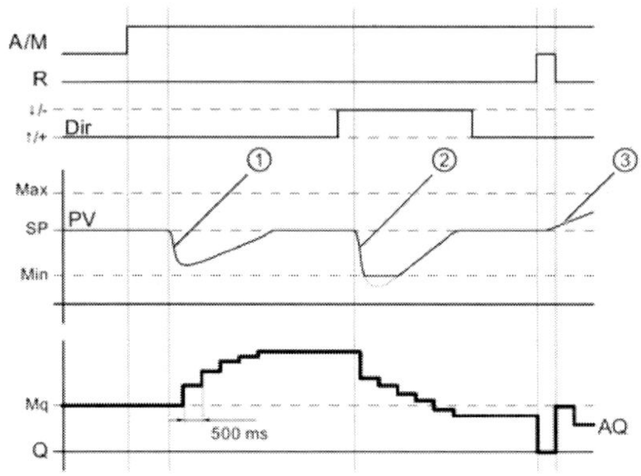

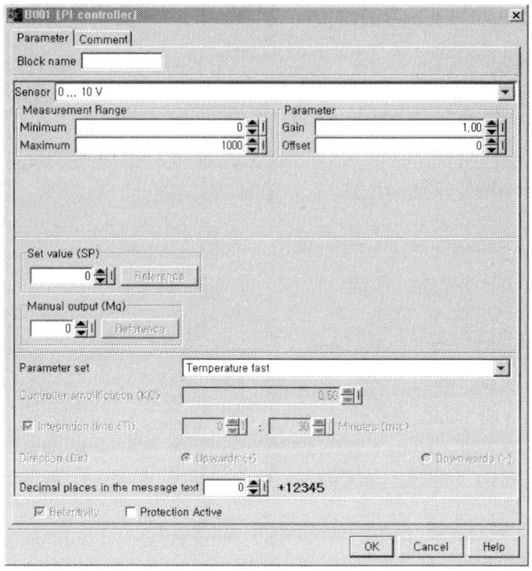

① Dir이 위쪽으로 향해있으므로 왜란은 PV를 떨어뜨립니다. PV가 다시 SP와 같아질 때까지 AQ는 증가합니다.

② Dir이 아래쪽으로 향해있으므로 왜란은 PV를 떨어뜨립니다. PV가 다시 SP와 같아질 때까지 AQ는 감소합니다.

방향(dir)은 함수가 동작하는 동안에는 변경될 수 없습니다. 여기서의 Dir 변경은 단지 설명을 위해서 표시되었습니다.

③ 입력 R에 의해 AQ가 0로 설정되므로 PV가 변하게 됩니다. 입력 R에 의해 AQ가 떨어지게 되므로 PV가 변하게 됩니다.

기능설명

입력 A/M이 0로 설정되면 특수 함수는 파라미터 Mq로 설정한 값을 출력 AQ로 제공합니다. 입력 A/M이 1로 설정되면 자동 모드가 시작됩니다. 값의 총합으로 Mq가 채택이 되면 제어기 함수는 계산을 시작합니다.

업데이트된 값 PV는 아래 공식에 사용됩니다.

업데이트된 값 PV = (PV •이득) + 오프셋

- 업데이트된 PV 값 = SP이 되면 특수 함수는 AQ의 값을 변경시키지 않습니다.
- Dir = upwards(+) (타이밍 다이어그램 1번과 3번)

  -업데이트된 PV 값 = SP이 되면 특수 함수는 AQ의 값을 감소시키지 않습니다.

  -업데이트된 값 PV 〈 SP이 되면 특수 함수는 AQ의 값을 증가시킵니다.

- Dir = downwards(-) (타이밍 다이어그램 2번)
  -업데이트된 값 PV 〉 SP이 되면 특수 함수는 AQ의 값을 증가시킵니다.
  -업데이트된 값 PV 〈 SP이 되면 특수 함수는 AQ의 값을 감소시키지 않습니다.

왜란이 있으면 업데이트된 값 PV는 다시 SP에 맞추기 위해 AQ를 증가시키든지 감소됩니다. AQ 변경의 속도는 파라미터 KC와 TI에 의해 달라집니다.
입력 PV가 파라미터 Max를 초과하면 업데이트된 값 PV는 Max 값으로 설정됩니다.
PV가 파라미터 Min 아래로 떨어지면 업데이트된 값 PV는 Min의 값으로 설정됩니다.
입력 R이 1로 설정되면 AQ 출력은 리셋 됩니다. R이 리셋되어 있는 한 입력 A/M은 디세이블 됩니다.

샘플링 타임

샘플링 타임은 500ms로 고정되어 있습니다.

파라미터 세트

KC, TI, Dir의 어플리케이션 관련 파라미터 세트를 사용하는 어플리케이션 예와 자세한 내용은 LOGO!Soft Comfort의 온라인 도움말을 참조하십시오.

5.5.9 펄스 폭 변조기(Pulse Width Modulator)

펄스 폭 변조기(PWM) 명령어는 아날로그 입력 값 Ax를 펄스형태의 디지털 신호로 모듈레이션(modulates)시킵니다. 펄스폭은 아날로그 값 Ax에 따라 비례적으로 변환됩니다.

LOGO!에서의 심벌	배선	설명
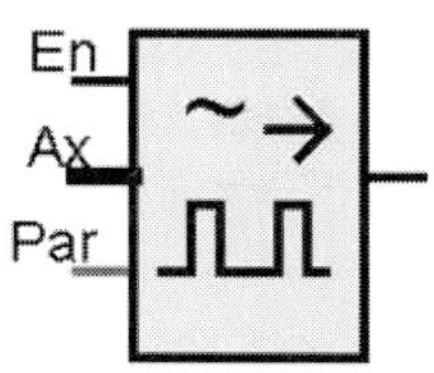	입력 En	입력 Trg 의 포지티브 에지(0에서 1로의 변환)에 의해 특수함수가 시작됩니다.
	입력 Ax	펄스 형태의 디지털 출력 신호로 모듈레이션될 아날로그 신호
	파라미터	A: 이득 값의 범위: ± 10.00 B: 제로 오프셋 값의 범위: ± 10,000 T: 디지털 출력이 모듈레이션되는 주기 시간 p: 소수점 이하 자리수 값의 범위: 0, 1, 2, 3 Min: 값의 범위: ±20,000 Max: 값의 범위: ±20,000
	출력 Q	Q는 아날로그 값에 대한 표준화된 값 Ax의 비율만큼 매 주기시간 동안 세트되거나 리셋 됩니다.

파라미터 T

타임 응답 단원에 있는 파라미터 T의 디폴트를 참조하십시오.

주기 시간 T는 이미 사용된 다른 함수의 실제 값으로 제공될 수 있습니다. 다음 함수의 실제 값을 사용할 수 있습니다.

- 아날로그 비교기 (실제 값 Ax - Ay)
- 아날로그 트레스홀드 트리거 (실제 값 Ax)
- 아날로그 증폭기 (실제 값 Ax)
- 아날로그 멀티플렉서 (실제값 AQ)
- 아날로그 램프 (실제 값 AQ)
- 아날로그 연산 (실제 값 AQ)
- PI 제어기 (실제 값 AQ)
- 업/다운 카운터 (실제 값 Cnt)

필요한 함수를 블록 번호로 선택합니다. 타임베이스는 조정이 가능합니다. 사용할 수 있는 타임 베이스 범위와 파라미터 프리셋에 대한 내용은 온 딜레이 (쪽 134)단원을 참조하십시오.

파라미터 P (소수점 이하 자릿수)

파라미터 P는 메시지 텍스트에 삽입될 Ax 값의 디스플레이에만 적용됩니다.

기능설명

이 함수는 아날로그 입력 Ax의 신호 값을 읽습니다.

이 값에 파라미터 A(이득)의 값이 곱해집니다. 그 결과 값에 파라미터 B(오프셋)가 더해집니다. 결과가 다음과 같습니다.

(Ax * 이득) + 오프셋 = 실제 값 Ax

함수 블록은 전체 범위에 대한 실제 값 Ax의 비율을 계산합니다. T(주기 시간) 파라미터와 동일한 비율만큼의 시간동안 디지털 출력 Q를 hi로 설정하고 주기 시간의 나머지에 대해 Q를 lo로 설정합니다.

타이밍 다이어그램이 있는 예

다음의 예는 어떻게 PWM 명령어가 아날로그 입력 값에서 디지털 출력 신호로 모듈 레이션되는 지를 보여줍니다.

EX 1

아날로그 입력 값: 500 (범위 0~1000)

주기 시간 T: 4초

PWM 함수의 디지털 출력은 2초간 high이고 2초간 low입니다. "En" = high 상태가 계속되는 한 2초간 high이고 2초간 low 패턴이 지속적으로 이루어집니다.

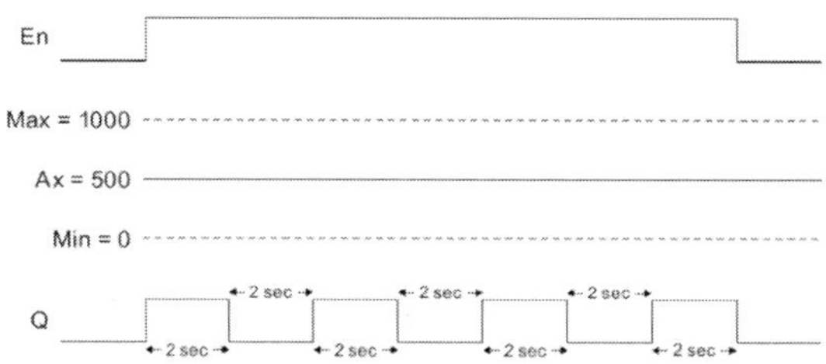

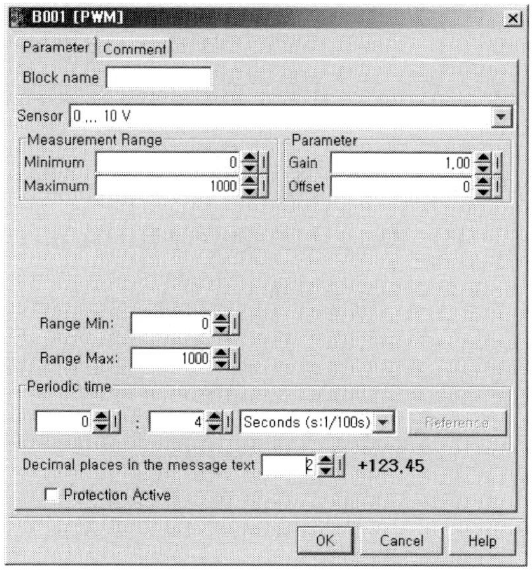

EX 2

아날로그 입력 값: 300(범위 0~1000)

주기 시간 T: 10초

PWM 함수의 디지털 출력은 3초간 high이고 7초간 low입니다. "En" = high 상태가 계속되는 한 3초간 high이고 7초간 low 패턴이 지속적으로 이루어집니다.

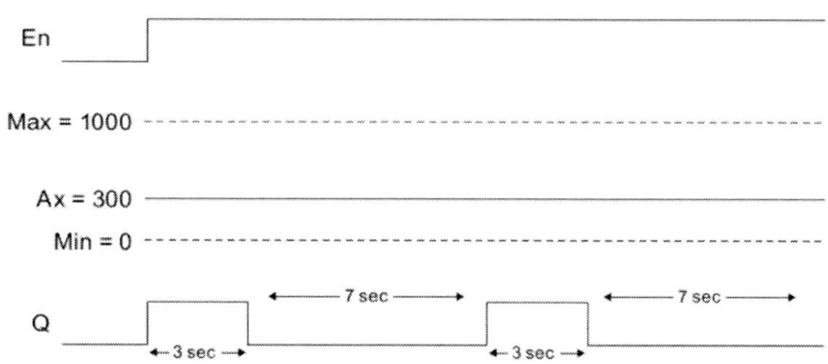

계산규칙

Q = 1, 시간 주기 T의 (Ax - Min) / (Max - Min)동안, Min 〈 Ax 〈 Max일 때

Q = 0, 시간 주기 T의 PT - [(Ax - Min) / (Max - Min)]

> **노트**
>
> 이 계산에서 Ax는 이득과 오프셋을 사용하여 계산한 실제 값 Ax를 의미합니다.

다음 그림은 첫 번째에 해당하는 프로그래밍 모드에서 보기를 보여줍니다.

5.5.10 아날로그 연산(Mathematic instruction)

아날로그 연산블록은 사용자가 정의한 연산자와 피연산자로 구성된 방정식의 AQ 값을 계산합니다.

LOGO!에서의 심벌	배선	설 명
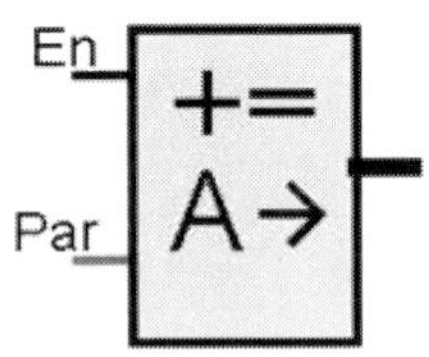	입력 En	입력 En(Enable)에서 상태가 0에서 1로 변경되면 아날로그 연산 함수 블록이 이네이블 됩니다.
	파라미터	V1: 첫 번째 피연산자 값 V2: 두 번째 피연산자 값 V3: 세 번째 피연산자 값 V4: 네 번째 피연산자 값 Op1: 첫 번째 연산자 Op2: 두 번째 연산자 Op3: 세 번째 연산자 Pr1: 첫 번째 연산의 우선권 Pr2: 두 번째 연산의 우선권 Pr3: 세 번째 연산의 우선권 Qen→0: 0: En=0일 때 AQ의 리셋 값이 0가 됩니다. 1: En=0일 때 AQ의 최종 값을 유지합니다. p: 소수점 이하 자릿수 값의 범위: 0, 1, 2, 3
	출력 AQ	출력 AQ는 피연산자 값과 연산자로 이루어진 방정식의 결과입니다. AQ는 0로 나누어지거나 오버프로우가 생기면 32767로 설정되고 네거티브 오버프로우(언더플로우)가 발생하면 -32768로 설정됩니다.

파라미터 V1...V4

V1...V4의 아날로그 값은 이미 사용된 다른 함수에 의해 제공될 수 있습니다. 다음 함수의 실제 값을 사용할 수 있습니다.

- 아날로그 비교기 (실제 값 Ax - Ay)
- 아날로그 트레스홀드 트리거 (실제 값 Ax)
- 아날로그 증폭기 (실제 값 Ax)
- 아날로그 멀티플렉서 (실제 값 AQ)
- 아날로그 램프 (실제 값 AQ)
- 아날로그 연산 (실제 값 AQ)
- PI 제어기 (실제 값 AQ)
- 업/다운 카운터 (실제 값 Cnt)

필요한 함수를 블록 번호로 선택합니다.

> **노트**
>
> 파라미터 V1,V2, V3, V4에 대한 아날로그 값을 이미 사용된 다른 함수에서 가져오고 그 함수의 실제 값이 V1 ... V4 값의 범위를 초고하면 LOGO!는 리밋 값을 디스플레이합니다. 값이 하위 범위보다 작으면 -32768을 디스플레이하고 값이 상위 범위보다 크면 32767을 디스플레이합니다.

파라미터 P (소수점 이하 자릿수)

파라미터 P는 메시지 텍스트에 삽입될 V1, V2, V3, V4, AQ를 디스플레이할 때에만 적용됩니다.

기능설명

이 아날로그 연산 함수는 4개의 피 연산자와 4개의 연산자가 합해져 하나의 방정식을 이룹니다. 연산자는 다음 4개의 표준 연산자를 사용할 수 있습니다: +, -, *, /. 각 연산자들에게는 High (H), Medium (M), 혹은 Low (L) 우선권이 설정되어야 합니다. 높은 우선권의 연산은 가장 먼저 연산이 되고 다음에 중간 우선권, 낮은 우선권의 연산이 이루어집니다. 각 우선권마다 정확히 하나의 연산이 수행되어야 합니다. 연산자는 이미 정의된 함수의 값을 사용할 수 있습니다. 아날로그 연산 함수는 결과 값을 가장 가까운 정수 값으로 반올림시킵니다.
피연산자의 개수는 4개로 고정되고 연산자의 개수는 3개로 정해져 있습니다. 연산자를 더 적게 사용하기 원하면 "+ 0" 혹은 "* 1" 들을 사용하여 파라미터의 나머지를 채우십시오.

Enable 파라미터 "En"=0일 때의 함수의 동작을 구성할 수도 있습니다. 이 경우 함수블록은 최종 값을 유지하거나 0으로 설정할 수 있습니다. Qen → 0 = 0이면 함수는 En=0일 때 AQ를 0로 세트시키고 Qen → 0 = 1일 때 함수는 En=0일 때 그 최종 값이 AQ에 남아있게 됩니다.

발생할 수 있는 에러: 제로로 나누기와 오버플로우

아날로그 연산 함수 블록 실행 중 제로로 나누기나 오버플로우가 나오면 발생한 관련 내부 비트가 세트됩니다. 사용자는 아날로그 연산 에러 검출 함수 블록을 사용하여 이러한 에러들을 찾아내고 원하는 동작이 나오도록 프로그램 할 수 있습니다. 하나의 아날로그 연산 함수 블록에 하나의 아날로그 연산 에러 검출 함수 블록을 사용합니다.

예)

다음 테이블은 간단한 아날로그 연산 블록 파라미터, 방정식, 출력 값을 보여줍니다.

V1	Op1(Pr1)	V2	Op2 (Pr2)	V3	Op3 (Pr3)	V4
12	+ (M)	6	/ (H)	3	- (L)	1

Equation: (12 + (6 / 3)) - 1

결과: 13

V1	Op1(Pr1)	V2	Op2 (Pr2)	V3	Op3 (Pr3)	V4
2	+ (L)	3	*(M)	1	+ (H)	4

Equation: 2 + (3 * (1 + 4))

결과: 17

V1	Op1(Pr1)	V2	Op2 (Pr2)	V3	Op3 (Pr3)	V4
100	- (H)	25	/ (L)	2	+ (M)	1

Equation: (100 - 25) / (2 + 1)

결과: 25

다음 그림은 첫 번째에 해당하는 프로그래밍 모드에서보기를 보여줍니다.

예1) (12 + (6 / 3)) − 1

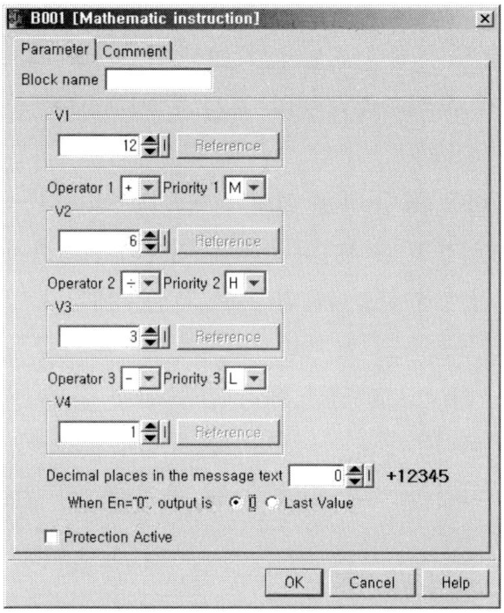

5.5.11 아날로그 연산 에러 검출(Mathematic instruction error detection)

아날로그 연산 에러 검출 블록은 아날로그 연산 함수블록에서 에러가 검출될 때 출력을 세트시킵니다.

LOGO!에서의 심벌	배선	설명
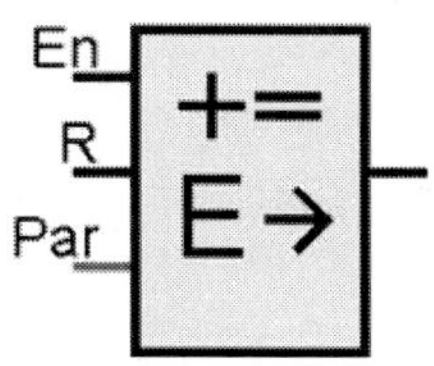	입력 En	입력 En(Enable)에서 상태가 0에서 1로 변경되면 아날로그 연산 에러 검출 함수블록이 이네이블 됩니다.
	입력 Rl	입력 R에 신호가 들어오면 출력을 리셋 시킵니다.
	파라미터	MathBN: 아날로그 연산 명령어의 블록 번호 Err: ZD: 0으로 나누기 OF: 오버플로우 ZD/OF: (0으로 나누기) OR (오버플로우) AutoRst: 아나로그 연산 함수 블록을 다시 실행하기 전에 출력을 리셋 시킵니다. Y = yes; N = no
	출력 Q	해당 아날로그 연산 함수 블록의 마지막 연산에서 에러가 검출되지 않으면 Q가 high로 세트시킵니다.

파라미터 MathBN

파라미터 MathBN의 값은 이미 사용된 아날로그 연산 함수 블록의 블록 번호입니다.

기능설명

아날로그 연산 에러 검출 블록은 해당 아날로그 연산 함수 블록에서 에러가 발생하면 출력을 세트시킵니다. 제로로 나누기, 오버프로우 에러, 혹은 두 가지 모두 발생을 할 때 이 함수블록은 출력을 세트시킵니다.

AutoRst가 세트되면 출력은 다음 함수 블록 실행 전에 리셋 됩니다. AutoRst가 세트되지 않으면 아날로그 연산 에러 검출 에러가 R 파라미터에 의해 리셋되기 전까지 출력은 그 상태를 유지합니다. 이런 식으로 에러가 삭제되어도 사용자 프로그램은 에러가 발생한 지점에 대한 정보를 계속 가지고 있습니다.

아날로그 연산 함수 블록이 아날로그 연산 에러 검출 함수 블록 전에 실행되면 에러가 동일 스캔 사이클 내에서 검출됩니다. 해당 아날로그 연산 함수 블록이 아날로그 연산 에러 검출 함수 블록 이후에 실행이 되면 에러는 다음 스캔 사이클에서 검출됩니다.

아날로그 연산 에러 검출 로직 테이블

아래 테이블에서 Err 항목은 어떤 타입의 에러를 검출할 것인가를 선택하는 아날로그 연산 에러 검출 명령어 파라미터입니다. ZD는 제로로 나누기 비트이며 아날로그 연산명령의 실행 마지막에 세트됩니다. 에러가 발생하면 1이고 발생하지 않으면 0입니다.

OF는 아날로그 연산 명령어에 의해 세트되는 오버플로우 비트를 의미합니다. 에러가 발생하면 1이고 발생하지 않으면 0입니다. ZD/OF는 아날로그 연산 함수 블록의 제로로 나누기 비트와 오버프로우 비트의 논리 OR 연산을 의미합니다. Q은 아날로그 연산 검출 함수의 출력을 의미합니다. "x"는 출력과 관계없이 비트가 0이나 1이 될 수 있음을 의미합니다.

Err	ZD	OF	Q
ZD	1	x	1
ZD	0	x	0
OF	x	1	1
OF	x	0	0
ZD/OF	1	0	1
ZD/OF	0	1	1
ZD/OF	1	1	1
ZD/OF	0	0	0

MathBN 파라미터가 Null이면 출력 Q는 항상 0입니다.

Par 파라미터 설정

파라미터 MathBN, AutoRst, Err는 프로그래밍 모드 혹은 파라미터 할당 모드에서 설정될 수 있습니다.

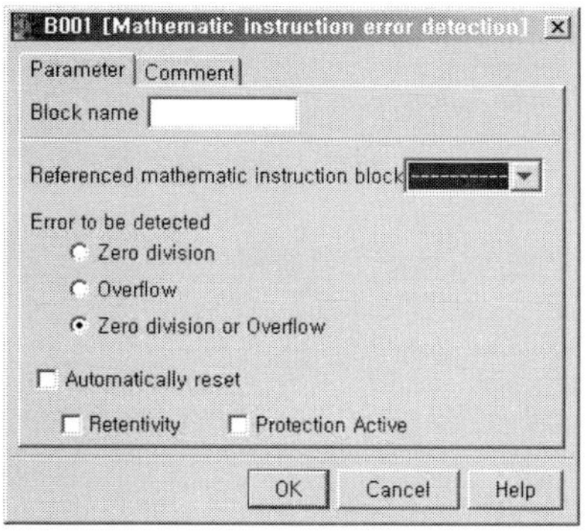

Referenced mathematic instruction blok : 이미 사용된 아날로그 연산 명령어의 블록번호.

ZD, OF 혹은 ZD/OF

Auto Reset(Y 혹은 N)

5.5.12 아날로그 필터(Analog filter)

아날로그 입력 신호를 평활화 아날로그 필터 함수

LOGO!에서의 심벌	배선	설명
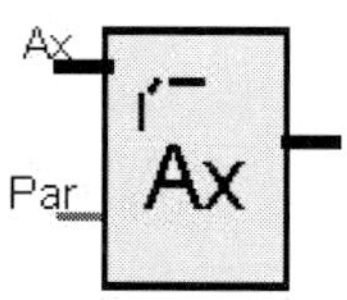	Ax	입력 신호 Ax 평활 지불되어야하는 입력 아날로그이다. 아날로그 입력 신호를 다음 Ax : • AI8에 • AI1 (*) • AM16에 AM1 • NAI32에 NAI1 • AQ2에 AQ1 • NAQ16에 NAQ1 • 아날로그 출력과 블록 번호
	파라미터	SN (샘플 수)은 프로그램 기간 내에 아날로그 샘플을 결정 값의 번호, 샘플의 개수에 의해 설정된 프로그램 사이클 판단수정. LOGO! 각 프로그램 사이클에서 아날로그 샘플링 값의 양. 세트 내의 샘플들의 개수와 동일한 프로그램 사이클. 가능한 설정 : 8, 16, 32, 64, 128, 256
	출력 Q	AQ는 과전류 입력 Ax의 평균값 샘플 수.

* AI1 ... AI8 : 0 ... 10 V 0 ... 1000 (내부 값)에 해당합니다.

타이밍 다이어그램

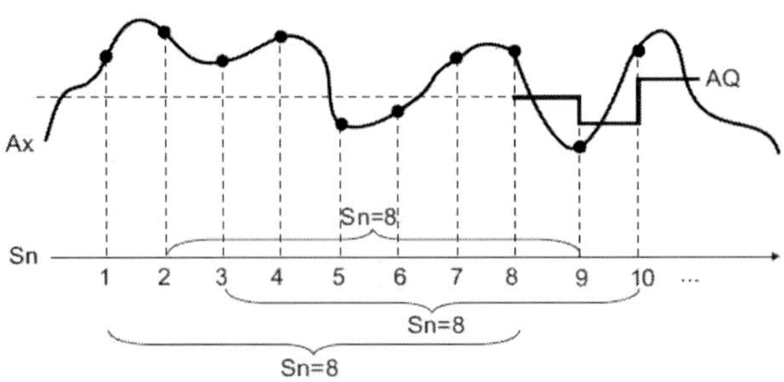

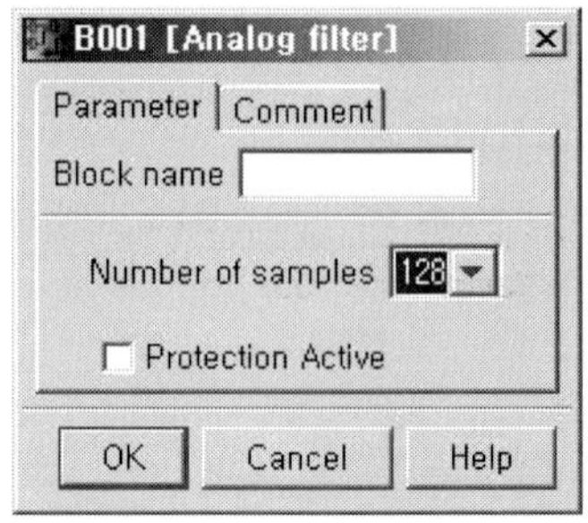

기능설명

함수 샘플의 세트 번호(SN)에 기초하여 입력 Ax에서 아날로그 신호를 인출하고 평균값을 출력한다.

5.5.13 최대/최소(Max/Min)

최대/최소 기능은 Ax의 최대 또는 최소값을 기록합니다.

LOGO!에서의 심벌	배선	설명
	En	AQ의 출력에서의 신호 입력 EN (활성화) 아날로그 값, 매개 변수의 특정 값 ERST 및 모드 결정
	S1	매개변수 모드가 설정되어있는 경우에만 S1 기능 2. 모드 2에서, 0-1의 상태의 변화로 설정되면 입력 S1 (선택기) AQ에 최대 값을 출력한다. 모드 2에서, 1-0의 상태의 변화로 설정되면 S1은 AQ로 최소 값을 출력한다.
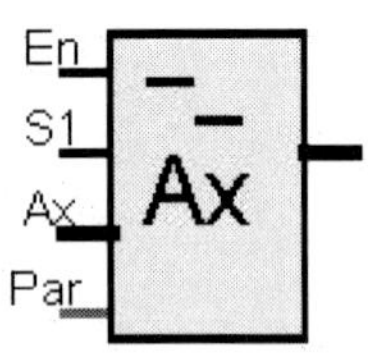	Ax	입력 Ax는 다음과 같은 아날로그 신호 중 하나입니다 : • AI8에 • AI1 (*) • AM16에 AM1 • NAI32에 NAI1 • AQ2에 AQ1 • NAQ16에 NAQ1 • 아날로그 출력 기능의 블록 번호
	파라미터	모드 : 가능한 설정 : 0, 1, 2, 3 모드 = 0 : AQ = 최소 모드 = 1 : AQ = 최대 모드 = 2, S1 = 0 (낮음) : AQ = 최소 모드 = 2, S1 = 1 (높음) : AQ = 최대 모드 = 3 : AX의 AQ = 실제 값

		ERST (재설정 가능): 가능한 설정 : ERST = 0 : 사용 안 함 리셋 ERST = 1 : 리셋을 사용 유지 : / = 비유지 R = 유지
	출력 Q	함수는 최소, 최대, 또는 전류를 출력구성에 따라, AQ에서 평가한다.

* AI1… AI8 : 0 … 10V, 0 … 1000 (내부 값)에 해당합니다.

파라미터 모드

- 아날로그 비교기 (실제 값의 Ax - Ay)
- 아날로그 임계 값 트리거 (실제 값 Ax)
- 아날로그 증폭기 (실제 값 Ax)
- 아날로그 멀티플렉서 (실제 값 AQ)
- 아날로그 램프 (실제 값 AQ)
- 수학 명령 (실제 값 AQ)
- PI 컨트롤러 (실제 값 AQ)
- 업 / 다운 카운터 (실제 값) CNT
- 아날로그 필터 (0BA7 전용) (실제 값 AQ)
- 평균 값 (0BA7 전용), (실제 값 AQ)
- 온 지연 (현재시간 Ta)
- 오프 지연 시간 (현재시간 Ta)
- On-Off-delay (현재시간 Ta)
- 적산 온 지연 (현재시간 Ta)
- 와이핑 릴레이 (펄스출력), (현재시간 Ta)
- 에지 트리거 와이핑 릴레이 (현재시간 Ta)
- 비동기 펄스 발생기 (현재시간 Ta)
- 계단 조명 스위치 (현재시간 Ta)
- 여러 기능 스위치 (현재시간 Ta)
- 스톱워치 (0BA7 전용), (실제 값 AQ)
- 최대 / 최소 (0BA7 만), (실제 값 AQ)
- 임계 값 트리거 (실제 값 Fre)

블록 수에 따라 필요한 기능을 선택합니다.

타이밍 다이어그램

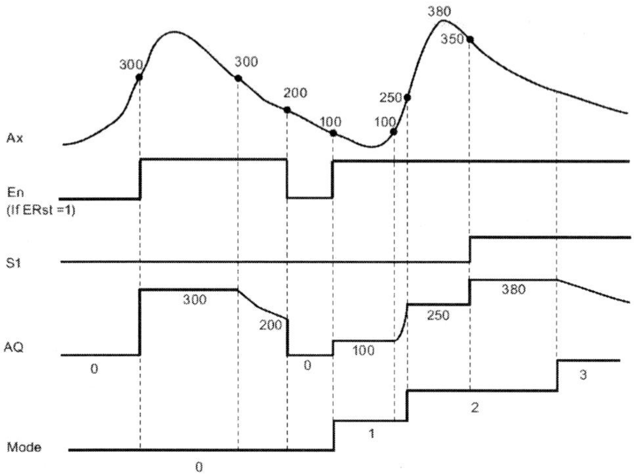

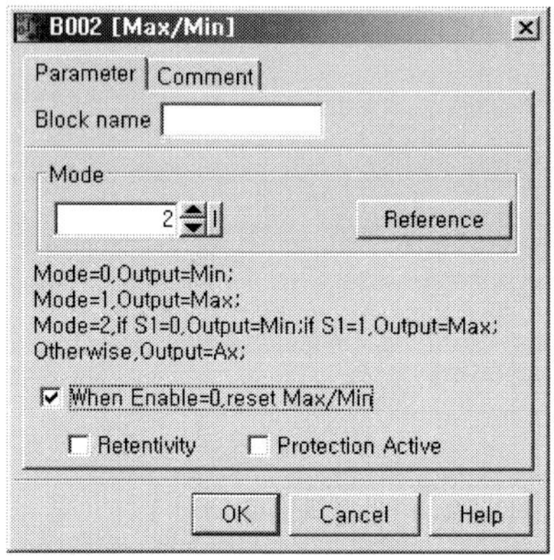

기능설명

ERST 1 = 및 EN = 0 :이 함수는 0으로 AQ 값을 설정합니다.

ERST은 = 1 및 EN = 1 : 기능 모드의 설정에 따라, AQ에서 값을 출력과 S1.

ERST = 0 및 EN = 0 : 함수는 전류 값 : AQ의 값을 보유하고 있다.

ERST = 0 및 EN = 1 : 기능 모드의 설정에 따라, AQ에서 값을 출력과 S1.

MODE = 0 : 함수가 최소 값을 설정 AQ

MODE = 1 : 함수는 최대 값을 설정 AQ

MODE = 2, S1 = 0 : 함수는 최소 값을 설정 AQ

MODE = 2, S1 = 1 : 함수는 최대 값을 설정 AQ

MODE = 3 : 기능은 현재의 아날로그 입력 값을 출력한다.

5.5.14 아날로그 평균값(Average value)

평균값 함수 구성된 기간 동안 아날로그 입력의 평균값을 산출한다.

LOGO!에서의 심벌	배선	설 명
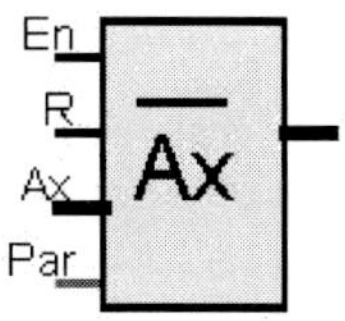	En	0에서 입력 욕실에서 1 전환에 대한 상태의 변화 평균값 기능을 시작합니다. 입력 욕실에서 1에서 0으로 상태의 변화는 보유 아날로그 출력 값입니다.
	R	입력 R에 신호는 아날로그 출력 값을 클리어 한다.
	Ax	입력 Ax는 다음과 같은 아날로그 신호 중 하나입니다. •AI8에 • AI1 (*) • AM16에 AM1 • NAI32에 NAI1 • AQ2에 AQ1 • NAQ16에 NAQ1 • 아날로그 출력 기능의 블록 번호
	파라미터	St (샘플링 시간) : 사용자 타임베이스를 설정할 수 있습니다. (초), D (일), H (시간), 또는 m (분) 값의 범위 : St = s의 : 1-59 St = D : 1-365 St = H : 1-23 St = M : 1-59 SN (샘플 수) : 값의 범위 : St = 초 : 1 일에 * 100 St = D : 1-32767 St = H : 1-32767 St = m와 세인트 ≤ 오분 세인트 * 6000 1 St = m와 세인트 ≥ 육분 : 1-32767 유지 : / = 비유지 R = 유지
	출력 Q	구성 시간 샘플링 기간 동안 입력 Ax의 평균값을 출력합니다.

타이밍 다이어그램

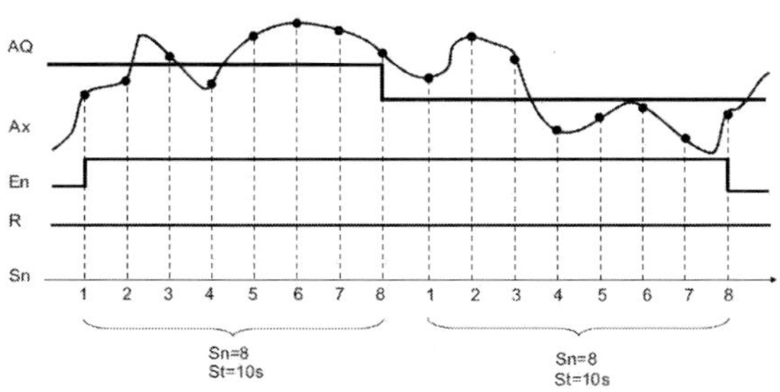

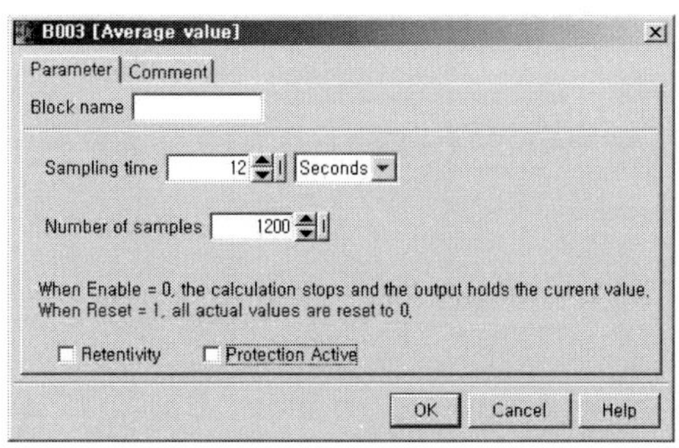

기능설명

이 기능은 설정된 샘플링 시간 및 생 시료의 Sn 개수 양쪽에 따른 아날로그 입력 신호를 인출하고 평균값을 출력한다. R에서의 신호는 0으로 AQ를 설정합니다.

5.5.15 아날로그 값 처리

아날로그와 디지털

아날로그 신호는 물리적인 양입니다. 이 양은 주어진 범위 내에서 어떤 값 - 어떤 연속적인 내부 값으로 변환될 수 있습니다. 아날로그의 반대는 디지털입니다. 디지털 신호는 0과 1 혹은 OFF와 ON 단 두 가지 상태만을 보여줍니다.

전기신호에서 아날로그 값으로 변환

LOGO!로 프로세스의 물리적인 양을 처리하려면 몇 단계가 필요합니다.

① LOGO!는 아날로그 입력에서 0V～10V의 전압이나 0mA～20mA의 전류를 읽을 수 있습니다. 물리적인 양(예 : 온도, 압력, 속도 등)은 전기적인 양으로 변화되어야 합니다. 이 변환은 별도의 센서에서 이루어집니다.

② LOGO!는 전기적인 양을 0～1000의 표준화된 값으로 변환할 수 있습니다. 이 값은 특정 아날로그 함수의 입력 값으로 연결됩니다.

③ 사용자 프로그램에서 표준회된, 아날로그 값을 사용하기 위해 아날로그 특수 함수를 사용하며 이때 Gain(이득)과 오프셋을 고려하여 아날로그 값을 계산합니다. 그 후 아날로그 값은 특수 함수에 의해 변환됩니다. (예 아날로그 증폭기), 아날로그 특수 함수가 아날로그 출력을 가지고 있다면 아날로그 값은 그 특수 함수의 출력으로 인가됩니다.

④ LOGO!로 아날로그 값을 전기적으로 신호로 변환시킬 수도 있습니다. 0과 10V 사이의 값으로 변환됩니다.

⑤ LOGO!는 이 전압을 다시 물리적인 양으로 변환시킴으로서 외부 엑추에이터를 제어할 수 있습니다.

다음 그림은 처리순서를 보여줍니다.

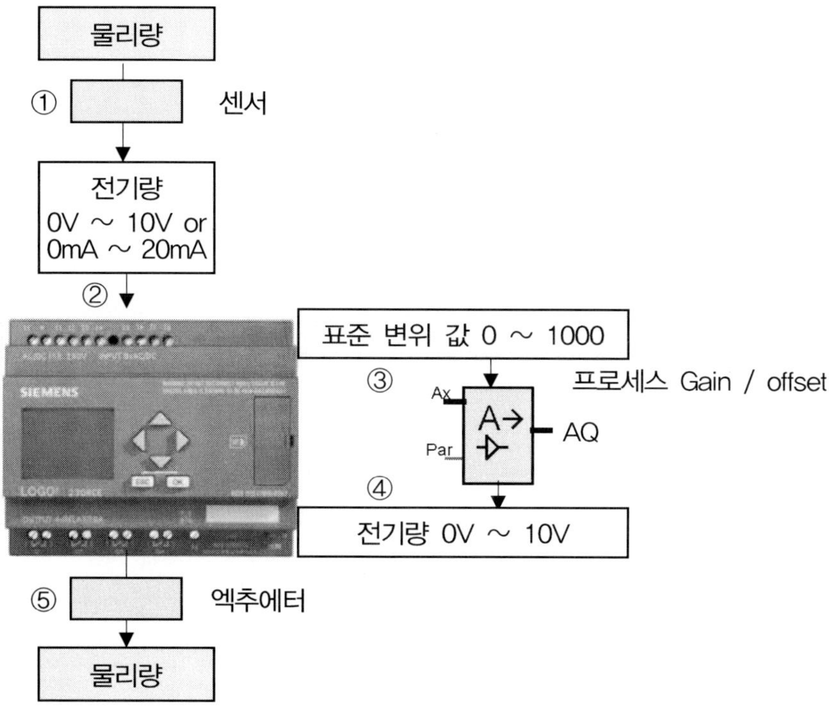

Gain(이득)

표준화된 아날로그 값은 파라미터에 의해 곱해 집니다. 이 파라미터를 사용하여 전기적인 양을 조정할 수 있습니다. 그래서 이 파라미터를 "Gain"이라고 부릅니다.

제로 포인트 오프셋

표준화된 아날로그 값에 하나의 파라미터를 더하거나 뺄 수 있습니다. 이 파라미터를 사용하면 전기적인 양의 제로 포인트가 위, 아래로 약간 이동합니다. 이 파라미터를 제로 포인트 오프셋(zero point offset)이라고 부릅니다.

Gain과 오프셋

아날로그 값은 다음과 같이 계산됩니다.

아날로그 값 = (표준화된 값 × Gain) + 오프셋

다음의 그림은 이 공식 및 Gain과 오프셋의 의미를 설면해 줍니다.

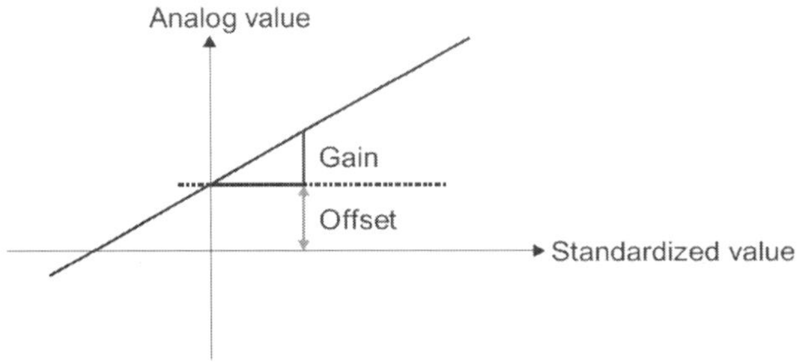

그래픽에서의 직선은 표준화된 값이 어떻게 아날로그 값으로 변경되고 있는가를 보여줍니다. Gain은 직선의 경사에 따라 달라지며 오프셋은 직선이 y축과 만나는 점의 이동에 따라 달라집니다.

아날로그 출력

아날로그 출력을 가지고 특수 함수의 실제 아날로그 출력에 연결되면 아날로그 출력은 0~1000의 값만을 처리하게 됩니다.

LOGO! Comfort 소프트웨어에서 이루어지는 설정

센서

센서타입을 설정하십시오.(0~10V, 0~20mA, 4~20mA, Pt100, no sensor)
4~20mA 센서타입은 표준화된 값의 범위가 200~1000입니다.

측정범위 : 측정범위를 지정하십시오. 측정범위는 아날로그 값이 변화되는 범위입니다.

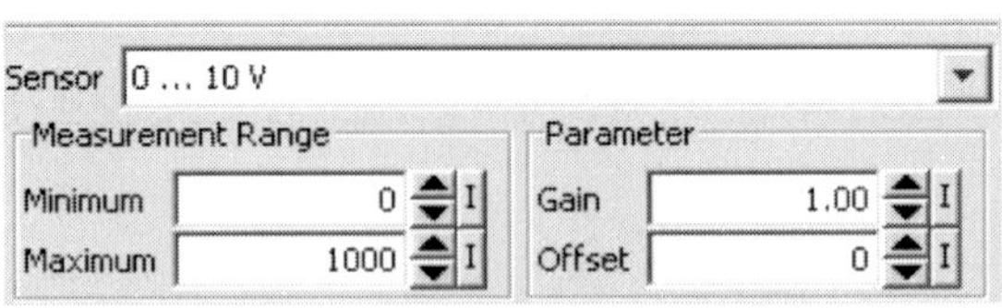

LOGO!Soft Comfort는 Gain과 오프셋을 자동으로 계산합니다.

Gain과 오프셋

Gain을 사용자 자신이 설정하기 원하면 -10.00에서 10.00 사이의 값을 입력할 수 있습니다. 0은 아무 의미가 없는데 이는 이간된 값과 상관없이 항상 0 값을 갖게 됩니다.
오프셋을 사용자 자신이 설정하기 원하면 -10.00에서 +10.00 사이의 값을 입력하십시오.

라운딩 에러

LOGO!Soft Comfort는 최대한 정밀하게 Gain과 제로 포인트 오프셋을 계산합니다. 그러나 LOGO!는 내부적으로 모든 수의 값들을 계산하기 때문에 모든 파라미터 조합을 LOGO!에 적용할 수 없습니다. 이 경우 프로그램을 LOGO!로 전송하기 전에 LOGO!Soft Comfort에서 라운딩 에러를 인식하게하고 가능한 값의 범위로 대체할 수 있습니다.

LOGO!Soft Comfort의 시뮬레이션

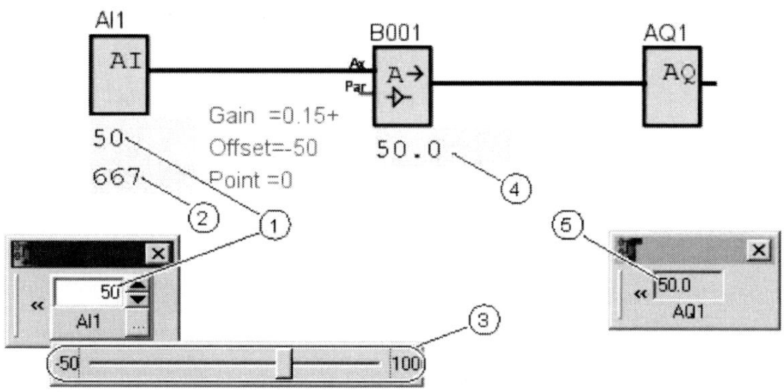

① 물리적인 값 범위는 측정범위 ③에 의해 정해집니다.
② 표준화된 값
③ 측정범위
④ 아날로그 값(Gain 과 오프셋을 처리한 후)
⑤ 아날로그 출력에서의 아날로그 값

LOGO! 하드웨어에서 이루어지는 설정

LOGO!에서 직접 프로그래밍 하는 경우 Gain과 오프셋 파라미터만 입력할 수 있습니다. Gain과 오프셋을 다음과 같이 계산할 수 있습니다.

외부 값 범위 : *minSensor - maxSensor*

센서가 측정할 수 있는 물리적인 양의 범위

표준화된 값의 범위 : minnorm – maxnorm

표준화된 범위

0~10V 혹은 0~20mA 센서의 경우 표준화된 값의 범위는 0~1000입니다.
4~20mA 센서의 경우 표준화된 값의 범위는 200~1000입니다.
Gain과 오프셋은 다음과 같이 계산합니다.

Gain = (maxSensor - minSensor) / (maxnorm –. minnorm)
Offset = [(minSensor x maxnorm) –. (maxSensor x minnorm)] / (maxnorm –. minnorm)

위 공식에 따라 Gain과 오프셋을 계산했다면 다음 공식에 의해 Gain과 오프셋을 계산할 수 있습니다.

Gain = (minSensor - Offset) / minnorm
Offset = (minSensor –. (Gain x minnorm)

EX 1

〈전제조건〉
센서 : 온도센서, 측정범위 -50~100℃
측정될 온도 25℃

〈LOGO!Soft Comfirt를 통한 처리순서〉
① 센서가 25℃ 온도를 5.0V로 전류로 변경합니다.
② LOGO!는 5.0V를 표준화된 값 500으로 변경합니다.
③ 센서와 측정범위 데이터를 사용하여 LOGO!는 Gain을 0.15로 오프셋을 -50으로 정합니다. 아날로그 값 = (표준화된 값 × Gain) + 오프셋 공식에 의해 LOGO!는 아날로그 값을 다음과 같이 계산합니다.

아날로그 값 = (500×0.15)−50 = 25

〈LOGO!를 통한 처리순서〉
① 센서가 25℃ 온도를 5.0V로 전류로 병경합니다.
② LOGO!는 5.0V를 표준화된 값 500으로 변경합니다.
③ 센서와 측정범위 데이터를 사용하여 Gain과 오프셋 값을 정해야 합니다.

Gain = (maxSensor –. minSensor) / (maxnorm –. minnorm)
Offset = minSensor –. (Gain x minnorm)

위 공식에 따라 다음과 같은 결과를 얻습니다.

Gain =(100-(-50)) / (1000-0)=0.15

오프셋 = -50-(500x0)= -50

④ 아날로그 값=(표준화된 값 x Gain)+오프셋 공식에 따라 LOGO!는 아날로그 값을 다음과 같이 계산합니다.

아날로그 값 =(500x0.15)-50=50

물리적인 양	센서의 전기적인 양	표준화된 값	Gain	오프 셋	아날로그 값
	0 V 5 V 10 V	0 500 1000	0.01	0	0 5 10
	4 mA 12 mA 20mA	0 500 1000	10 0 0	0	0 5000 10000
	0 mA 10 mA 20 mA	0 500 1000	1	50	50 550 1050
1000 mbar 3700 mbar 5000 mbar	O V 6.75 V 10 V	0 675 1000	4	1000	1000 3700 5000
-30 ℃ 0 ℃ +70 ℃	0 mA 6 mA 20 mA	0 300 1000	0.1	-30	-30 0 70

5.5.16 제어와 조절

1) 제어와 조절 기본지식

엔지니어링에서 제어(Control)되고 조절(Regulate)되어야 하는 것은 양(Quantity)입니다. 제어가 이루어질 때 양은 외부 영향에 대한 보상해줄 수 없는 상태에서 조작됩니다. 조절이 이루어질 때에 양은 외부 영향에 대해 보상을 해주기 위해 일정한 값을 유지합니다. 다음의 예에서 제어란 사람이 히터 출력을 고정된 값으로 설정할 수 있음을 의미합니다. 히터는 윈도우가 열려졌을 때 룸 온도가 내려가는 것을 보상할 수 없습니다.

또 조절이란 룸 온도가 20℃ 이상으로 올라가면 히터 출력을 줄이는 것을 의미합니다.

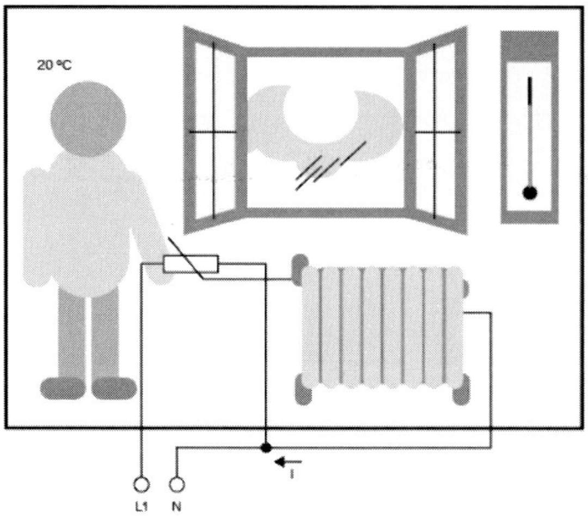

조절(Regulating)의 기본개념

위의 예에서 전기적인 히팅을 위한 전류는 MV(manipulated variable)이고 가변저항이 액추에이터(actuator)입니다. 이 액추에이터를 동작시키는 손이 제어(control)에 해당합니다. 실제 룸 온도는 제어된 변수 혹은 PV(process value)에 의해 제어됩니다. 원하는 룸 온도는 세트 포인트 값 혹은 명령어 변수(command variable)입니다. 전기 히팅이 CP(control process)입니다. 서머미터는 센서입니다. 윈도우를 열어서 생기는 온도감소가 왜란 변수(disturbance variable)입니다.

그러므로 이는 사람이 프로세스 값(룸 온도)을 센서(서머미터)로 측정하고 PV(룸 온도)을 히티 전류)를 수동으로 조절하는 것입니다. 이는 왜란 변수(창문을 열 때 발생하는 온도감소)을 보상해주시기 위한 것입니다. 이때 사람이 제어기기가 됩니다.

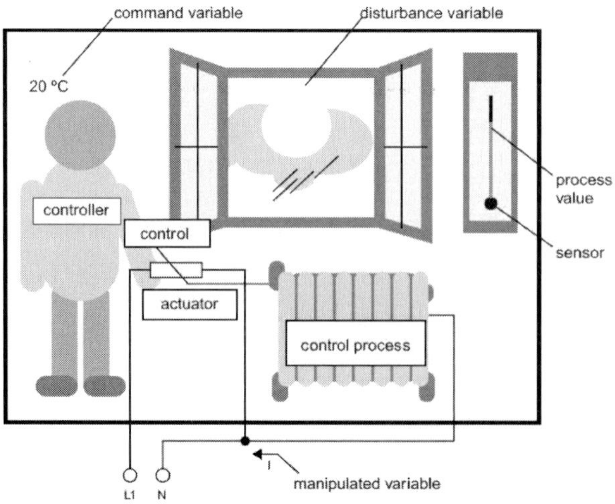

제어(control) 디바이스는 액추에이터와 제어로 이루어집니다.
제어와 제어기기가 조절(regulating) 디바이스를 조절합니다.
다음 그림은 위에서 설명한 내용의 개념도입니다.
명령어 변수(세트 포인트)와 프로세스 값이 서로 차이가 나면 포지티브나 네거티브 에러의 결과가 프로세스 값을 변경시킵니다.

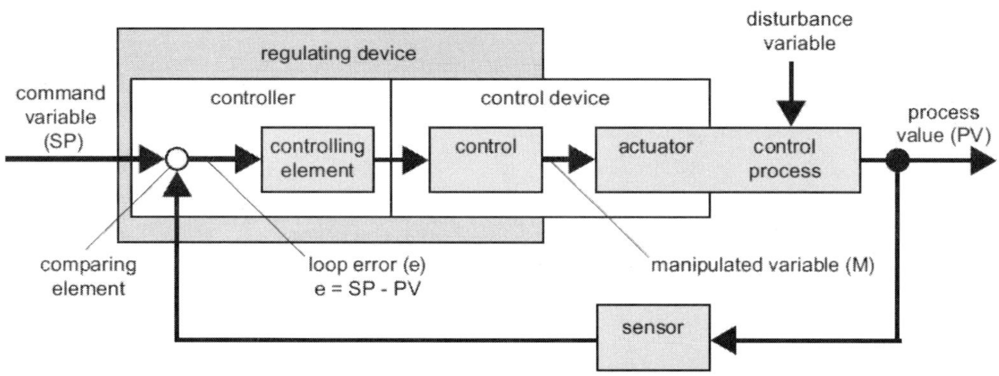

제어루프

프로세스 값 x는 MV(manipulated variable)인 M에 영향을 줍니다. 이는 control loop로 알려져 있는 폐회로를 생성합니다.
위 예에서 윈도우가 열린다면 룸의 온도는 떨어지게 됩니다. 사람은 히터의 출력을 올려야만 합니다. 히터 출력이 올라 너무 더워지게 되면 다시 히터 출력을 줄려야 합니다.
히터 출력이 너무 빨리 오르거나 내려가면 제어루프가 흔들리기 시작하고 롬 온도는 오르락 내리락 하게됩니다. 그러면 너무 덥든지 너무 춥게 됩니다. 이를 방지하려면 사람이 히터의 출력을 신중하고 천천히 올리든지 내려야 합니다.

루프에러

루프에러는 명령어 변수와 프로세스 값이 차이를 의미합니다. 즉 프로세스 값과 설정 값의 차이입니다.

e = SP −. PV

루프에러는 MV 값 M을 변경시키게 됩니다.
위 예는 이를 매우 잘 설명합니다. 원하는 온도가 20℃(=command value w)이고 룸 온도가 22℃(= process value PV)이면 아래와 같이 루프에러가 발생합니다.

e = SP −. PV = 20℃ - 22℃ = -2℃

이 경우 네거티브 신호는 히터 출력을 감소시키는 역동작을 의미합니다.
균형이 이루어진 제어루프에서는 루프에러가 제로 이거나 매우 작습니다. 명령어 변수가 수정되거나 왜란이 있으면 루프에러가 증가합니다. 루프에러는 MV 값 M에 의해 교정됩니다.

2) 제어 기초

제어기는 아래와 같이 간단하게 표현될 수 있습니다.

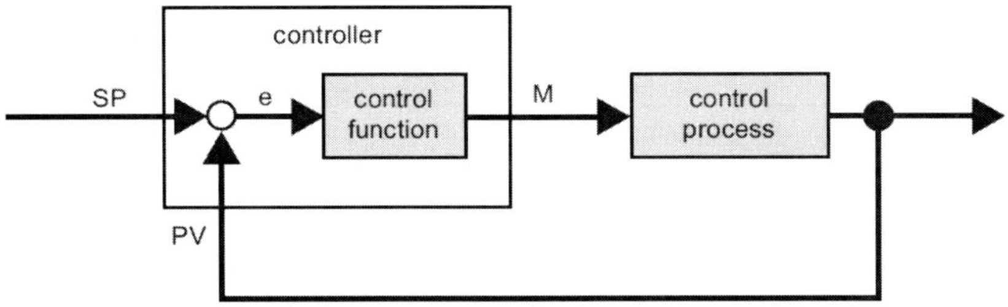

제어기는 비교하는 부분과 제어하는 기능으로 이루어집니다.

다음은 가장 중요한 유형의 제어기를 설명합니다. 제어기의 스텝 응답은 그 제어기 동작에 대해 많은 것을 보여줍니다. 스텝 응답은 프로세스 값의 변화에 제어기가 어떻게 반응하는지를 보여줍니다.

세 가지 중요한 기본제어기 타입이 있습니다.

- 비례동작 제어기(P 제어기)
- 적분동작 제어기(I 제어기)
- 미분동작 제어기(D 제어기)

실제 제어기에서는 이것들이 조합됩니다. 예을 들면 PI 제어기가 있습니다.

P 제어기

비례동작 제어기(P 제어기)는 루프에러에 비례해서 MV 값 M을 변경합니다. P 제어기는 즉시 결과가 나옵니다. 그러나 이 제어기만으로 루프에러를 0(제로)로 만들 수 없습니다.

MPn = kP × en

MPn: n 시간에서의 P 제어기의 MV

kP: P 제어기의 Gain

en: n 시간에서의 루프에러

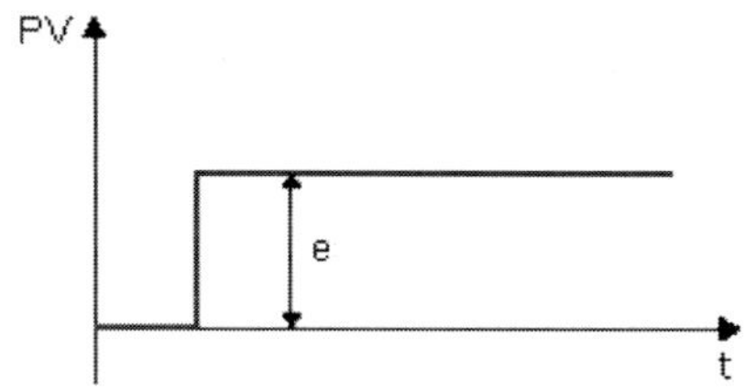

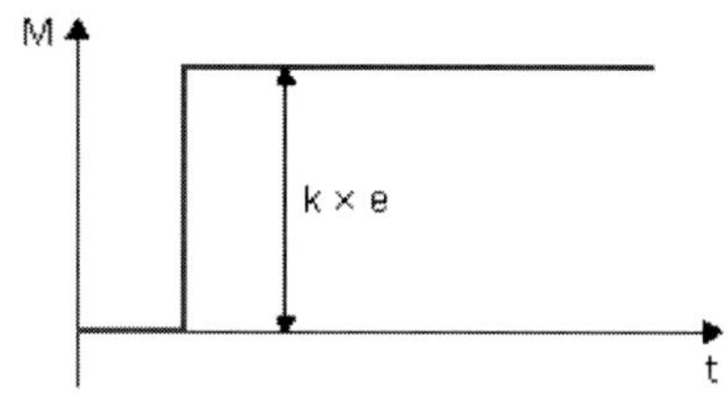

정리

P 제어기는 다음과 같은 특성이 있습니다.

- 제어 프로세스 〉 지속되는 루프에러인 경우에는 오류를 교정할 수 없습니다.
- 프리셋 값의 변동에 즉시 반응합니다.
- 안정됩니다.

I 제어

적분동작 제어기(I 제어기)는 루프에러와 시간에 비례해서 MV 값이 변경됩니다. 이 제어기는 시간지연이 있지만 루프에러를 완벽하게 제거합니다. 시간 n 동안의 MV 값을 계산하기 위해 이 시간을 작은 타임 슬라이스로 나눕니다. 각 슬라이스 타임 마지막 시점에서 루프에러들이 어해져서(적분되어)계산에 반영됩니다.

$$MIn = kI \times (TS / TI) \times (en + en\text{-}1 + en\text{-}2 + en\text{-}3 + \cdots + e0)$$
$$= kI \times (TS / TI) \times en + MIn\text{-}1$$

MIn : n 시점에서의 I 제어기의 MV 값

MIn-1 : n-1 시점에서의 I 제어기의 MV 값, Integral sum이라고 부릅니다.

kI : I 제어기의 Gain

TS : 샘플링 시간, 타임 슬라이스 구간

TI : 적분시간, 이 시간에 의해 적분되는 부분이 MV로 제어됩니다.
적분 실행시간(integral Action Time)이라고 부릅니다.

en : n 시점에서의 루프에러

en-1 : n-1 시점에서의 루프에러

e0 : 계산이 시작될 때의 루프에러

다음 그림은 프로세스 값의 점프와 제어기의 스텝 응답을 보여줍니다.

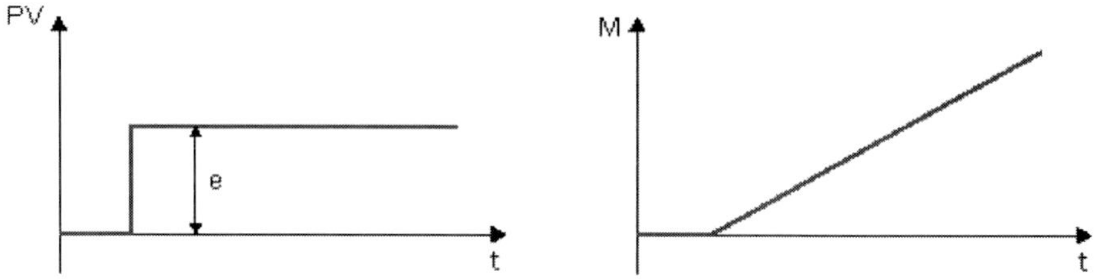

정리

I 제어기는 다음과 같은 특징이 있습니다.

- 프로세스 값을 정확하게 명령어 변수에 맞출 수 있습니다.
- 발진할 가능성이 있으면 안정되지 않습니다.
- P 제어기보다 제어동작을 수행하는데 더 많은 시간이 필요합니다.

PI 제어기

PI 제어기는 루프에러를 즉시 줄이며 결과적으로 루프에러를 제로(0)로 가져갑니다.

$$Mn = MPn + MIn = kP \times en + kI \times (TS / TI) \times en + MIn\text{-}1$$

Mn : n 시점에서의 I 제어기의 MV 값

MPn : MV의 비례부분

MIn : MV의 적분부분

MIn-1 : n-1 시점에서의 I 제어기의 MV 값, Integral sum 이라고 부릅니다.

kP : P 제어기의 Gain

kI : I 제어기의 Gain

TS : 샘플링 시간, 타임 슬라이스 구간

TI : 적분시간, 이 시간에 의해 적분되는 부분이 MV로 제어됩니다. 적분 실행시간 (integral Action Time)이라고 부릅니다.

en : 시점에서의 루프에러

다음 그림은 프로세스 값의 점프와 제어기의 스텝 응답을 보여줍니다.

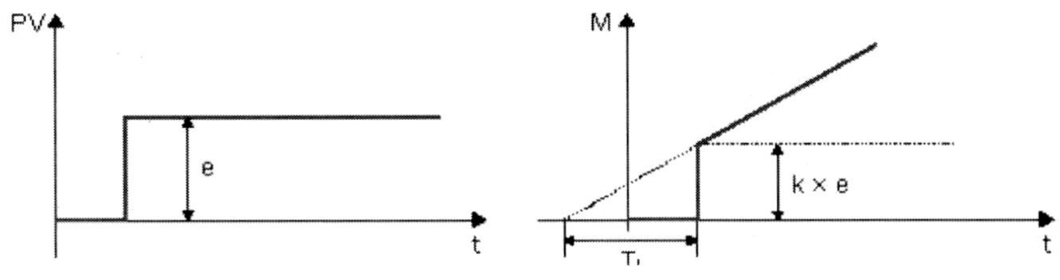

정리

PI 제어기는 다음과 같은 특징을 갖습니다.

- P 제어기 부분은 발생하는 루프에러를 빠르게 제거합니다.
- I 제어기 부분은 그 후에 존재하는 루프에러를 제거합니다.
- PI 제어기를 설정하는 제어기들이 서로를 보완하므로 빠르고 정확하게 동작합니다.

3) 파라미터 설명

제어기 파라미터	LOGO에서의 출력	LOGO!에서의 값의 범위
Mn n 시점에서의 MV 값	PI 제어기 블록의 출력	0 to 1,000
kP P 부분 Gain kI I 부분 Gain	LOGO!에서 파라미터 KC는 제어기의 I 부분과 P 부분에 대한 동일한 증가분으로 적용됩니다. KC=0 로 하면 제어기의 P 부분은 스위치 오프 됩니다. 이 경우 K는 I 부분에 대해 자동적으로 1로 설정됩니다. If KC = 0: kP = 0 and kI = 1 If KC 〈〉 0: kP = kI = KC	0.00 to 99.99
TS 샘플링 타임, 타임 슬라이스 구간	고정	500 ms
TI 적부시간	파라미터 Ti이 파라미터를 99.59분으로 설정하면 제어기의 I 부분이 스위치 오프 됩니다.	00:01 min to 99.59 min
en n 시접에서의 루프에러, 일반적으로 다음과 같이 적용됩니다. E = SP - PV	SP와 PV 참조	"
SP	파라미터 SP는 설정 값입니다. 이 파라미터는 다른 특수 함수의 아날로그 출력을 사용할 수 있습니다.	-10,000 to +20,000
PV	PV는 프로세스 값 x이며 다음과 같이 계산됩니다. PV-(입력에서의 아날로그 값 x Gain)+오프셋 예를 들면 입력 단에 PT100 센서의 아날로그 입력을 연결할 수 있습니다.	"
	Gain 파라미터는 PV에 영향을 줍니다.	0.0 to 10.0

	오프셋 파라미터는 PV에 영향을 줍니다.	-10,000 to +20,000
	PV는 파라미터 Min 과 Max.에 의해 제한됩니다.	I각각의 경우: 10,000 to +20,000
	Dir 파라미터는 제어기의 동작방향을 제공합니다. 포지티브 방법 : 설정 값 〉 프로세스 값이면 프로세스 값은 증가합니다. 설정 값 〈 프로세스 값이면 프로세스 값은 감소합니다. 네거티브 방버 : 설정 값 〉 프로세스 값이면 프로세스 값은 증가합니다. 예를 들어 히터조절 : 설정 값이 프로세스 값보다 크면(룸 온도가 너무 낮으면) MV는 프로세스 값을 증가시킵니다.	- or +

5.6 기타(Miscellaneous)

심벌	명칭	심벌	명칭
	Latching relay (래칭 릴레이)		Shift register (시프트 레지스터)
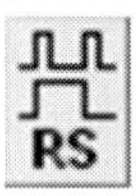	Pulse relay (펄스 릴레이)		
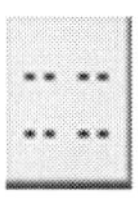	Message text (문자 표시기)		
	Soft key (소프트 키)		

5.6.1 래칭 릴레이(Latching Relay)

입력 S는 출력 Q를 세트시키고 입력 R은 출력 Q를 다시 리셋 시킵니다.

LOGO!에서의 심벌	배선	설명
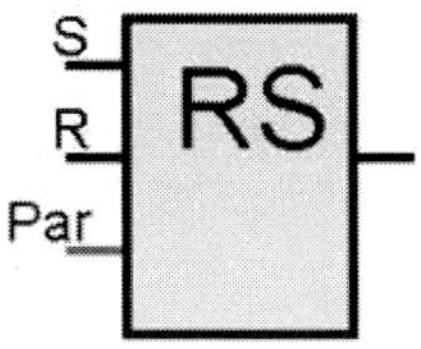	입력 S	입력 S에 신호가 입력되면 출력 Q를 세트시킵니다.
	입력 R	입력 R에 신호가 입력되면 출력 Q를 리셋 시킵니다. 출력 Q는 S와 R=1이면 리셋 됩니다.
	파라미터	메모리 유지: / = 메모리 유지 안됨 R = 상태가 메모리 유지됩니다.
	출력 Q	입력 S에 신호가 입력되면 Q가 세트되고 입력 R에 신호가 입력되면 리셋 됩니다.

타이밍 다이어그램

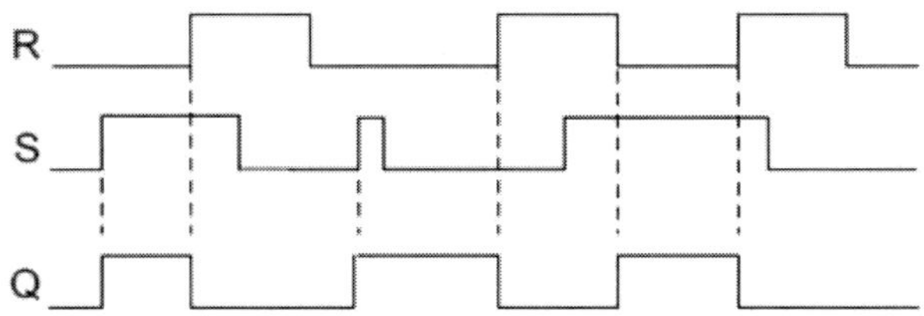

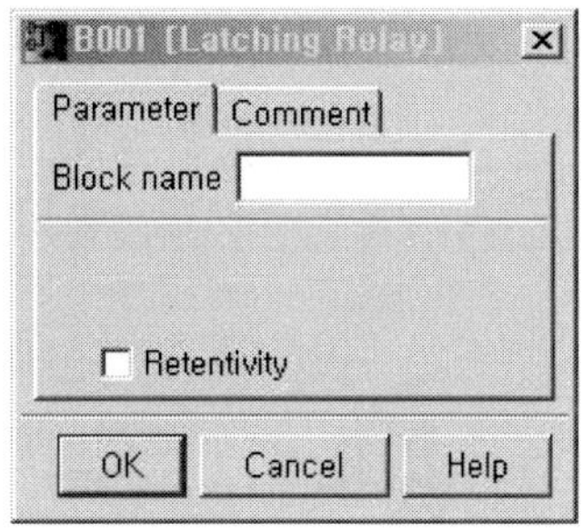

스위칭 응답

래치 릴레이는 간단한 이진 엘리먼트를 표시합니다. 출력 값은 입력 상태와 이전 출력 상태에 따라 달라집니다. 다음 테이블은 로직을 다시 한 번 보여줍니다.

Sn	Rn	Q	설명
0	0	x	상태가 메모리 유지됩니다.
0	1	0	리셋
1	0	1	셋
1	1	0	리셋(세트에 대해 우선권이 있습니다)

메모리 유지 기능이 이네이블 되면 출력신호의 현재 상태는 전원 차단 이후에도 유지됩니다.

5.6.2 펄스 릴레이(Pulse Relay)

입력에 짧은 펄스가 입력되면 출력이 세트되거나 리셋 됩니다.

LOGO!에서의 심벌	배선	설명
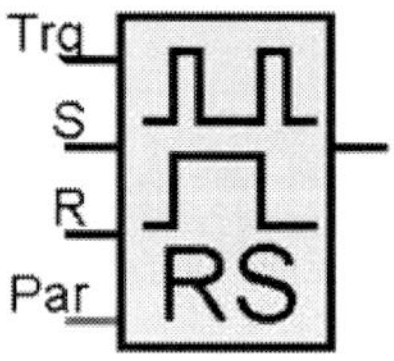	입력 Trg	입력 Trg(Trigger)에서의 신호로 출력 Q를 온시키거나 오프시킬 수 있습니다.
	입력 S	입력 S에 신호가 입력되면 출력 Q를 세트시킵니다.
	입력 R	입력 R에 신호가 입력되면 출력 Q를 리셋 시킵니다.
	파라미터	선택: RS (입력 R 우선), 혹은 SR (입력 S 우선) 메모리 유지: / = 메모리 유지 안됨 R = 상태가 메모리 유지 됩니다.
	출력 Q	S와 R=0인 상태에서 Trg에 신호가 들어가면 Q는 세트되고 Trg에 다시 펄스가 입력되면 리셋 됩니다.

타이밍 다이어그램

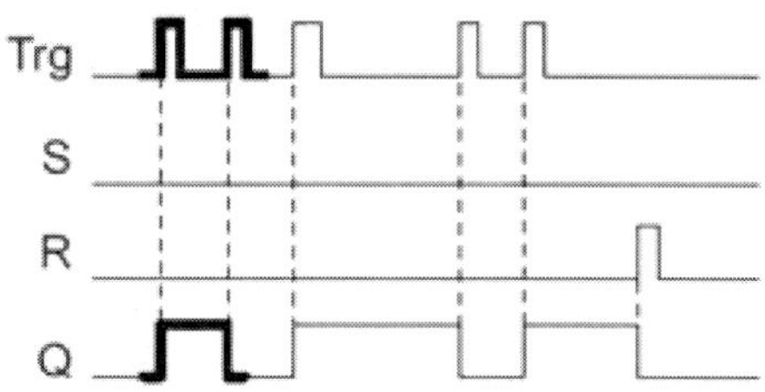

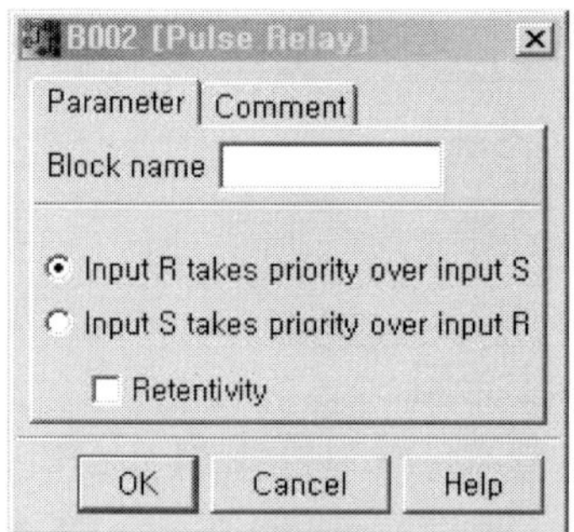

기능설명

출력 Q가 상태를 바꿉니다. 즉 S와 R = 0일 때 출력 Q의 상태는 입력 Trg의 신호가 0에서 1로 변환되면 세트가 되거나 리셋이 됩니다.

S 혹은 R = 1일 때 입력 Trg에 신호를 주면 이 특수 함수에 아무 영향을 주지 않습니다.

입력 S에 신호를 주면 펄스 릴레이를 세트시킵니다. 출력이 hi로 세트됩니다.

입력 R에 신호를 주면 펄스 릴레이를 리셋 시킵니다. 출력이 lo로 세트됩니다.

〈상태 다이어그램〉

Par	Qn–1	S	R	Trg	Qn
*	0	0	0	0	0
*	0	0	0	0 → 1	1**
*	0	0	1	0	0
*	0	0	1	0 → 1	0
*	0	1	0	0	1
*	0	1	0	0 → 1	1
RS	0	1	1	0	0
RS	0	1	1	0 → 1	0
RS	0	1	1	0	1
SR	0	1	1	0 → 1	1
*	1	0	0	0	1
*	1	0	0	0 → 1	0**
*	1	0	1	0	1
*	1	1	0	0 → 1	1
*	1	1	0	0	1
*	1	1	0	0 → 1	1
RS	1	1	0	0	0
RS	1	1	1	0 → 1	0
SR	1	1	1	0	1
SR	1	1	1	0 → 1	1

* : RS 혹은 SR

** : S와 R=0이기 때문에 트리거링 신호가 동작을 시킵니다.

사용자의 구성에 따라 입력 R이 입력 S에 대해 우선권을 가지거나(입력 S는 R=1일 때 영향을 미칠 수 없습니다) 혹은 그 반대입니다(S=1일 때 입력 R은 영향을 미칠 수 없습니다).

메모리 유지가 이네이블 되지 않았으면 전원 차단 후에는 펄스 릴레이와 출력 Q는 리셋 됩니다.

5.6.3 메시지 텍스트(Message texts)

개요

메시지 텍스트 명령어로 LOGO!가 RUN 모드에 있을 때 LOGO!에 대한 텍스트나 여러 파라미터를 포함하는 메시지를 구성할 수 있습니다.

LOGO! 온-보드 디스플레이에서 간단한 메시지 텍스트를 구성할 수 있습니다. LOGO!Soft Comfort는 메시지 텍스트를 위한 고급 기능을 제공합니다. 바-그래프, 디지털 I/O 상태를 표시하기 위한 이름 등의 기능을 제공합니다. 이러한 기능에 대한 자세한 내용은 LOGO!Soft Comfort 매뉴얼을 참조하십시오.

글로벌 메시지 텍스트 설정

프로그래밍 메뉴에서 Msg Config 기능으로 모든 메시지 텍스트에 적용되는 글로벌 파라미터를 구성합니다.

- Analog Time : 메시지 텍스트에 있는 아날로그 입력 값이 얼마나 자주 업데이트되는가를 지정하는 밀리세컨드 단위의 업데이트 속도
- Tick time : 메시지 텍스트가 디스플레이 상에서 스크롤 온과 오프를 하는 속도 메시지 텍스트가 화면에서 Tick 온 오프를 하도록 구성하는 데에는 두 가지 방법이 있습니다. 라인별 혹은 문자별로 온/오프를 하도록 구성할 수 있는데 이에 대해서는 아래에 자세히 설명되어 있습니다. 텍스트 메시지의 각 라인이나 텍스트 메시지의 각 문자는 Tick 타임 설정대로 LOGO! 온-보드 디스플레이에서 차례로 Tick 온 오프를 합니다. 라인별로 Tick 하는 메시지의 경우 실제 Tick 타임은 구성된 Tick 타임의 열 배입니다. 문자별로 Tick 하는 메시지의 경우 실제 Tick 타임은 구성된 Tick 타임입니다.
- CharSets : 메시지 텍스트를 구성하기 위한 첫 번째 character sets나 두 번째 character sets입니다.
  CharSet1과 CharSet2는 LOGO!에서 지원하는 모든 character sets(문자 세트)가 될 수 있습니다.
- 현재의 Character Set(문자 세트) : 메시지 텍스트를 디스플레이하기 위해 어떤 Character Set(문자 세트)가 선택되었는가를 보여줍니다.

노트

LOGO! 0BA5에서 지원하는 메시지 텍스트는 다음과 같은 조건일 때 LOGO! TD에만 디스플레이 됩니다.

- CharSet1이 선택되고 ISO8859-1으로 설정됨

현재의 Character Set(문자 세트) "CurrCharSet"가 CharSet1로 설정됨

모두 오십(50)개의 메시지 텍스트를 구성할 수 있으며 50개 안에서 첫 번째 문자나 두 번째 문자로 메시지 텍스트를 구성할 수 있습니다.

예를 들어 첫 번째 character sets로 단일 메시지 텍스트를 가지는 메시지 텍스트 함수 블록을 50개 구성할 수 있습니다. 또는 이십오(25)개의 메시지 텍스트 함수 블록을 구성하여 각 블록마다 두 개의 메시지 텍스트를 지정할 수 있습니다. 하나는 Character Set 1로 또 하나는 Character Set 2로 지정할 수 있습니다. 메시지 텍스트를 50개를 넘지 않는 이상 여러 조합의 메시지 텍스트가 가능합니다.

하나의 메시지 텍스트에서 텍스트는 하나의 Character Set(문자 세트)로 구성되어야 합니다. LOGO!Soft Comfort에서 제공하는 모든 Character Set(문자 세트)로 메시지 텍스트를 편집할 수 있습니다. LOGO! Base 모듈 모듈에서부터 ISO 8859-1 Character Set(문자 세트)를 사용하여 텍스트를 편집할 수 있습니다.

메시지 텍스트의 Character Set(문자 세트)는 LOGO! 온-보드 디스플레이상의 메뉴에서 이루어지는 언어 설정과는 별개입니다. 설정들이 서로 다를 수 있습니다.

LOGO!에서의 심벌	배선	설명
	입력 En	En(Enable)의 신호가 0에서 1로 변환되면 메시지 텍스트의 출력이 트리거 됩니다.
	입력 P	P: 메시지 텍스트 우선권 값의 범위: 0...127 메시지 텍스트 표시 디바이스 메시지 tick 설정 Ack: 메시지 텍스트 인식
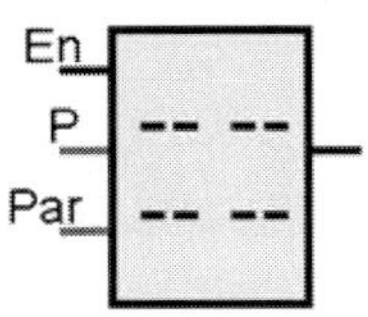	파라미터	텍스트: 메시지 텍스트 입력 Par: 이미 구성된 함수의 파라미터나 실제 값 ("볼 수 있는 파라미터 혹은 실제 값" 참조) Time: 지속적으로 업데이트되는 시간 디스플레이 날짜: 지속적으로 업데이트되는 날짜 디스플레이 EnTime: 입력 En 신호가 0에서 1로 변환되면 시간을 표시합니다. EnDate: 입력 En 신호가 0에서 1로 변환되면 날짜를 표시합니다. I/O status names: 디지털 입력이나 출력 상태 이름을 디스플레이합니다. 응용 사례: "On"이나 "Off". Analog Input: 아날로그 입력 값을 메시지 텍스트에 디스플레이하거나 지정한 시간에 따라 업데이트합니다.
	출력 Q	Q는 메시지 텍스트가 세트되어 있는 한 세트로 유지됩니다.

제한 : 최대 50개의 메시지 텍스트를 사용할 수 있습니다.

함수 설명

LOGO!가 RUN 모드에 있을 때 입력 En의 신호가 0에서 1로 변환되면 구성된 메시지 텍스트가 LOGO! Display나 LOGO! TD에 디스플레이 됩니다.

메시지 표시 디바이스에 대한 설정대로 메시지 텍스트가 LOGO! display나 LOGO! TD에 디스플레이 됩니다.

사용자 프로그램에서 플래그 M27을 사용하면 M27=0(low)일 때 LOGO!는 Character set 1 (첫 번째 문자 세트)에 있는 메시지 텍스트만을 디스플레이합니다. M27=1(high)이면 LOGO!는 character sets 2(두 번째 문자 세트)에 있는 메시지 텍스트를 디스플레이합니다.

메시지 Ticking을 구성했다면 사용자가 정의한대로 문자별 혹은 라인별로 메시지가 디스플레이 상에서 Ticking 온 오프 합니다.

인식(Acknowledgement)이 디스에이블되어 있으면(Ack = Off) 입력 En의 신호가 1에서 0으로 변환될 때 메시지 텍스트가 숨겨집니다.

인식(Acknowledgement)이 인에이블 되어 있으면(Ack = On) 입력 En이 1에서 0으로 리셋될 때 메시지 텍스트는 OK 버튼으로 인식(Ack)되기 전까지 디스플레이 됩니다.

메시지 텍스트는 입력 En=1 상태로 있는 한 인식될 수(Ack) 없습니다.

En=1로 여러 메시지 텍스트 함수가 트리거되면 LOGO!에서는 가장 높은 우선권이 있는 메시지가 (0 = 가장 낮음, 127 = 가장 높음) 디스플레이 됩니다. LOGO!에서는 새로운 메시지 텍스트가 이전에 발생한 메시지 텍스트보다 더 높을 때에만 디스플레이 됩니다.

메시지 텍스트가 디세이블 되거나 인식(Ack)된 후에는 다음 우선권이 높은 메시지가 자동적으로 디스플레이 됩니다.

▲와 ▼키를 눌러 활성화된 여러 메시지 텍스트 사이를 이동할 수 있습니다.

예 : 문자별 Tick 메시지

다음 그림은 한 라인, 24-문자 메시지 텍스트를 보여줍니다.

X_1	X_2	X_3	X_4	X_5	X_6	X_7	X_8	X_9	X_{10}	X_{11}	X_{12}	X_{13}	X_{14}	X_{15}	X_{16}	X_{17}	X_{18}	X_{19}	X_{20}	X_{21}	X_{22}	X_{23}	X_{24}

이 메시지를 0.1 초 간격으로 "character by character(문자별)"로 Tick 하도록 설정한다면 LOGO! Display나 LOGO! TD에서 이 메시지 초기 화면은 다음 그림과 같이 보여 집니다.

X_1 X_2 X_3 X_4 X_5 X_6 X_7 X_8 X_9 X_{10} X_{11} X_{12}	X_{13} X_{14} X_{15} X_{16} X_{17} X_{18} X_{19} X_{20} X_{21} X_{22} X_{23} X_{24}

0.1 초 후에는 메시지 라인의 한 문자가 Tick 합니다. LOGO! 온보드 디스플레이나 LOGO! TD에서 메시지는 다음과 같이 보여 집니다.

X_2 X_3 X_4 X_5 X_6 X_7 X_8 X_9 X_{10} X_{11} X_{12} X_{13}	X_{14} X_{15} X_{16} X_{17} X_{18} X_{19} X_{20} X_{21} X_{22} X_{23} X_{24} X_1

예: 라인 별 Tick 메시지

다음 예는 바로 전에 사용했던 동일한 메시지 구성을 사용합니다.

X_1	X_2	X_3	X_4	X_5	X_6	X_7	X_8	X_9	X_{10}	X_{11}	X_{12}	X_{13}	X_{14}	X_{15}	X_{16}	X_{17}	X_{18}	X_{19}	X_{20}	X_{21}	X_{22}	X_{23}	X_{24}

이 메시지를 0.1초 간격으로 "line by line(라인별)"로 tick 하도록 설정한다면 LOGO! 온-보드 디스플레이나 LOGO! TD에서 이 메시지 초기 화면은 다음 그림과 같이 보여집니다.

X_1 X_2 X_3 X_4 X_5 X_6 X_7 X_8 X_9 X_{10} X_{11} X_{12}	X_{13} X_{14} X_{15} X_{16} X_{17} X_{18} X_{19} X_{20} X_{21} X_{22} X_{23} X_{24}

1초 후에 (10 x 0.1초)메시지는 아래 그림처럼 나머지 오른쪽을 디스플레이합니다.

X_{13} X_{14} X_{15} X_{16} X_{17} X_{18} X_{19} X_{20} X_{21} X_{22} X_{23} X_{24}	X_1 X_2 X_3 X_4 X_5 X_6 X_7 X_8 X_9 X_{10} X_{11} X_{12}

화면에서는 두 개의 메시지 반쪽이 매초마다 번갈아가며 디스플레이합니다.
메시지 텍스트를 각 라인별로 tick 하도록 구성할 수 있습니다. "character by character" 혹은 "line by line" 설정은 tick 하고자 하는 모든 라인에 적용됩니다.

입력 P 구성 :

입력 P에서 다음과 같은 특성의 메시지 텍스트를 구성합니다.

- 우선권
- Acknowledgement (인식)
- Message destination (메시지 표시 디바이스)
- Tick 타입과 각 라인별 Tick 설정

보이는 파라미터와 프로세스 변수

다음 파라미터 혹은 프로세스 변수가 메시지 텍스트에 숫자 값이나 바-그래프 형태로 디스플레이될 수 있습니다.

특수 함수	메시지 텍스트에서 볼 수 있는 파라미터 혹은 프로세스 변수
타이머	
온 딜레이	T, Ta
오프 딜레이	T, Ta
온/오프 딜레이	Ta, TH, TL
유지 온 딜레이	T, Ta
와이핑 릴레이(펄스 출력)	T, Ta
에지 트리거 와이핑 릴레이	Ta, TH, TL
비동기 펄스 발생기	Ta, TH, TL
랜덤 발생기	TH, TL
계단 라이팅 스위치	Ta, T, T!, T!L
멀티 함수 스위치	Ta, T, TL, T!, T!L
주간 타이머	3*on/off/day
연간 타이머	On, Off
카운터	
업/다운 카운터	Cnt, On, Off
운전시간 카운터	MI, Q, OT
트레스홀드 트리거	fa, On, Off, G_T
아날로그	
아날로그 트레스홀드 트리거	On, Off, A, B, Ax
아날로그 차분 트리거	On, n, A, B, Ax, Off
아날로그 비교기	On, Off, A, B, Ax, Ay, nA
아날로그 값 모니터링	n, A, B, Ax, Aen
아날로그 증폭기	A, B, Ax
아나로그 멀티플렉서	V1, V2, V3, V4, AQ
아날로그 램프	L1, L2, MaxL, StSp, Rate, A, B, AQ
PI 제어기	SP, Mq, KC, TI, Min, Max, A, B, PV, AQ
아날로그 연산	V1, V2, V3, V4, AQ
펄스폭 모듈 레이터 (PWM)	증폭된 A, B, T, Ax
기타	
래치 릴레이	-
펄스 릴레이	-
메시지 텍스트	-
소프트 키	On/Off
쉬프트 레지스터	-

타이머의 경우 메시지 텍스트는 남아있는 시간도 디스플레이 될 수 있습니다. "남아있는 시간"이란 파라미터에서 설정한 시간이 얼마나 남아있는가 하는 것입니다.
바 그래프는 최소값과 최대값 사이에서 스케일 된 현재 값 또는 실제 값을 수직 형태나 수평 형태로 표현할 수 있습니다. 메시지 텍스트에서 막대그래프를 구성하거나 디스플레이하는 것에 대한 자세한 내용은 LOGO!Soft Comfort 온라인 도움말을 참조하십시오.

메시지 텍스트 편집

LOGO! Basic 모듈에서는 단순한 메시지 텍스트만 편집될 수 있습니다. LOGO!Soft Comfort에서 바 그래프, I/O 상태 이름, 기타 여러 새로운 기능을 사용하여 작성된 텍스트 메시지는 LOGO! Basic에서 편집될 수 없습니다.
다음의 파라미터를 갖는 메시지 텍스트는 LOGO! Basic에서 편집할 수 없습니다.

- Par
- Time
- Date
- EnTime
- EnDate

이와 같은 메시지는 LOGO!Soft Comfort에서만 편집할 수 있습니다

활성화된 메시지 텍스트에서 파라미터 변경하기

메시지 텍스트가 활성화되었을 때 ESC를 눌러 편집 모드를 선택합니다.

> **노트**
> ESC키는 최소 일 초 동안 누르고 있어야 합니다.

◀와 ▶키를 눌러 관련 파라미터를 선택합니다. OK를 눌러 관련 파라미터를 변경합니다.
▲와 ▼키를 눌러 관련 파라미터를 편집합니다.
변경된 부분을 OK.로 확인합니다. 이제 메시지 텍스트에서 파라미터를 추가적으로 편집할 수 있습니다(파라미터가 존재한다면). ESC를 눌러 편집 모드를 종료합니다.

활성화된 메시지 텍스트에서 입력 시뮬레이션 입력하기

활성화된 메시지 텍스트에서 C ▲, C ▼, C ◀, C ▶ 4개 키를 이네이블 시킬 수 있습니다. ESC와 관련 커서 키를 같이 누르면 됩니다.

Par 파라미터 설정 : 프로그래밍 모드에서의 보기

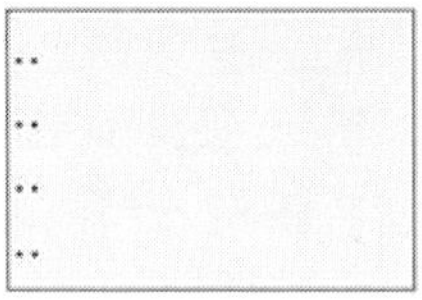

Par에 대한 파라미터 할당화면

▶키를 눌러 메시지 텍스트를 위한 라인을 선택합니다.

▲와 ▼버튼을 눌러 텍스트에 디스플레이 될 문자를 선택합니다. 커서를 한 위치에서 다른 위치로 이동시키려면 ◀와 ▶버튼을 누르십시오.

사용할 수 있는 문자 리스트는 사용자 프로그램 이름에서와 같습니다. character set에 대한 내용은 사용자 프로그램 입력단원에 나와 있습니다. LOGO! Basic에서 메시지 텍스트를 입력할 때는 ISO 8859-1 문자 세트(character set)의 문자만이 입력될 수 있습니다. 다른 언어를 입력하려면 LOGO!Soft Comfort에서 텍스트를 입력해야 합니다.

메시지 텍스트의 라인별 문자수는 LOGO! 온-보드 디스플레이에서의 문자보다 클 수 있습니다. OK 버튼을 눌러 변경된 부분을 확인하고 ESC를 눌러 편집 모드를 종료하십시오.

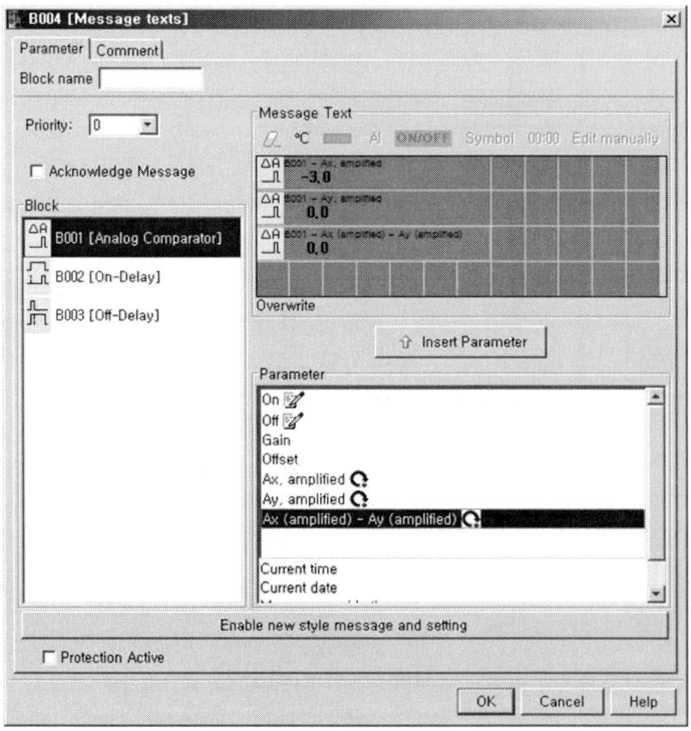

5.6.4 소프트 키(Soft key)

이 명령어는 기계적인 푸시버튼이나 스위치의 동작 효과를 제공합니다.

LOGO!에서의 심벌	배선	설명
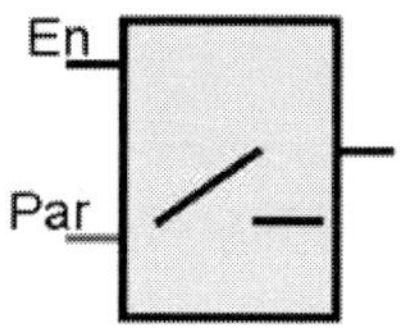	입력 En	입력 En(Enable)에서의 신호가 0에서 1로 변환되거나 구성 모드에서 'Switch=On'이 지정되면 출력 Q가 세트됩니다.
	파라미터	파라미터 모드: 푸시버튼 동작이나 스위칭 동작을 한 사이클 동안 구현하기 위해 이 함수를 선택합니다. Start: 메모리 유지가 디세이블되었다면 프로그램이 스타트된 후 온이나 오프 또는 초기화됩니다. 메모리 유지: / = 메모리 유지 안됨 R = 상태가 메모리 유지 됩니다. 파라미터 할당 모드 (RUN 모드): 스위치: 모멘터리 푸시버튼(스위치) 동작을 온 시키거나 오프 시킵니다.
	출력 Q	En=1이고 Switch=On이 OK로 확인되었다면 스위치 온이 됩니다.

공장설정

스위치 파라미터의 디폴트는 스위칭 동작입니다.

타이밍 다이어그램

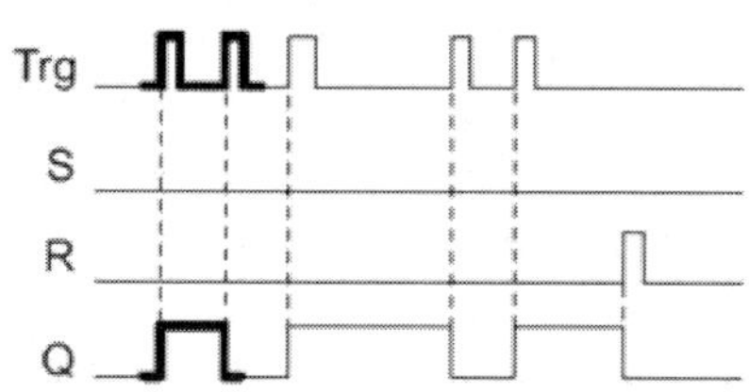

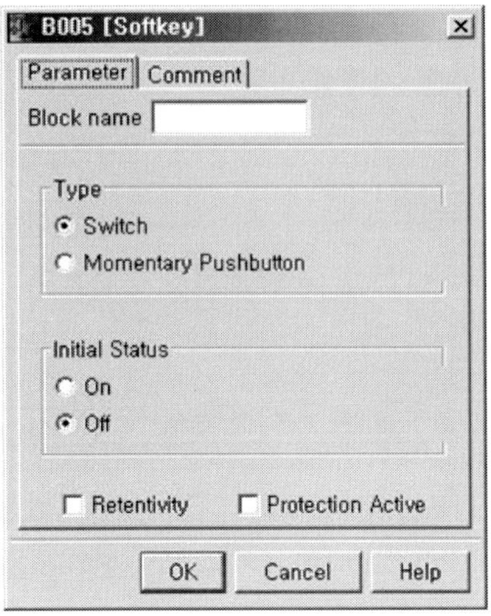

타입(Type)

Switch

모멘터리 푸시버턴(Momentary Pushbutton)

초기상태(Initial Status)

On/Off

유지(Retentivity)

보호(Protection Active)

기능설명

파라미터 할당 모드에서 'Switch' 파라미터가 'On'으로 설정한 후 OK로 확인되고 입력 En이 세트되면 출력이 세트됩니다. 이 동작은 구성된 스위칭 동작이나 푸시 버튼 동작과는 상관없이 수행됩니다.

출력은 다음과 같은 세 가지 경우에 '0'로 리셋 됩니다.

- 입력 En에서의 신호가 1에서 0로 변환될 때
- 푸시 버튼 함수로 구성되고 이 함수 동작 후에 한 사이클이 지났을 때
- 'Off'가 'Switch' 파라미터에서 설정되고 파라미터 할당 모드에서 OK로 확인되었을 때 메모리 유지가 세트되지 않으면 "Start" 파라미터의 구성에 따라 전원이 차단된 후 다시 인가되었을 때 출력 Q가 초기화됩니다.

5.6.5 시프트 레지스터(Shift register)

쉬프트 레지스터 함수는 입력 값을 읽고 그 비트를 왼쪽이나, 오른쪽으로 시프트 시킬 때 사용합니다. 출력 값은 시프트 된 레지스터의 비트 값입니다. 시프트 방향은 Dir 입력신호에 의해 변경됩니다.

LOGO!에서의 심벌	배선	설명
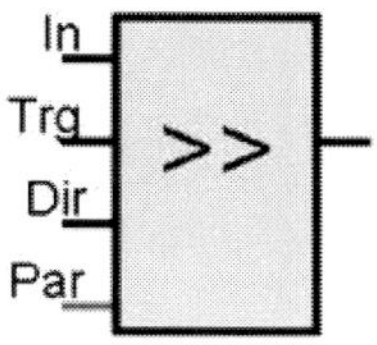	입력 In	함수가 시작될 때 입력되는 값
	입력 Trg	입력 Trg의 포지티브 에지(0에서 1로의 변환)에 의해 특수 함수가 시작됩니다. 1에서 0으로 변환되는 것은 아무런 의미가 없습니다.
	입력 Dir	Dir 입력에서의 신호가 S1 ... S8 쉬프트 레지스터 비트의 시프트 방향을 결정합니다. Dir = 0: 쉬프트 업 (S1 〉〉S8) Dir = 1: 쉬프트 다운 (S8 〉〉S1)
	파라미터	출력 Q의 값을 결정하는 쉬프트 레지스터 비트 가능한 설정: S1 ... S8 메모리 유지: / = 메모리 유지 안됨 R = 상태가 메모리 유지 됩니다.
	출력 Q	출력 값은 시프트 된 레지스터 비트의 값입니다.

기능설명

함수는 입력 Trg(Trigger)에 포지티브 에지(0에서 1로의 변환)가 들어오면 입력 In의 값을 읽습니다.

이 값은 쉬프트 방향에 따라 쉬프트 레지스터 비트 S1이나 S8에 쓰여집니다.

- 쉬프트 업 : 입력 In의 값이 S1에 설정됩니다. S1의 이전 값은 S2로, S2는 S3 등으로 쉬프트 됩니다.
- 시프트다운 : 입력 In의 값이 S8에 설정됩니다. S8의 이전 값은 S7로, S7는 S6으로 쉬프트 됩니다.

출력 Q는 시프트 된 레지스터 비트의 값이 출력됩니다.

메모리 유지가 디스에이블 되면 전원이 차단되었다가 다시 인가되면 S1이나 S8에서 쉬프트 함수가 다시 시작합니다. 메모리 유지가 인에이블 되면 메모리 유지는 항상 모든 쉬프트 레지스터 비트에 적용됩니다.

> **노트**
> 특수기능 명령어인 쉬프트 레지스터는 사용자 프로그램에서 한 번만 사용할 수 있습니다.

다음과 같이 LOGO! 0BA6의 시프트 레지스터의 타이밍은 아래와 같다.

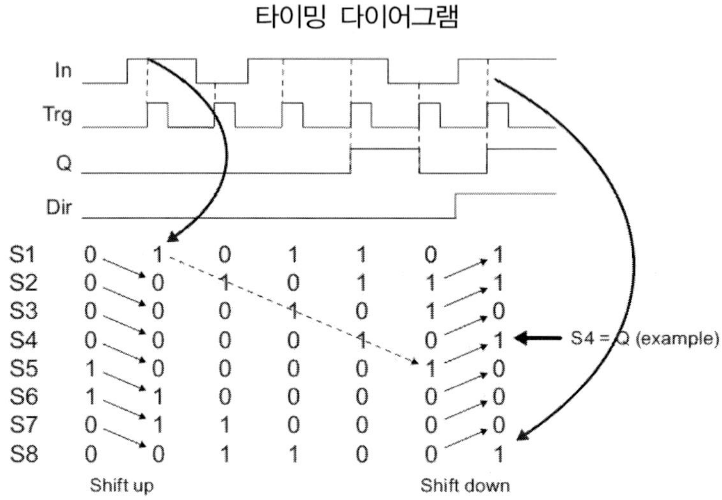

다음과 같이 LOGO! 0BA7의 시프트 레지스터의 타이밍은 아래와 같다.

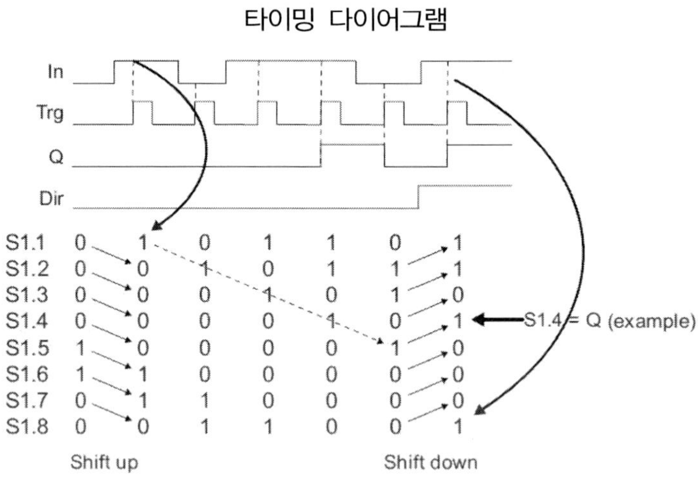

프로그램 예)

I1이 On되고 I3이 Off 일 때 I2의 입력이 On/Off하면 증가방향으로 시프트하고, I3이 On되면 감소방향으로 시프트 된다.

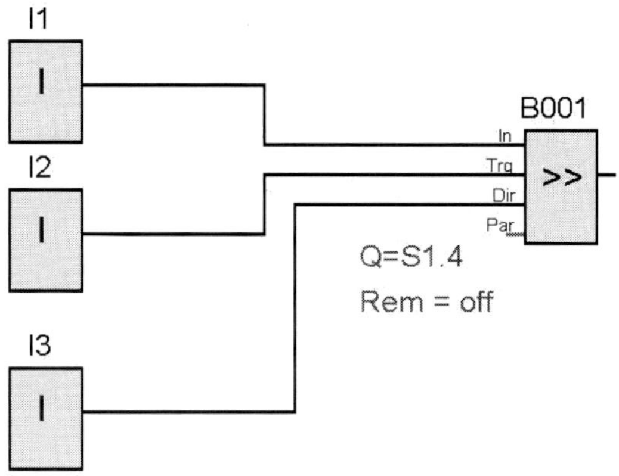

5.7 요소 명령어

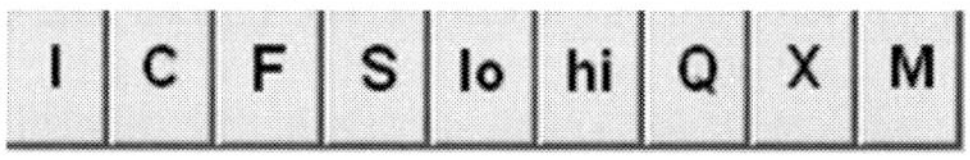

심벌	명칭	심벌	명칭
I	Inputs (입력)	lo	Permanent logical levels (hi = high) 영구적 상시 On논리
C	Cursor keys	hi	Permanent logical levels (lo = low) 영구적 상시 Off 논리
F	LOGO! TD function keys	Q	Outputs (출력)
S	Shift register bits (비트 이동 레지스터)	X	Open connectors
		M	Flags (플래그)

5.7.1 입력(Inputs)

I

입력블록은 LOGO!의 입력 터미널을 가리킵니다. 24개의 디지털 입력을 지원하며, 블록설정에서 이 입력 터미널을 사용하지 않았다면 입력블록에 새로운 입력 터미널을 할당할 수 있습니다.

5.7.2 커서 키(Cursor keys)

C

최대 4개의 커서 버튼을 사용할 수 있습니다. 커서 키가 다른 입력과 동일한 방식으로 회로 프로그램 프로그래밍 된다. 커서 버튼스위치 및 입력을 저장하고, 회로 프로그램의 운영자 제어를 허용할 수 있다.

LOGO!의 4개의 커서 키 TD는 LOGO에 동일한 커서 키 입력입니다. 기본 모듈 LOGO 하나에, 예를 들어, ESC + 커서 버튼 중 하나를 누르면 TD이나 LOGO! 커서 키에 대한 하나의 입력을 활성화합니다.

5.7.3 로그 TD 기능키(LOGO! TD function keys)

F

LOGO! TD 모듈은 사용자 프로그램에서 디지털 입력을 사용할 수 있는 4개(F1, F2, F3, F4)의 기능키가 있습니다. 사용자 프로그램의 다른 입력과 동일한 방식으로 기능키를 프로그램 대입해서 사용됩니다.

5.7.4 비트이동 레지스터(Shift register bits)

S

LOGO!는 S1에서 S8까지 시프트 레지스터 비트를 지원합니다. 이 비트들은 사용자 프로그램에서 읽기 속성으로만 제공됩니다.

5.7.5 상시 On(Permanent logical levels Hi)

hi

상시 On : 블록 입력을 논리Hi(Hi=hIgh)로 놓으면 이 입력은 영구적으로 논리 "H" 상태(상시 On)가 됩니다.

5.7.6 상시 Off(Permanent logical levels Lo)

lo

상시 Off : 블록 입력을 논리Lo(Lo=Low)로 놓으면 이 입력은 영구적으로 논리 "L" 상태(상시 Off)가 됩니다.

5.7.7 출력(Outputs)

출력블록은 LOGO!의 출력 터미널을 가리킵니다. 16개의 디지털 출력을 지원하며, 블록설정에서 이 출력 터미널을 사용하지 않았다면 출력블록에 새로운 출력 터미널을 할당할 수 있습니다.

5.7.8 열림접점(Open connectors)

오픈 커넥터 : 사용하지 않는 블록(예를 들면, 메시지 텍스트)의 출력은 오픈 커넥터(Open connector)블록으로 연결하십시오.

5.7.9 플래그(Flags)

일종의 내부 메모리(릴레이)에 말하며 LOGO!는 27개의 디지털 플래그를 사용할 수 있으며 이 중에서 M8은 최초의 프로그램 사이클에서(First Scan) 한 번 On 됐다가 Off 되는 Start Up 플래그입니다. 다음 사이클부터는 일반 M1~M7과 동일합니다. TD 백라이트 플래그 M25~M26, 메시지 텍스트 문자 셋 플래그 M27이 있으며, 사용법은 해당 명령어를 참조하여 주십시오.

5.8 사용자 정의 함수블록 UDF(User-Defined Function) (0BA7 only)

사용자 정의함수(UDF)

LOGO!Soft Comfort V7.0에서 UDF(사용자 정의함수)프로그램을 만들기 위한 새로운 옵션을 제공합니다. UDF는 프로그램에서 반복적으로 동작하는 공정이나 또는 복잡한 기능을 구현할 때 UDF화 프로그램을 작성하여 저장하고 저장된 UDF 파일을 호출하여 사용하면 사용자 프로그램이 간소화될 뿐 아니라 시간절약이 됩니다. 또한 사용자 응용프로그램에서 상호결합 할 수 있습니다.

UDF를 작성하고 사용하려면 다음과 같습니다.

① 편집모드 : UDF를 작성하고 편집할 수 있습니다.
- 메인메뉴 또는 도구모음을 통해 새로운 UDF를 작성하고, 편집할 수 있습니다.
- 기존 프로그램에서 선택한 영역의 프로그램을 그룹화 하여 새로운 UDF로 변환할 수 있습니다.

- UDF를 나중에 가져올 수 있는 UDF 라이브러리 경로에 UDF를 저장할 수 있습니다.
- 타사에서 UDF 라이브러리를 복사하여 사용할 수 있습니다.

② 사용자 모드 : FBD 또는 다른 UDF(중첩 UDF)의 UDF를 사용합니다.
UDF를 가져온 경우 일반적으로 함수블록과 같은 블록 트리에서 사용할 수 있습니다. 원하는 일반적인 기능블록과 동일한 방법으로 사용할 수 있습니다.

5.8.1 UDF 만들기

① 새로운 UDF 기능블록을 만들기는 메인메뉴 File → New를 선택합니다. 또는  아이콘 라디오 버튼에서 "UDF Diagram (UDF)" 선택합니다.

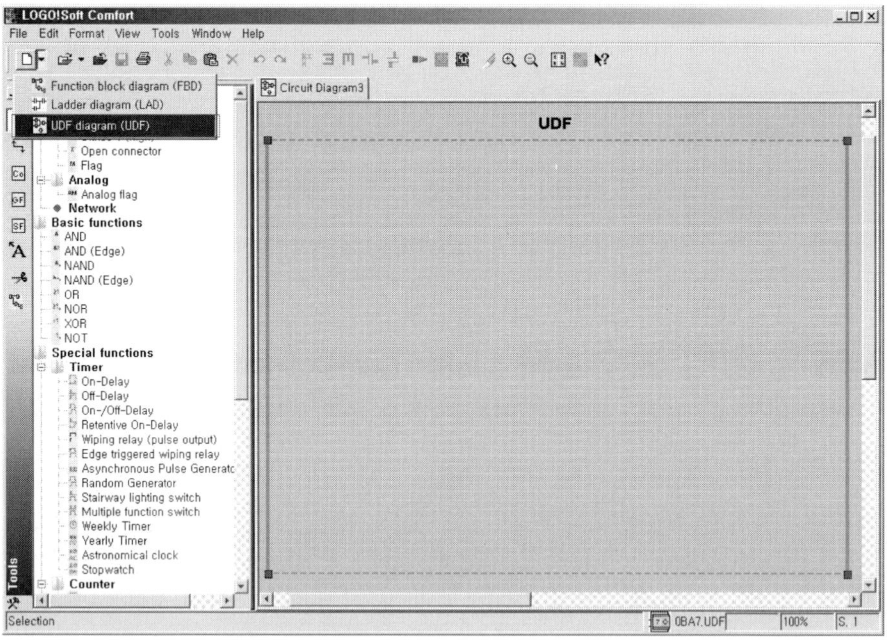

UDF는 편집영역을 나타내는 사각형을 가지고 있습니다. 이 영역의 위치와 크기를 변경할 수 있습니다.

UDF에 대한 제한 :
입력(아날로그 + 디지털) : 8
출력(아날로그 + 디지털) : 4
매개변수 : 8

참고

모든 블록은 UDF에 첨가될 수 있다. 아래의 항목은 UDF에 추가할 수 없습니다.

- 입력, 출력
- 아날로그 입력, 아날로그 출력
- M8, M25, M26, M27
- 시프트 레지스터
- PI 컨트롤러
- 데이터 로그
- 메시지 텍스트

② UDF의 편집기에서 아래와 같이 프로그램을 작성합니다.

예제)

하나의 스위치 입력으로 두 개의 출력을 제어하는 프로그램으로써 우리는 이러한 동작을 On Short 출력제어라 합니다.

동작설명 : I1이 짧은 순간 누르면 Q1이 On/Off 된다.
I1을 1초 이상 누르면, Q2가 On/Off 된다.

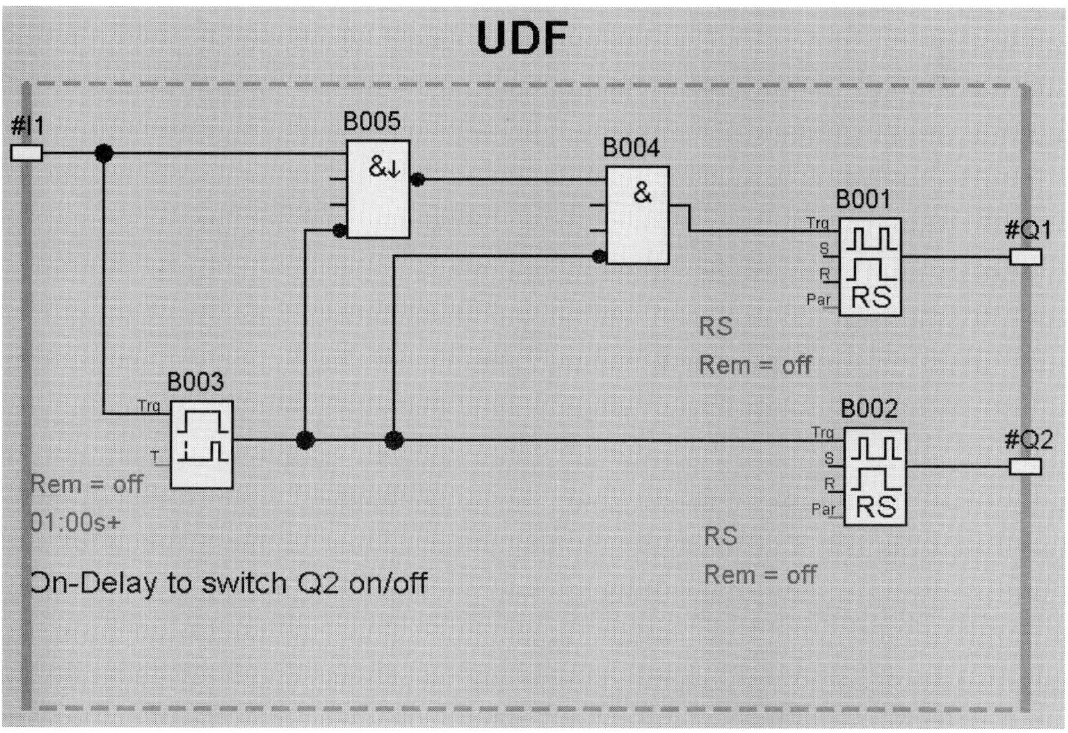

③ 편집 틀을 더블클릭하거나 메인메뉴에서 "Edit → Edit UDF properties" 선택합니다. UDF속성 창이 열리면 Identifies 항목에 On_Short라고 적고 Ok 버튼을 클릭하여 마칩니다. 식별코드에 이름을 부여해 줌으로써 UDF는 고유한 식별코드를 갖게 됩니다.

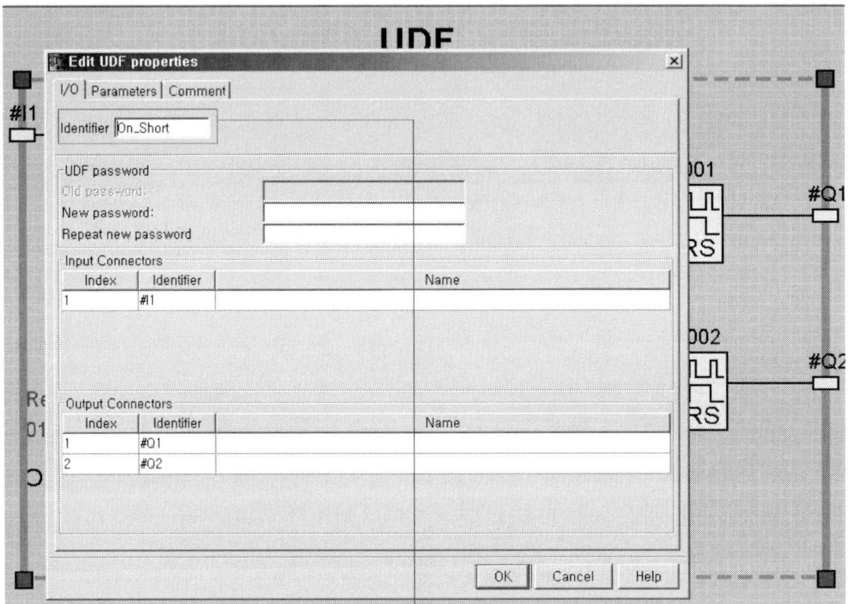

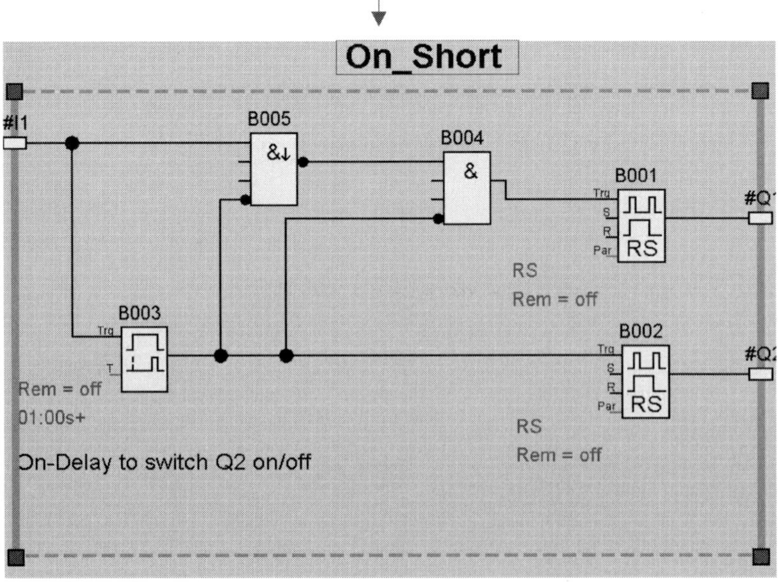

참조

- I/O 탭 : 항목에는 식별자(Identifier), 암호(Password), 입력단자(Input connector)와 출력단자(Output connector) 등 이 있습니다.
  - 식별자(Identifier) → 사용자 UDF에 대한 식별자를 입력할 수 있습니다. 식별자는 기본적으로 "UDF"입니다.
  - UDF암호(password) → UDF로 작성된 내용을 보이지 않게 하거나 편집을 못하도록 암호화 하는 기능을 제공합니다.
- Parameters(매개변수) 탭 :
  사용자 프로그램에서 사용되는 블록들의 세부적인 식별코드를 재설정할 수 있습니다.

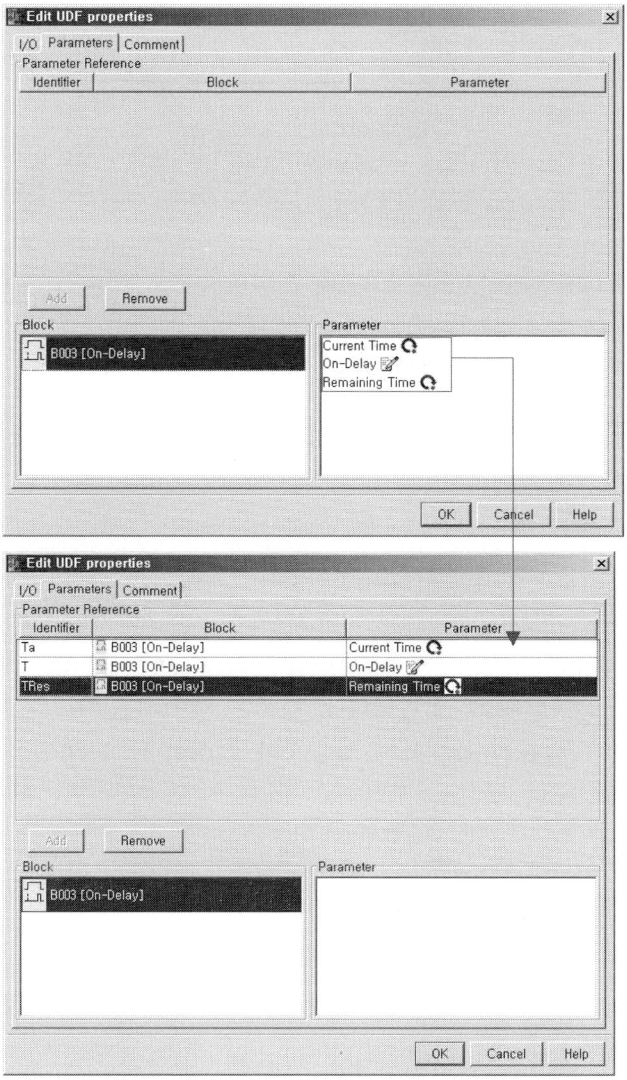

- Comment(설명문)

  사용자는 UDF에 대한 설명을 추가할 수 있습니다.

  사용자 정의함수(UDF), 입력과 출력의 기능 및 기타 세부정보를 사용하는 방법에 대해 설명할 수 있습니다.

④ 저장(Save)버튼을 누르면 Specify new version 대화상자가 나타납니다. 이 대화상자는 사용자 정의함수 블록에 대한 번전을 입력할 수 있습니다. OK 버튼을 클릭하여 저장을 합니다.

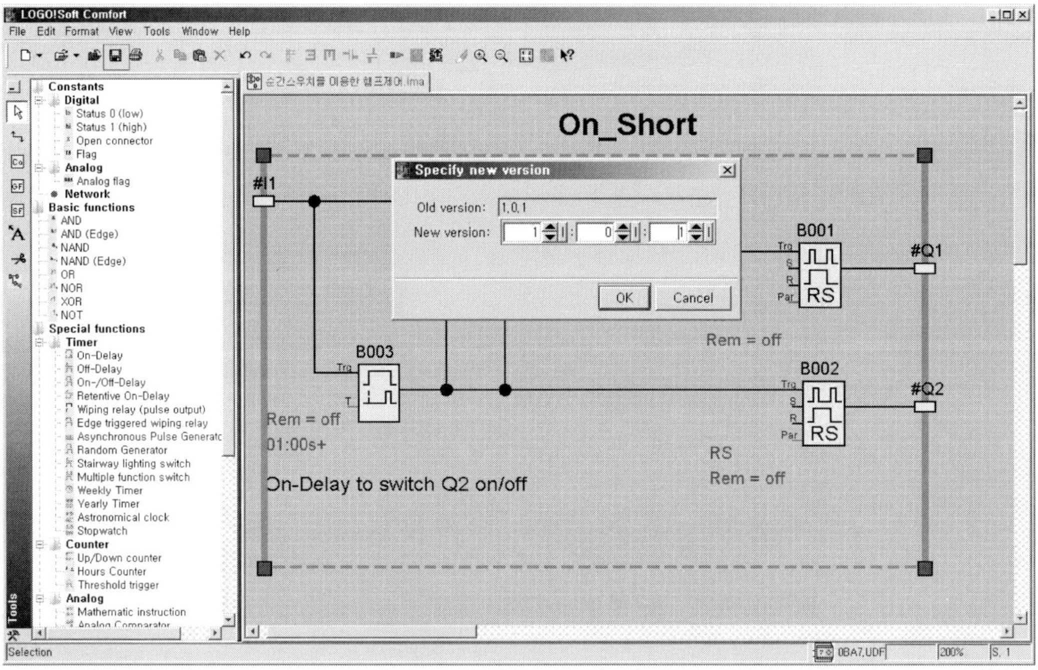

⑤ 메인메뉴에서 Tool → Option을 선택합니다. Option 다이로그 박스에서 UDF 항목을 선택한 다음 "Add UDF" 버튼을 클릭하여 사용자가 작성한 UDF 파일을 등록합니다.

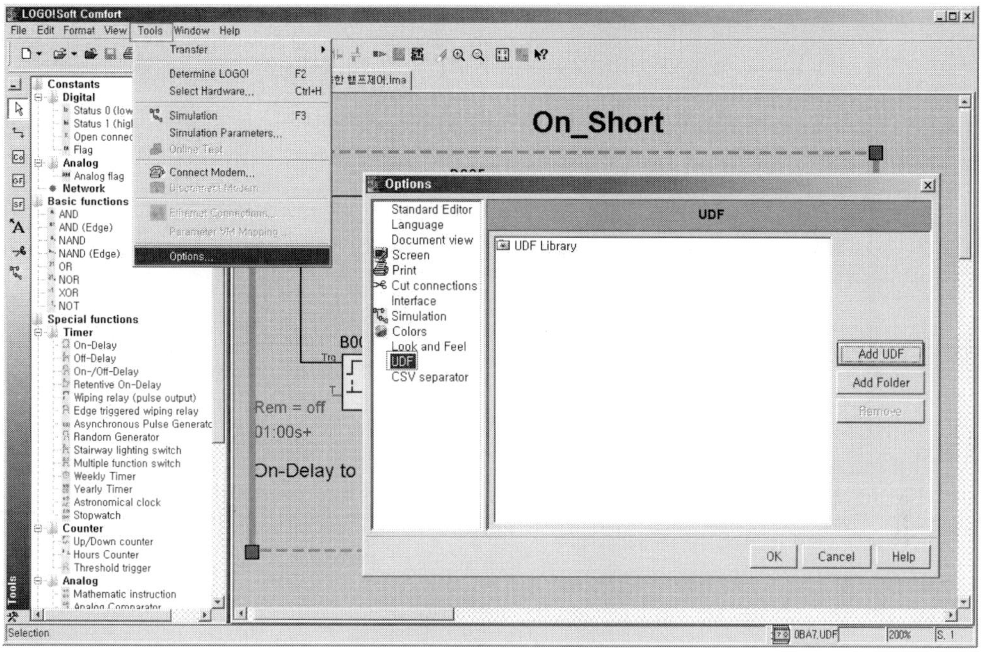

⑥ 사용자 UDF 파일을 찾은 다음 열기버튼을 클릭합니다.

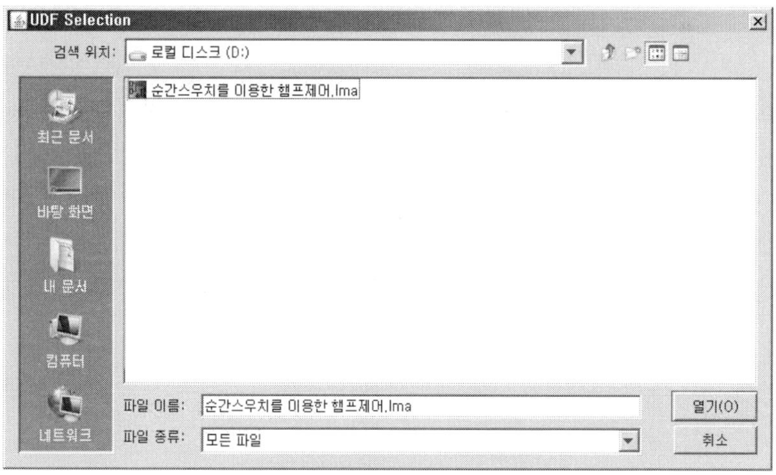

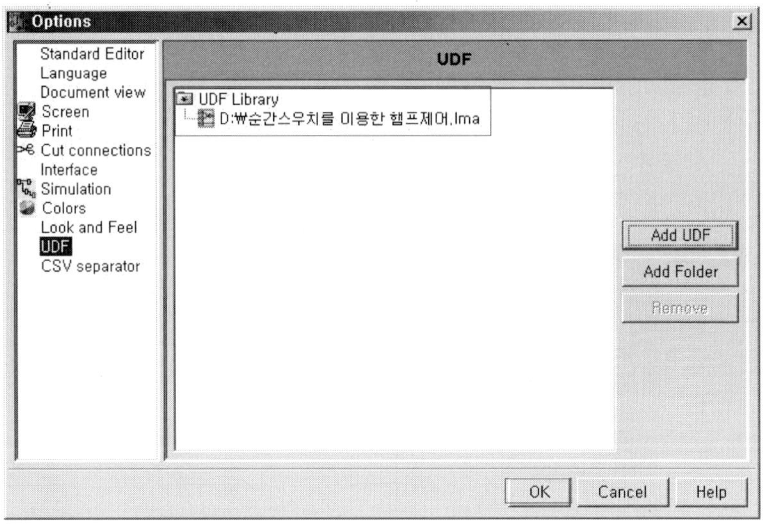

OK 버튼을 클릭하여 등록을 마칩니다.

⑦ LOGo!Soft comfort의 명령어 트리구조에서 방금 등록된 UDF의 항목을 볼 수 있습니다. 이제 어느 사용자 프로그램에서 On_Short UDF의 라이브러리를 사용할 수 있습니다.

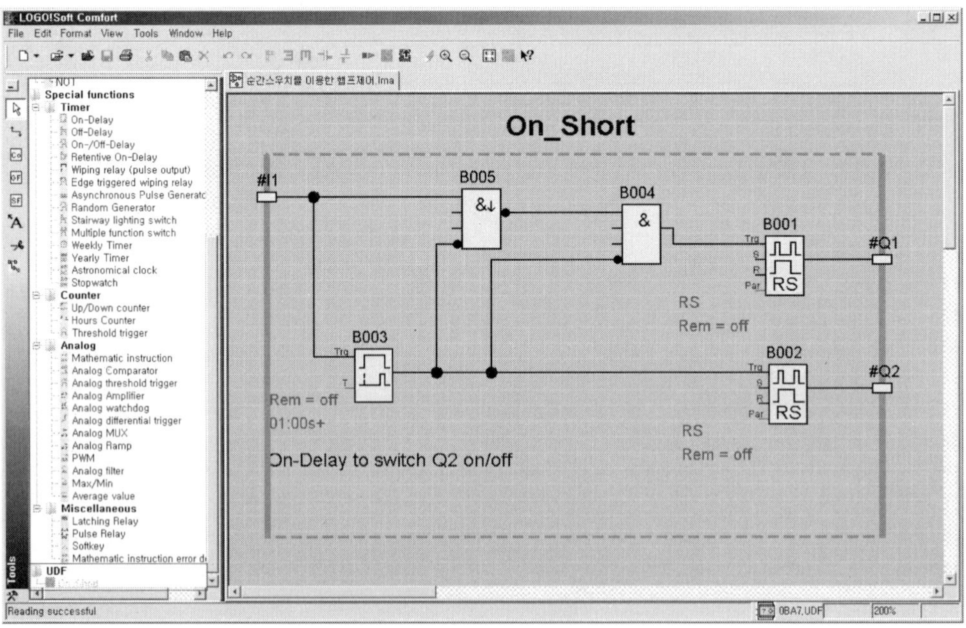

⑧ 새로운 프로젝트를 시작합니다.

New 버튼클릭 → UDF 폴더 밑에의 On_Short 라이브러리를 선택한 다음 편집 창에 적용합니다. U001 박스의 출력 단에 실지 출력 어드레스를 연결합니다. 그런 다음 U001 박스의 입력 단에 실지 입력 어드레스를 연결합니다. 저장한 다음 LOGO!로 전송한 다음 테스트를 실행합니다.

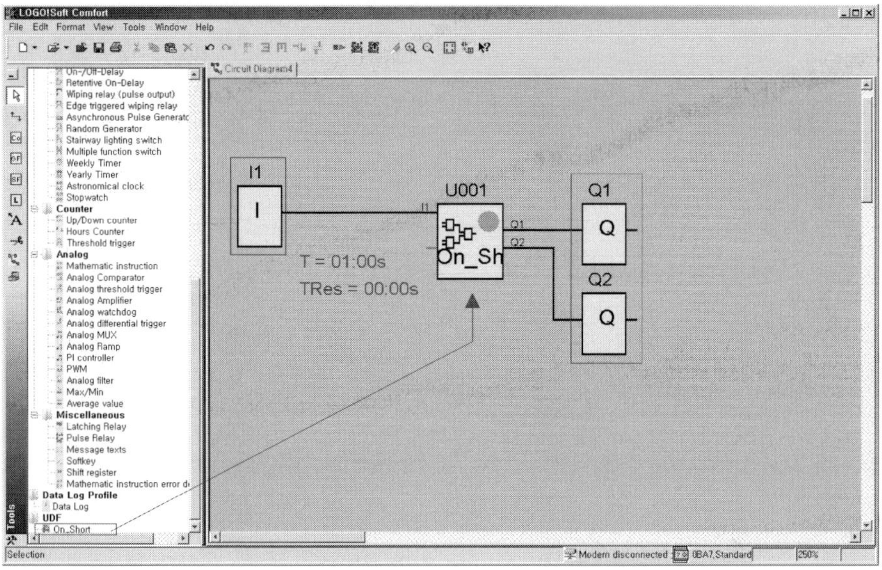

On-Line 실행화면입니다.

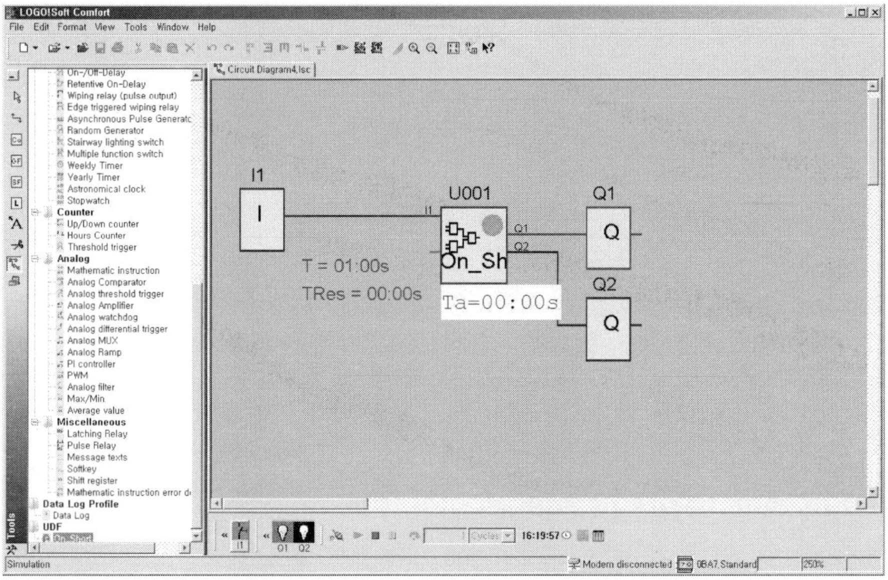

5.8.2 기존 프로그램에서 UDF 만들기

다음은 기존 On-Short 응용 프로그램에서 UDF로 변환하는 과정을 보여줍니다. 실지입력, 출력을 제외한 회로를 선택하고 마우스 오른쪽 버튼을 클릭합니다. 그러면 상황에 맞는 팝업 메뉴가 뜰 것입니다. 여기서 "Create UDF"을 선택합니다.

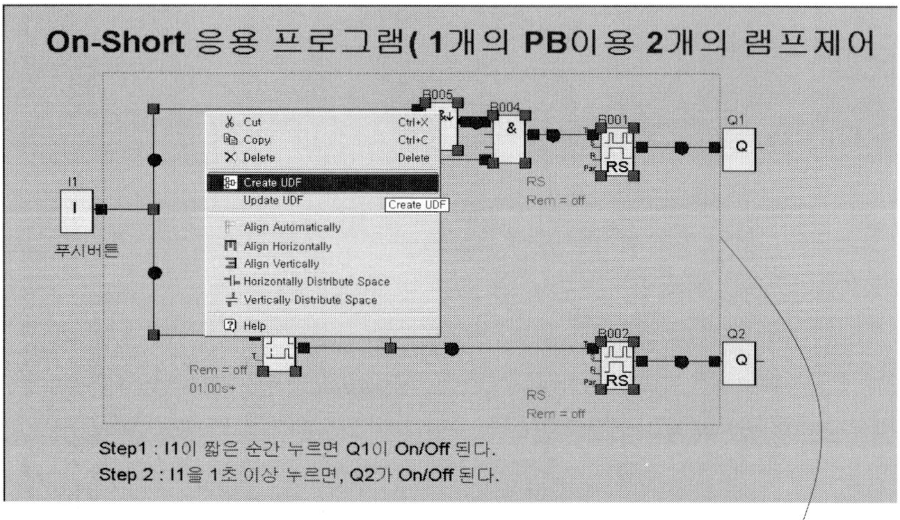

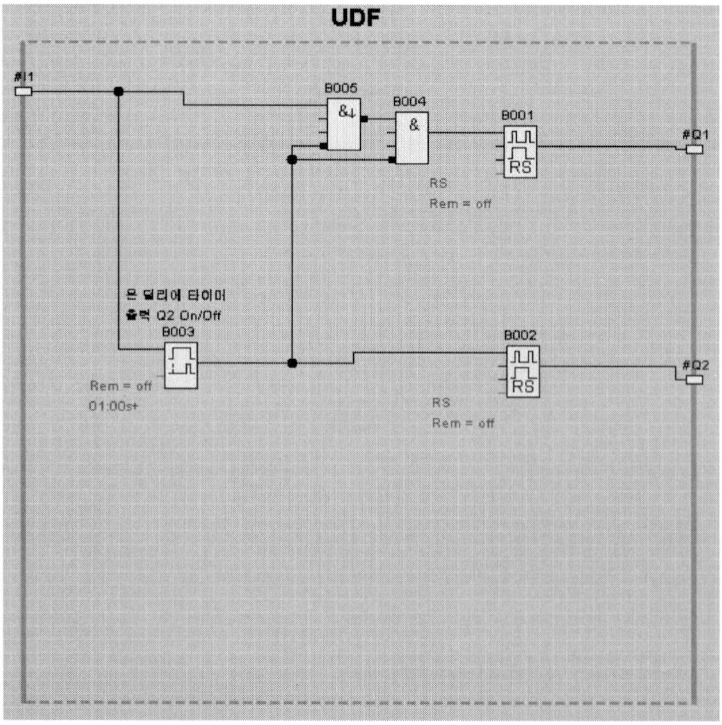

8.1 UDF 만들기 순서에서 ②번부터 시작하면 됩니다.

> **노트**
>
> 기존 프로그램을 이용한 UDF 만들기는 다음과 같은 제약사항이 있습니다.
> 선택된 프로그램이 UDF가 지원하지 않는 블록을 포함하는 경우 실행되지 않으며, 입출력 블록이 접속되어 있으면, 입출력 블록대신에 UDF 형식이 바뀌어 만들어집니다. 입력 또는 출력이 바뀌어 생성합니다.

5.9 데이터 기록(Data Log Profile) – 0BA7 only

원하는 회로 프로그램의 기능블록과 메모리 영역의 실제 값을 기록하는 데이터 로그를 구성할 수 있다.

LOGO!에서의 심벌	연결	설 명
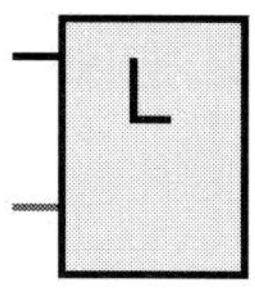	En	데이터 로그는 시작은 En 신호가 상승펄스(0에서 1로 변할 때)에서 저장됩니다.

사용자 프로그램 당 하나의 데이터 로그를 구성할 수 있습니다. 데이터 로그를 구성한 후, 더 이상을 선택할 수 없도록 데이터 로그 아이콘이 회색입니다.

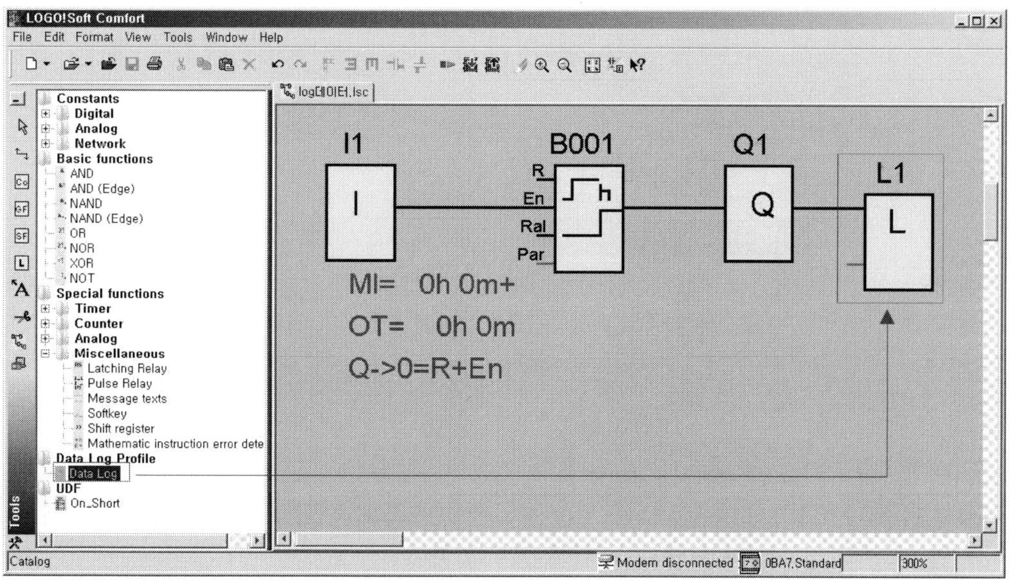

▢ 데이터 로그 구성

프로그램에서는 유일한 기능블록의 실제 값 및 다음 메모리 영역에 기록하는 하나 이상의 데이터 로그를 구성할 수 있다

- I
- Q
- M
- AI
- AQ
- AM

- 디지털 I/O 및 메모리의 경우, 8비트의 그룹으로 데이터를 기록한다.
  (I1 to I8, Q9 to Q16, M17 to M24)
- 아날로그 데이터인 경우 AI1, AQ2 또는 AM1 값의 유형에 따라 8비트 또는 단일 값의 그룹 기능블록 값을 구성합니다.

데이터 로그에서 32항목(아날로그 값 또는 8비트 디지털 그룹)의 최대를 기록할 수 있습니다.

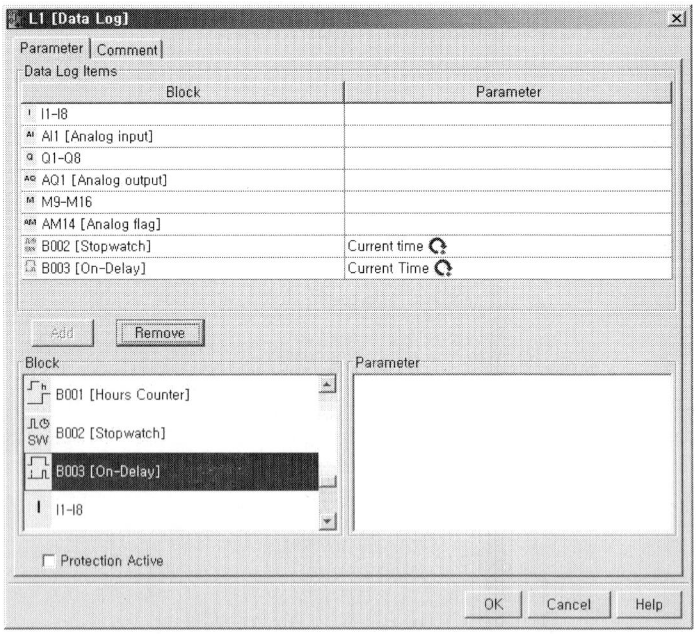

▢ Transferring the Data Log

데이터 로그를 구성한 후에는 LOGO! 0BA7에 사용자 프로그램을 다운로드 할 수 있습니다.
(데이터 로그는 내부 EEPROM에 저장되어있는 장치임)

사용자는 PC 또는 CSV 형식으로 SD카드에 데이터 로그를 전송할 수 있습니다. PC에 내부 EEPROM에서 데이터 로그를 업로드하려면 메인메뉴에서 "도구 → 전송 → 업로드 데이터 로그" 및 LOGO!0BA7 장치는 STOP 모드에 있어야 합니다.

☐ Opening an uploaded data log

성공적으로 PC에 데이터 로그를 업로드 한 후, 이 CSV파일을 두 번 클릭하고 기본적으로 Microsoft Excel에서 열립니다. 만약에 Microsoft Excel이 없으면 텍스트 편집기로 열 수 있습니다.

노트

LOGO! 0BA7는 데이터 로깅을 위한 1024바이트 버퍼를 제공한다. 이 버퍼의 데이터가 512바이트에 도달하며 LOGO! 자동으로 SD카드 슬롯에 삽입된 SD카드에 데이터를 기록한다. SD카드에 데이터를 기록할 경우 데이터 손실이 염려되므로 데이터 손실발생을 방지하기 위해서는 최소 500ms 간격으로 저장하여 주십시오.

5.10 아날로그 & 네트워크 명령어

심벌	명칭	심벌	명칭
AI	Analog inputs (아날로그 입력)	I	Network inputs
AQ	Analog outputs (아날로그 출력)	AI	Network analog inputs
AM	Analog Flags (아날로그 플래그)	Q	Network outputs
		AQ	Network analog outputs
	Data Log Profile (로그 데이터 기록)		

5.10.1 아날로그 입력(Analog inputs)

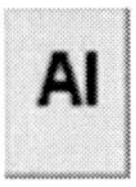

LOGO! 버전 12/24 RC, 12/24 RCo, 24, 24o, 확장모듈 AM2 12/24는 아날로그 신호를 처리합니다. 8개의 아날로그 입력까지 지원합니다. 블록설정에서 터미널을 이미 사용하지 않았다면 입력블록에 새로운 입력 터미널을 할당할 수 있습니다.

5.10.2 아날로그 출력(Analog outputs)

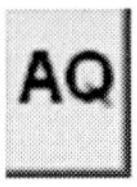

AQ1과 AQ2 2개의 아날로그 출력이 사용가능합니다. 아날로그 출력이 있는 함수나 아날로그 플래그 AM이 있는 함수에서만 아날로그 출력 값을 설정할 수 있습니다.

아날로그 값의 디지털 변환 값은 0~1000입니다. 로그의 프로그램 STOP모드일 때 아날로그 출력동작을 설정할 수 있습니다. Stop 모드일 때 아날로그 최소 값을 유지하거나 AQ1과 AQ2에 설정된 특정 값을 갖도록 설정될 수도 있습니다.

5.10.3 아날로그 플래그(Analog Flags)

아날로그 플래그 AM1~AM8 : 아날로그 플래그는 아날로그 입력과 아날로그 명령어 블록의 마커(Marker)로서 사용될 수 있습니다. 아날로그 플래그는 단순히 아날로그 값을 입력이자, 출력으로 받아들입니다.

다음의 예에서 네트워크 명령어의 사용법을 예제로 설명합니다.

Chapter 6

LOGO! 프로그램 실습 예제

6.1 LAD와 FBD

논리회로란 AND(논리적), OR(논리합), NOT(논리부정) 등의 논리연산을 실현하기 위한 회로이다,

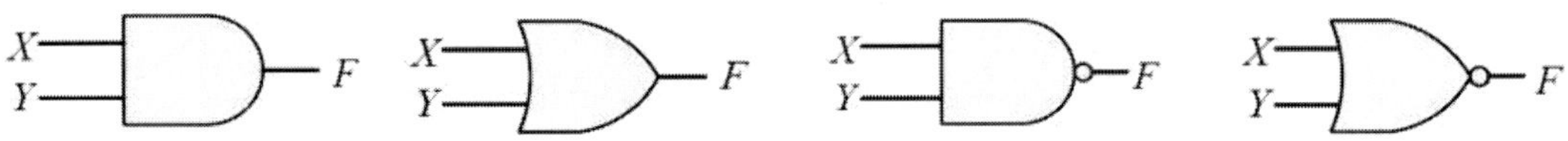

AND gate　OR gate　NAND gate　NOR gate

X	Y	F
0	0	0
0	1	0
1	0	0
1	1	1

진리표

$F = XY = X \cdot Y$

논리식

X	Y	F
0	0	0
0	1	1
1	0	1
1	1	1

진리표

$F = X + Y$

논리식

X	Y	F
0	0	1
0	1	1
1	0	1
1	1	0

진리표

$F = \overline{XY} = \overline{X \cdot Y}$

논리식

X	Y	F
0	0	1
0	1	0
1	0	0
1	1	0

진리표

$F = \overline{X + Y}$

논리식

1) AND(논리적)회로 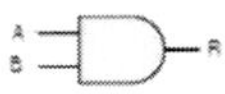

AND회로란 입력신호 A와 B가 있을 때 A 그리고 B가 모두 "1" 신호로 되었을 때에만 출력 R 이 "1" 신호로 되는 회로를 말하며 논리적 회로라고도 한다. 이 A 그리고 B의 "그리고" 를 영어로 "AND" 라고 부르기 때문에 이 회로를 AND 회로라 한다,

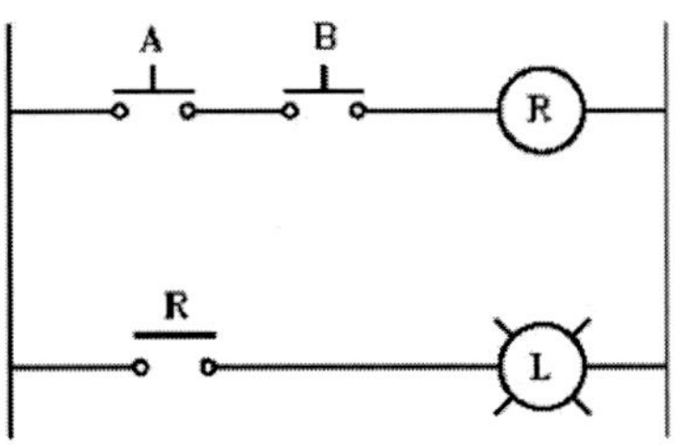

(a) 릴레이 회로

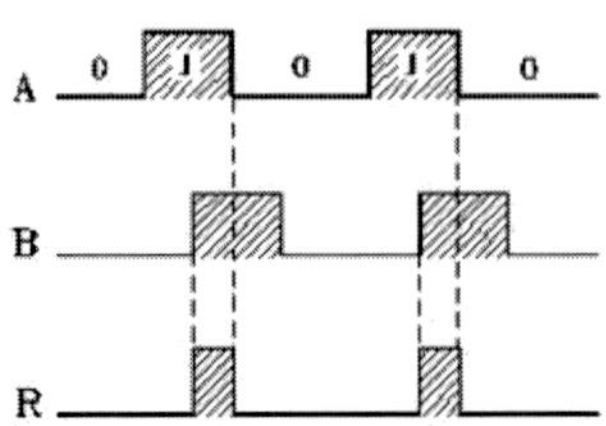

(b) 타임 차트

입력		출력
A	B	R
0	0	0
0	1	0
1	0	0
1	1	1

(c) 진리표

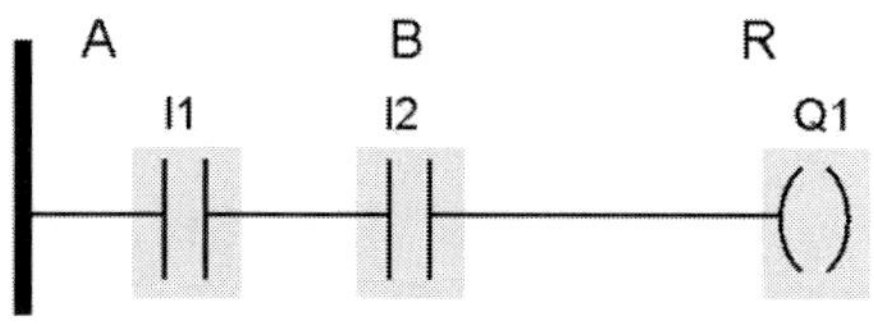

LAD 프로그램

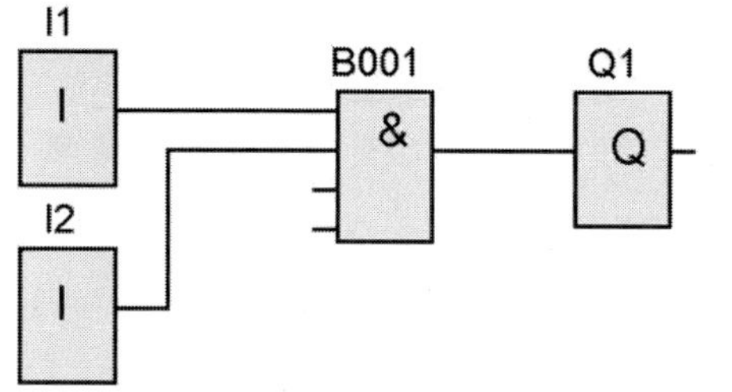

FBD 프로그램

2) OR(논리합)회로 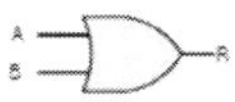

OR회로란 입력신호 A와 B가 있을 때 A 또는 B의 어느 한쪽이 또는 양쪽 모두 "1" 신호일 때 출력 R이 "1" 신호로 되는 회로를 말하며 논리합 회로라고도 한다. 이 A 또는 B의 "또는" 을 영어로 "OR" 하고 부르기 때문에 이 회로를 OR 회로라고 하는 것이다,

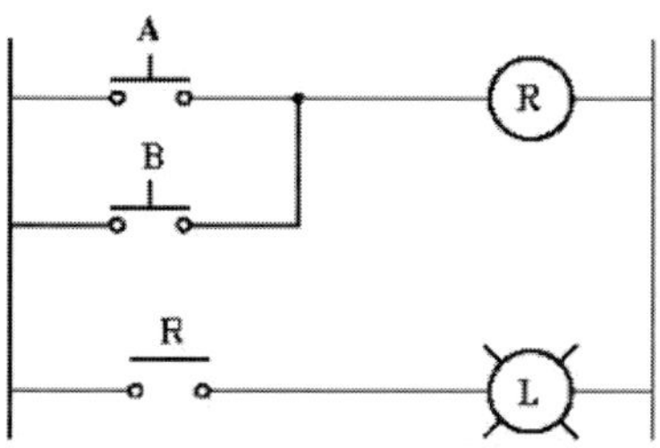

(a) 릴레이 회로

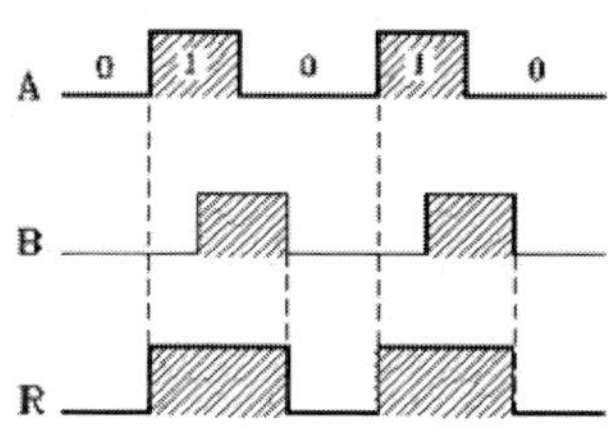

(b) 타임 차트

입력		출력
A	B	R
0	0	0
0	1	1
1	0	1
1	1	1

(c) 진리표

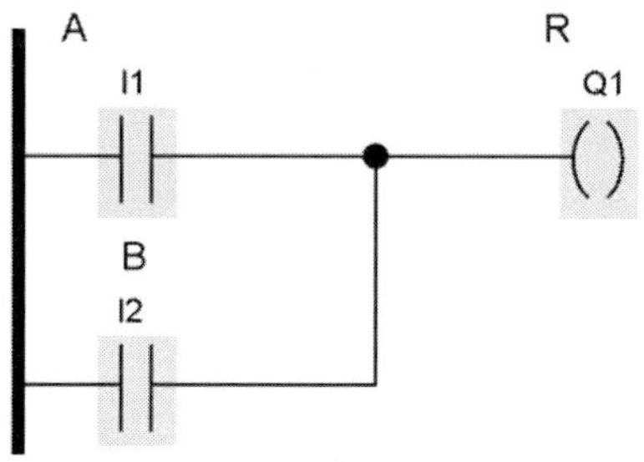

LAD 프로그램

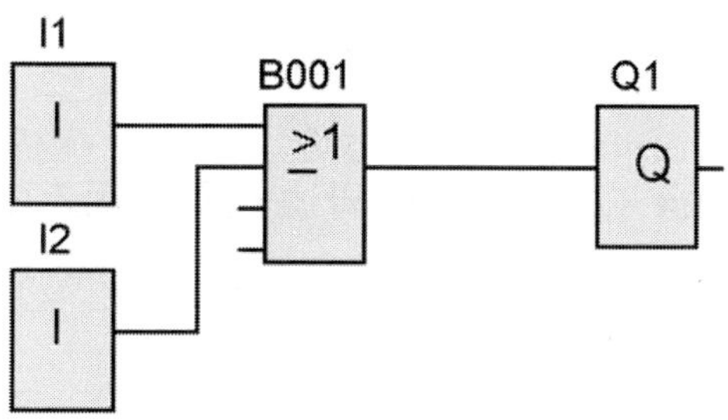

FBD 프로그램

3) NOT(논리부정)회로 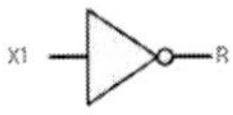

NOT회로란 입력 A가 "0" 신호일 때 출력 R이 "1" 신호가 되고 반대로 입력 A가 "1" 신호일 때 출력 R이 "0" 신호로 되는 회로를 말하며 논리부정회로라고도 한다. 즉 이 회로는 입력에 대하여 반전한 상태의 출력이 얻어지기 때문에 입력에 대하여 출력이 부정된 형태가 된다. 이 "부정" 하는 것을 영어로 "NOT" 이라고 부르기 때문에 이 회로를 NOT 회로라 하는 것이다,

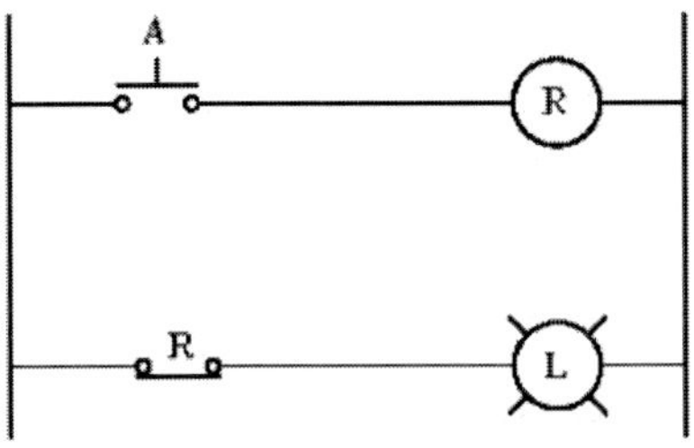

(a) 릴레이 회로

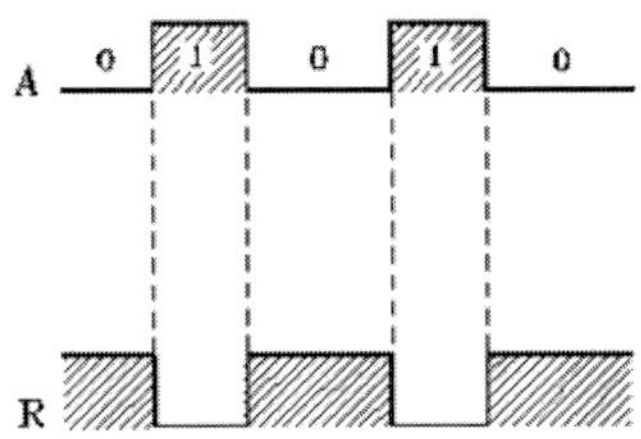

(b) 타임 차트

입력	출력
A	R
0	1
1	0

(c) 진리표

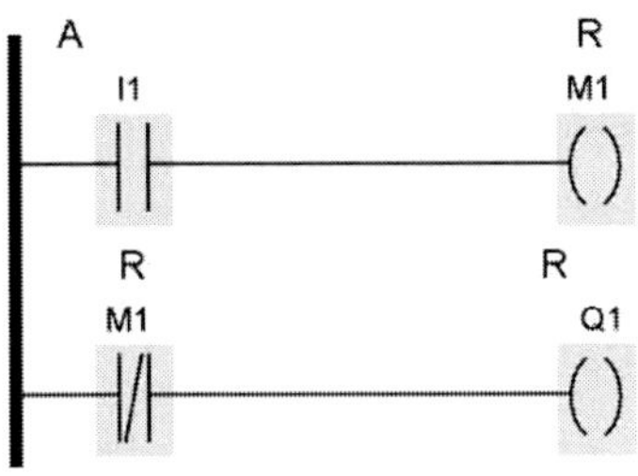

LAD 프로그램

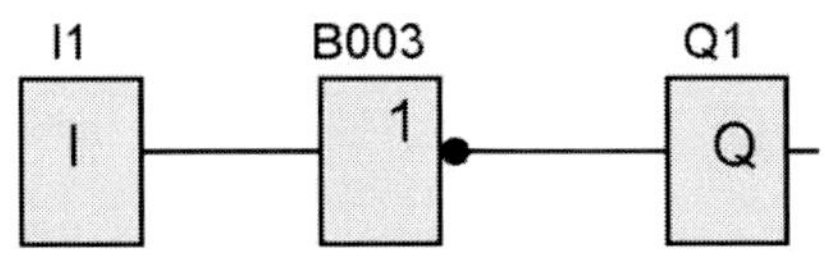

FBD 프로그램

4) 예습 : 시퀀스 회로와 논리회로 등가 프로그램

시퀀스 회로를 LOGO! 프로그램으로

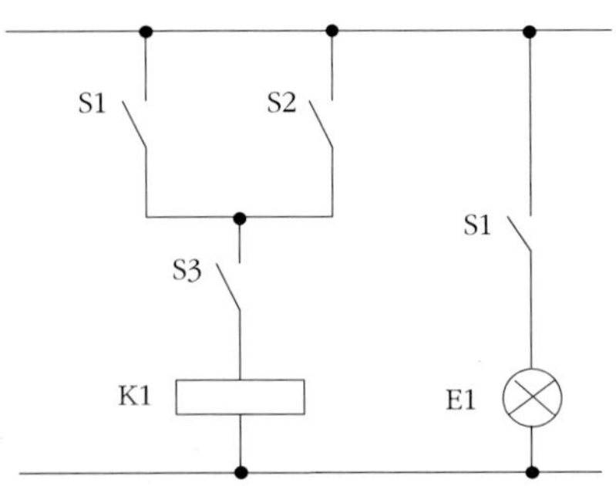

스위치 S1 또는 S2가 On 일 때 릴레이(K1)이 여자되고 릴레이의 보조 "a" 접점이 On되어 램프(E1)가 점등한다.

위와 같은 회로를 LOGO!는 병렬회로를 OR 로직으로 해석한다.

LOGO! 사용자 프로그램으로 전환하는 경우 이는 다음을 의미합니다. 릴레이 K1(출력 Q1)은 OR 블록에 의해 제어됩니다.

[배선]
스위치 S1에서 S2을 LOGO!의 스크루 터미널에 연결하십시오.
- S1을 LOGO! I1 커넥터에, S2를 LOGO! I2 커넥터에, S3을 LOGO! I3 커넥터에 연결하십시오.
AND 블록의 출력은 Q1의 릴레이를 제어합니다. 부하 E1은 출력 Q1으로 연결됩니다.

[프로그램 순서]
LOGO!로 회로 로직을 작성하려면 회로 출력에서부터 시작합니다.
출력은 스위칭이 이루어질 부하나 릴레이입니다.
출력에서 시작하여 입력에서 마치는 방식으로 회로 로직을 블록으로 변환시키십시오.

1단계 : 메이크 접점 S3이 직렬로 출력 Q1 및 이후의 회로 엘리먼트로 연결됩니다. 직렬연결은 AND 블록에 해당됩니다.

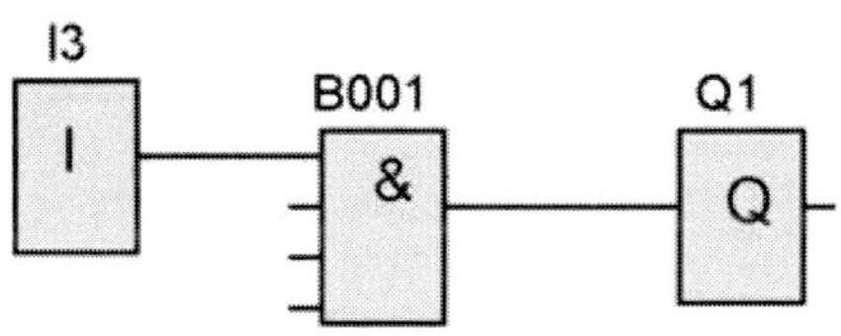

2단계 : S1과 S2는 병렬로 연결됩니다. 병렬 회로는 OR 블록에 해당됩니다.

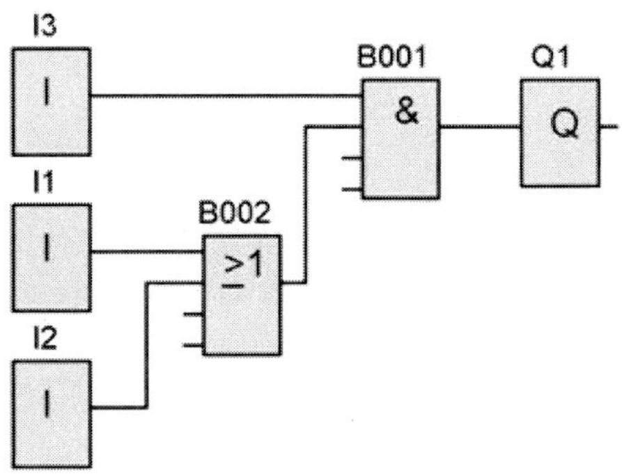

6.2 바이너리(Binary) 제어

목적

바이너리(Binary)제어는 기본적으로 많이 쓰이는 기능(On/Off제어)이므로 동작원리를 잘 이해해서 다양한 응용제어에 활용하는데 있다.

회로구성

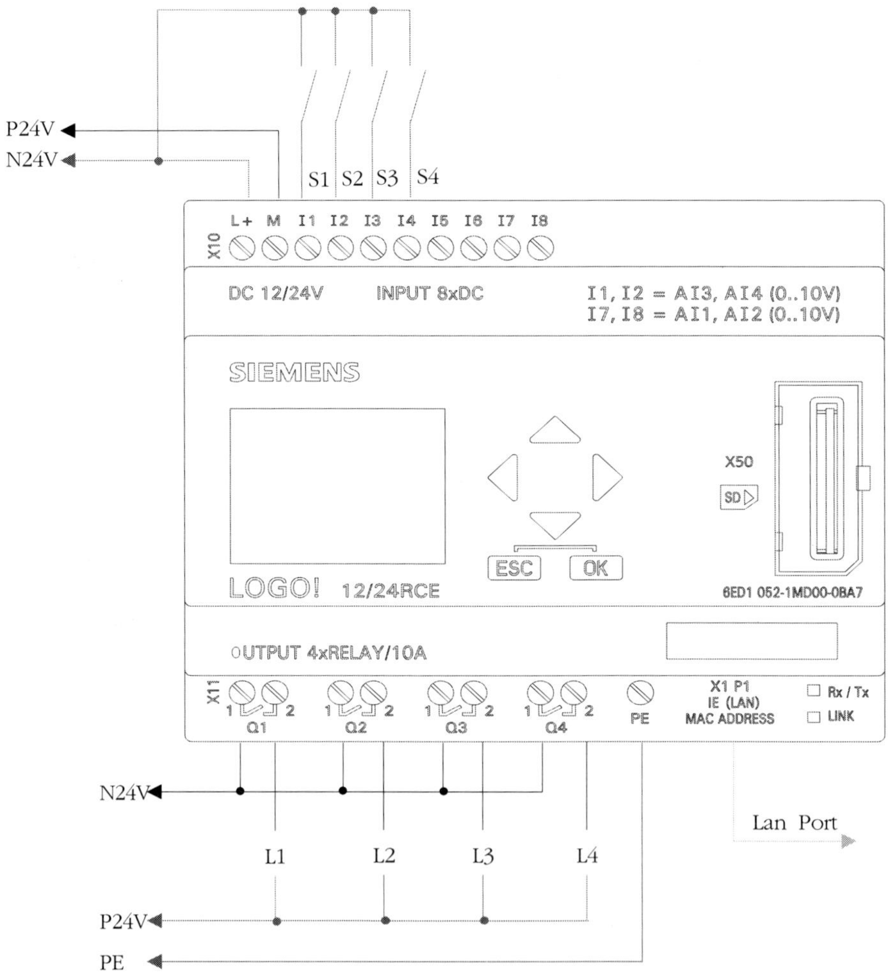

주의사항

- 전원을 차단하고 결선작업을 할 것.
- DC전원의 극성(+, -)이 바뀌지 않도록 할 것. 특히 입력신호는 PNP 타입임.

- 전원공급하기 전에 쇼트회로 체크 후 전원을 투입할 것.
- 소형 - 자 드라이버를 사용할 것.

실습1 자기유지 회로구성

동작설명

스위치 I1을 On하면 램프 Q1이 켜지고 스위치 I2을 On하면 램프 Q1이 꺼진다.

프로그램 1 : 일반적인 형태

LAD DIAGRAM	FBD DIAGRAM
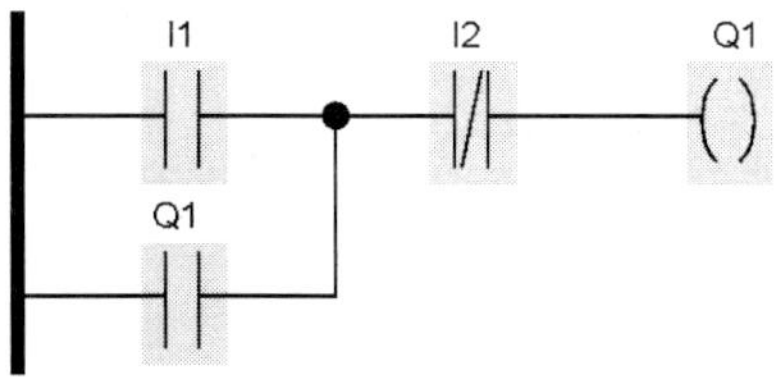	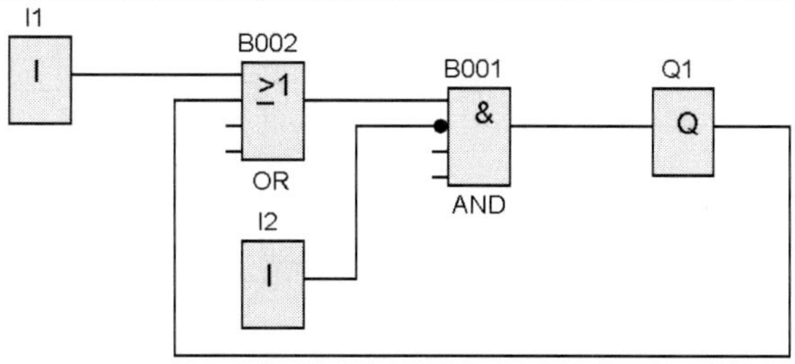

프로그램 2 : Latching Relay 이용한 형태

LAD DIAGRAM	FBD DIAGRAM
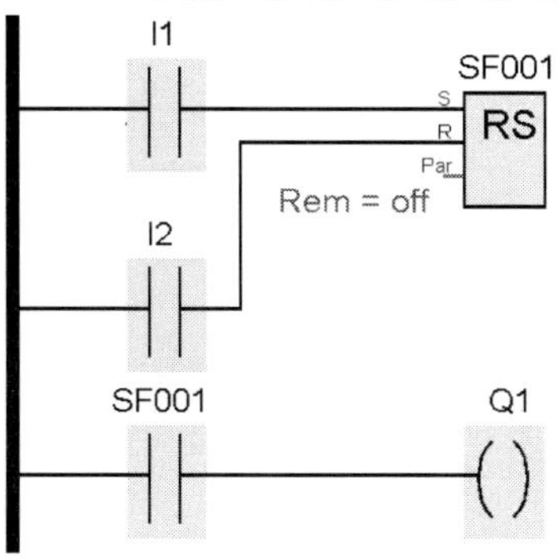	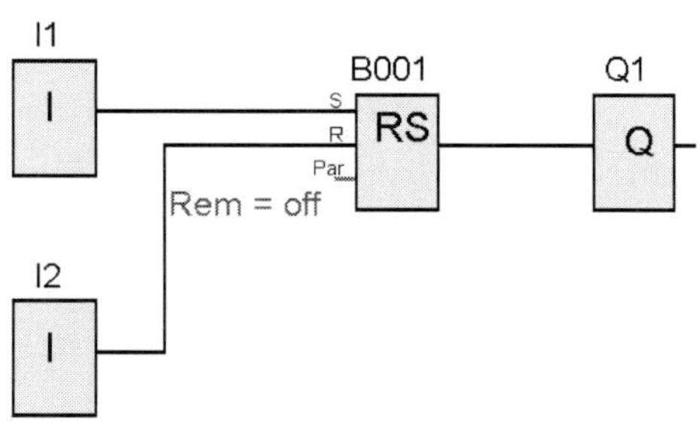

실습2 인터록(Interlock) 회로구성

동작설명

스위치 I1을 On하면 램프 Q1이 켜지고 스위치 I2을 On하면 램프 Q2가 켜지게 한다. 스위치 I1, I2를 동시에 누르면 먼저 누른 스위치 입력에 해당하는 램프만 켜진다..

이와 같은 프로그램을 응용해서 모터의 방향전환(정역 기동)용으로 많이 쓰인다.

프로그램 1 : 일반적인 형태 2개소

LAD DIAGRAM	FBD DIAGRAM
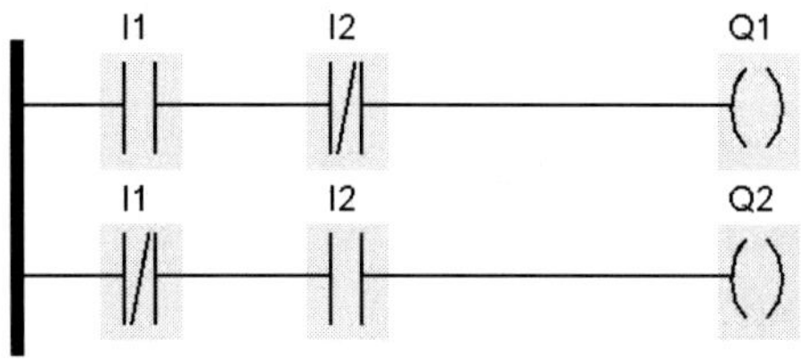	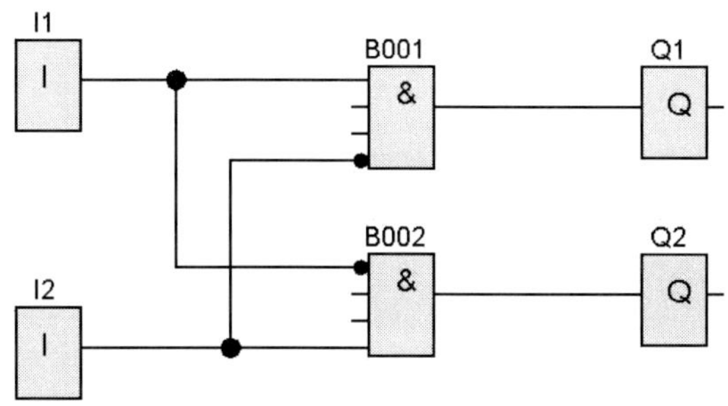

프로그램 2 : 일반적인 형태 3개소

LAD DIAGRAM	FBD DIAGRAM
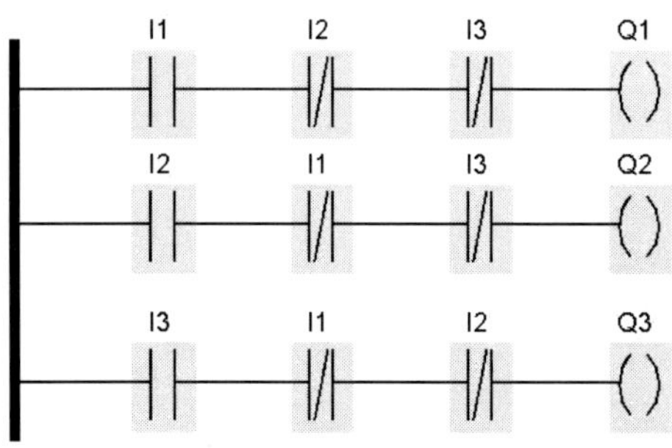	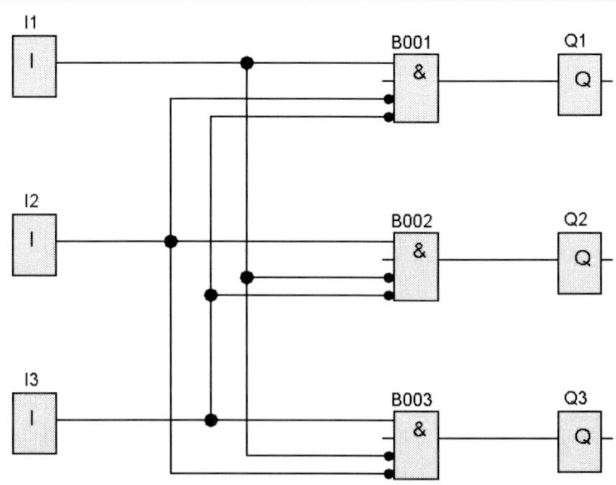

Tip

입력요소를 더블클릭하면
반전 신호로 설정된다.
1(On)는 0(Off)

실습3 깜박이(Flicker)램프회로

동작설명

스위치 I1을 On하면 0.5초 간격으로 램프 Q1이 깜박이며, 스위치 I2을 On하면 정지한다.

프로그램 1 : On-Delay Timer 2개를 사용

LAD DIAGRAM

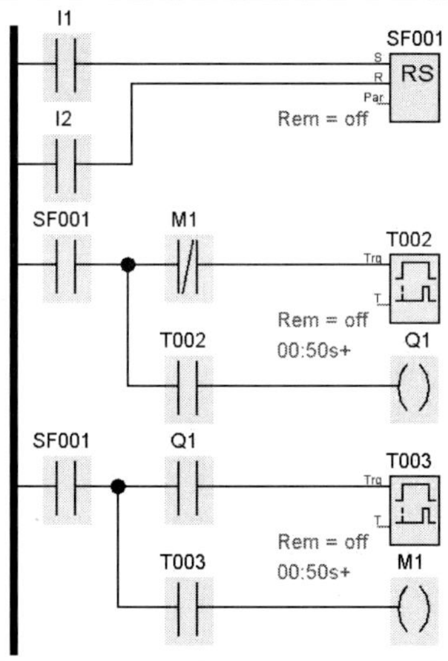

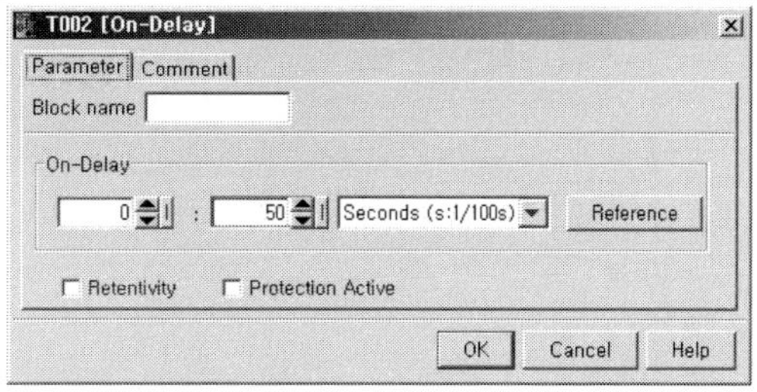

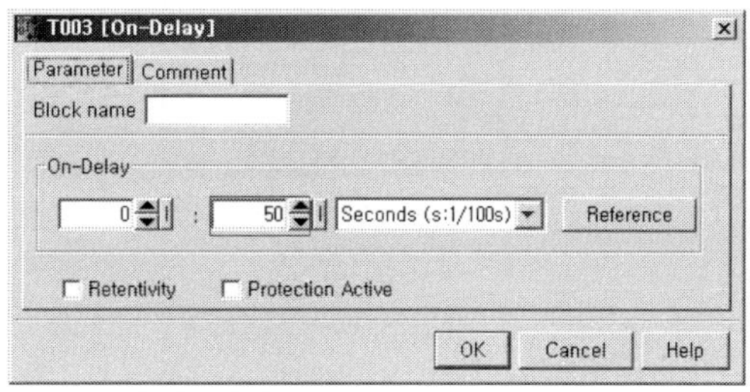

프로그램 2 : "Asynchronous Pulse Generator" 함수 사용

LAD DIAGRAM	FBD DIAGRAM

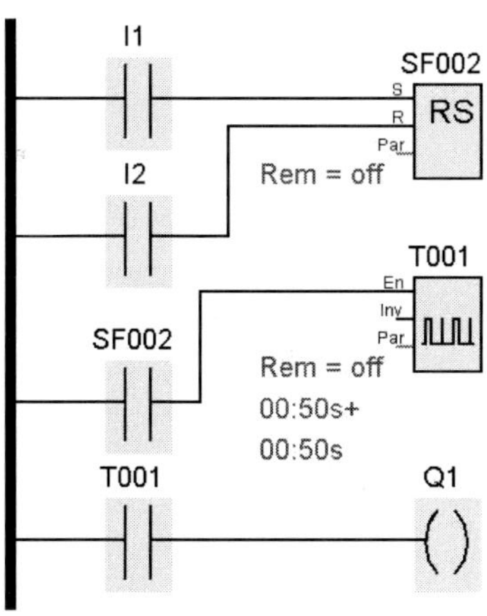

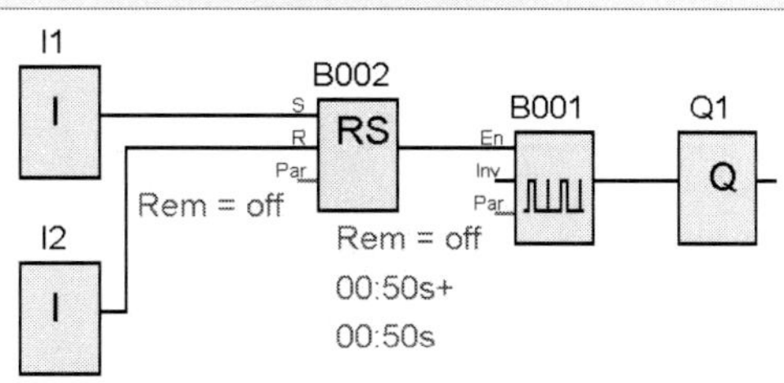

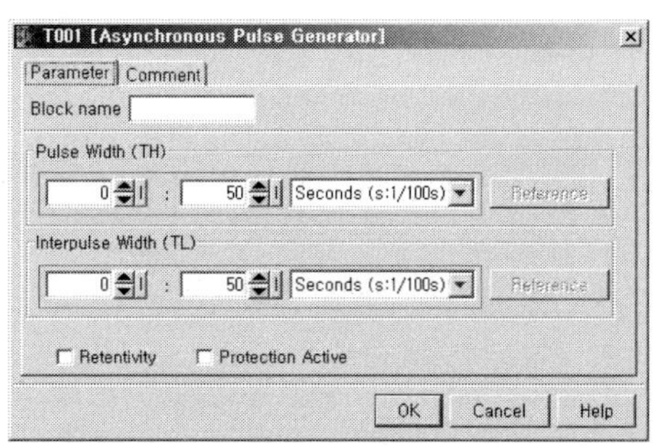

실습4 순간펄스를 이용한 On/Off 제어(1)

동작설명

스위치 I1을 한 번 On하면 램프 Q1이 켜지고 다시 스위치 I1을 On하면 램프 Q)이 꺼진다. 즉, 스위치 하나로 On/Off 제어를 한다.

프로그램 1 : On-Short 형태(더미접점 "Low"을 사용함.) Low = 상시 OFF, Hi = 상시 On

LAD DIAGRAM	FBD DIAGRAM
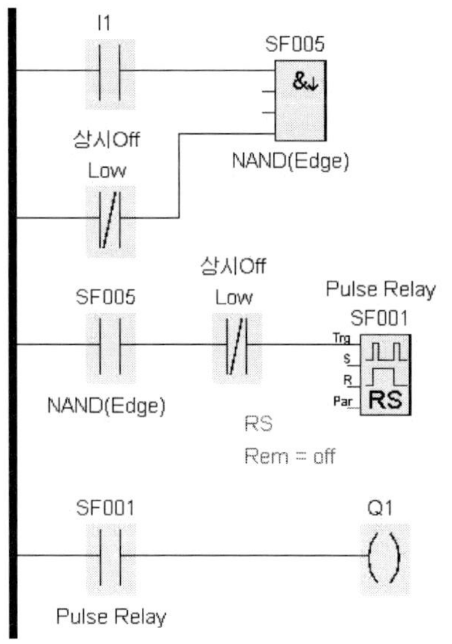	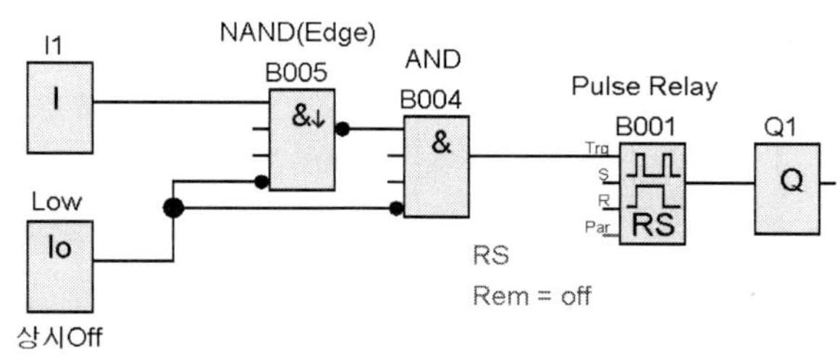

실습5 순간펄스를 이용한 On/Off 제어(2)

동작설명

스위치 I1을 한 번 On하면 램프 Q1이 켜지고 다시 스위치 I1을 On하면 램프 Q1이 꺼진다. 그리고 스위치 I1을 1초 이상 On하면 램프 Q2가 켜진다.

Step1 : I1이 짧은 순간 누르면 Q1이 On/Off 된다.

Step2 : I1을 1초 이상 누르면, Q2가 On/Off 된다.
Q2가 켜졌을 때 끄는 방법은 I1을 1초간 On한다.

프로그램 1 : On-Short 형태(더미접점 "Low"을 사용함.) Low = 상시 OFF, Hi = 상시 On

LAD DIAGRAM	FBD DIAGRAM

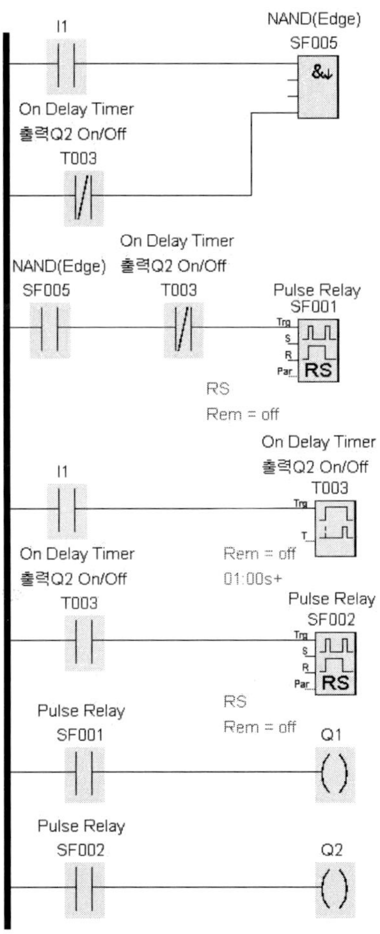

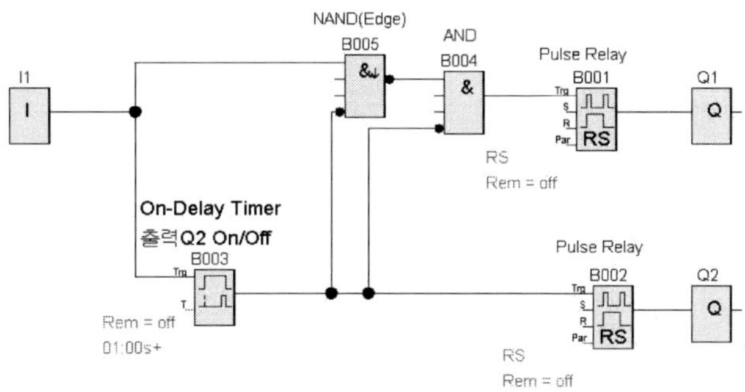

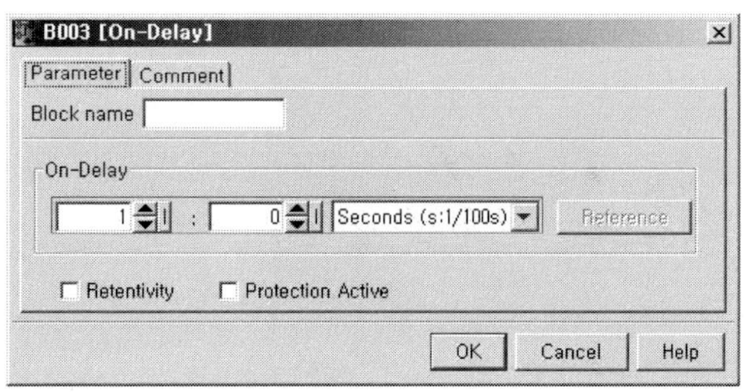

On-Delay timer의 시간을 1초로 설정한다.

실습6 인체감지 센서를 이용한 현관문 램프제어

동작설명

인체감지 센서 I1이 1초 이상 On하면, 현관문 램프 Q1이 켜지고 인체감지 센서영역을 벗어나면 3초 후에 꺼진다.

프로그램 1 : On–Off Delay Time 이용

LAD DIAGRAM	FBD DIAGRAM
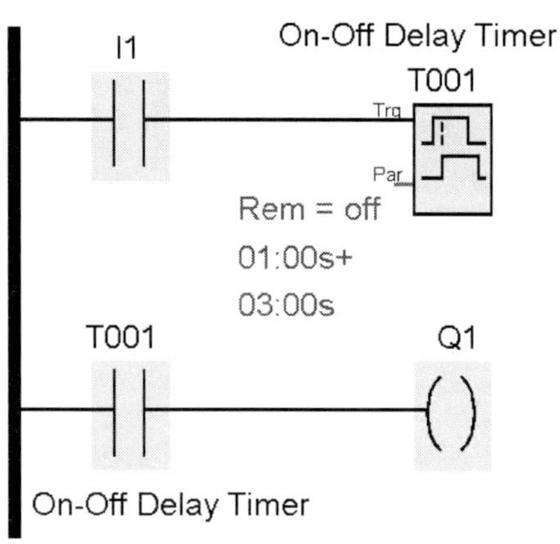	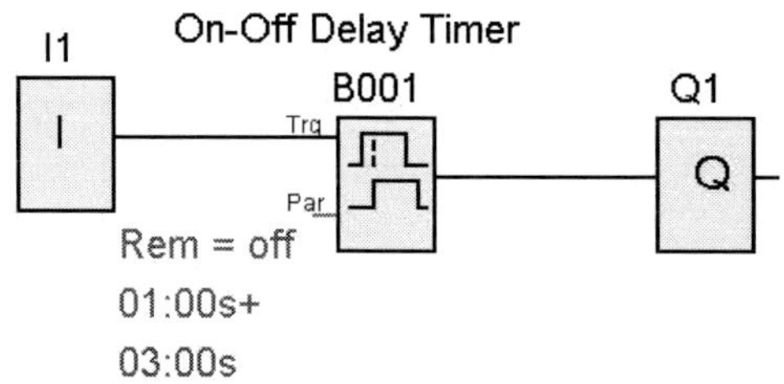 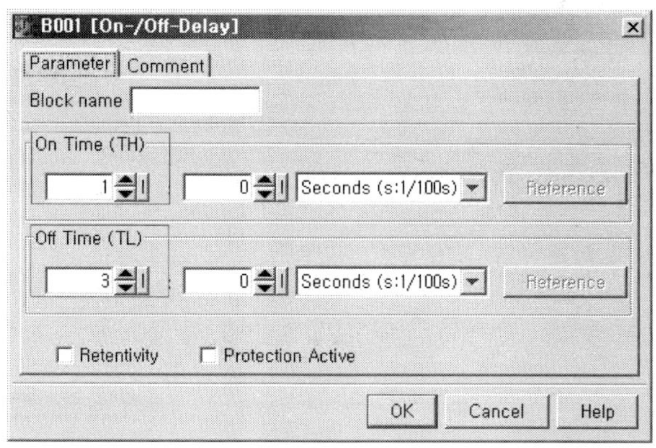

On Time(TH) 1초

Off Time(TL) 3초.

프로그램 2 : 계단조명(Stairway lighting switch) 함수 사용

LAD DIAGRAM	FBD DIAGRAM
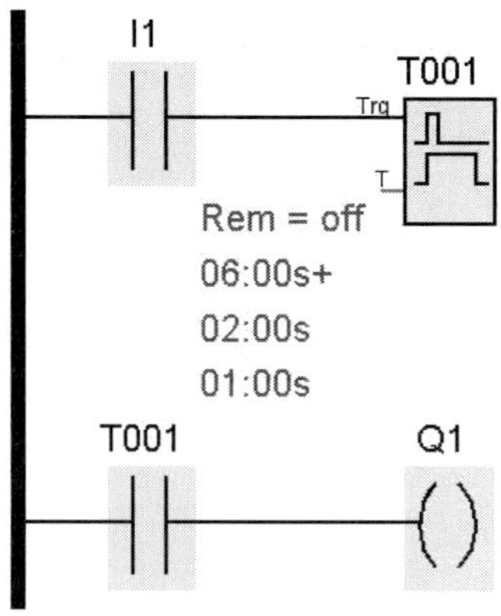	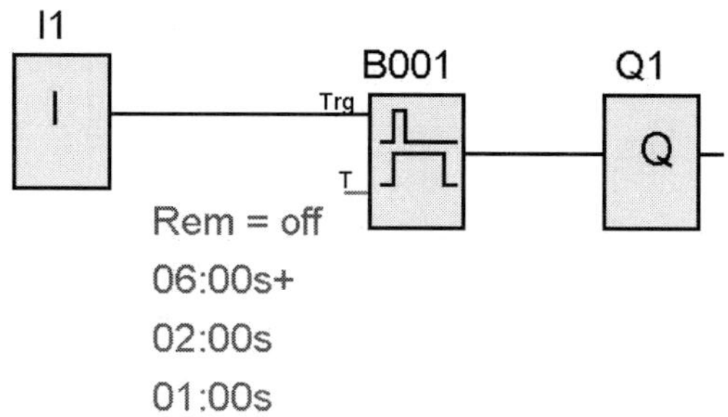

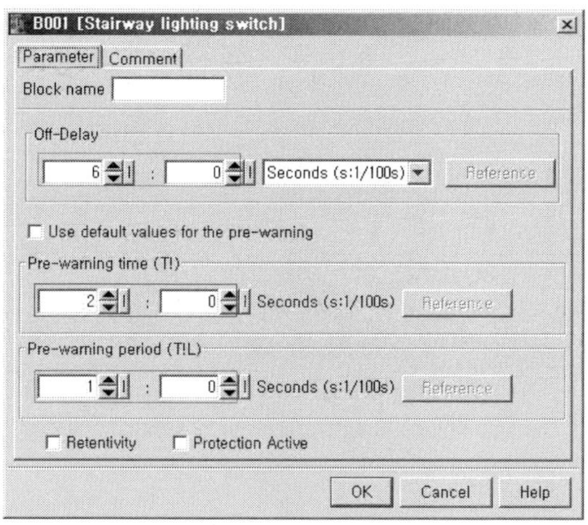

Stairway lighting switch 설정에 따른 동작

Off-Delay : On에서 Off되는 시간

Pre-warning time(T!) :

출력이 Off는 된다는 경고시간

Pre-warning period(T!L) :

출력이 Off되는 경고시간의 기간

좌측의 파라미터의 기준으로 볼 때 Off-Delay 시간이 6초로 설정되어 있으므로 6초에서 2초를 뺀 시간 즉, 4초가 되었을 때 Off가 되며, 1초 후에 다시 On된다.

노트

Stairway lighting switch 함수의 확장기능을 가진 Multiple Function switch가 있다.

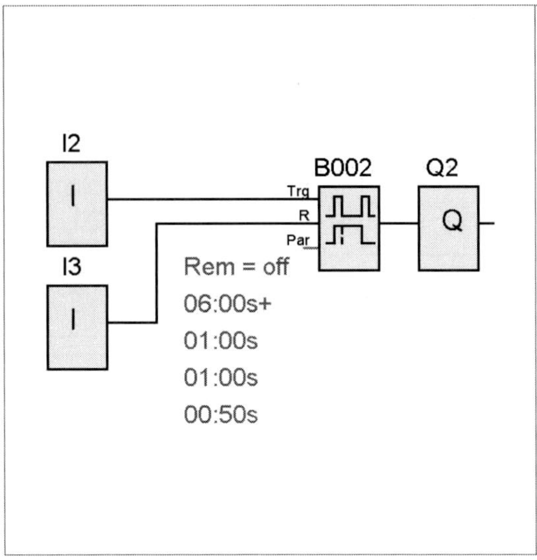
I2
I
B002
Q2
Trg
R
Par
Q
I3
I
Rem = off
06:00s+
01:00s
01:00s
00:50s

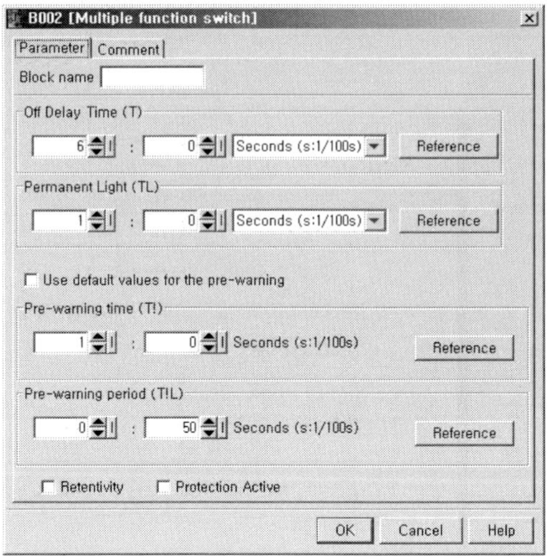
B002 [Multiple function switch]
Parameter
Comment
Block name
Off Delay Time (T)
6
0
Seconds (s:1/100s)
Reference
Permanent Light (TL)
1
0
Seconds (s:1/100s)
Reference
Use default values for the pre-warning
Pre-warning time (T!)
1
0
Seconds (s:1/100s)
Reference
Pre-warning period (T!L)
0
50
Seconds (s:1/100s)
Reference
Retentivity
Protection Active
OK
Cancel
Help

실습7 학교 자동 스케줄 프로그램

동작설명: 학교 자동 스케줄 프로그램
주간타이머(Weekly Timer)함수를 사용하여 수업의 시작시간과 휴식시간, 종료시간을 다음과 같이 설정하고 실행한다.
월요일~금요일은 (8:00 9:45, 10:00 12:45, 13:30, 16:30), 금요일은 15:30에 끝납니다.
Bell이 울리는 시간은 2초입니다.

프로그램 1 : Weekly Timer 이용 학교의 시작시간, 휴식시간, 종료시간, 구현

FBD DIAGRAM / LAD DIAGRAM

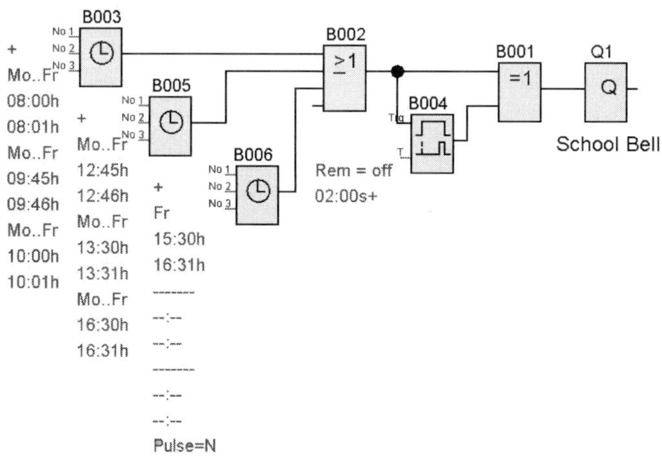

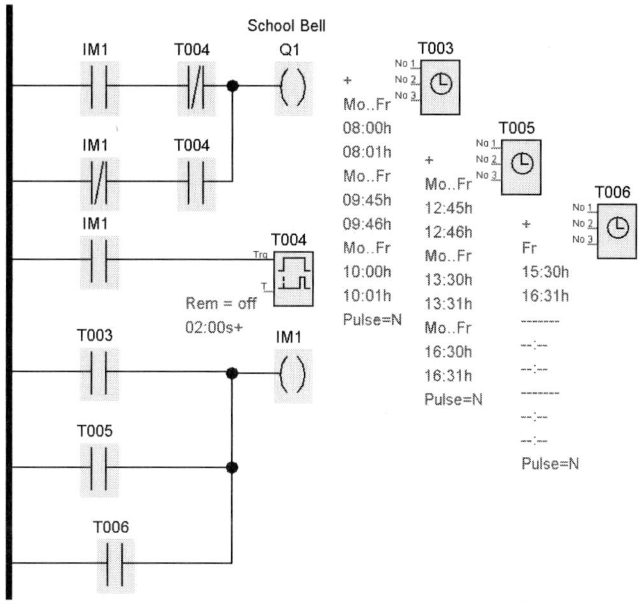

Weekly timer의 Cams 설정

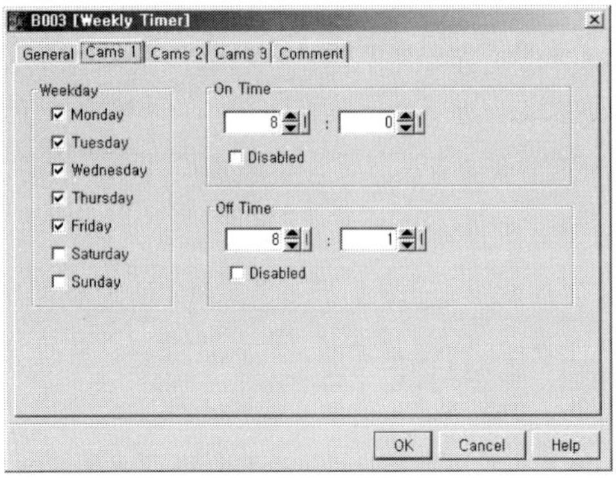

Cams1 : Weekday는 월요일에서 금요일까지 체크

- On Time : 8:0, Off time : 8:1

Cams2 : Weekday는 월요일에서 금요일까지 체크

- On Time : 9:45, Off time : 9:46

Cams2 : Weekday는 월요일에서 금요일까지 체크

- On Time : 10:0, Off time : 10:1

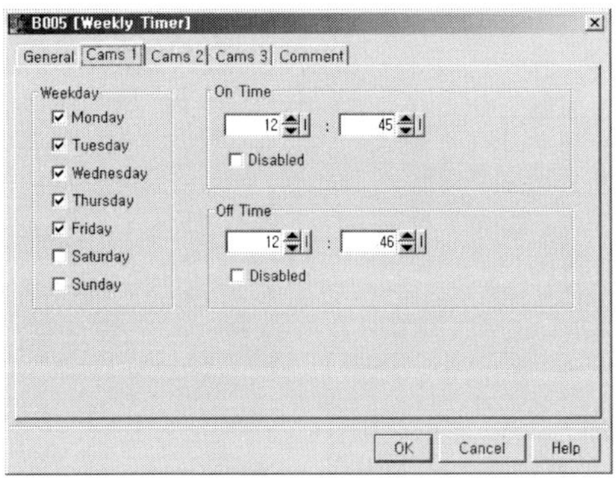

Cams1 : Weekday는 월요일에서 금요일까지 체크

- On Time : 12:45, Off time : 12:46

Cams2 : Weekday는 월요일에서 금요일까지 체크

- On Time : 13:30, Off time : 13:31

Cams2 : Weekday는 월요일에서 금요일까지 체크

- On Time : 16:30, Off time : 16:31

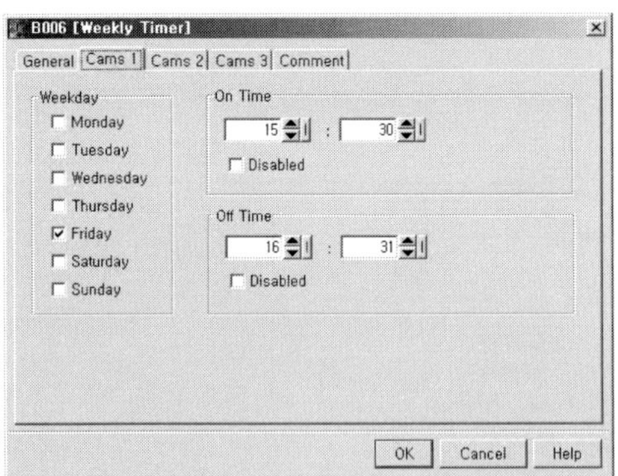

Cams1 : Weekday는 금요일만 체크

- On Time : 15:30, Off time : 16:31

Cams2, Cams3 : On Time, Off Time Disable

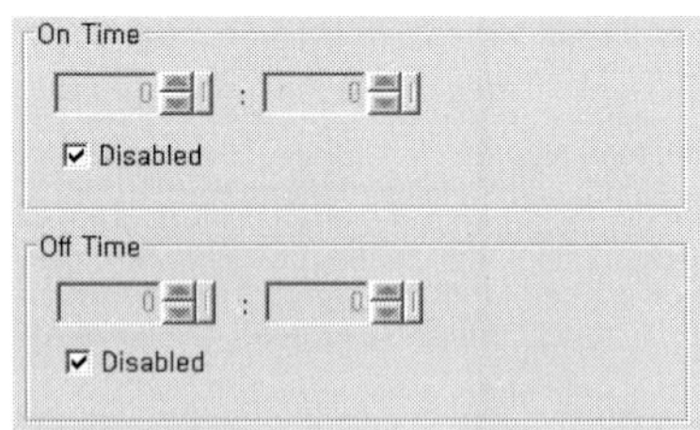

실습8 연간 타이머(Yearly Timer)

동작설명

2014년 5월5일에 출력이 On되고 5월6일에 출력이 Off되게 2015년 5월6일까지 매달 반복동작이 이루어지도록 프로그램 한다.

프로그램 : Yearly Timer 함수 사용

FBD DIAGRAM / LAD DIAGRAM

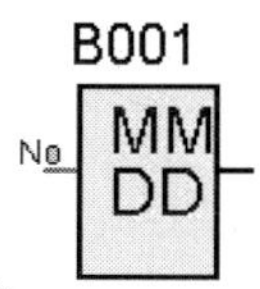

YY:MM.DD
On=14:**.05+
Off=15:**.06
Yearly=Y
Pulse=N

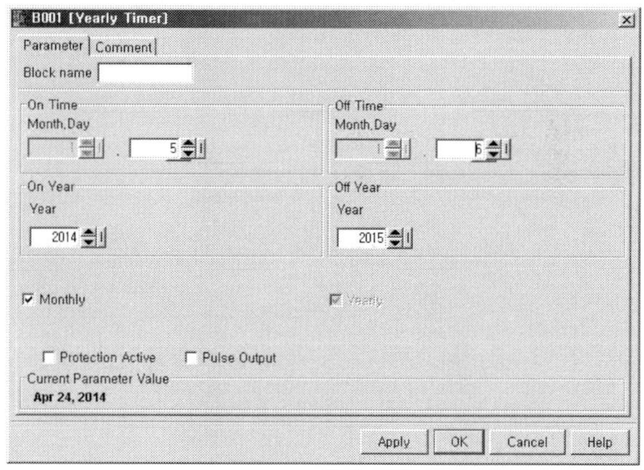

Yearly 모드 온, Monthly 모드 온, 온 타임 = 2014-**-05, 오프 타임 = 2016-**-06:
4.3.12 연간 타이머(Yearly timer) 기능설명 참조요.

실습9 스위치 입력으로 숫자 만들기

동작설명

숫자 증가스위치 I1을 누르면 1씩 증가하고, 감소스위치 I2을 누르면 1씩 감소하게 하며, 증가스위치 또는 감소스위치를 1.5초 이상 누르면 자동으로 수치가 +1, -1이 되게 프로그램 한다. 결과 확인용 스위치 I3을 On-Off하면 Off-Delay 타이머가 작동하여 출력(Q1)된다. Off-Delay 타이머의 설정 값은 Up-Down 카운터의 설정이 Off-Delay 타이머의 설정 값이 된다.

노트 : 이러한 기능을 Allow Switch라 한다.

프로그램 : Up-Down Counter 함수 사용

FBD DIAGRAM

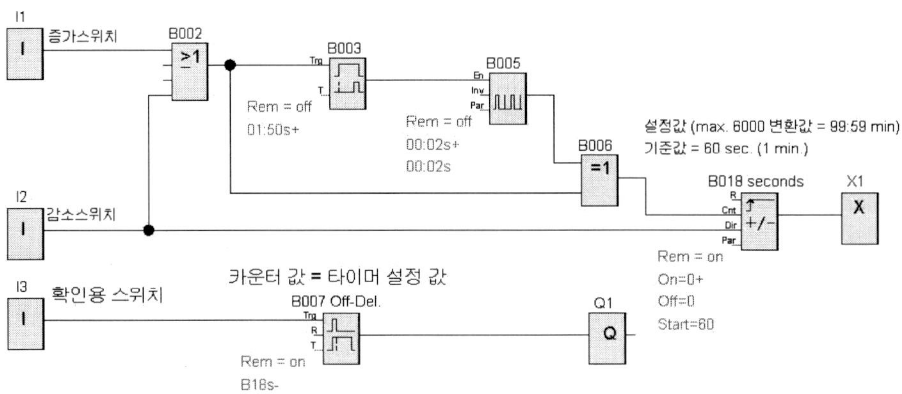

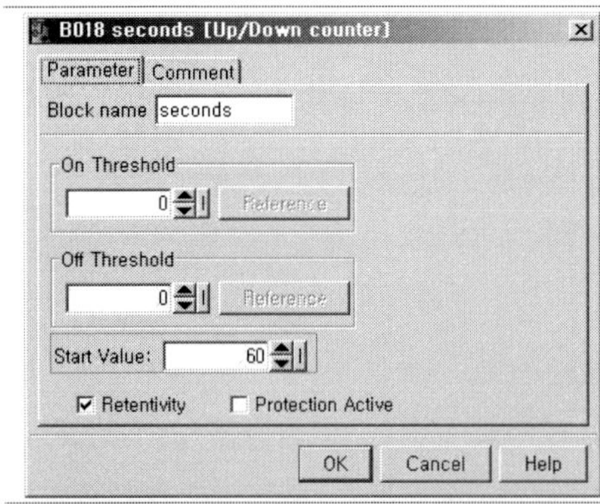	Start Value : 60 → 기준 값
	[Reference] 버튼을 클릭한다. [▼] 버튼을 클릭하여 가져올 블록을 선택한다. Ex) B018 seconds[Up/Down counter]

실습10 비트이동(Shift Register)

동작설명

비트시프트 시작명령 I1이 On되고 이동방향 선택스위치 I3이 Off일 때 클록신호 I2가 들어오면 Q1 → Q2 → Q3 → Q4 순으로 켜지고, 이동방향 선택스위치(I3)이 Off에서 On으로 전환되면 Q4 → Q3 → Q2 → Q1 순으로 켜진다.

프로그램 1 : Shift Register 함수사용(수동)

LAD DIAGRAM	FBD DIAGRAM
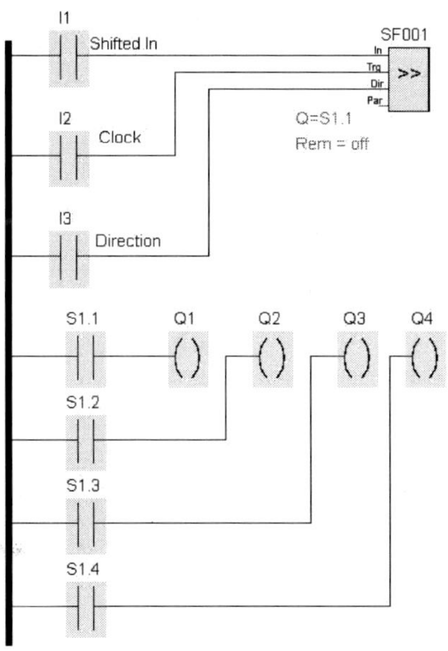	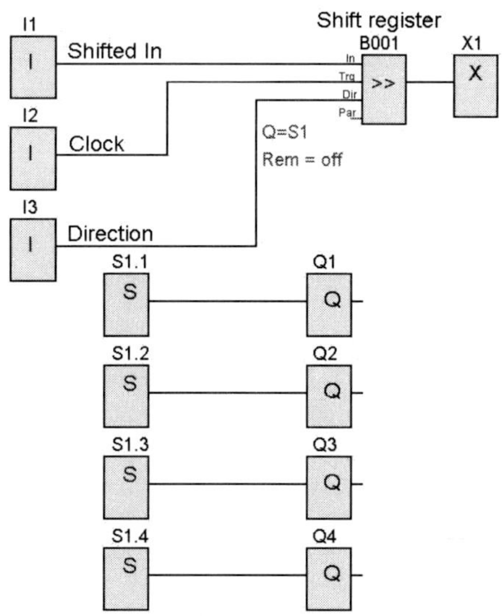 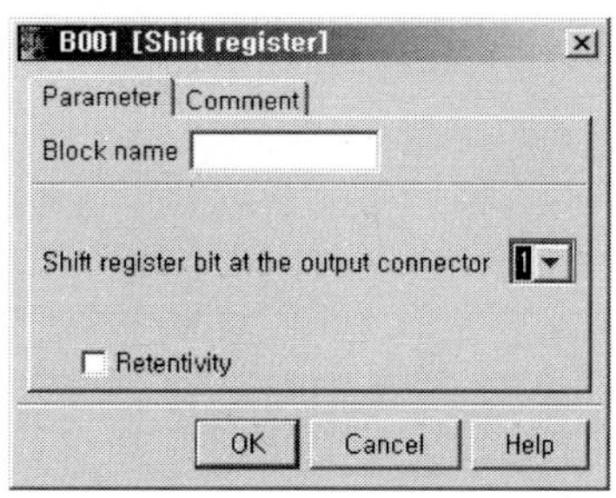

Shift register bit at the output connector에서 선두 어드레스를 지정한다. 예) 1(1.1~1.8), 2(2.1~2.8)

노트 : 이 기능은 사용자 프로그램에서 한 번 밖에 사용할 수 없다.

프로그램 2 : Shift Register 함수사용(자동)

FBD DIAGRAM

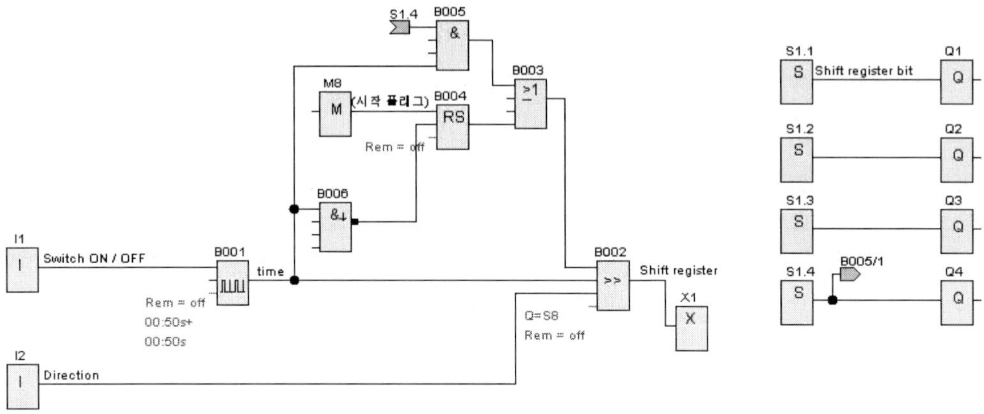

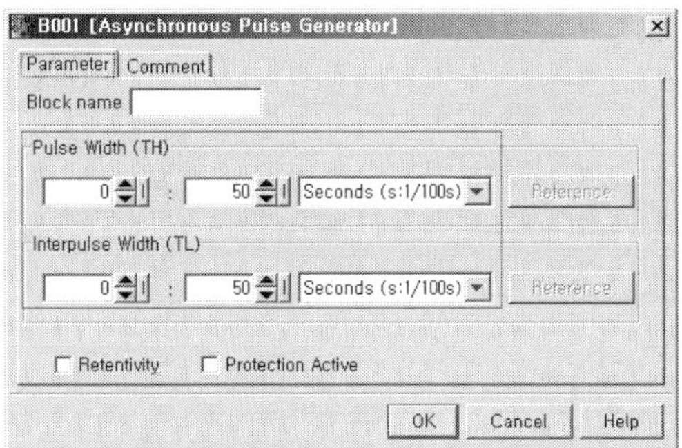

Asynchronous pulse generator 함수를 사용하여 펄스열을 0.5초 간격으로 만든다.

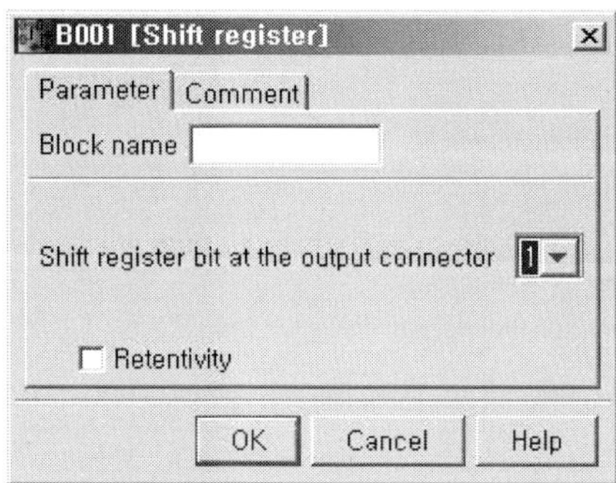

Shift register bit at the output connecter에서 선두 어드레스를 지정한다.

예) 1(1.1 ~ 1.8), 2(2.1 ~ 2.8)

노트 : 이 기능은 사용자 프로그램에서 한 번 밖에 사용할 수 없다.

6.3 아날로그(Analog)제어

LOGO!에서 아날로그제어에 필요한 사전지식으로 다음과 같이 하드웨어 결선에 대하여 알아봅니다. 일반 디지털제어와는 다르게 외란(노이즈, 히스테리)에 민감하게 반응하므로 데이터가 왜곡될 수 있어서 결선방식에 주의가 필요합니다.

1) 아날로그 입력: I1과 I2, I7과 I8 :

입력 I1, I2, I7, I8는 디지털 입력이나 아날로그 입력으로 사용될 수 있습니다. 입력모드는 LOGO! 사용자 프로그램에서 정의됩니다.

LOGO! 12/24RC/RCo, LOGO! 24/24o, LOGO! 24C/24Co는 디지털 입력이나 아날로그 입력(0~10V)으로 사용할 수 있는 4개의 온-보드 입력을 지원합니다. I7(AI1)과 I8(AI2)은 사용하거나 사용하지 않아도 디폴트는 아날로그 입력으로 사용할 수 있습니다. I1(AI3)과 I2(AI4)는 옵션 아날로그 입력입니다. LOGO! Basic은 2개의 아날로그 입력(디폴트 A1, A2)과 4개의 아날로그 입력을 사용할 것인지를 결정할 수 있는 메뉴를 제공합니다. 설정과 상관없이 입력I1과 I2는 디지털 입력으로 사용할 수 있습니다. I1(AI3)과 I2(AI4)를 아날로그 입력으로 사용하려면 Properties from circuit Diagram 설정에서 Set AI3 and AI4 position을 2개에서 4개로 설정해야 합니다. LOGO! Basic에 구성된 아날로그 입력 수는 다음 아날로그 입력과 확장모듈 넘버링에 영향을 줍니다.

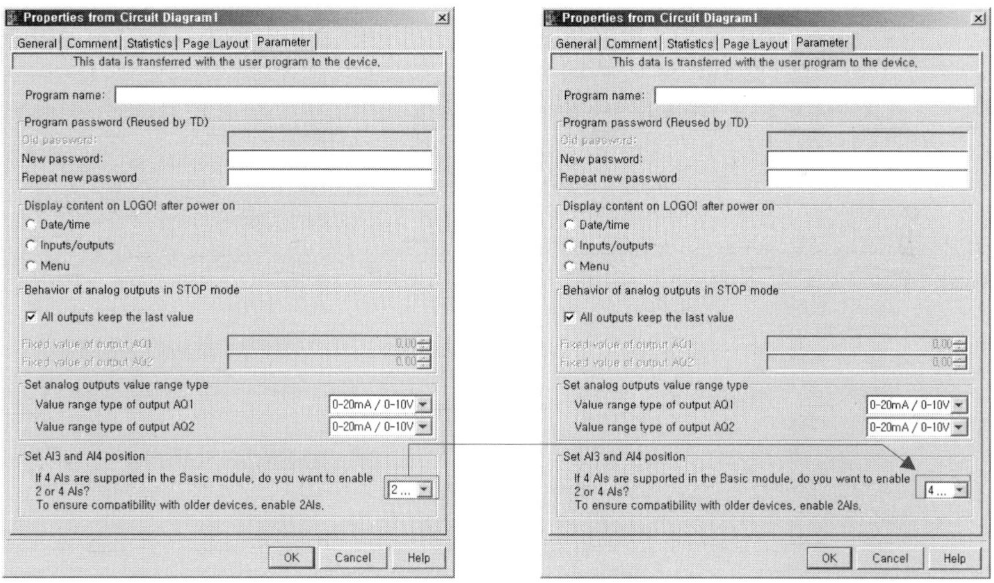

위의 설명하는 것처럼 사용자는 LOGO!에서 2채널의 아날로그나 4채널의 아날로그 입력을 구성하게 됩니다.

입력 I1, I2, I7, I8을 사용하는 경우 0~10V DC범위를 사용할 수 있습니다.

실습1 아날로그 값을 타이머 설정 값 적용

동작설명

AI(I7)단자에 가변저항기를 연결하고 아날로그 값 0~10V를 디지털 값 0~100으로 변환하여 타이머의 설정 값으로 사용할 수 있도록 프로그램 한다.

Ex) 아날로그 입력 → Start PB On → Off-Delay timer 실행, Q1 On → Off-Delay timer 종료, Q1 Off

프로그램 : Analog Amplifier + Off Delay timer 함수사용

FBD DIAGRAM

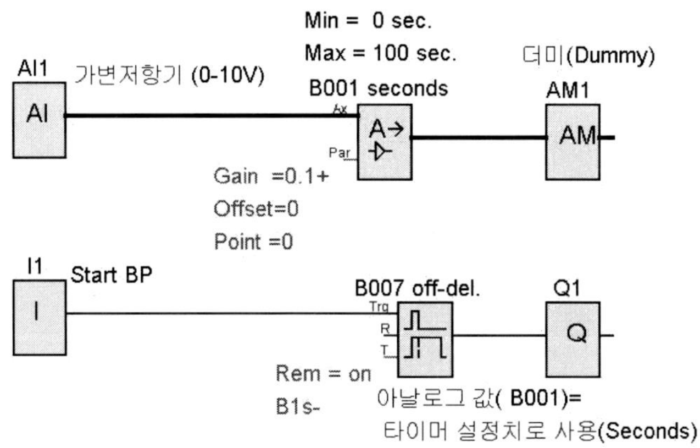

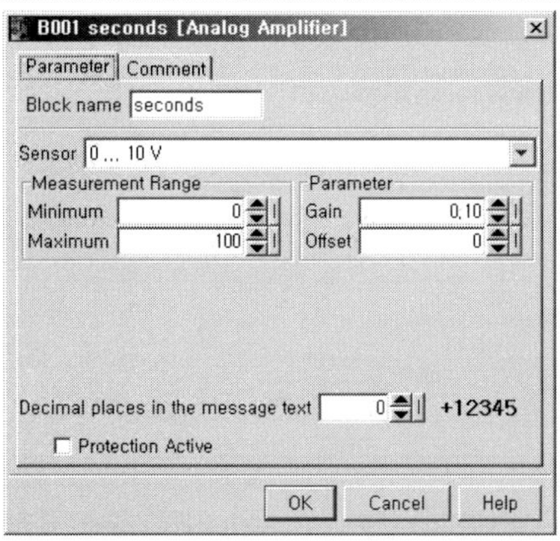	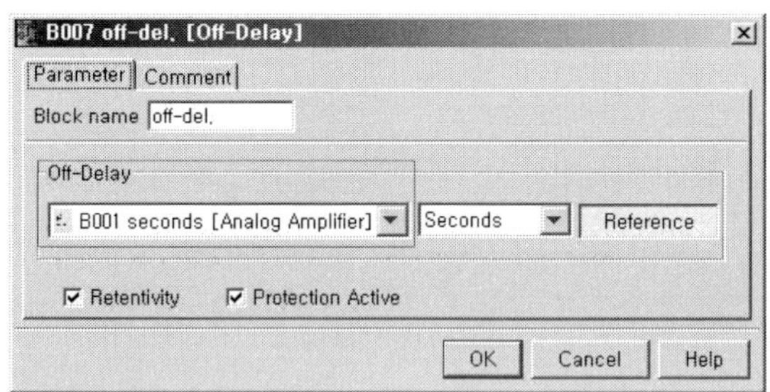
Sensor : 0~10V Measurement Range(측정크기) : Minimum : 0 Maximum : 100	Reference = BOO1 seconds[Analog Amplifier]

실습2 사칙연산

동작설명

AI(I7), AI8 단자에 가변저항기를 연결하고 아날로그 값 0~10V를 디지털 값 0~100으로 변환시켜 사칙연산(+. -. x , /)을 구현하도록 한다.

프로그램 1 : Analog Comparator 함수사용, 음수는 Analog Amplifiers 함수 사용

FBD DIAGRAM

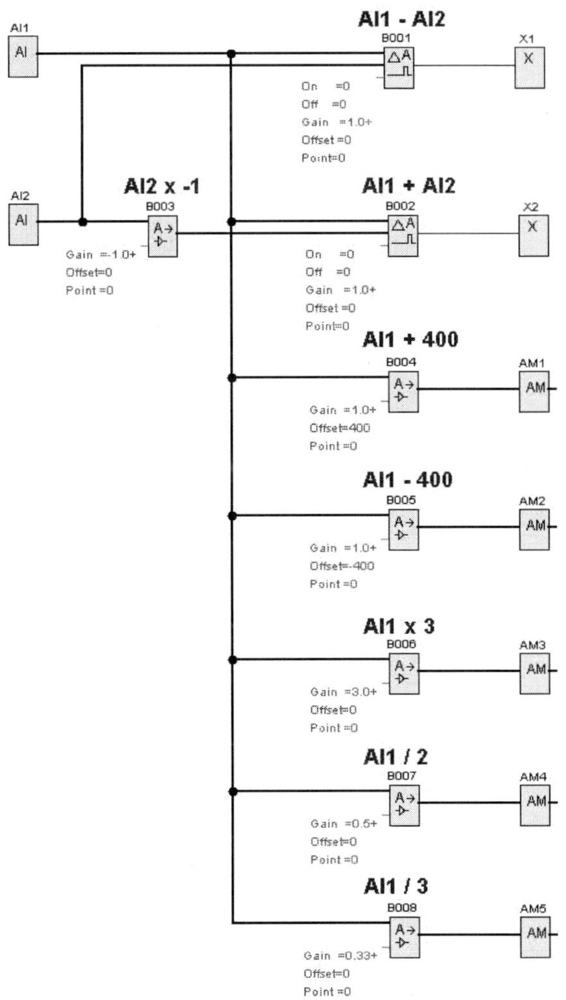

B001 : 뺄셈(-)
Measurement Range / Parameter
Minimum : 0 Gain : 1.00
Maximum : 100 Offset : 0

B002 : 덧셈(+)
Measurement Range / Parameter
Minimum : 0 Gain : 1.00
Maximum : 1000 Offset : 0

B004 : 덧셈(+) 임의의 수(400)
Measurement Range / Parameter
Minimum : 0 Gain : 1.00
Maximum : 1000 Offset : 0

B005 : 뺄셈(-) 임의의 수(400)
Measurement Range / Parameter
Minimum : -400 Gain : 1.00
Maximum : 6000 Offset : -4000

B006 : 곱셈(x) 임의의 수(3)
Measurement Range / Parameter
Minimum : 0 Gain : 3.00
Maximum : 3000 Offset : 0

B007 : 나눗셈(/) 임의의 수(2)
Measurement Range / Parameter
Minimum : 0 Gain : 0.5
Maximum : 500 Offset : 0

B008 : 나눗셈(/) 임의의 수(3)
Measurement Range / Parameter
Minimum : 0 Gain : 0.33
Maximum : 330 Offset : 0

B003 : 음수(-1)의 곱셈)
Measurement Range / Parameter
Minimum : 0 Gain : -1.00
Maximum : -1000 Offset : 0

실습3 임의의 숫자생성 아날로그 출력

동작설명

I1, I2를 이용해서 숫자를 만들고 합산 값을 AQ1로 출력하도록 프로그램 한다.

프로그램 1 : Up-Down Counter, Analog MUX, Analog Amplifiers, Analog Comparator 함수사용

FBD DIAGRAM

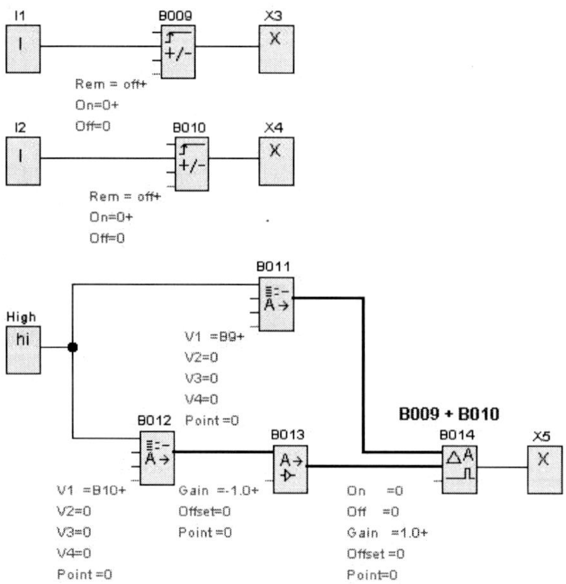

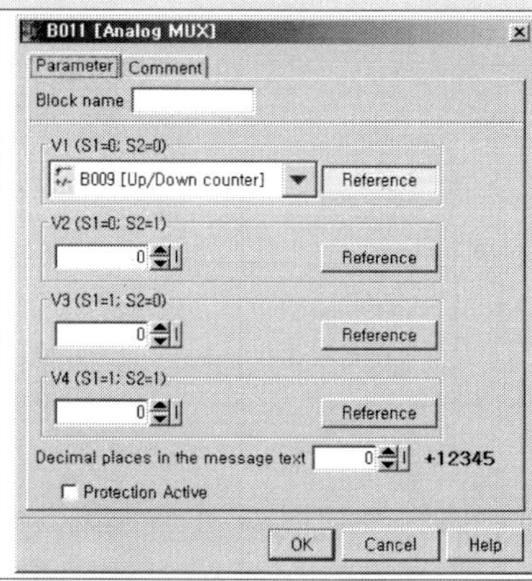

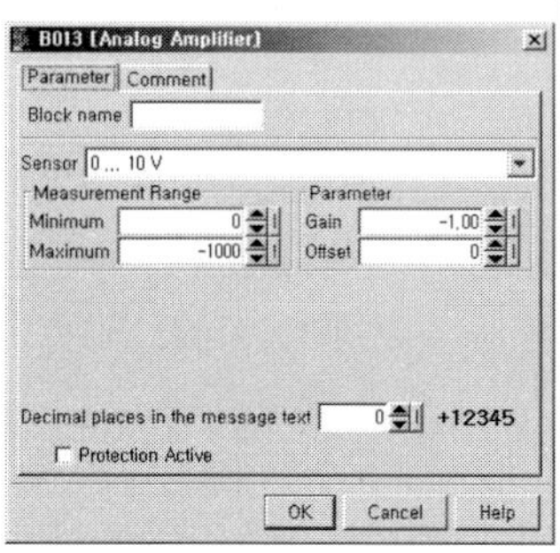

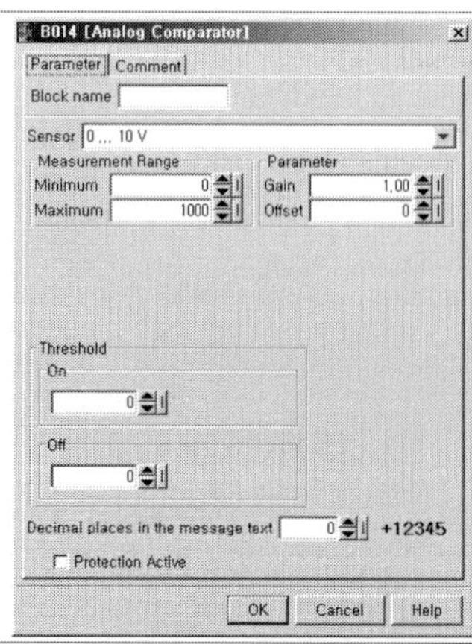

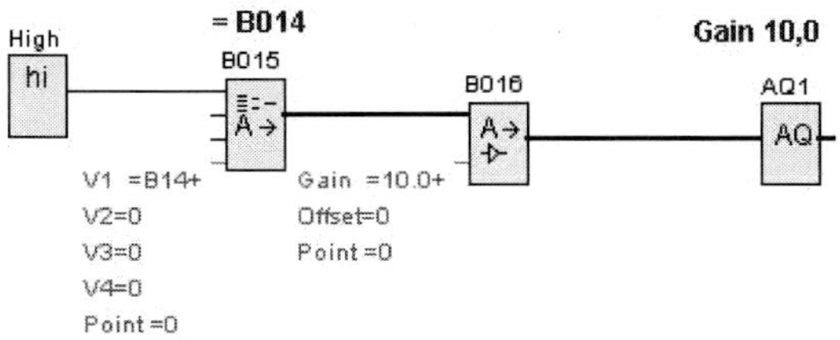
= B014
Gain 10,0
High
hi
B015
B016
AQ1
AQ
V1 =B14+
V2=0
V3=0
V4=0
Point =0
Gain =10.0+
Offset=0
Point =0

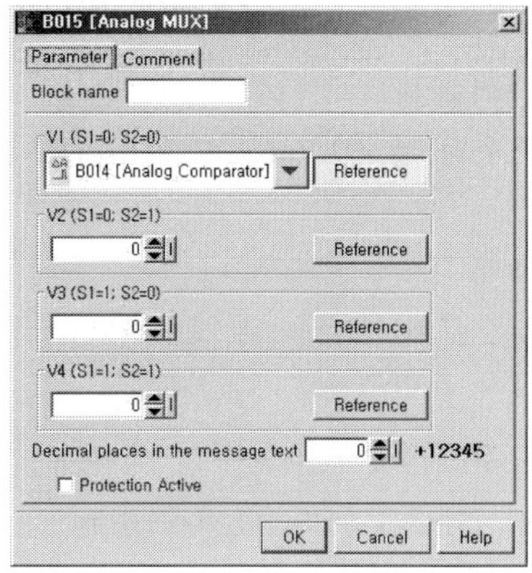
B015 [Analog MUX]
Parameter
Comment
Block name
V1 (S1=0; S2=0)
B014 [Analog Comparator]
Reference
V2 (S1=0; S2=1)
V3 (S1=1; S2=0)
V4 (S1=1; S2=1)
Decimal places in the message text
+12345
Protection Active
OK
Cancel
Help

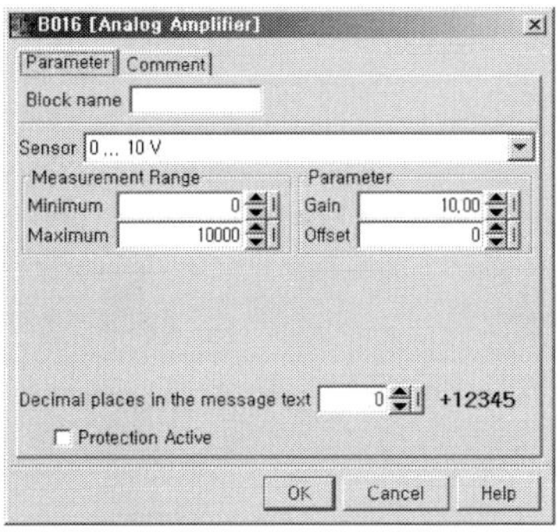
B016 [Analog Amplifier]
Parameter
Comment
Block name
Sensor 0 ... 10 V
Measurement Range
Minimum 0
Maximum 10000
Parameter
Gain 10.00
Offset 0
Decimal places in the message text 0
+12345
Protection Active
OK
Cancel
Help

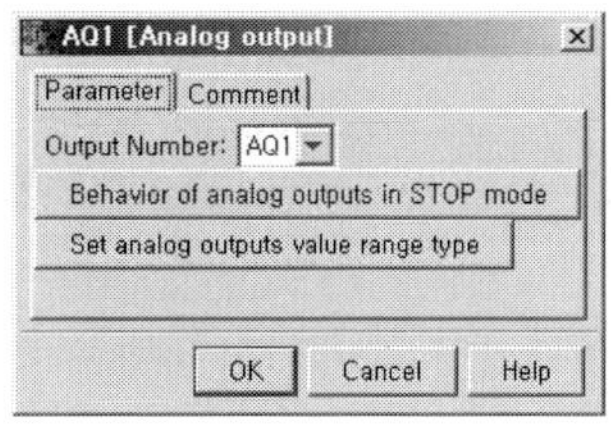
AQ1 [Analog output]
Parameter
Comment
Output Number: AQ1
Behavior of analog outputs in STOP mode
Set analog outputs value range type
OK
Cancel
Help

실습4 레벨제어(Level Control)

동작설명

초음파 센서(Ultrasonic sensor)를 이용하여 탱크 레벨제어 하는 프로그램 한다.

구성

초음파센서 :I7(AI1), 펌프(Q1)

요구조건

탱크레벨 : Hi(80%), Lo(20%)

① 유체하향

② Lo 레벨일 때 펌프 On

③ Hi 레벨일 때 펌프 Off

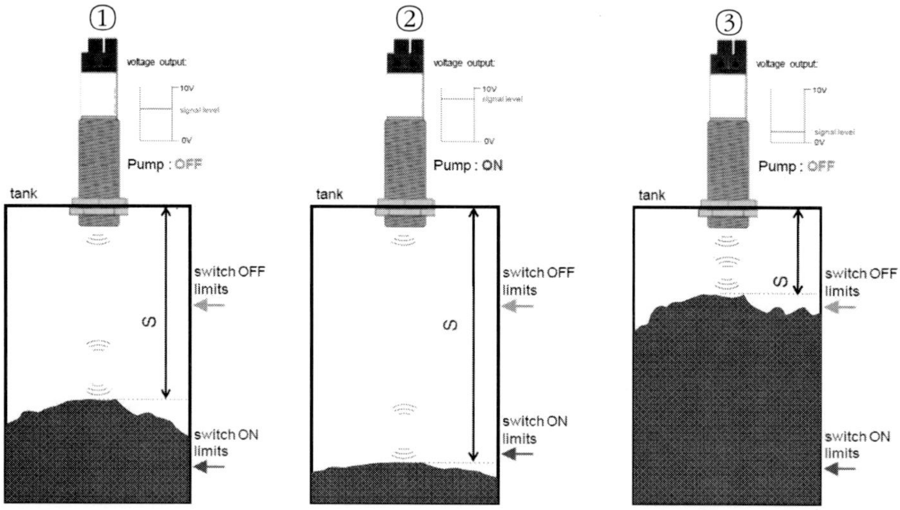

초음파센서 모델명 : UC2000-30GM70-UE2R2-V15 100~2000mm(0~10V)

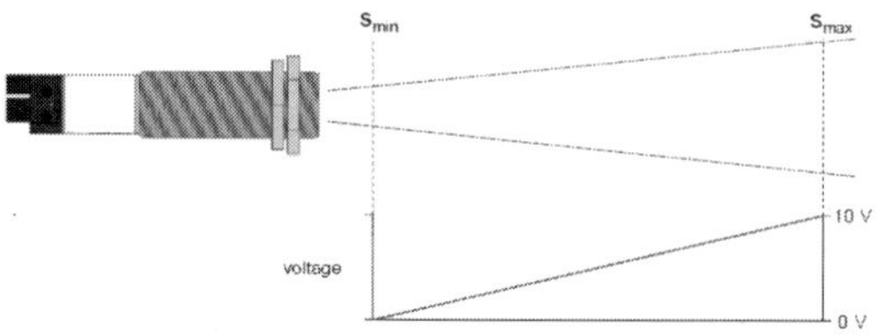

프로그램 : Analog Amplifiers, Mathematic instruction, Analog Comparator 함수사용

FBD DIAGRAM

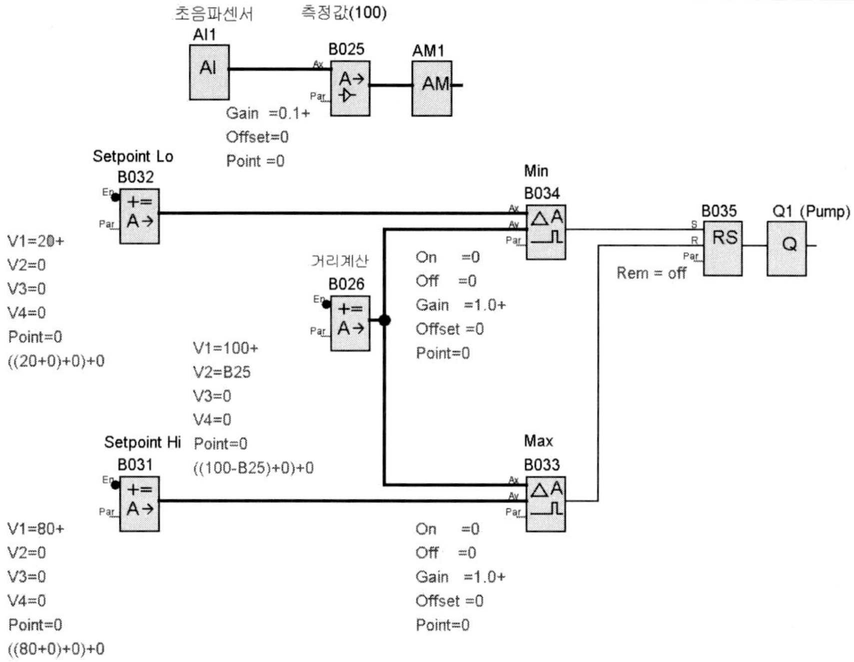

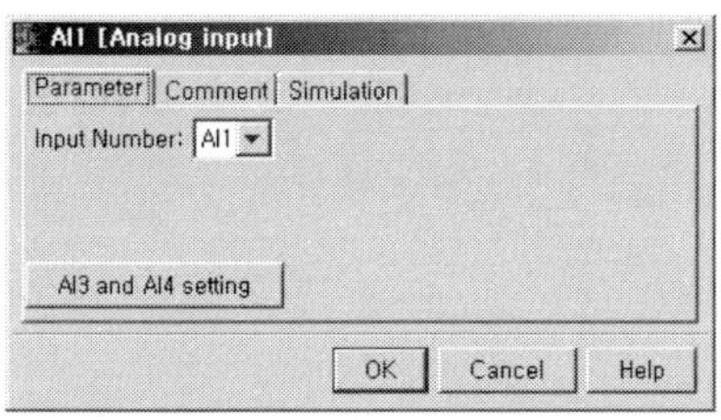

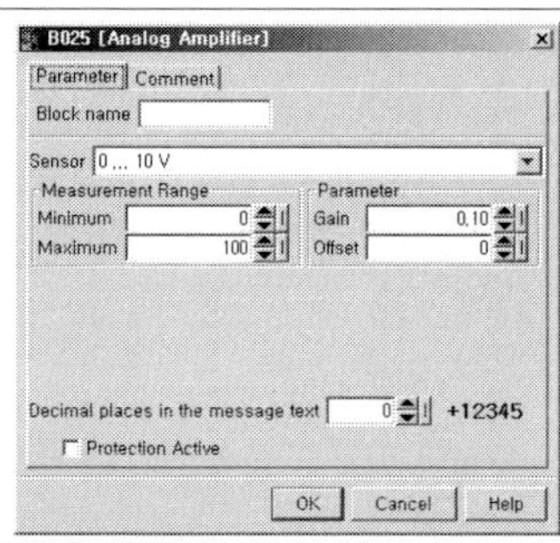

B025 :
Measurement Range
Minimum : 0
Gain : 100
Parameter
Maximum : 0.10
Offset : 0

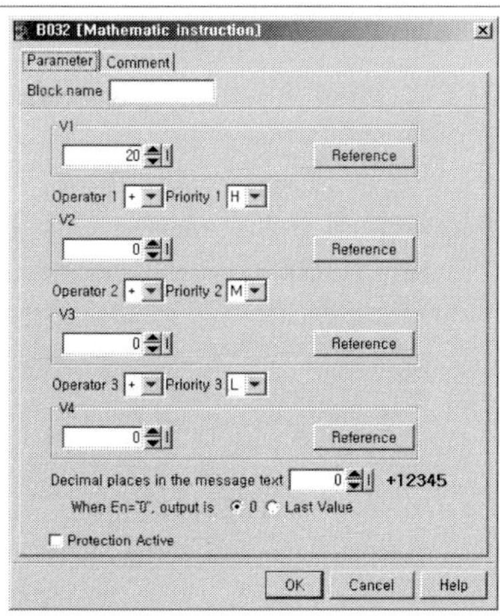

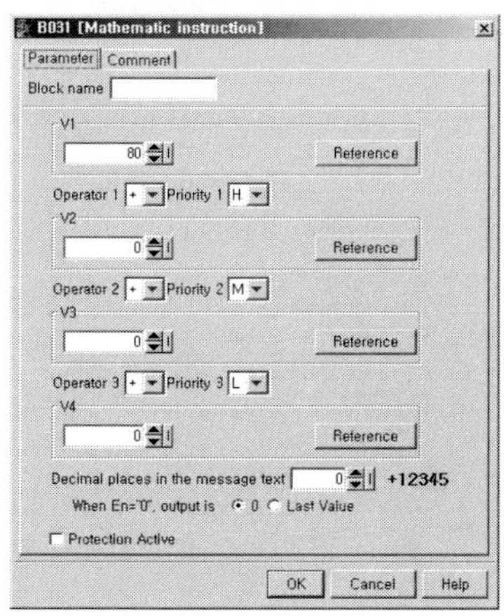

레벨 포인트: Hi, Lo

B032 : Lo(20%)
V1 :20
Operator1 : +
Priority1 : H

B031 : Hi(80%)
V1 :80
Operator1 : +
Priority1 : H

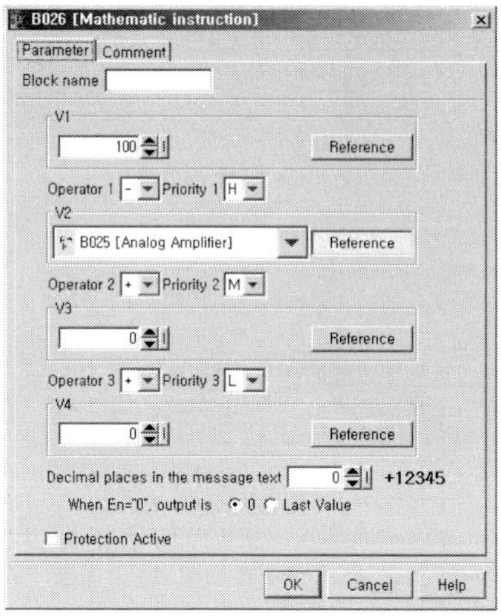

B026 Mathematic instruction

V1 :100
Operator1 : -
Priority1 : H

V2 :Reference B25[Analog Amplifier]
Operator1 : +
Priority1 : M
이 식을 정리하면 다음과 같이 된다.
((100-B25)+0)+0

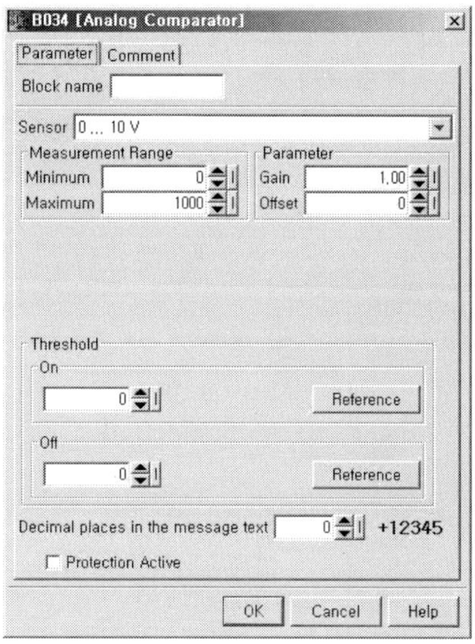

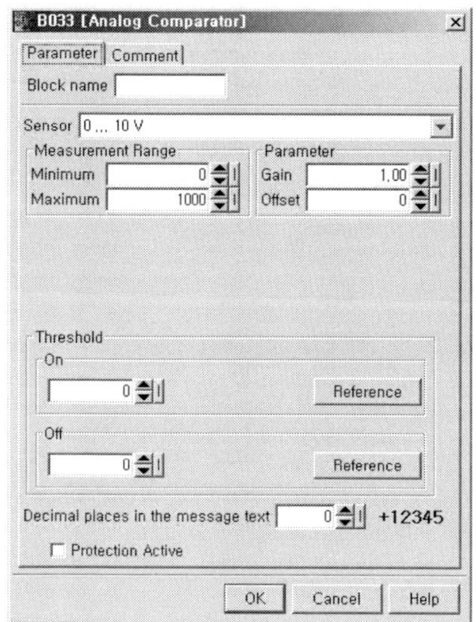

B034 Analog Comparator
Min(하한 값) = Lo

Measurement Range / Parameter
Minimum : 0 Gain : 1.00
Maximum : 1000 Offset : 0

B033 Analog Comparator
Max(상한 값) = Hi

Measurement Range / Parameter
Minimum : 0 Gain : 1.00
Maximum : 1000 Offset : 0

실습5 보일러 제어(on-off제어, PI)

동작설명 : 보일러 제어(on-off제어, PI)
PI제어방식으로 전열기(히터)의 온도제어를 하는 프로그램 한다.

구성

온도센서(PT100) : 측정온도 -30℃~60℃ / 측정출력 0~10V = I7(AI1)
온도조절기(가변저항기) : 0~10V = I8(AI2)
전력조절기(TPR Unit) : 아날로그 입력 0~10V / 0.5KW

요구조건

① 가변저항기로 온도설정
② -30℃~60℃ 범위에서 온도설정
③ 아날로그 출력 히터제어

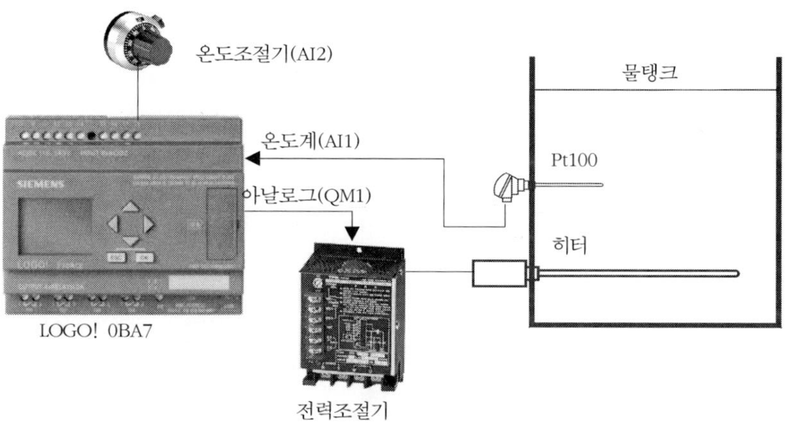

프로그램 : PI Control, Analog threshold trigger, PWM 함수사용

FBD DIAGRAM

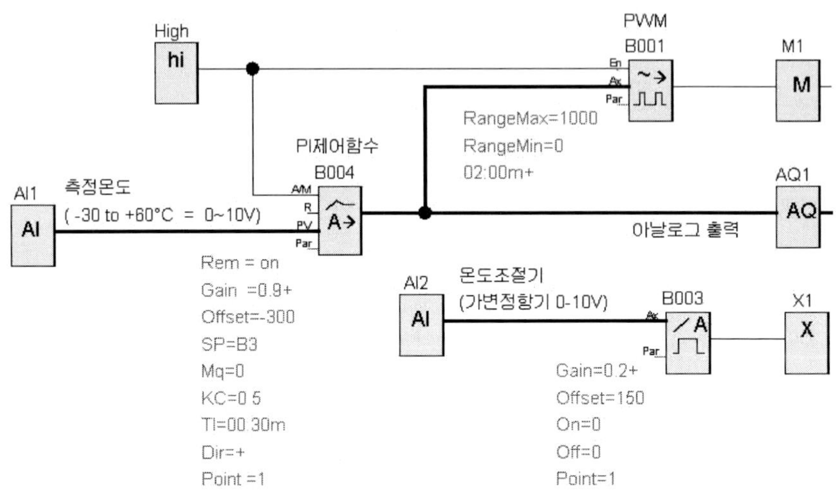

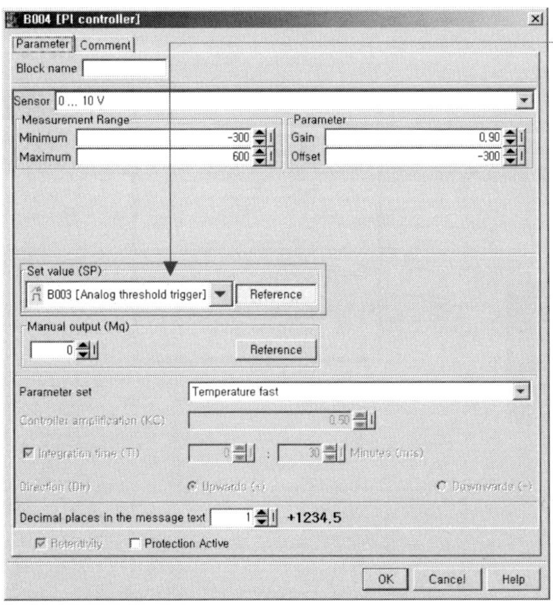

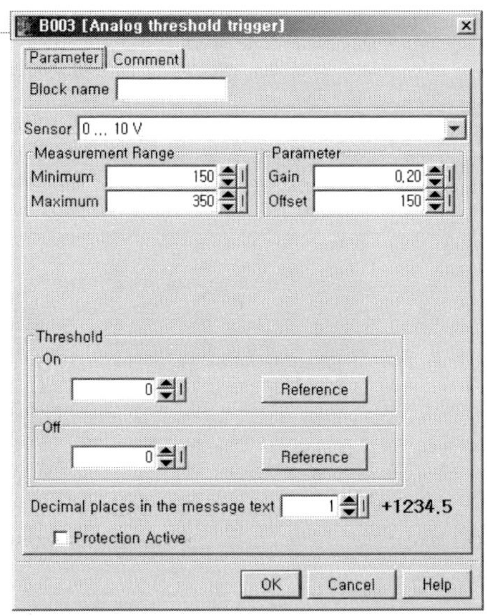

B004 PI제어함수 :	B003 Analog threshold trigger :
Measurement Range / Parameter	Measurement Range / Parameter
Minimum : -300 Gain : 0.90	Minimum : 150 Gain : 0.20
Maximum : 600 Offset : -300	Maximum : 350 Offset : 150
Set value(SP) Reference 선택	
Parameter set : Temperature fast	

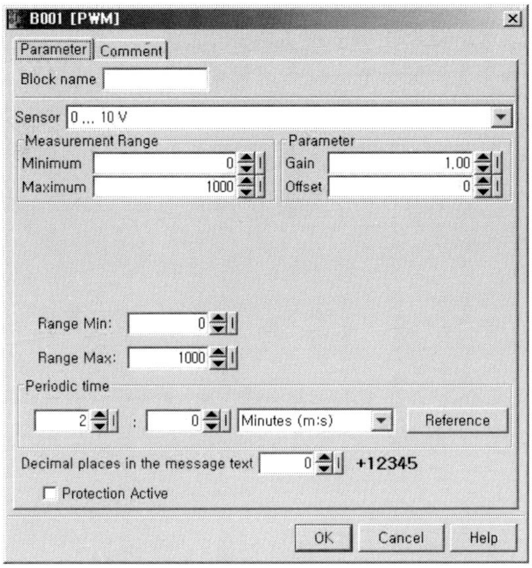

B001 [PWM] :
Measurement Range / Parameter
Minimum : 0 Gain : 1.00
Maximum : 1000 Offset : 0

Range Min : 0
Range Max : 1000

Periodic time :
2 : 0 Minutes(m:s)

노트 : PWM제어 출력으로 디지털제어용으로 응용제어가 가능하다.

실습6 온도 스케일 연산

동작설명 : 온도센서에서 입력(0~10V)된 값을 스케일링해서 25℃일 때 Gain과 Offset 값을 산출하는 프로그램을 작성한다.

구 성 : 온도센서 : 측정범위 -50~100℃ / 측정온도 25℃

해 석 : 센서의 온도 25℃일 때 전압 값은 5.0V이므로 LOGO! 변환 값은 500이다.

표준식 : Gain = (max Sensor - min Sensor) / (max norm - min norm)

Offset = min Sensor - (Gain x min norm)

표준식 적용하여 계산 :

Gain = (100 - (-50)) / (1000 - 0) = 0.15

Offset = -50 - (0.15 × 0) = -50

According to the formula Analog value = (standardized value x gain) + offset

Analog value = (500 × 0.15) - 50 = 25

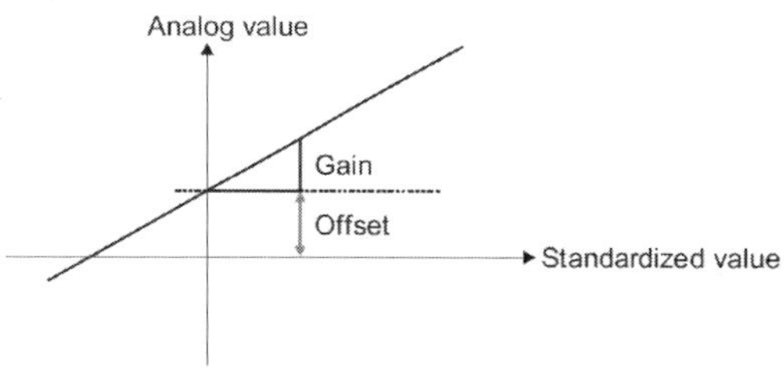

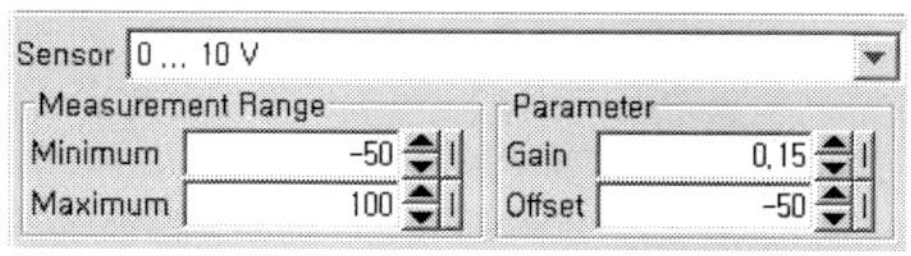

노트 : 온도의 단위변환

Celsius : 섭씨, Fahrenheit : 화씨

(Ax * gain) + offset = Actual value Ax.

Additional examples

Physical quantity	Electric quantity of sensor	Standardized value	Gain	Offset	Analog value
	0 V	0			0
	5 V	500	0.01	0	5
	10 V	1000			10
	4 mA	0			0
	12 mA	500	10	0	5000
	20 mA	1000			10000
	0 mA	0			50
	10 mA	500	1	50	550
	20 mA	1000			1050
1000 mbar	O V	0			1000
3700 mbar	6.75 V	675	4	1000	3700
5000 mbar	10 V	1000			5000
-30℃	0 mA	0			-30
0℃	6 mA	300	0.1	-30	0
70℃	20 mA	1000			70

6.4 HMI & TD

실습1 자체 디스플레이 백라이트 제어

동작설명

LOGO!의 자체 디스플레이 장치 또는 외부 디스플레이 장치에 메시지를 띄우며 사용자 프로그램 상에 외부입력 장치로 사용하여 제어하는 프로그램을 작성한다.

요구조건

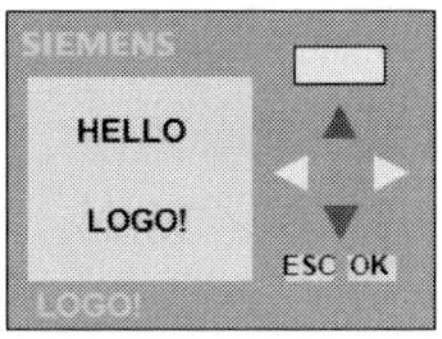

▲, ▼ : 백라이트 On/Off

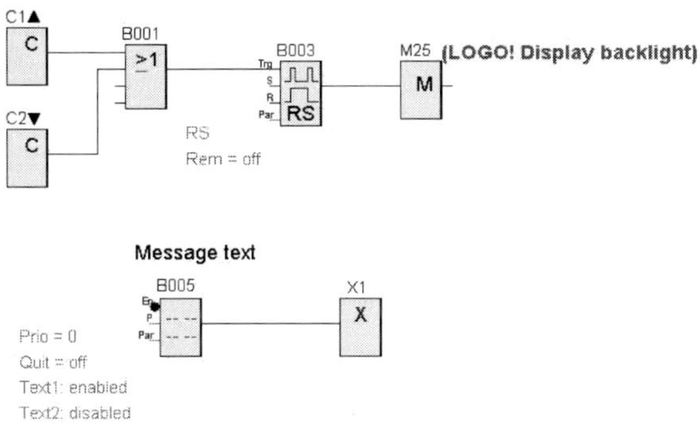

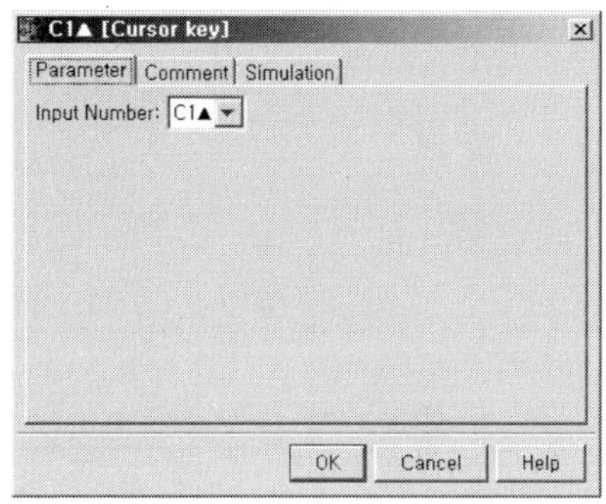

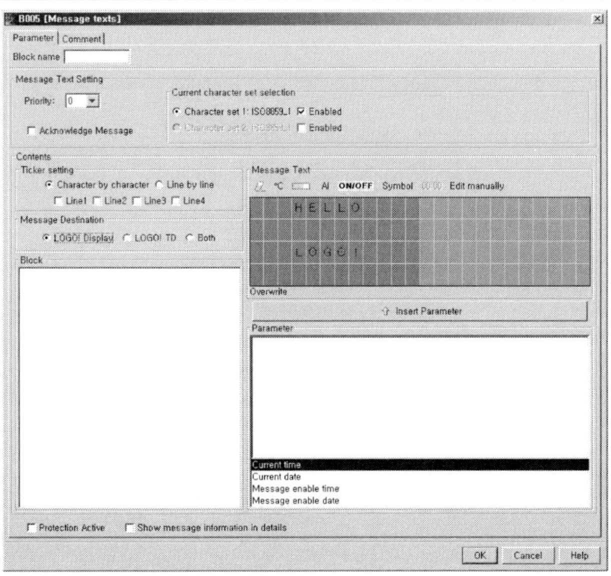

Message Text Setting :
- Priority : 0

Current character set selection
- Character set1 ISO8859_1: Enable ✔

Ticker setting
- Character by character : ✔
- Line by line :
  Line1, Line2, Line3, Line4,

Message Destination :
- LOGO! Display ✔
- LOGO! TD
- Both

실습2 외부 디스플레이(TD)

동작설명

외부 디스플레이(TD)장치의 기능을 이용한 화면제어와 F-Key 입력으로 프로그램 동작지시, 입출력 모니터링 등을 예제를 통해서 TD의 운용에 대하여 알아본다.

Text Display(TD) LOGO!

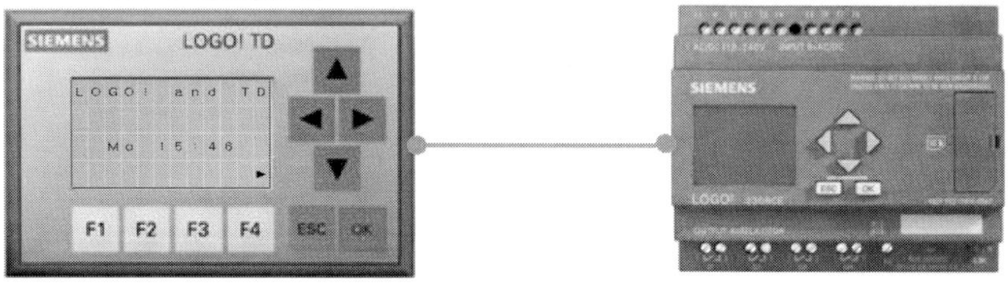

F-Key 설정

F1 : 화면이동 증가

F2 : On 버튼, 숫자 증가

F3 : Off버튼, 숫자 감소

F4 : 화면이동 감소

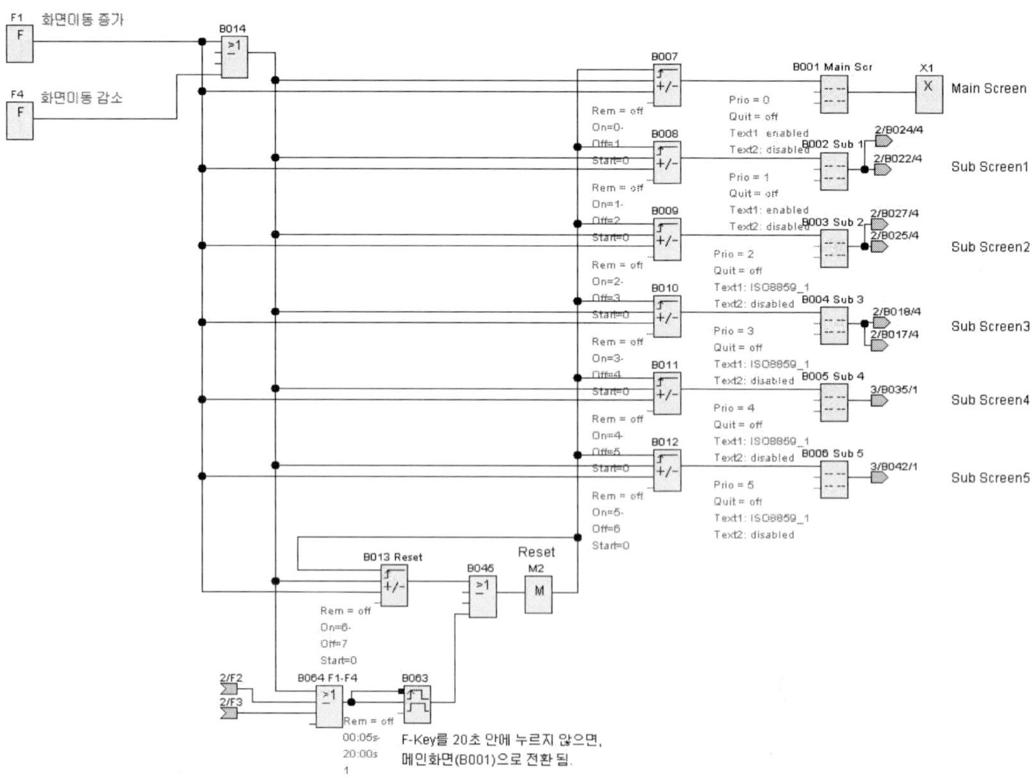

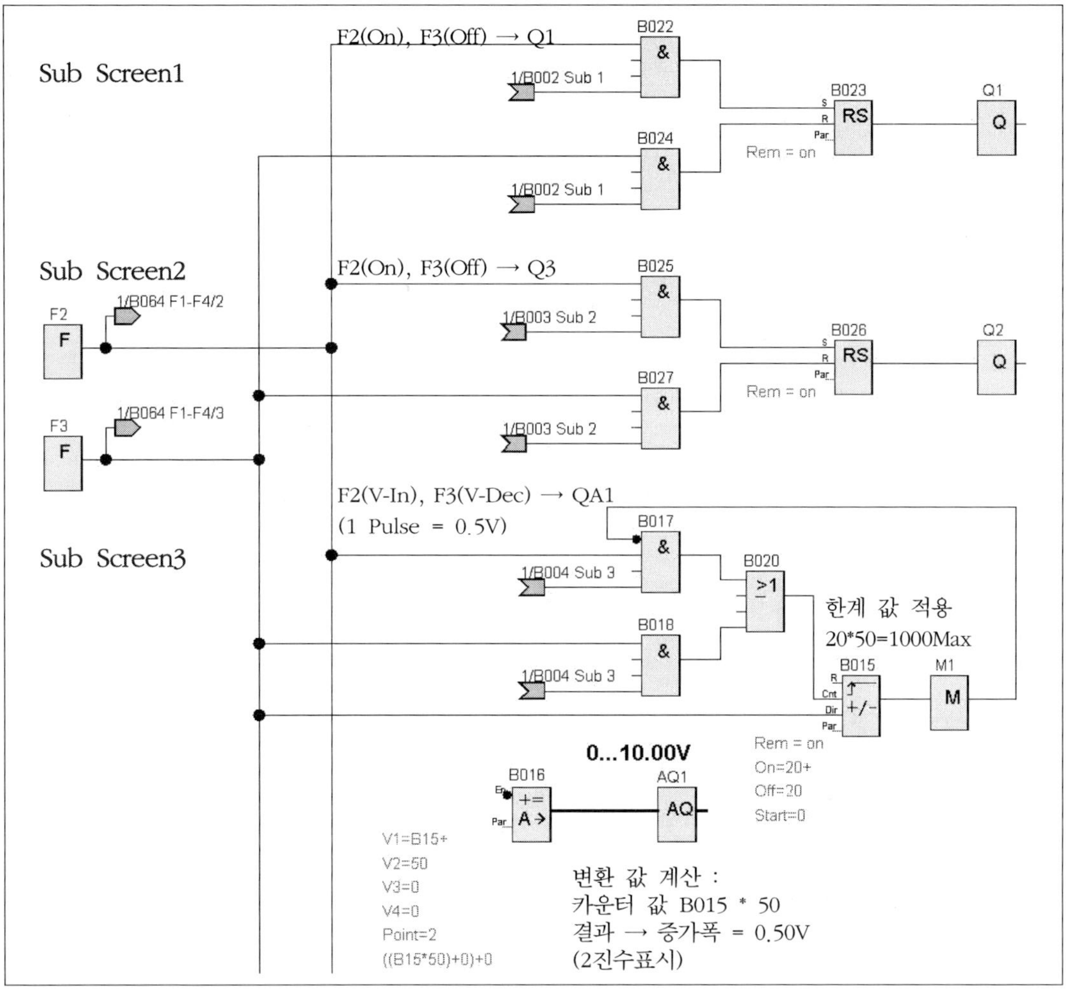

Main Screen

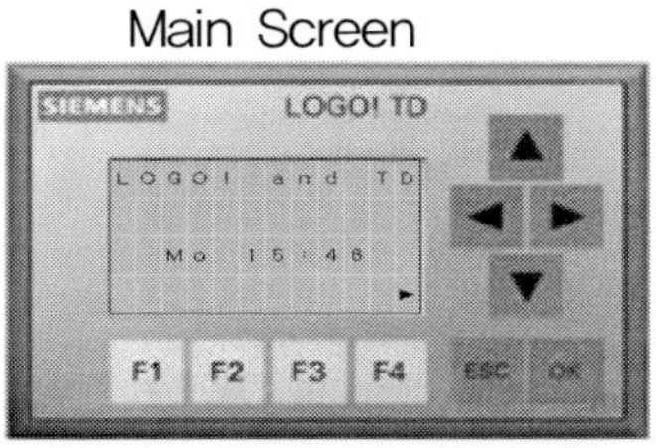

Sub Screen 1

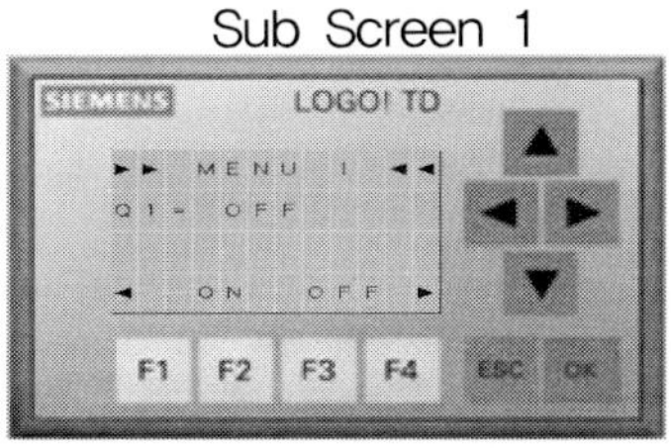

Sub Screen 2

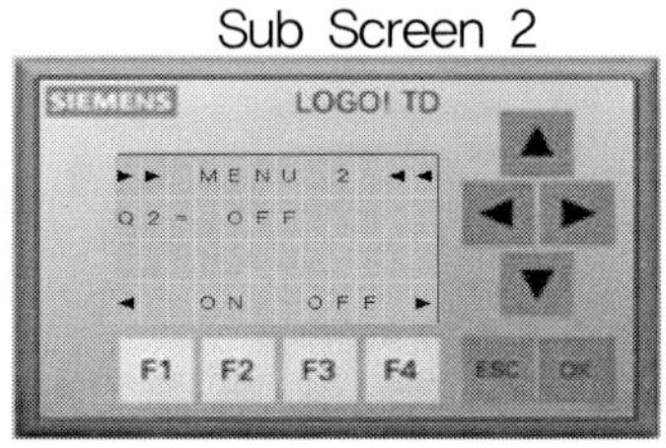

Sub Screen 3

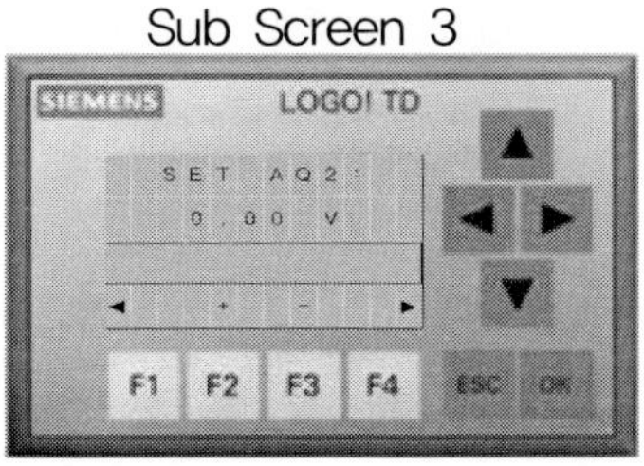

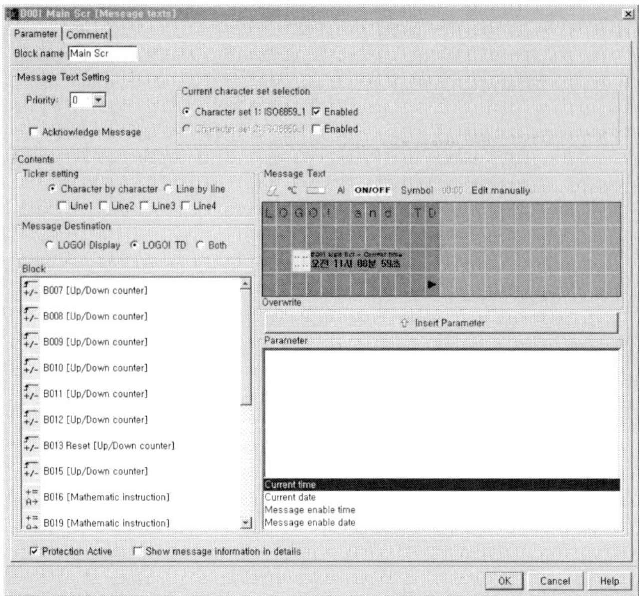

B001 Main Scr
[Message texts]

Message Text Setting :
- Priority : 0

Current character set selection
- Character set1 ISO8859_1: Enable ✔

Ticker setting
- Character by character : ✔
- Line by line : Line1, Line2, Line3, Line4,

Message Destination :
- LOGO! Display
- LOGO! TD ✔
- Both

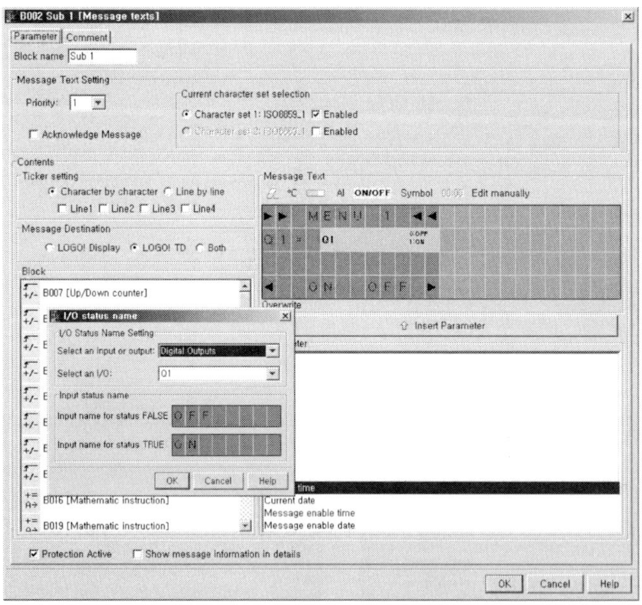

B002 Sub 1
[Message texts]

Message Text Setting :
- Priority : 1

Current character set selection
- Character set1 ISO8859_1: Enable ✔

Ticker setting
- Character by character : ✔
- Line by line : Line1, Line2, Line3, Line4,

Message Destination :
- LOGO! Display
- LOGO! TD ✔
- Both

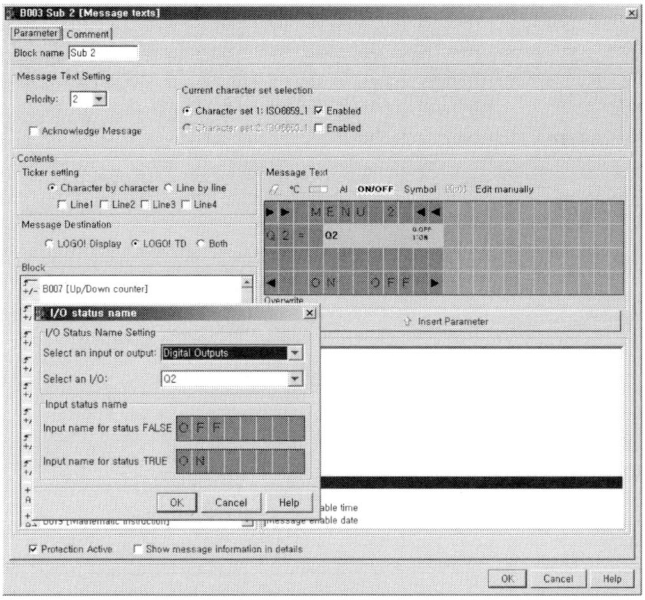

B003 Sub 2 [Message texts]

Message Text Setting :
- Priority : 2

Current character set selection
- Character set1 ISO8859_1: Enable ✔

Ticker setting
- Character by character : ✔
- Line by line :
  Line1, Line2, Line3, Line4,

Message Destination :
- LOGO! Display
- LOGO! TD ✔
- Both

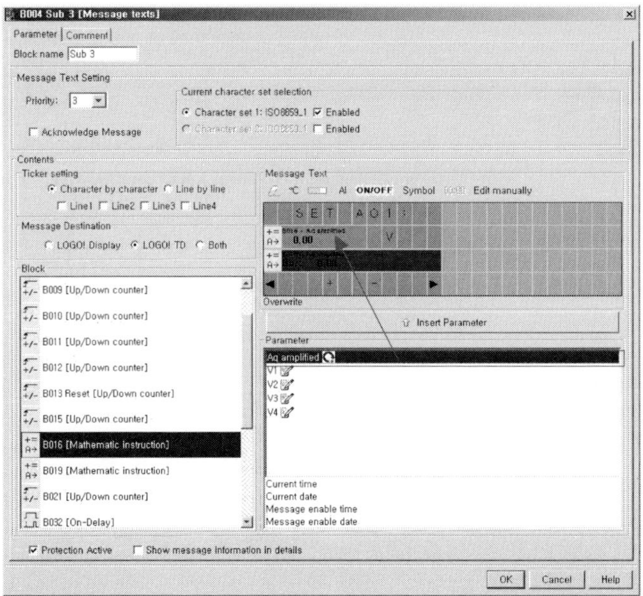

B004 Main Scr [Message texts]

Message Text Setting :
- Priority : 0

Current character set selection
- Character set1 ISO8859_1:
  Enable ✔

Ticker setting
- Character by character : ✔
- Line by line :
  Line1, Line2, Line3, Line4,

Message Destination :
- LOGO! Display
- LOGO! TD ✔
- Both

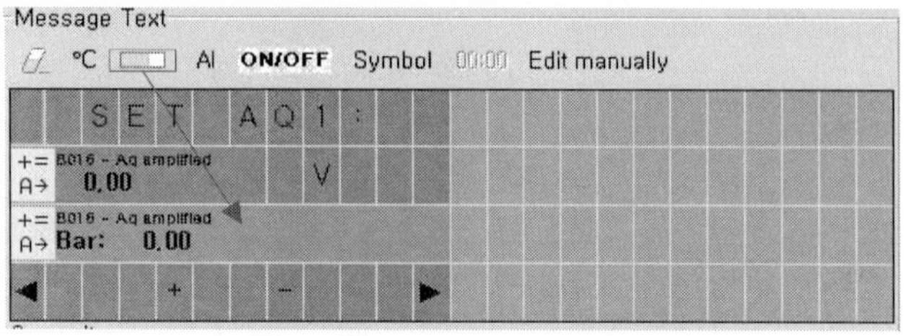

B016-Ag amplified 데이터를
바 - 그래프로 표현

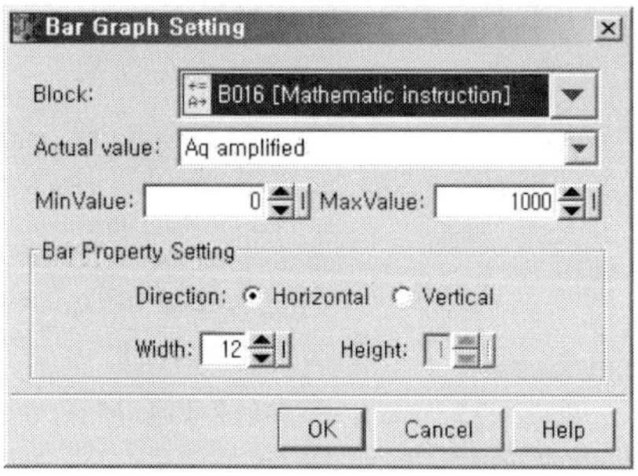

Block : B016[Mathematic instruction]
Actual value : Aq amplified
Min Value : 0 Max value : 1000

Bar Property Setting
Direction : Horizontal
Width : 12 Height :

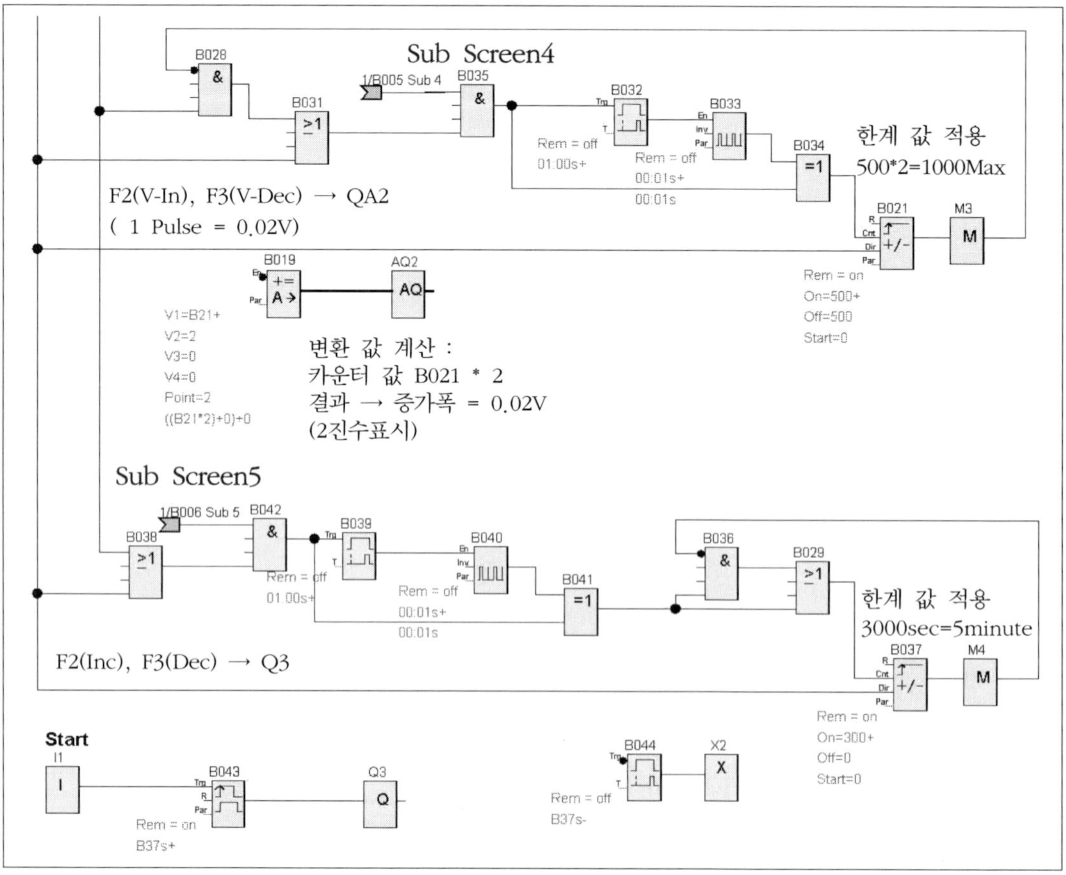

Sub Screen 3

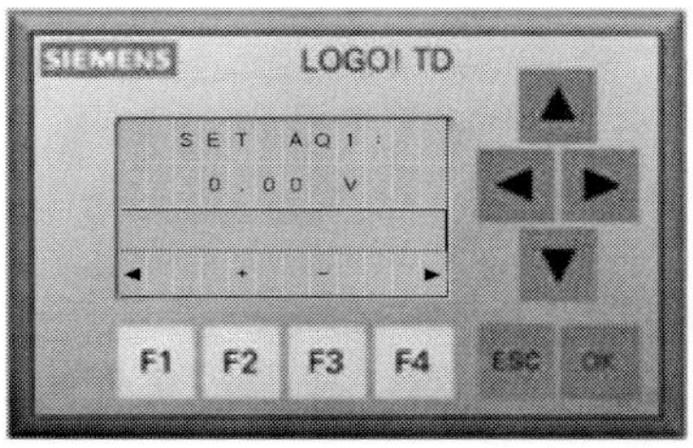

Sub Screen 4

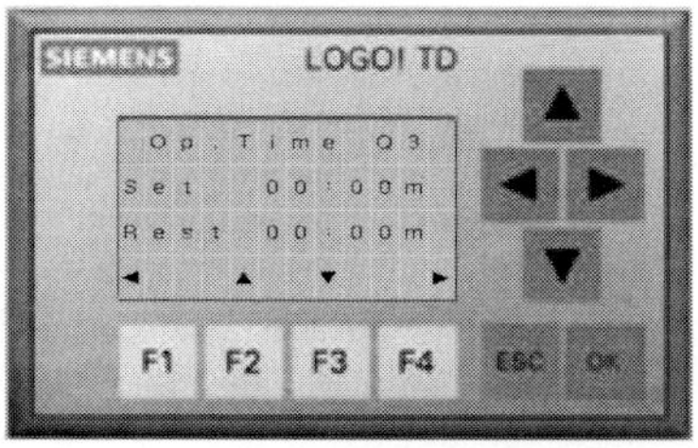

Sub Screen 5

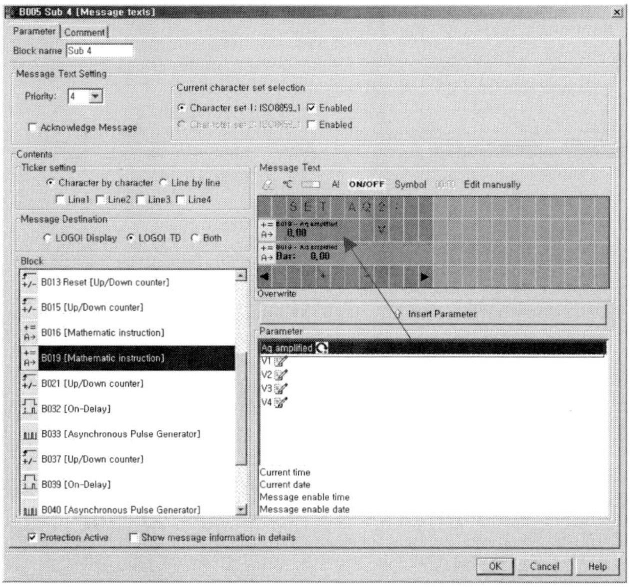

B005 Main Scr [Message texts]

Message Text Setting :

- Priority : 0

Current character set selection

- Character set1 ISO8859_1:

  Enable ✔

Ticker setting

- Character by character : ✔
- Line by line :

  Line1, Line2, Line3, Line4,

Message Destination :

- LOGO! Display
- LOGO! TD ✔
- Both

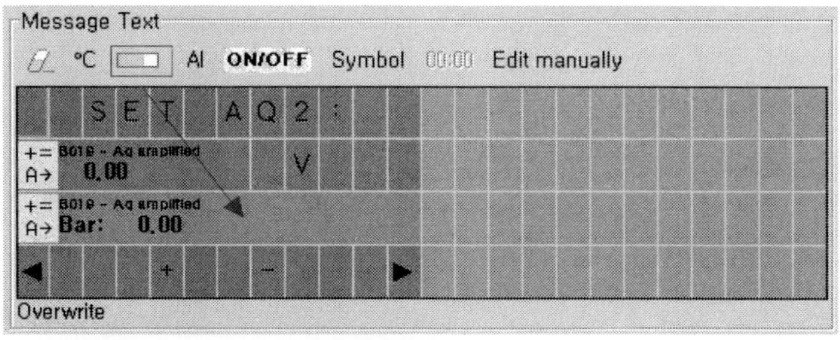

B019-Ag amplified 데이터를
바 - 그래프로 표현

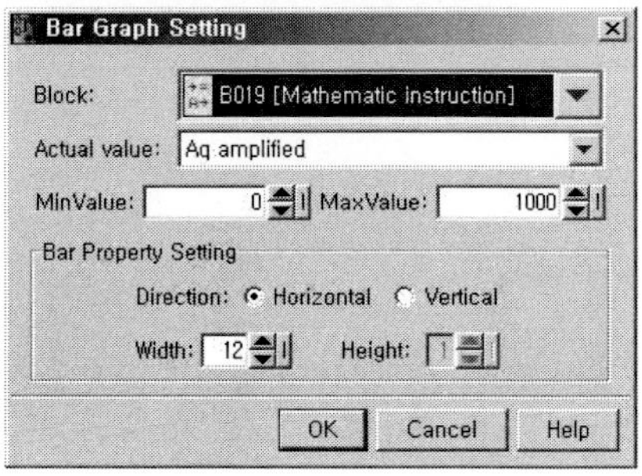

Block : B019[Mathematic instruction]
Actual value : Aq amplified
Min Value : 0 Max value : 1000

Bar Property Setting
Direction : Horizontal
Width : 12 Height :

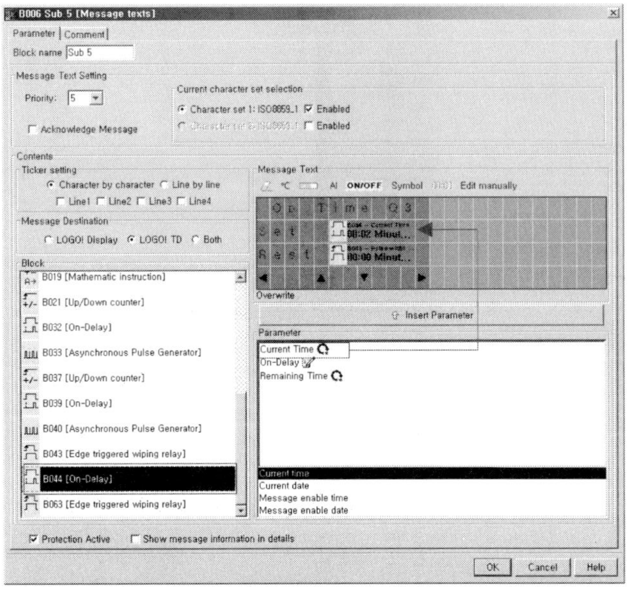

B006 Main Scr [Message texts]

Message Text Setting :
- Priority : 0

Current character set selection
- Character set1 ISO8859_1:
  Enable ✔

Ticker setting
- Character by character : ✔
- Line by line :
  Line1, Line2, Line3, Line4,

Message Destination :
- LOGO! Display
- LOGO! TD ✔
- Both

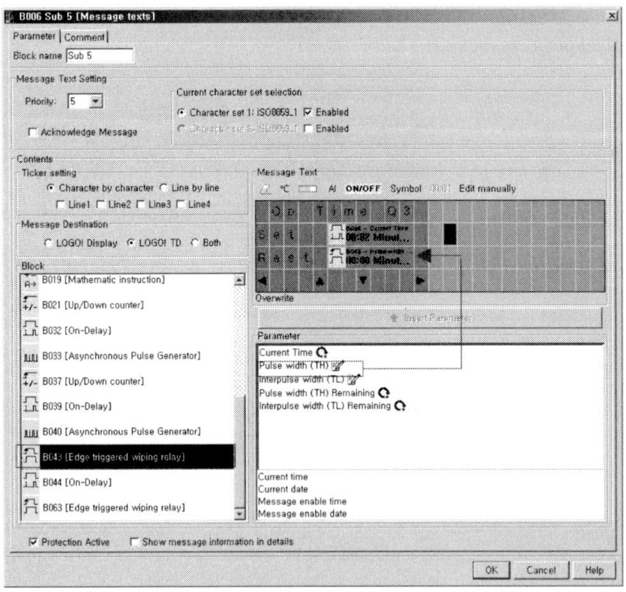

Set : B044 [On-Delay]
Current Time 삽입

Rest : B043
[Edge trigger wiping relay]
Pulse with(TH) 삽입

6.5 통신

6.5.1 LOGO! ..0BA7 in master/slave operation

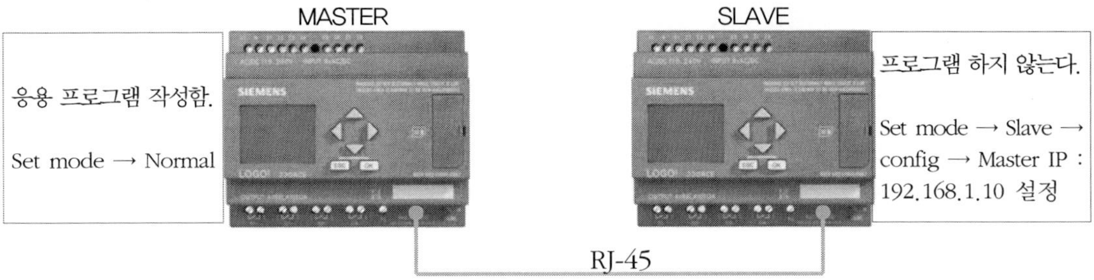

두 개의 LOGO!를 사용해서 상대방과 데이터 교신을 합니다. (MASTER To SLAVE) 프로그램은 MASTER로 사용하는 LOGO!에만 작성합니다.

MASTER와 SLAVE의 IP주소는 아래와 같이 설정한다.

DEVICE	IP address	Subnet mask
Master	172.168.1.10	255.255.255.0
Slave	172.168.1.20	255.255.255.0
PC/PG	172.168.1.200	255.255.255.0

프로그램 만들기

Slave로 사용할 기본 장치에서 입력 또는 출력 (아날로그 또는 디지털)을 사용하여 네트워크 폴더에서 기능을 선택합니다.

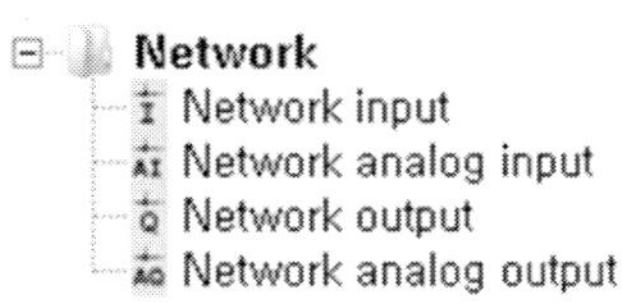

① SLAVE의 디지털 입력이 요구되는 경우에 함수 "네트워크 입력"을 선택한다.

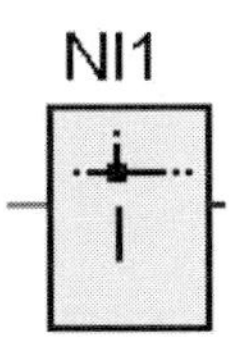

Digital network input

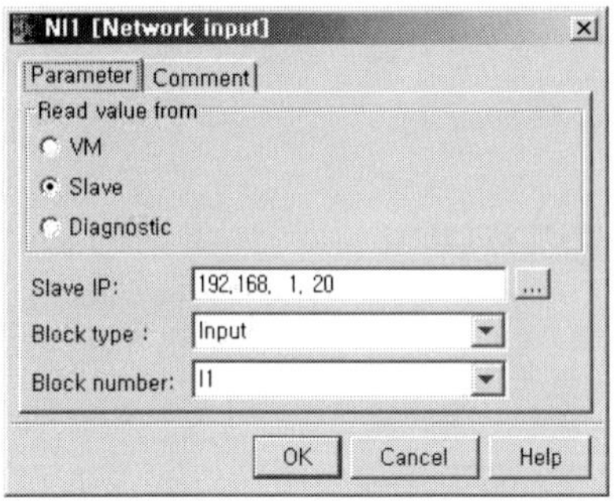

컨트롤 프로그램에서 블록을 배치하고 속성을 엽니다. 이제 SLAVE의 데이터가 판독되도록 설정합니다. 각각 IP 어드레스, 블록 타입 및 블록 번호를 할당합니다.

② SLAVE의 아날로그 입력이 요구되는 경우에 함수 "아날로그 네트워크 입력"을 선택한다.

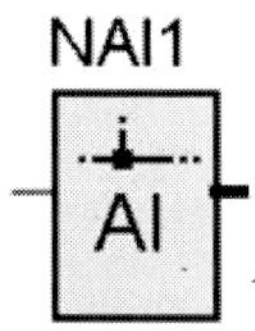

Analog network input

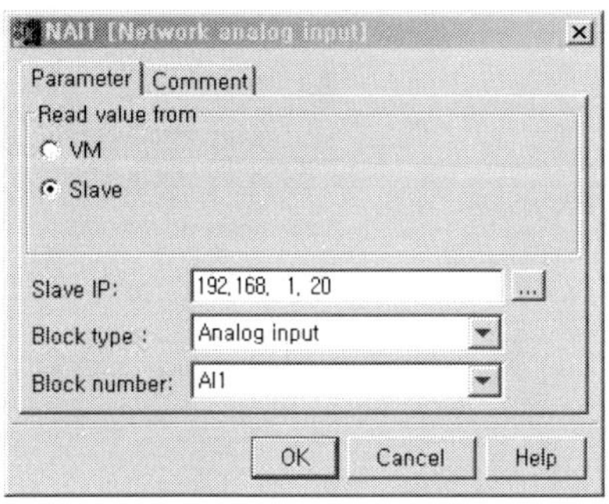

컨트롤 프로그램에서 블록을 배치하고 속성을 엽니다. 이제 SLAVE의 데이터가 판독되도록 설정합니다. 각각 IP 어드레스, 블록 타입 및 블록 번호를 할당한다.

③ SLAVE의 디지털 입력이 요구되는 경우에 함수 "네트워크 입력"을 선택한다.

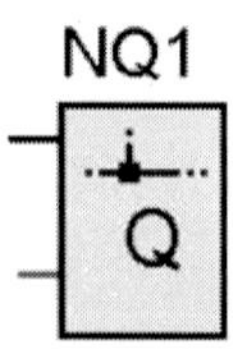

Digital network output

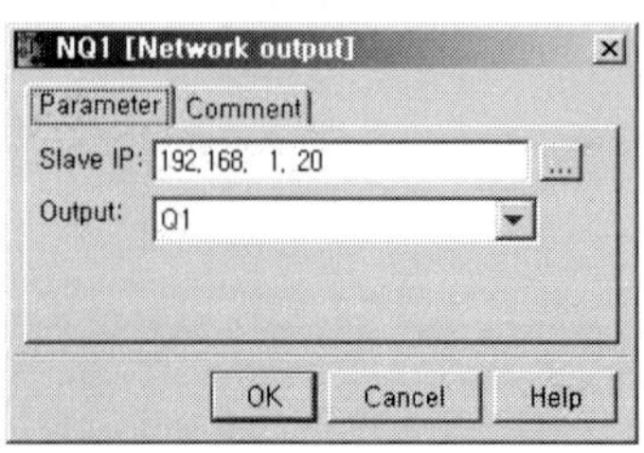

SLAVE의 디지털 출력이 어드레싱 되는 경우, 함수 "네트워크 출력"을 선택한다.

④ SLAVE의 아날로그 출력을 해결하여야 하는 경우에 함수 "네트워크 출력"을 선택한다.

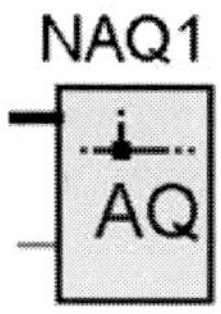

Analog network output

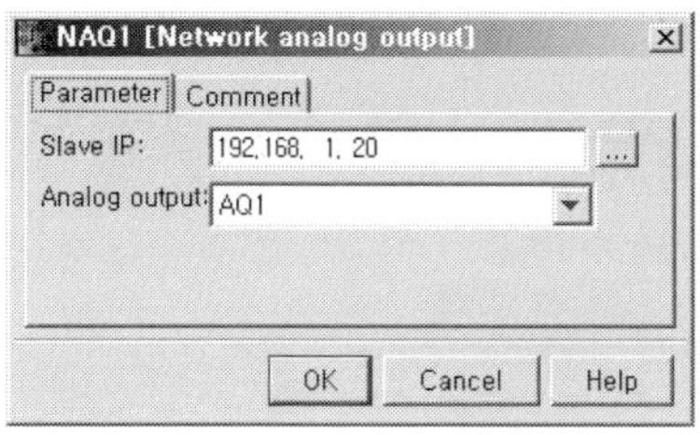

컨트롤 프로그램에서 블록을 배치하고 속성을 엽니다. 장치의 IP주소 및 제어될 출력을 입력한다.

Wiring example (MASTER LOGO! 예 프로그램)

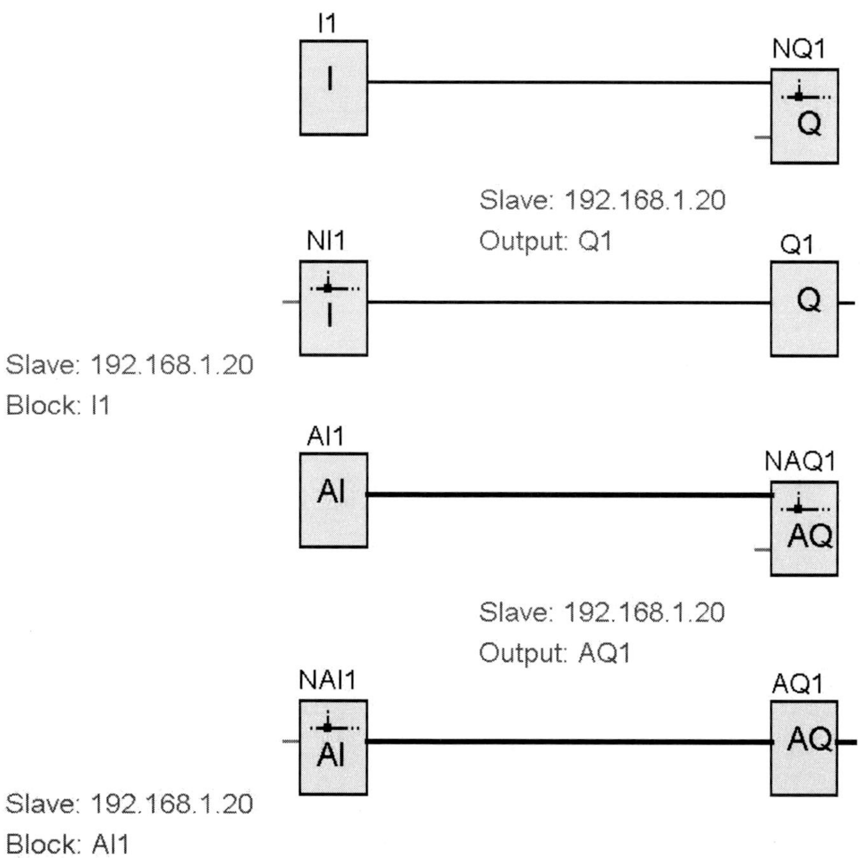

동작설명

- 마스터 입력 I1 디바이스는 Slave 출력 Q1을 제어한다.
- Slave 입력 I1은 마스터의 출력 Q1을 제어한다.
- 라인 3에서 Slave의 아날로그 출력 AQ1는 마스터의 아날로그 입력 AI1에 의해 제어된다.
- 라인 4에서 Slave 디바이스 AI1은 마스터 디바이스의 AQ1을 제어한다.

6.5.2 LOGO! ..0BA7 in master/master operation

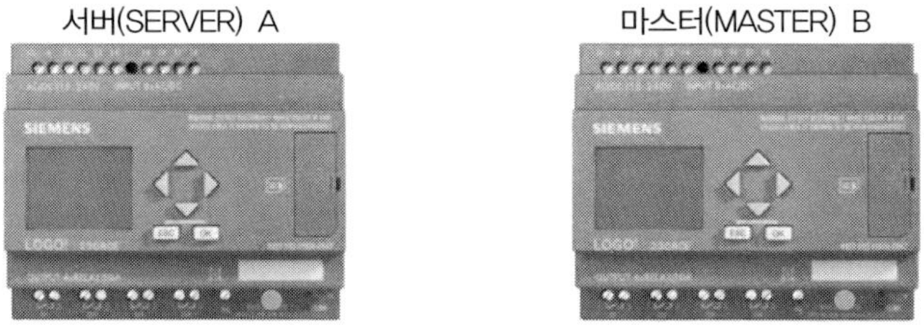

두 개의 LOGO!를 사용하고, LOGO!의 기본 장치는 모두 다 마스터로 구성됩니다.
(서버, 클라이언트 교신 / 양 방향 통신)
여기서는 MASTER용 LOGO!와 SLAVE용 LOGO!에 각각 동작 프로그램을 작성한다.
서버와 클라이언트 IP주소는 아래와 같이 설정한다.

DEVICE	IP address	Subnet mask
서버(SERVER) LOGO!_A	172.168.1.10	255.255.255.0
클라이언트(CLIENT) LOGO!_B	172.168.1.20	255.255.255.0
PC/PG	172.168.1.200	255.255.255.0

1) 서버(SERVER)장치를 위한 프로그램을 작성

새로운 프로그램을 열어 시작한다. 연결을 만들려면, Tools + Ethernet connections를 선택한다. 먼저 서버의 IP 주소와 서브넷 마스크를 할당한다.

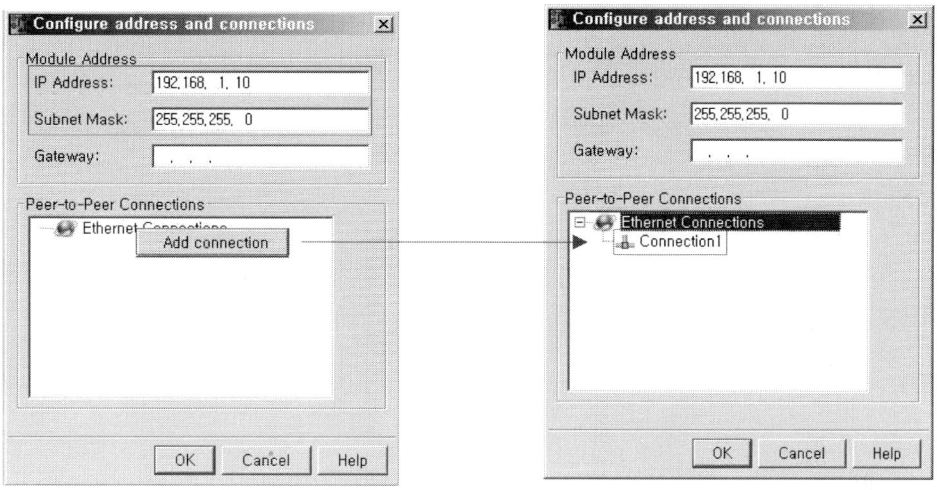

"이더넷 연결"을 마우스 오른쪽 버튼으로 클릭하고 "연결 추가"를 사용하여 새 연결을 만든다. 그런 다음 연결의 속성은 아래와 같이 구성한다.

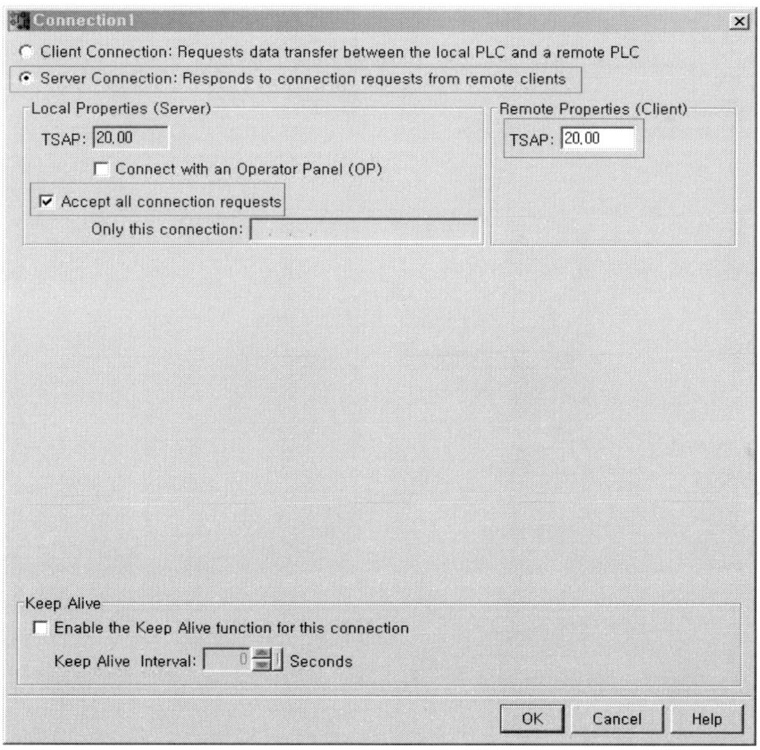

다음과 같이 프로그램을 작성한다. 아날로그 입력 AI1의 값은 I3에 의하여 주파수는 클라이언트에 기입되고, 입력주파수는 동시에 클라이언트에 의해 판독된다.

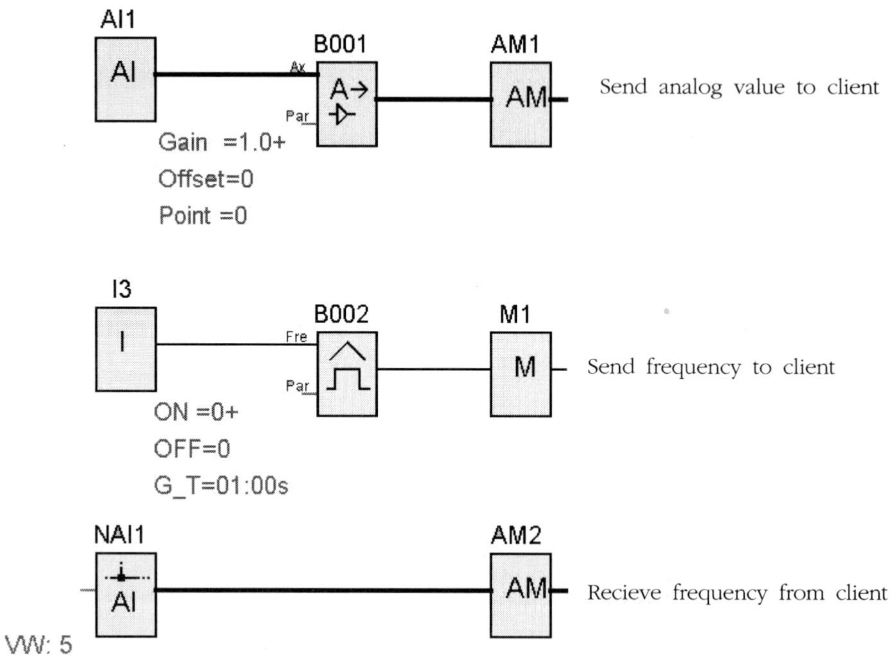

아날로그 네트워크 입력의 속성을 구성한다. 값은 변수로부터 판독된다. VM주소는 5이며, 그것은 클라이언트 연결에 정의되어있다.

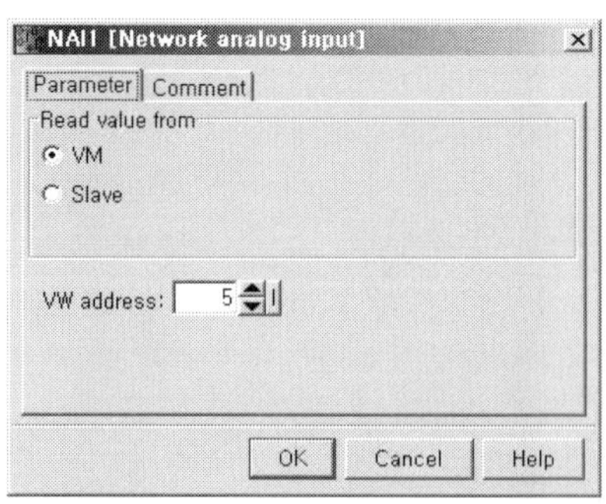

이제 VM할당을 편집할 수 있다. Tools + Variable Memory Configuration을 선택하고 Parameter VM Mapping 다이얼로고 박스에서 아래와 같이 설정하여 준다. 즉 클라이언트에 전송하고자하는 테이블의 매개 변수를 입력한다.

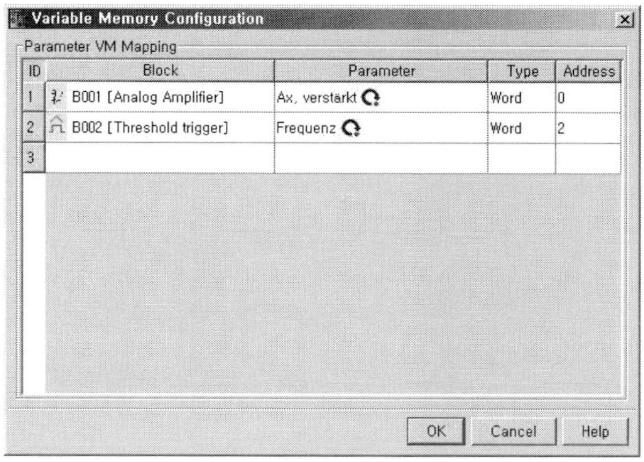

2) 클라이언트(CLIENT)장치를 위한 프로그램을 작성

새로운 프로그램을 열어 시작한다. 연결을 만들려면, Tools + Ethernet connections를 선택합니다. 먼저 IP 주소와 서버의 서브넷 마스크를 할당한다.

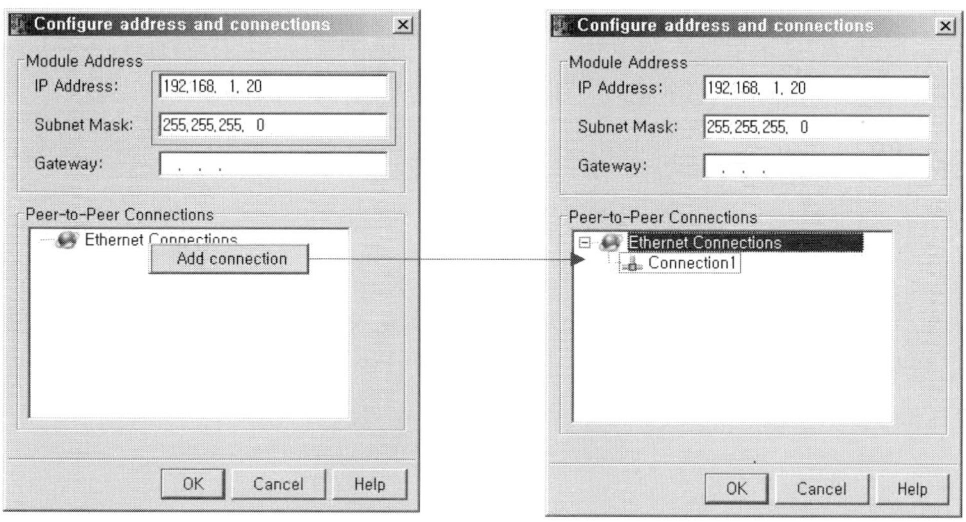

"이더넷 연결"을 마우스 오른쪽 버튼으로 클릭하고 "연결 추가"를 사용하여 새 연결을 만든다. 그런 다음 연결의 속성을 구성한다.

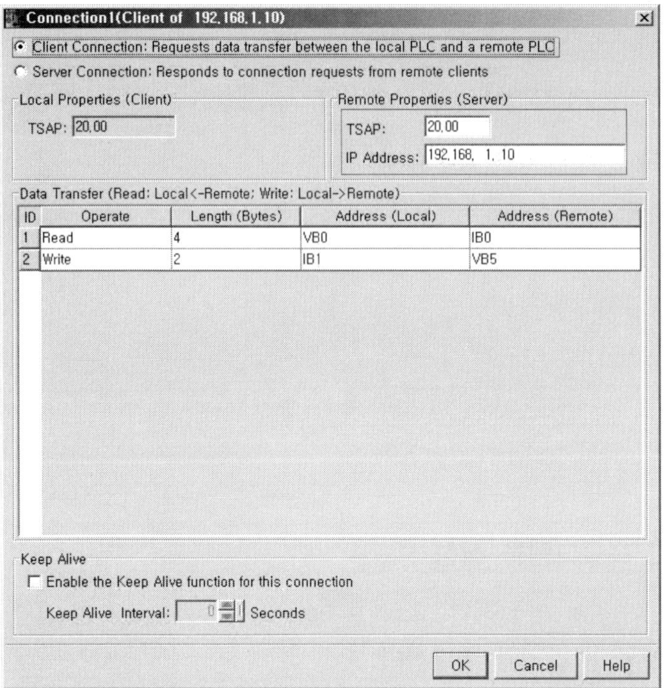

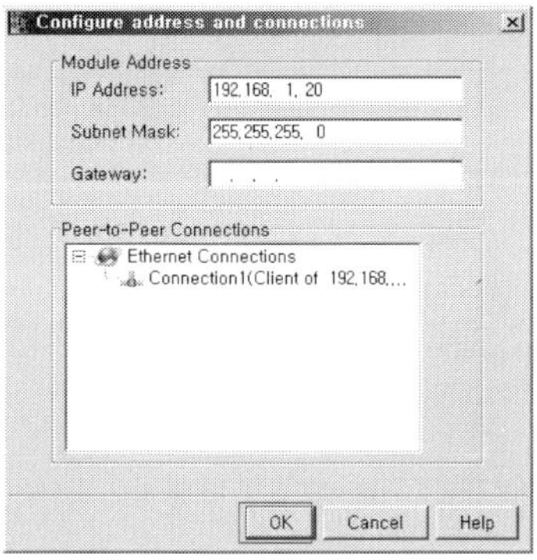

데이터 읽기 및 쓰기 범위를 설정한다. 즉 서버로부터 읽고 쓰기 할 데이터 길이(Length), 로컬주소, 리모트주소를 지정한다.

읽기 데이터 영역 : 4 바이트(2 WORD, VW0 VW2),
쓰기 데이터 영역 : 2 바이트(VW5 WORD)

서버의 아날로그 값과 입력주파수를 수신하고 서버로 입력주파수를 전송하는 프로그램을 아래와 같이 작성한다.

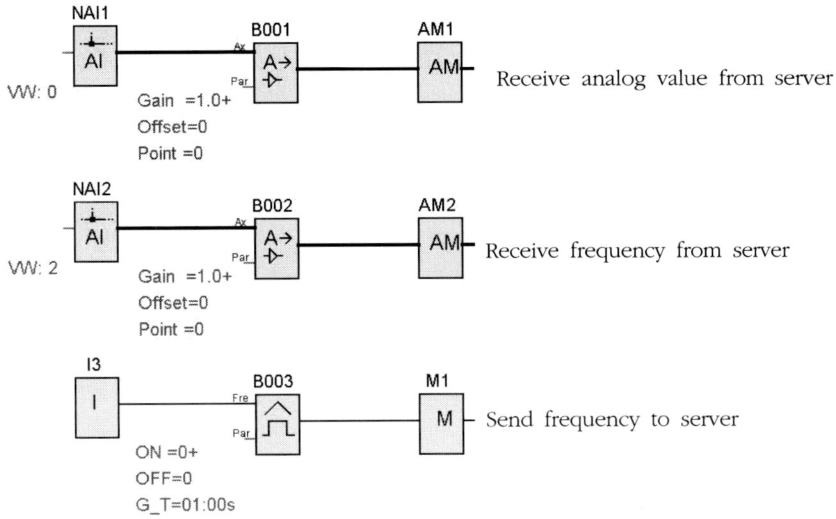

아날로그 입력에 VM address를 입력한다. 데이터 전송을 위해 로컬주소를 입력한다.

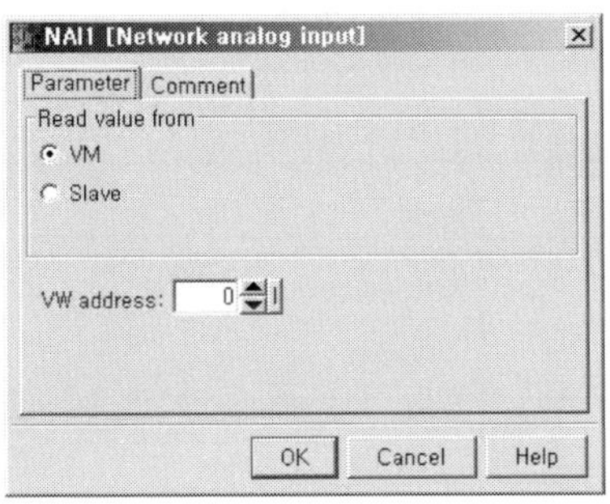

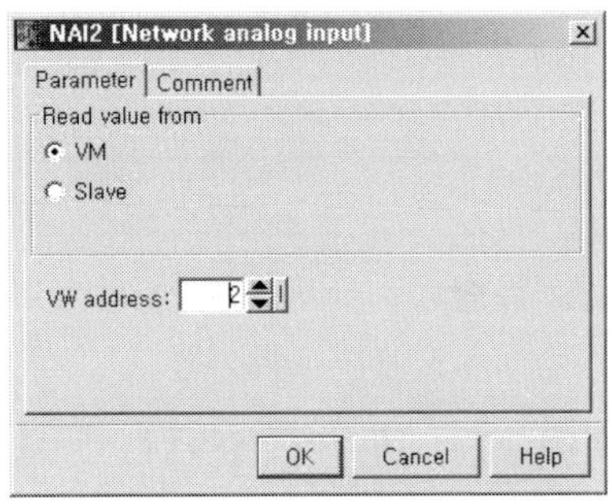

이제 매개변수 VM 할당을 만들 수 있습니다. 원하는 입력주파수를 서버의 VW5에 기록될 값을 설정합니다.

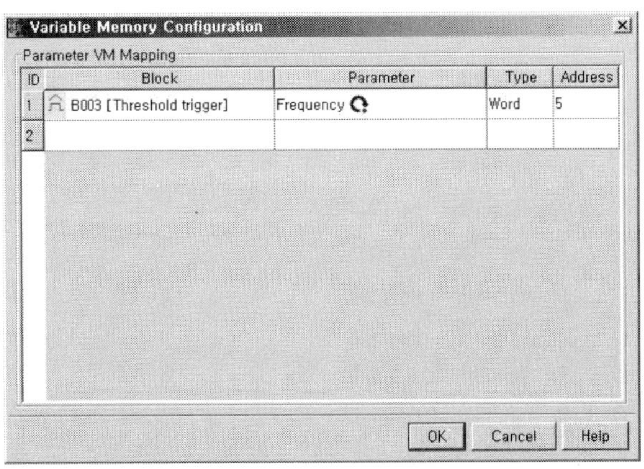

데이터 송신(Data transmission)

읽기 프로세스 : 데이터는 원격 서버로부터 판독하고 로컬 기본모듈에 저장된다.

쓰기 프로세스 : 로컬 기본모듈로부터 데이터를 원격 서버에 기록되어있다.

로컬 기본모듈에서 어떤 위치에 데이터를 저장하고 주소(Local)에 값을 입력하여 원격서버에 이를 저장하고(Remote)처리할 수 있다.

다음 표는 클라이언트 연결의 경우 지역 및 로컬 주소에 대한 제한사항에 대한 설명을 포함한다.

읽기 요구사항

로컬주소		원격주소	
어드레스 타입	범위	어드레스 타입	범위
VB	0 to 850	VB DB.DBB MB IB QB	0 to 0xFFFF DB[0 to 0xFFFF].DBB[0xFFFFFF] 0 to 0xFFFF 0 to 0xFFFF 0 to 0xFFFF

참고 : 주소 유형 :

- VB : 가변 바이트
- DB.DBB : 데이터 블록의 바이트
- MB : 플래그 바이트
- IB : 입력 바이트
- QB : 출력 바이트

로컬주소 + 데이터 길이 - 1 ≤ 850

쓰기 요구사항

로컬주소		원격주소	
어드레스 타입	범위	어드레스 타입	범위
VB MB IB QB	0 to 850 0 to 3 0 to 2 0 to 1	VB DB.DBB MB IB QB	0 to 0xFFFF DB[0 to 0xFFFF].DBB[0xFFFFFF] 0 to 0xFFFF 0 to 0xFFFF 0 to 0xFFFF

참고

로컬 주소 + 데이터 길이 - 1 ≤ 최대. 로컬 주소 유형의 값
LOGO! 기본 모듈에서 MB, IB 및 QB는 읽기 전용이다.

디지털 입력, 출력 및 큰 메모리의 읽기 / 쓰기의 예

(클라이언트 측 LOGO!에 작성한다.)

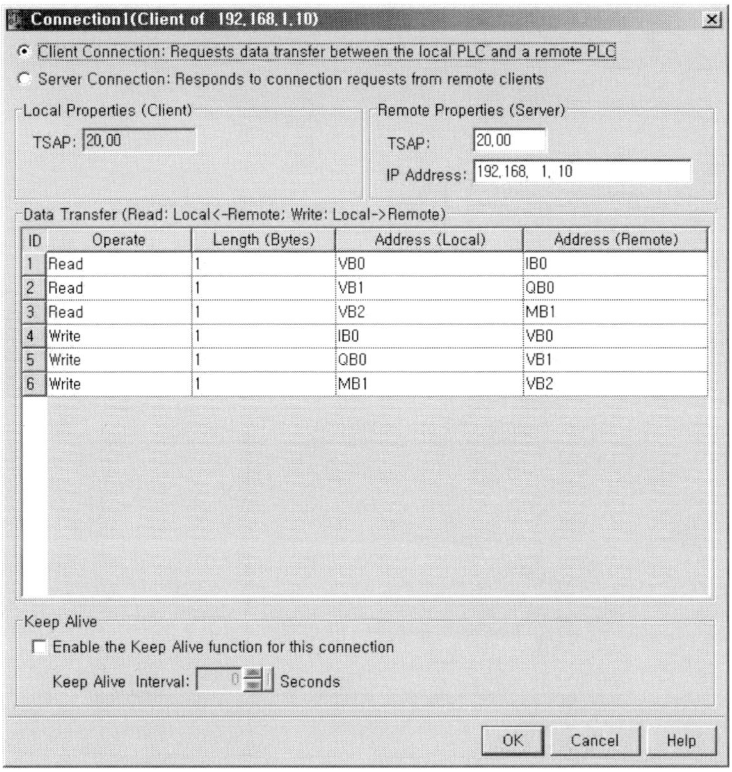

라인1 : 서버의 I8에 대한 입력의 I1이 클라이언트에 의해 읽기 변수 바이트 0으로 저장한다.
라인2 : 서버의 Q8에 출력 Q1이 클라이언트에 의해 읽기 변수 바이트에서 저장
라인3 : 서버의 M8에 플래그 M1가 클라이언트에 의해 읽기 변수 바이트 2에 저장
라인4 : 클라이언트의 I8에 대한 입력의 I1이 변수 바이트에 기록됩니다. 서버의 0
라인5 : 클라이언트의 I8에 대한 입력의 I1이 변수 바이트에 기록됩니다. 서버의 0
라인6 : 클라이언트의 M8에 플래그 M1이 변수 바이트에 기록됩니다. 서버의 2

제어 프로그램의 데이터를 사용하기 위해, 네트워크의 입력을 사용한다.

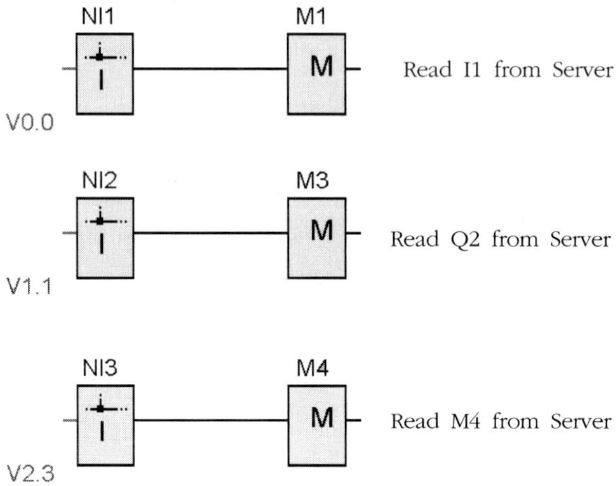

다음 표는 읽기의 데이터가 변수 바이트에서 사용할 수 있는 방법을 보여준다.

	Input, output, bit memory	Variable	
IB/QB /MB0	I/Q/M 1	V X.0	VB X
	I/Q/M 2	V X.1	
	I/Q/M 3	V X.2	
	I/Q/M 4	V X.3	
	I/Q/M 5	V X.4	
	I/Q/M 6	V X.5	
	I/Q/M 7	V X.6	
	I/Q/M 8	V X.7	
IB/QB /MB1	I/Q/M 9	V Y.0	VB Y
	I/Q/M 10	V Y.1	
	I/Q/M 11	V Y.2	
	I/Q/M 12	V Y.3	
	I/Q/M 13	V Y.4	
	I/Q/M 14	V Y.5	
	I/Q/M 15	V Y.6	
	I/Q/M 16	V Y.7	
IB/MB0	I/M 17	V Z.0	VB Z
	I/M 18	V Z.1	
	I/M 19	V Z.2	
	I/M 20	V Z.3	
	I/M 21	V Z.4	
	I/M 22	V Z.5	
	I/M 23	V Z.6	
	I/M 24	V Z.7	
	…	…	

6.5.3 스마트폰을 이용한 원격제어

Google play 마켓에서 "S7Droid Lite V1.2" 를 찾아서 내 스마트폰에 설치한다.

설명

S7Droid 어플은 SIMATIC S7 PLC용 모바일 소프트웨어 솔루션이다. S7장치 또는 이더넷 포트가있는 새 지멘스 LOGO! 0BA7과 통신할 수 있다. 디바이스는 이더넷 통신 프로세서(CP343 - ? 또는 CP443 - ? 또는 CP243)가 필요하다. 연결은 와이파이(wifi) 또는 모바일 네트워크(VPN과 UMTS)를 통해 가능하다. 이 어플은 입력, 출력, 플래그 또는 Data Blocks같은 PLC의 전체 메모리를 제어할 수 있다.

메모리 값의 형식은 다음과 같은 형식을 지원한다. BOOL, BYTE, WORD, DWORD, INT, DINT, REAL데이터 등 컨트롤 할 수 있다.

다른 제품은 베타버전인 통신라이브러리 "libnodave"를 이용하여 S7Droid, SIMATIC S7 PLC의 전체 메모리 영역을 제어 할 수 있다.

자료위치는 이 주소로 링크해서 다운 받을 수 있다. 이제품은 아직 상용화된 제품이 아니고 베타버전임을 염두에 두십시오, http://libnodave.sourceforge.net/, (안드로이드 2.1 에뮬레이터와 HTC 스마트폰에서 테스트가 진행됨)

새로운 기능

V1.2.1 : IBH의 NetLink를 지원

V1.2 : 통신 드라이버는 S7-200/S7-1200/S7-300/S7-400 새로운 LOGO! 0BA7장치 지원

추가된 기능

Polling S7 Data points : 데이터 포인트는 다른 간격으로 폴링 할 수 있다.

DNS resolution : DynDNS 지원

S7 Address Wizard : 데이터 포인트의 주소를 만들기 위한 "S7-주소 마법사" 를 열 수 있다.

1) 이더넷 IP주소 알아내기 명령 프롬프트

① 명령 프롬프트 실행하고 명령어 프롬프트에 IPCONFIG 입력한 다음 엔터-키를 누르면 내 컴퓨터의 접속된 이더넷 IP주소를 찾을 수 있다.

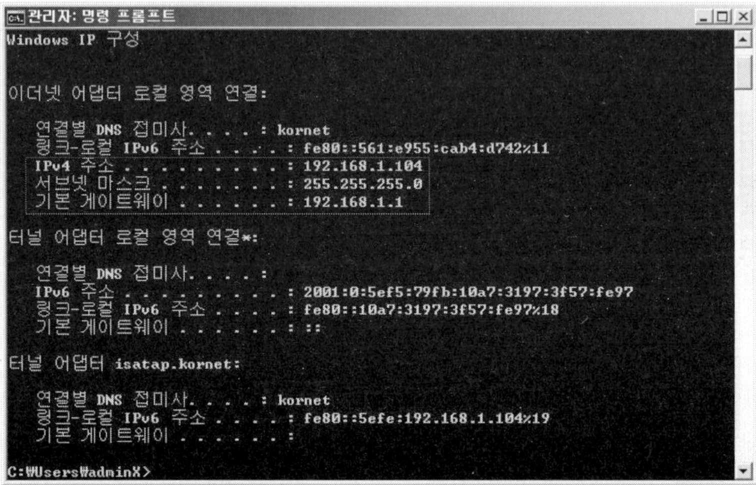

② LOGO! IP주소 설정을 아래와 같이 한다.

IP Add : 192.168.1.53

Subnet Mask : 255.255.255.0

Gateway : 192.168.1.1

2) 스마트폰에서 S7Droid 어플을 실행하고 IP주소를 설정한다.

S7Droid Lite

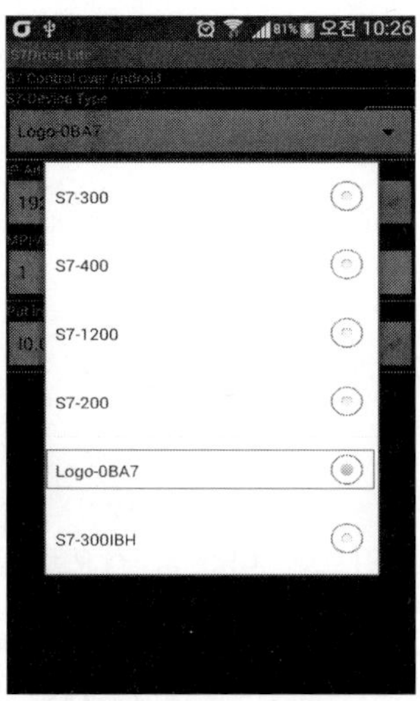

① S7-Device Type 버튼을 누르고 디바이스선택 메뉴에서 Logo-0BA7 체크

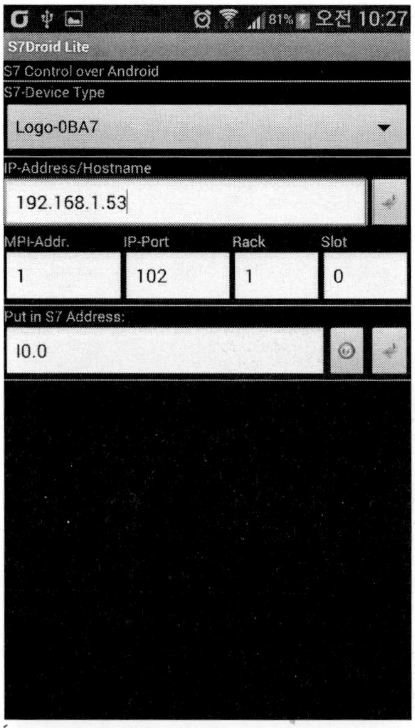

② IP-Address/Hostname 입력창에 LOGO!에 설정한 IP주소 192.168.1.53를 입력한 다음 이 버튼을 누른다.

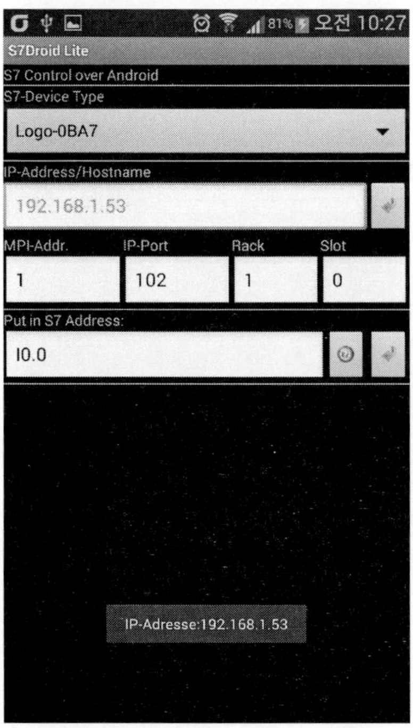

LOGO! 모듈과 접속이 완료되면 IP-Address/Hostname의 IP주소(192.168.1.53)가 녹색으로 바뀐다.

성공적으로 접속이 이루어지면 다음 메시지를 확인할 수 있습니다.

여기서 MPI-Addr[1]. / IP-Port[102] / Rack[1] / Slot[0] 등 매개변수는 LOGO!에서는 초기 값 그대로 사용합니다.

3) LOGO!Soft comfort V7.1에서 통신설정과 응용 프로그램 작성

① Tools → Options → Interface 선택한 다음 LOGO! 디바이스에 설정한 IP주소 입력한 다음 Detect 버튼을 클릭하여 접속 여부를 확인한다. 성공적으로 온-라인이 되면 Status 항목에 "Yes" 메시지가 보인다.

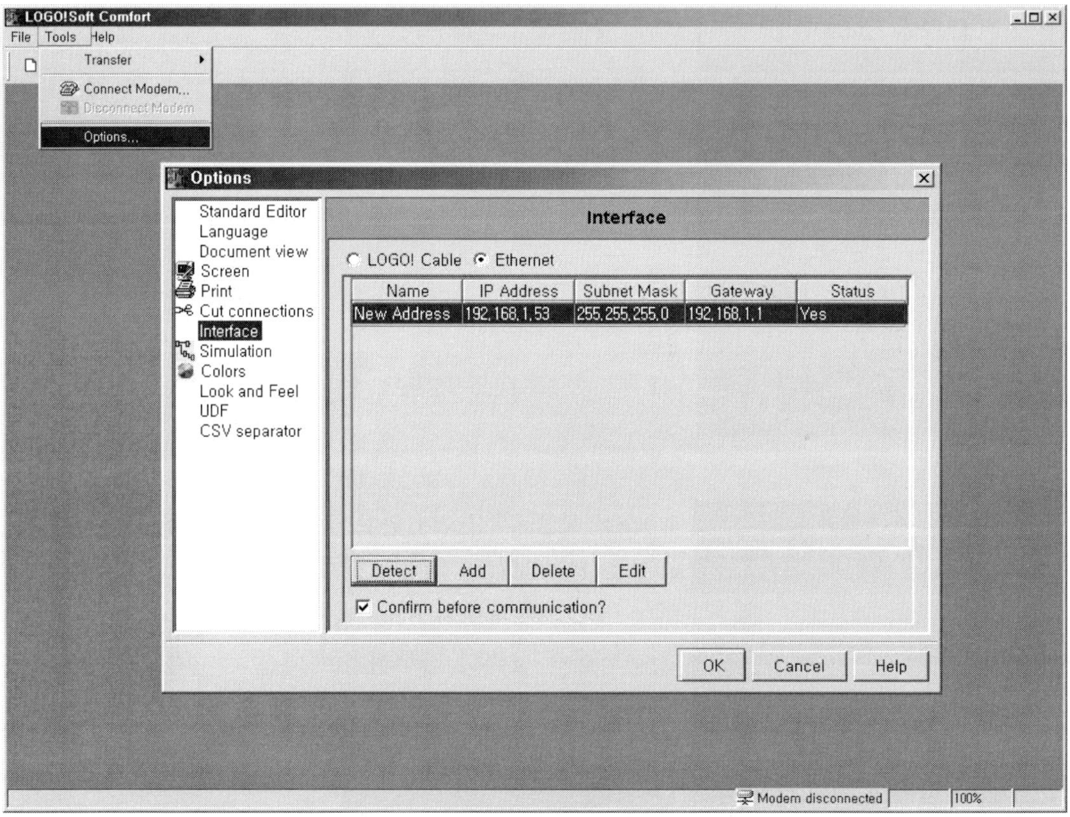

② Tools → Ethernet Connection을 선택한 다음
Module Address 다이얼로그 박스의 파라미터를 아래와 같이 입력한다.

IP Address : 192.168.1.53
Subnet Mask : 255.255.255.0
Gateway : 192.168.1.1

Peer-to-Peer Connections 다이얼로그 박스에서 Ethernet Connections을 마우스로 선택한 다음 마우스 오른쪽 버튼을 클릭한다. 그러면 Add connection 버튼이 나타나고 이 버튼을 클릭한다. 그리고 "connection1" 이 생성된다. "connection1" 더블클릭하여 준다.

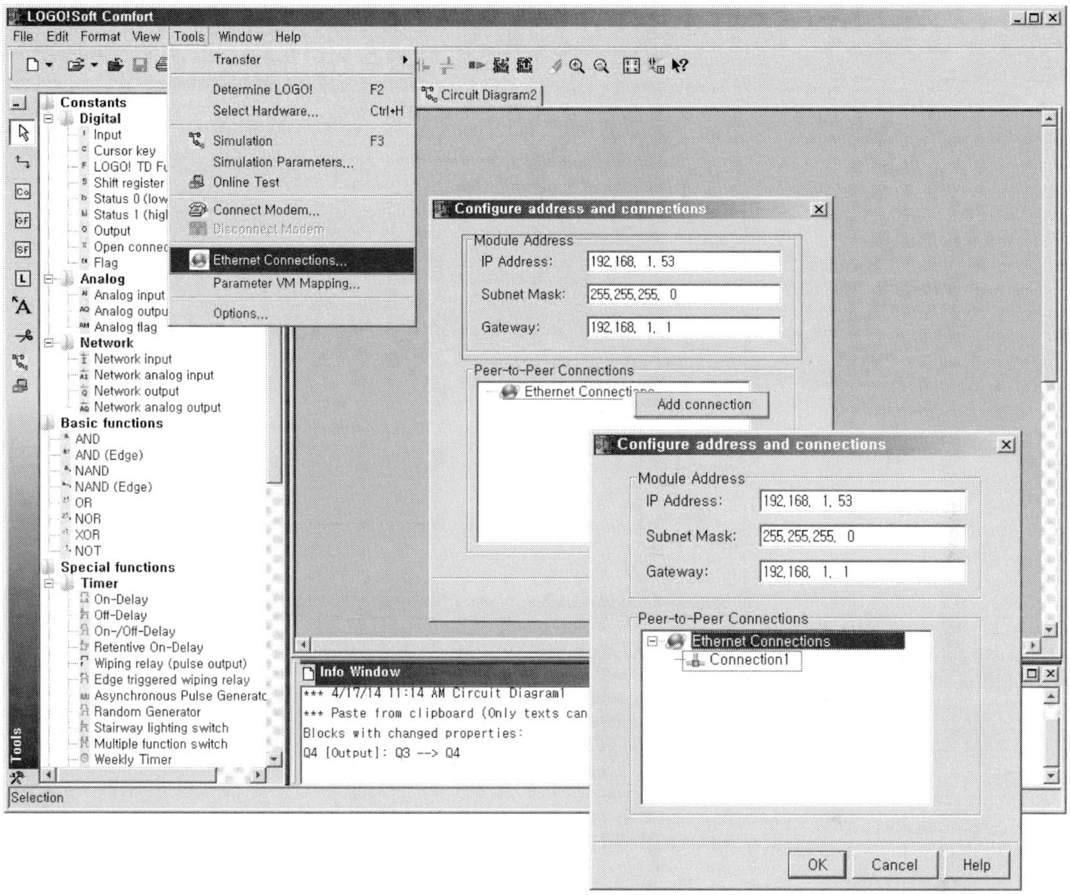

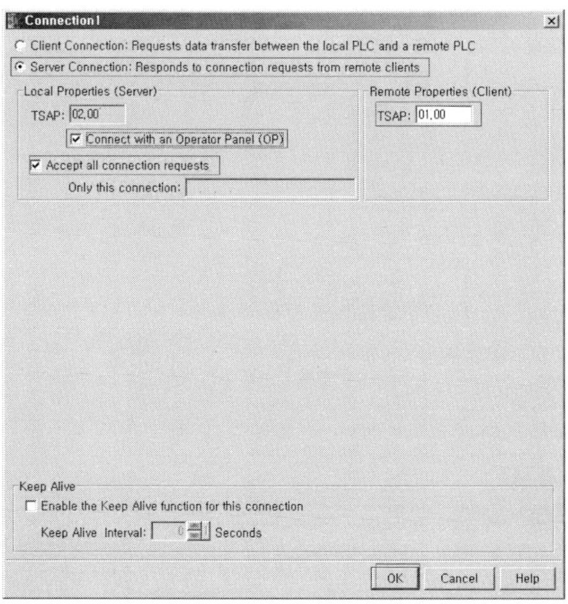

③ 옆의 사각박스 내용은 아래와 같다.

- 서버연결 : 연결요청을 분산 클라이언트에 응답 → 선택
- 로컬속성(서버) :
  "조작패널에 연결" 옵션을 선택하고 "모든 연결요청을 수락을" 선택
- 리모트속성(클라이언트) :
  TSAP : 01.00 입력
- 연결유지 기능을 활성화하지 않습니다.
  → 선택

④ LOGO! 응용 프로그램을 아래와 같이 작성하고 LOGO! 디바이스로 전송한다.

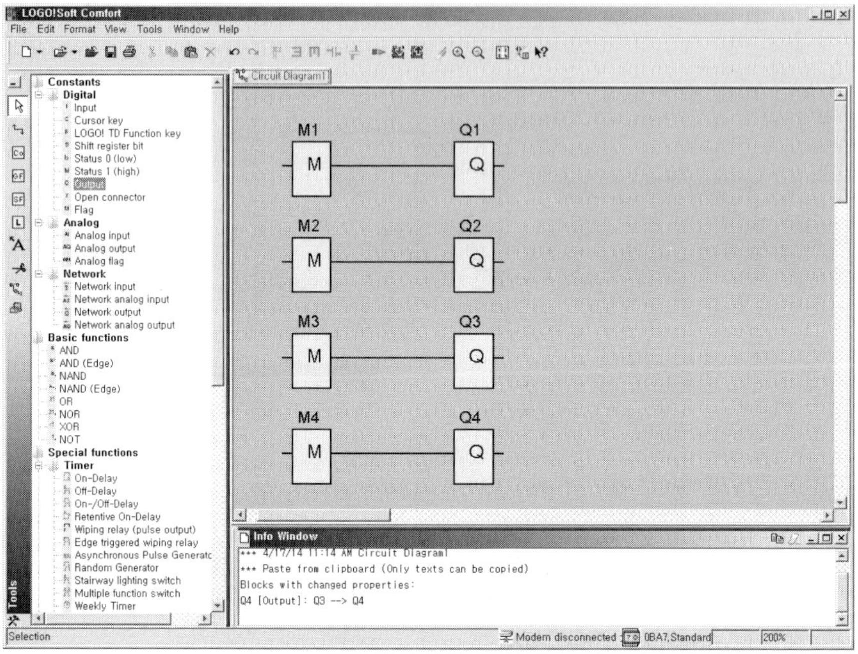

⑤ Online test → Configure IP Address OK → Start/Close operating monitoring 버튼을 클릭하여 스마트폰에서 지령한 명령이 실행되는지 확인한다.

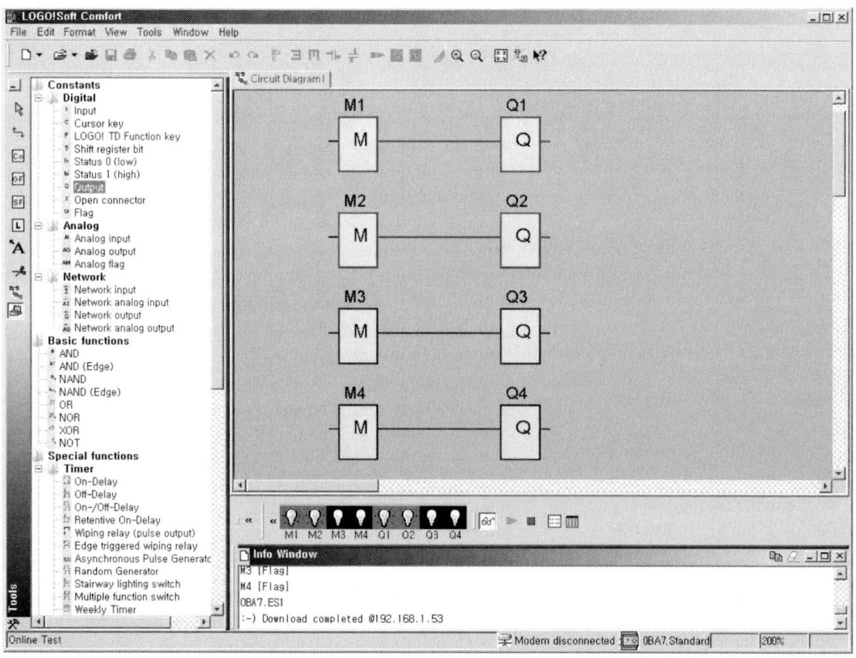

⑥ 메모리 M1을 스마트폰에서 실행하는 과정을 설명한다.

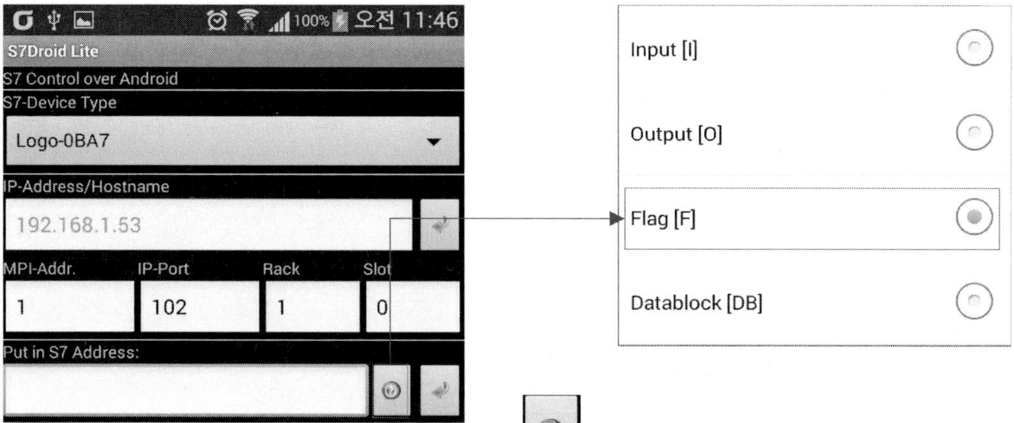

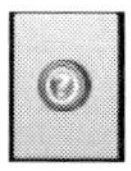 버튼을 누르면 S7-Address Wizard 다이얼로그 박스가 나타나며, Memory Area 버튼을 클릭하여 메모리타입을 선택한다.
여기서는 Flag[F]를 선택한다.

Tag-Address 창에서 실행하고자 하는 Address를 선택하고 OK 버튼을 누른다.

여기서는 F0.0을 입력한다.
즉, F0.0은 LOGO!의 메모리영역 M1에 해당된다.
Ex) F0.0 = M1, F0.1 = M2
F0.2 = M3, F0.4 = M4

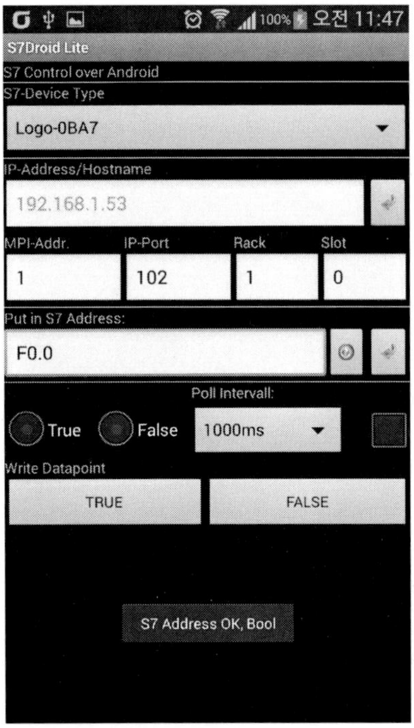

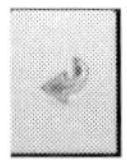 버튼을 누르면 S7 Address OK Bool 메시지가 보인다. 그러면 스마트폰과 LOGO!와의 온라인 환경이 만들어졌다는 것이므로 TRUE 버튼을 누르면 F0.0(M1) On되고 FALSE 버튼을 누르면 F0.0(M1) Off된다.

실행 예)

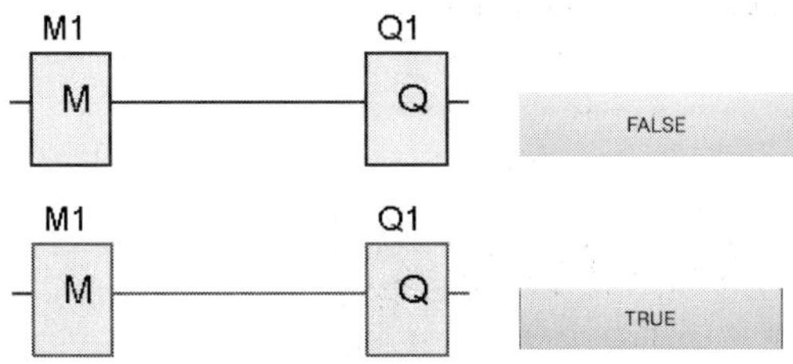

LOGO!
PLC를 활용한 시스템 제어

1판 1쇄 2014년 7월 5일

저 자 김종선 / 원진철 / 육영수
발행인 송광헌
발행처 복두출판사
주 소 서울특별시 영등포구 경인로82길 3-4
센터플러스 807호 (우) 150-091
전 화 (02) 2164-2580
FAX (02) 2164-2584
등 록 1993. 11. 22. 제 10-902 호

정가 : 20,000원
ISBN : 979-11-85880-00-6 93560

한국과학기술출판협회 회원사